危险性较大工程
安全监管制度与专项方案范例
（吊装与拆卸工程）

孙曰增　李红宇　王凯晖　董海亮　周与诚　等编著

中国建筑工业出版社

图书在版编目（CIP）数据

危险性较大工程安全监管制度与专项方案范例（吊装与拆卸工程）/孙曰增等编著. —北京：中国建筑工业出版社，2017.3
ISBN 978-7-112-20406-9

Ⅰ．①危… Ⅱ．①孙… Ⅲ．①建筑工程-工程施工-安全管理-建筑方案 Ⅳ．①TU714

中国版本图书馆 CIP 数据核字（2017）第 027452 号

　　为交流危险性较大工程监管经验，提高吊装及拆卸工程专项方案编制水平，本书编委会编写了此书，本书分为上下两篇，上篇包括危大工程监管制度综述、北京市落实制度具体做法综述和专项方案编制要点，下篇给出了 13 个典型工程专项方案范例，其中包括箱型梁吊装工程、特殊结构施工吊篮安装工程、架桥机安装工程、门式起重机安装工程、门式起重机拆卸工程、地下连续墙钢筋笼吊装工程、钢结构桁架滑移工程、钢结构网架提升工程、倒装法水罐安装工程、盾构机出井吊装工程、盾构机下井吊装工程、塔式起重机安装工程及塔式起重机拆卸工程。书中范例均按新的评价标准要求进行编写，体现了北京地区所属工程类型的编制水平。

　　本书可供行政管理人员、技术人员及项目管理人员参考使用。

责任编辑：王　梅　范业庶　杨　允　杨　杰
责任设计：李志立
责任校对：王宇枢　张　颖

危险性较大工程安全监管制度与专项方案范例
（吊装与拆卸工程）

孙曰增　李红宇　王凯晖　董海亮　周与诚　等编著
＊
中国建筑工业出版社出版、发行（北京海淀三里河路 9 号）
各地新华书店、建筑书店经销
霸州市顺浩图文科技发展有限公司制版
北京圣夫亚美印刷有限公司印刷
＊
开本：787×1092 毫米　1/16　印张：33¾　字数：841 千字
2017 年 7 月第一版　2017 年 7 月第一次印刷
定价：**98.00** 元
ISBN 978-7-112-20406-9
（29791）

《丛书》编委会

主　编：周与诚

副主编：高淑娴　高乃社　孙日增　李建设　刘　军

编　委：（按姓氏笔画为序）

　　　　刘　军　孙日增　李红宇　李建设　杨年华

　　　　张德萍　周与诚　高乃社　高淑娴　郭跃龙

　　　　魏铁山

本书编写组

主　　编：孙日增

副 主 编：李红宇　王凯晖　董海亮　周与诚

编写人员：（按姓氏笔画为序）

　　　　王凯晖　牛大伟　左建涛　朱凤昌　孙日增

　　　　李红宇　杨　杰　张　朋　张艳明　张德萍

　　　　陈大伟　周与诚　庞京辉　赵忠华　赵　娜

　　　　郭跃龙　董冰冰　董海亮

序 1

安全生产事关人民群众切身利益，事关经济社会和谐稳定发展，事关全面建成小康社会战略的实现。建筑业是国民经济支柱产业，涉及面广，从业人员多，在深入贯彻落实新发展理念，大力推进行业转型升级和可持续发展的新形势下，必须守住安全生产的底线。近年来，我国建筑施工安全生产形势持续稳定好转，但生产安全事故尤其是较大以上事故仍时有发生，形势依然严峻。进一步加强建筑施工安全管理，增强重大安全风险防控能力，是一项十分紧迫的任务。

危险性较大的分部分项工程（以下简称危大工程）是建筑施工安全管理的重点和难点，具有数量多、分布广、掌控难、危害大等特征，一旦发生事故，容易导致人员群死群伤或者造成重大不良社会影响。为规范和加强危大工程安全管理，住房和城乡建设部先后印发了《危险性较大工程安全专项施工方案编制及专家论证审查办法》（建质〔2004〕213号）和《危险性较大的分部分项工程安全管理办法》（建质〔2009〕87号），有效促进了危大工程安全管理和技术水平的提高，对防范和遏制建筑施工生产安全事故的发生起到了重要作用。但是，各地贯彻执行中还存在一些薄弱环节，如危大工程专项方案编制质量不高，论证把关不严，不按方案施工等问题，带来了重大施工安全隐患，甚至造成群死群伤事故。

北京市在危大工程安全管理工作中积极思考、勇于探索，结合自身实际，制定了一系列危大工程安全监管的规章制度和政策措施，并在实践中不断总结提高，成效显著。在此基础上，北京市住房城乡建设委员会组织有关专家，对近几年在危大工程安全管理方面的经验和做法，以及部分典型工程实例进行了认真总结，精心编写了这套《危险性较大工程安全监管制度与专项方案范例》丛书。

该丛书详细介绍了北京市危大工程专家库管理、专家论证细则、动态管理等制度措施及具体做法，值得其他省市参考借鉴。该丛书分岩土工程、模架工程、吊装与拆卸工程和拆除与爆破工程四个专业，概括提出了危大工程专项方案编制要点，并编写了 47 个高水平的危大工程专项方案范例。这些范例均来源于工程实践，经过精心挑选、认真梳理，涵盖了危大工程主要类型，内容翔实，具有较强的专业性、指导性和实用性，可供参与危大工程专项方案编制、论证及安全管理的广大工程技术和管理人员学习参考。

相信该丛书的出版将对进一步提升我国危大工程安全管理水平，有效防控建筑施工过程中的重大安全风险，不断减少建筑施工生产安全事故起到积极的促进作用。

王英姿

序 2

建筑施工安全一直是各级政府关注的重要工作，为防止发生建筑施工安全事故，各级政府都投入了大量的人力和物力。然而，由于建筑工程施工具有个性突出、技术复杂、量大面广、工期紧、人员素质偏低、管理粗放，以及制度不健全、监管不到位等原因，重大事故仍时有发生，造成重大生命财产损失，给全面建设小康社会带来不利影响。2009年，住房和城乡建设部印发了《危险性较大的分部分项工程安全管理办法》（建质〔2009〕87号），俗称87号文，为做好建筑施工安全管理工作提供了重要依据和抓手，对防范发生重大事故发挥了重要作用。

北京市住房城乡建设委为落实好87号文，本着改革创新、转变政府职能的原则，在制度建设、组织保障、安全管理信息化和充分调动社会力量等方面做了一些积极的探索，取得了一些成绩。截至目前，基于87号文，共制订了6个配套文件，建立了拥有2000多名专家的专家库，每年有800多名专家参与危险性较大工程施工安全专项方案的论证，建立了危险性较大工程动态管理平台，每年有约120位专家跟踪指导超过1000项危险性较大工程施工安全专项方案执行情况，初步实现了危险性较大工程安全管理信息化，基本遏制了危险性较大工程安全事故的发生。此外，还探索建立了政府向社会组织购买服务的模式，培养了一支组织严密、训练有素、具有较高水平的应急抢险专家团队。

当前，北京市住房城乡建设委正在贯彻北京市"十三五"建设规划和习近平总书记对北京城市建设的指示精神，推进落实首都城市战略定位、加快建设国际一流的和谐宜居之都。北京城市副中心、新机场、冬奥会、世园会、CBD核心区、环球影城、城市轨道交通建设工程等重点工程相继开工建设，建设任务十分繁重，建筑施工安全工作更显重要。我们这些年在危险性较大工程管理方面建立的制度、取得的经验和组建的专家团队为做好施工安全工作打好了基础，也必将发挥重要作用。

该丛书是北京市对危险性较大工程安全管理工作的阶段性总结，也是业内80多位安全技术管理专家集体智慧的结晶。书中上篇中介绍了北京市住建委落实87号文的一些具体做法，这些监管制度是经过长期实践探索最终形成的，具有很强的可执行性，随后介绍了危险性较大工程施工安全专项方案的编制要点，按照岩土工程、模架工程、钢结构工程、吊装及拆卸工程、拆除与爆破工程等专业进行划分，最后重点列举了47个具有代表性的危险性较大工程施工安全专项方案范例，基本涵盖了危险性较大工程范围内的主要施工工艺和方法，有很强的针对性和可操作性。希望这些做法和范例能够为兄弟省市在危险性较大工程管理方面提供有价值的参考，能帮助建筑企业有效提高危险性较大工程安全专项方案的编制水平，为进一步加强全国建设行业危险性较大工程的管理有所帮助。

借此书出版发行之际，向多年来支持北京市住建委安全管理工作，并取得突出成绩的专家学者、社会组织表示诚挚的谢意。

王承军

5

丛书前言

建筑施工安全是各级政府、企业和从业人员的头等大事。为防范和遏制建筑施工安全事故的发生，建设部 2004 年印发了《危险性较大工程安全专项施工方案编制及专家论证审查办法》，在此基础上，经过修改完善，于 2009 年发布《危险性较大的分部分项工程安全管理办法》，将基坑支护、模板脚手架、起重吊装、拆除爆破等七项可能导致作业人员群死群伤的分部分项工程定义为危险性较大的分部分项工程（简称危大工程）。该办法规定危大工程施工前必须编制专项方案，超过一定规模的还应当组织专家论证。从此，编制危大工程专项方案并组织专家论证成为我国建筑业的一项制度性要求和安全管理措施，以把住专项方案质量关，确保方案阶段的安全隐患不带入施工环节。

但要编制和识别一个合格的专项方案并非易事。目前，专项方案编制及专家论证制度已实施 12 年，对于专项方案如何编制、专家按什么标准论证、论证结论如何确定等问题仍没有统一答案，不利于把住专项方案质量关。北京市住建委在规范专项方案编制和专家论证行为方面做了一些探索，除规定专家论证结论必须明确为"通过""修改后通过"或"不通过"三选一之外，2014 年又组织专家研究制订了"通过""修改后通过"和"不通过"的判断标准。此外，北京市在专家库的建立、管理和使用，以及专项方案实施过程中的信息化管理等方面做了一些有益的探索，取得了一些成果。

为了提高施工技术人员编制专项方案的水平，帮助专家履行好专项方案论证职责，以及方便有关部门分享北京市危大工程管理经验，我们组织专家编制了该套丛书。

编制专项方案是施工技术人员的基本功。一位刚进入施工企业的大学生，接到的第一项挑战性的工作很可能是编写专项方案，这套丛书会帮助你摆脱"无处下手"的困境，"照猫画虎"快速上手。你只需要从中找到一个类似的范例，按照范例编写的主要内容及表述方式，结合拟建项目的具体情况，至少可以编写出一个"修改后通过"的专项方案。

快速识别一个专项方案的优劣是参与专项方案论证专家的基本功。专家论证专项方案并不是一件容易的事，受审阅方案时间、施工经验、施工方案复杂性等多重因素的影响，专家如何在有限的时间里快速识别专项方案的优劣、把住质量关是衡量专家水平高低的重要标志。这套丛书提供了优秀专项方案的标准，对于类似的工程，对照一下范例，审查方案中是否做到：该说的都说了、说了的都说清楚了、说清楚了的都说对了。把住了这三条，就把住了专项方案质量，论证的工作也变得容易了。

做好危大工程管理工作需要配套的规章制度。北京市自 20 世纪 90 年代开始研究危大工程管理，从技术规范和行政管理两方面入手，通过编制技术规范和制订规范性文件，规范相关主体行为，以提高专业技术水平和施工安全管理水平。至 2016 年，危大工程有了技术标准，此外，北京市在住建部发布的《危险性较大的分部分项工程安全管理办法》基础上，制订了六个配套的规范性文件和工作制度，使参与危大工程管理的各方主体都有章可循。

  北京市将危大工程分为四个专业：岩土工程、模架工程、吊装与拆卸工程和爆破工程。本丛书包括上述四个专业共五册，47 个范例，80 余位专家参与编写。每册分上、下两篇，上篇含危大工程监管制度综述、北京市落实制度具体做法综述和专项方案编制要点，下篇为范例。其中：《岩土工程》由周与诚、刘军等 22 人编写，含放坡开挖工程、土钉墙（复合土钉墙）支护工程、桩锚支护工程、内支撑支护工程、人工挖孔桩工程、竖井开挖工程、矿山法区间工程、顶管工程和盾构工程等 9 个范例；《模架工程》由高淑娴、魏铁山等 25 人编写，含落地式脚手架工程、悬挑式脚手架工程、附着式升降脚手架工程、房屋建筑模板支撑架工程、桥梁建筑模板支撑架工程、地铁明挖车站模架工程、液压爬升模板工程、液压升降卸料平台工程等 9 个范例；《钢结构工程》由高乃社、高淑娴等 28 人编写，含单层厂房钢结构工程、连桥钢结构工程、单层网壳钢结构工程、大跨度网架整体提升工程、大跨度空间网格钢结构工程、大跨度桁架滑移钢结构工程、大跨度网架钢结构工程、大跨度网架整体顶升工程等 8 个范例；《吊装与拆卸工程》由孙曰增、李红宇、王凯晖、董海亮等 18 人编写，含箱型梁吊装工程、特殊结构施工吊篮安装工程、架桥机安装工程、门式起重机安装工程、门式起重机拆卸工程、地连墙钢筋笼吊装工程、钢结构桁架滑移工程、钢结构网架提升工程、倒装法水罐安装工程、盾构机出井吊装工程、盾构机下井吊装工程、塔式起重机安装工程、塔式起重机拆卸工程等 13 个范例；《拆除与爆破工程》由李建设、杨年华等 16 人编写，含建筑物逐层拆除工程、建筑物超长臂液压剪拆除工程、高耸构筑物破碎拆除工程、高耸构筑物机械破碎定向倾倒拆除工程、桥梁机械拆除工程、建筑物整体切割拆除工程、地铁隧道爆破工程、路基石方开挖爆破工程等 8 个范例。

  本丛书在编写过程中得到了住建部王天祥处长、北京市住建委陈卫东副主任、魏吉祥站长等领导的支持及中国建筑工业出版社的悉心指导和帮助，陈大伟教授和魏吉祥站长对上篇进行修改和审核，住建部工程质量安全监管司王英姿副司长和北京市住建委王承军副主任为本丛书作序，在此深表感谢。

  由于编者水平有限及时间仓促等原因，书中难免存在不妥之处，欢迎读者指正，以便再版时纠正。联系邮箱：weidacongshu@qq.com，电话：010-63964563，010-63989081 转 815

《丛书》编写委员会
2017 年 6 月

本 书 前 言

　　起重吊装与安装拆卸工程按照《危险性较大的分部分项工程安全管理办法》（建质 87 号）的要求，是必须编制安全专项方案的"危险性较大的分部分项工程"。本书收纳了"箱型梁吊装"、"特殊结构施工吊篮安装"、"架桥机安装"、"钢结构网架提升和滑移"、"塔式起重机安装与拆卸"、"门式起重机安装与拆卸"、"盾构机进出井吊装"、"钢筋笼吊装"·和"倒装法水罐安装" 9 个方面共 13 个安全专项方案范例，涵盖了建设施工现场"超过一定规模的危险性较大的分部分项工程"中的较为常见起重吊装作业内容。

　　本书分上篇和下篇。上篇含 3 章：第 1 章绪论，由周与诚编写，第 2 章《危大工程管理办法》解读，由周与诚、陈大伟编写，第 3 章北京市危大工程监管情况介绍，由周与诚、郭跃龙、张德萍、牛大伟编写。下篇含起重吊装与安装拆卸专项方案编制要点和 13 个范例，其中，起重吊装与安装拆卸专项方案编制要点由孙曰增、李红宇编写；范例 1 "箱型梁吊装工程"由王凯晖、朱凤昌、孙曰增编写；范例 2 "特殊结构施工吊篮安装工程"由张艳明、庞京辉、赵娜编写；范例 3 "架桥机安装工程"由孙曰增、李红宇、王凯晖编写；范例 4 "门式起重机安装工程"由杨杰、左建涛、赵忠华编写；范例 5 "门式起重机拆卸工程"由左建涛、杨杰、董海亮编写；范例 6 "地下连续墙钢筋笼吊装工程"由李红宇、孙曰增、朱凤昌编写；范例 7 "钢结构桁架滑移工程"；由赵娜、董海亮、庞京辉编写；范例 8 "钢结构网架提升工程"由赵娜、孙曰增、张艳明编写；范例 9 "倒装法水罐安装工程"由李红宇、董冰冰、王凯晖编写；范例 10 "盾构机出井吊装工程"由董海亮、李红宇、孙曰增编写；范例 11 "盾构机下井吊装工程"由董海亮、朱凤昌、王凯晖编写；范例 12 "塔式起重机安装工程"由董冰冰、赵忠华、孙曰增编写整理；范例 13 "塔式起重机拆卸工程"由赵忠华、张朋、董冰冰编写整理。

　　本书中所列 13 个范例是各自专业领域较高水平的安全专项方案，均基于实际工程编制，在成书过程中进行了部分调整。由于实际工程的局限性和特殊性，其专项方案整体虽然具有一定代表性，但在细节上更多体现的是基于现场实际情况的针对性。在编辑过程中，对于起重吊装专项方案必需的基本要素，我们保持了统一的格式，但也刻意保留了方案细节上的差异。在校核某个起重环节时，有的方案采用钢结构施工规范，有的方案采用起重机设计规范，是因为不同的工程类别都有各自的引用原则。对于在各级别标准中没有规定，且没有行业成熟计算模式的环节，在某些方案中进行了基于施工经验和实际受力分析的探索。我们希望这种差异和探索，能够开拓读者的思路，起到抛砖引玉的作用。

　　本丛书在编写过程中采用了北京市住建委的文件和研究成果，借鉴了一些单位的专项方案资料，在此深表感谢。

　　由于编者水平有限及时间仓促等原因，书中难免存在不妥之处，欢迎读者指正，以便再版时纠正。

本书编写组
2017 年 6 月

目　　录

上篇　危大工程监管制度

下篇　吊装及拆卸工程专项方案编制要点及范例

上篇

危大工程监管制度

第1章 绪 论

1.1 危大工程安全监管制度的设立

建筑业是我国的支柱产业，但生产安全事故也占了较大比例。据国家安监总局《2015年建筑行业领域安全生产形势综合分析》，2015 事故起数和死亡人数分别占全国工矿事故总数的 32.3% 和 31.6%，如图 1.1-1 所述。其中较大以上事故起数及死亡人数占总数的 60% 左右，图 1.1-2 为 2015 年建筑业较大事故所占比例，其中塌方、起重伤害之和达到 61%。

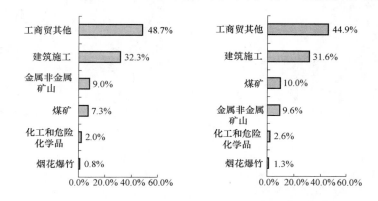

图 1.1-1 2015 年全国工矿事故起数和死亡人数比例

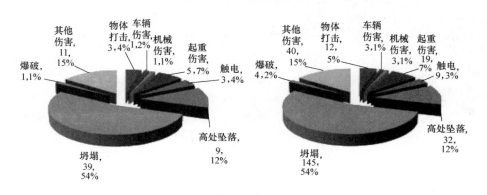

图 1.1-2 2015 年建筑业较大事故起数及死亡人数

在全国造成较大影响的建筑施工重大安全事故中，几乎都是由危大工程引起的，说明对危大工程的安全管理仍存在一定的问题和差距。如图 1.1-3 所示江西丰城电厂滑模垮塌

周与诚　北京城建科技促进会理事长，北京岩土工程协会秘书长，教授级高级工程师，注册土木工程师（岩土），从事岩土工程设计、施工、咨询、管理等工作近 30 年。

3

事故，图 1.1-4 所示杭州地铁基坑坍塌事故，图 1.1-5 所示北京地铁基坑坍塌事故，图 1.1-6 所示广州建筑基坑坍塌事故，图 1.1-7 所示北京模架垮塌事故。

图 1.1-3　江西丰城电厂滑模垮塌事故

图 1.1-4　杭州地铁基坑坍塌事故

图 1.1-5　北京地铁基坑坍塌事故

图 1.1-6　广州建筑基坑坍塌事故

图 1.1-7　北京模架垮塌事故

每一起重大事故背后都是重大的生命和财产损失，严重影响行业发展、行业形象和和谐社会建设。作为一个以人为本、为人民服务的政府，必然要采取措施，强化监管，以防范发生这类事故。于是，"危险性较大的分部分项工程"（简称"危大工程"）监管制度就应运而生了。该制度将建筑工程中容易造成群死群伤的分部分项工程统称为"危险性较大的分部分项工程"，通过规范危大工程的识别、专项方案编制及实施，达到减少、防止发生建筑工程安全事故的目的。

危大工程监管作为一项制度始于 2004 年，当年建设部发布了《关于印发〈建筑施工企业安全生产管理机构设置及专职安全生产管理人员配备办法〉和〈危险性较大工程安全专项施工方案编制及专家论证审查办法〉的通知》（建质〔2004〕213 号，下称 213 号文，详见附录 1），其中的《危险性较大工程安全专项施工方案编制及专家论证审查办法》部分对危大工程的分类、专项方案编制、专家论证等做了规定。但该文件过于简单，对专项方案编制、方案内容、方案实施、专家条件、专家组构成、专家管理等方面未做明确规定，可操作性不强。建设部于 2006 年启动了修订 213 号文的调研工作，2009 年住建部印发了《危险性较大的分部分项工程安全管理办法》的通知（建质〔2009〕87 号，下称《危大工程管理办法》，详见附录 2），替代了 213 号文的《危险性较大工程安全专项施工方案编制及专家论证审查办法》。《危大工程管理办法》奠定了危大工程监管制度的基础。

实行危大工程监管制度既是现实的需要，也是法律法规的要求。《危大工程管理办法》的直接依据是 2004 年 2 月施行的《建设工程安全生产管理条例》，该《条例》第二十六条规定，施工单位应当在施工组织设计中编制安全技术措施，对于基坑支护与降水工程、土方开挖工程、模板工程、起重吊装工程、脚手架工程、拆除与爆破工程等达到一定规模的危险性较大的分部分项工程，要求编制专项施工方案；对涉及深基坑、地下暗挖工程、高大模板工程的专项施工方案，施工单位还应当组织专家进行论证、审查。《条例》的依据是《建筑法》。《建筑法》第三十八条规定，建筑施工企业在编制施工组织设计时，应当根据建筑工程的特点制定相应的安全技术措施；对专业性较强的工程项目，应当编制专项安全施工组织设计，并采取安全技术措施。

1.2　危大工程安全监管制度实施的成效

（1）提高施工单位的技术管理水平。危大工程监管制度一方面要求施工单位主动作为，建立危大工程监管制度，从危大工程识别、编制方案、组织专家论证、修改完善方案、监督实施方案，到检查验收，不断地完善制度，培训锻炼人才；另一方面，通过制度化安排，让社会专家有序地参与施工单位危大工程专项方案制定环节之中，帮助施工单位提高和把控专项方案质量，与此同时，通过专家论证会，让施工单位相关岗位的人员旁听专家点评、答疑、熟悉、掌握专项方案要点，提高监督工作的针对性和效率。事实上，相当多的施工单位项目部已经把专项方案专家论证作为针对性极强的技术交流培训会。施工单位的技术管理水平也得到了提升。

（2）提高专家的技术水平。建筑施工是一个实践性特别强的行业，仅有理论知识几乎寸步难行。而经验的积累又受到建筑工程工期长、个性突出、施工环境相对封闭等特点的局限，施工技术、经验常常形成单位化、区域化的信息孤岛，交流不畅，导致单位间、区域间施工技术水平相差太大。危大工程监管制度给了专家快速开阔眼界、交流积累技术经验的机会。有的专家每年能参与几十个专项方案的论证，类似于积累几十个工程经验！这在制度施行之前是不可想象的，只有大型企业的技术负责人才有可能得到。现如今，专家们不再仅仅服务于所属企业，而是服务于所在地区，有的甚至服务于全国，在不断学习和传递经验的过程中，技术水平得到快速明显的提升。

（3）专项方案编制工作得到规范。按照《危大工程管理办法》的规定，凡是危大工程，施工前必须编制专项方案，超过一定规模的，施工单位还应组织专家论证。专家论证其实就是请五位以上的专家"挑方案毛病"，专家"挑毛病"的过程也是传授经验的过程。由于专家们大多数是行业内企业的技术负责人或技术骨干，在相互学习借鉴中不断改进本单位的专项方案编制内容、方法及表述方式等。这样，经过十多年的不断改进，现在全国施工单位的专项方案编制水平已今非昔比，明显提高。

（4）提高了工程项目施工决策水平和地方政府应急管理水平。项目经理是项目施工的最高决策者，不仅在施工、经营管理方面常常一人说了算，在技术管理方面有时也擅自做主，瞎指挥，蛮干。危大工程监管制度让第三方的社会专家参与项目重大技术方案的论证，优化了项目技术决策程序，提高了项目决策水平。另外，按照危大工程监管制度，各省市建设行政主管部门都建立了专家库，这个在专项方案论证和方案实施中不断打磨的专家群体，成为各地完善应急管理制度、提高应急处置水平的基础。

（5）安全事故得到有效遏制。图 1.2 为 2010 年至 2016 年全国建筑业较大及以上事故统计图，事故起数和死亡人数十年来稳中有降。这份成绩与危大工程监管制度密不可分。可以预见，随着我国建筑向高、大、深、新方向发展，以及全行业对危大工程监管制度重要性的认识逐步加深和管理经验的不断积累，这项制度对防范发生安全事故的作用将更加突出。

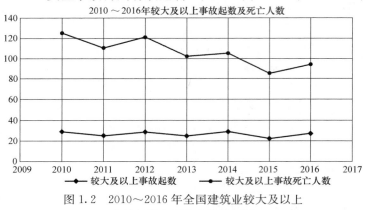

图 1.2　2010～2016 年全国建筑业较大及以上
事故起数和死亡人数统计图

1.3　危大工程安全监管制度取得的经验、存在的问题和发展方向

　　危大工程监管制度的目的是防止发生群死群伤事故，其核心内容是编制合格的危大工程专项方案并确保其得以执行。和其他制度一样，其建立和完善也需要一个不断总结、修订和提高的过程。

　　2004 年建设部印发《危险性较大工程安全专项施工方案编制及专家论证审查办法》，全文共八条，主要明确了应当编制专项方案的危大工程和应当组织专家论证审查的危大工程范围；规定了专项方案的编制、审核和签字；规定了专家论证人数、完善方案和严格执行方案。该办法对于危大工程清单管理、专项方案内容、专家论证内容、组织专家论证、专家条件、专家管理、专项方案执行、违规责任等未做规定，其可操作性不强。

　　2009 年在调研基础上，住建部印发《危险性较大的分部分项工程安全管理办法》，全文共二十五条另加两个附件，围绕专项方案的编制和执行，对参建各方主体（建设单位、施工单位、监理单位、评审专家、工程建设主管部门）明确了工作要求，《办法》的系统性、针对性和可操作性大大增强。

　　从 2009 年至今，该办法已实施八年，全国各地建设行政主管部门为贯彻落实该项制度进行了探索，取得了一些成绩和经验，同时也暴露出一些问题。一条最基本的经验是：地方建设行政主管部门应当严格执行《办法》的规定，并依据本地区实际情况制定配套制度。严格执行《办法》是指：危大工程施工前必须编制专项方案，超过一定规模的必须经过专家论证；制定《办法》实施细则、专家库工作制度；建立专家库和专家诚信档案，专家库面向社会公开。配套制度是指：规范专家行为、提升专项方案论证水平和危大工程信息化管理的相关制度。存在的主要问题表现为：部分地区没有严格执行《办法》规定，在专项方案论证组织形式、专家库的建立及专家管理等方面跑偏；专项方案编制及专家论证缺乏标准；以及《办法》法律地位较低，约束力不足等。因此，适时对该办法进行修改和完善，并提升其法律地位，加大《办法》对相关各方的约束力是十分必要的。另外，政府组织引导专业技术力量制定专项方案编制技术指南或标准，并加强技术交流和培训，对于提高危大工程专项方案的编制、论证、执行和监管水平，具有十分重要的作用。

第2章 《危大工程管理办法》解读

周与诚　陈大伟　编写

2.1　目的及适用范围

为进一步规范和加强对危险性较大的分部分项工程安全管理，积极防范和遏制建筑施工生产安全事故的发生，住房和城乡建设部于2009年5月13日颁布《危险性较大的分部分项工程安全管理办法》（下称《危大工程管理办法》）。该办法内容丰富，重点解读如下。

2.1.1　对象

对象包括主体和客体。主体包括建设单位、施工单位、监理单位、评审专家、工程建设主管部门和上述单位或部门的相关人员；客体就是危大工程专项方案（识别、编制、实施）。

2.1.2　目的

为加强对危险性较大的分部分项工程安全管理，明确安全专项施工方案编制内容，规范专家论证程序，确保安全专项施工方案实施，积极防范和遏制建筑施工生产安全事故的发生。

2.1.3　范围

房屋建筑和市政基础设施工程（以下简称"建筑工程"）的新建、改建、扩建、装修和拆除等建筑安全生产活动及安全管理。

2.2　危大工程的定义及范围

2.2.1　定义

危大工程是"危险性较大的分部分项工程"的简称，危险性较大分部分项工程是指建筑工程在施工过程中存在的、可能导致作业人员群死群伤或造成重大不良社会影响的分部分项工程。

2.2.2　范围

序号	危险性较大的分部分项工程范围		超过一定规模的危险性较大的分部分项工程范围
一	基坑支护、降水工程	开挖深度超过3m（含3m）或虽未超过3m但地质条件和周边环境复杂的基坑（槽）支护、降水工程	（一）深基坑工程中开挖深度超过5m（含5m）的基坑（槽）的土方支护、降水工程。 （二）深基坑工程中开挖深度虽未超过5m，但地质条件、周围环境和地下管线复杂，或影响毗邻建筑（构筑）物安全的基坑（槽）的土方支护、降水工程

陈大伟　工学博士，现任首都经济贸易大学建设安全研究中心主任，研究方向工程建设安全与风险管理。兼任：国务院安委会专家咨询委员建筑施工专业委员会专家、国家安全生产专家组建筑施工专业组副组长。

续表

序号		危险性较大的分部分项工程范围	超过一定规模的危险性较大的分部分项工程范围
二	土方开挖工程	开挖深度超过 3m（含 3m）的基坑（槽）的土方开挖工程	（一）深基坑工程中开挖深度超过 5m（含 5m）的基坑（槽）的土方开挖工程。 （二）深基坑工程中开挖深度虽未超过 5m，但地质条件、周围环境和地下管线复杂，或影响毗邻建筑（构筑）物安全的基坑（槽）的土方开挖工程
三	模板工程及支撑体系	（一）各类工具式模板工程：包括大模板、滑模、爬模、飞模等工程	（一）工具式模板工程：包括滑模、爬模、飞模工程
		（二）混凝土模板支撑工程：	（二）混凝土模板支撑工程：
		1. 搭设高度 5m 及以上	1. 搭设高度 8m 及以上
		2. 搭设跨度 10m 及以上	2. 搭设跨度 18m 及以上
		3. 施工总荷载 10kN/m² 及以上	3. 施工总荷载 15kN/m² 及以上
		4. 集中线荷载 15kN/m 及以上	4. 集中线荷载 20kN/m 及以上
		5. 高度大于支撑水平投影宽度且相对独立无联系构件的混凝土模板支撑工程	
		（三）承重支撑体系：用于钢结构安装等满堂支撑体系	（三）承重支撑体系：用于钢结构安装等满堂支撑体系，承受单点集中荷载 700kg 及以上
四	起重吊装及安装拆卸工程	（一）采用非常规起重设备、方法，且单件起吊重量在 10kN 及以上的起重吊装工程 （二）采用起重机械进行安装的工程 （三）起重机械设备自身的安装、拆卸	（一）采用非常规起重设备、方法，且单件起吊重量在 100kN 及以上的起重吊装工程。 （二）起重量 300kN 及以上的起重设备安装工程；高度 200m 及以上内爬起重设备的拆除工程
五	脚手架工程	（一）搭设高度 24m 及以上的落地式钢管脚手架工程	（一）搭设高度 50m 及以上落地式钢管脚手架工程
		（二）附着式整体和分片提升脚手架工程	（二）提升高度 150m 及以上附着式整体和分片提升脚手架工程
		（三）悬挑式脚手架工程	（三）架体高度 20m 及以上悬挑式脚手架工程
		（四）吊篮脚手架工程	
		（五）自制卸料平台、移动操作平台工程	
		（六）新型及异型脚手架工程	
六	拆除、爆破工程	（一）建筑物、构筑物拆除工程 （二）采用爆破拆除的工程	（一）采用爆破拆除的工程。（二）码头、桥梁、高架、烟囱、水塔或拆除中容易引起有毒有害气（液）体或粉尘扩散、易燃易爆事故发生的特殊建、构筑物的拆除工程。（三）可能影响行人、交通、电力设施、通讯设施或其他建、构筑物安全的拆除工程。（四）文物保护建筑、优秀历史建筑或历史文化风貌区控制范围的拆除工程
七	其他	（一）建筑幕墙安装工程	（一）施工高度 50m 及以上的建筑幕墙安装工程
		（二）钢结构、网架和索膜结构安装工程	（二）跨度大于 36m 及以上的钢结构安装工程；跨度大于 60m 及以上的网架和索膜结构安装工程
		（三）人工挖扩孔桩工程	（三）开挖深度超过 16m 的人工挖孔桩工程

续表

序号	危险性较大的分部分项工程范围	超过一定规模的危险性较大的分部分项工程范围
七	其他	（四）地下暗挖、顶管及水下作业工程	（四）地下暗挖工程、顶管工程、水下作业工程
		（五）预应力工程	
		（六）采用新技术、新工艺、新材料、新设备及尚无相关技术标准的危险性较大的分部分项工程	（五）采用新技术、新工艺、新材料、新设备及尚无相关技术标准的危险性较大的分部分项工程

2.3 各方主体责任

1）建设单位工作要求

（1）在申请领取施工许可证或办理安全监督手续时，提供危险性较大的分部分项工程清单和安全管理措施；

（2）参加专家论证会；

（3）项目负责人签字认可专项方案，参加检查验收；

（4）责令施工单位停工整改，向建设主管部门报告。

2）施工单位工作要求

（1）建立危险性较大的分部分项工程安全监管制度；

（2）负责编制、审核、审批安全专项方案；

（3）负责组织专家论证会并根据论证意见修改完善安全专项方案；

（4）负责按专项方案组织施工，不得擅自修改、调整专项方案；

（5）负责对现场管理人员和作业人员进行安全技术交底；

（6）指定专人对专项方案实施情况进行现场监督和按规定进行监测；

（7）技术负责人应当定期巡查专项方案实施情况；

（8）组织有关人员进行验收；

（9）负责对建设、监理和主管部门提出问题和隐患进行整改落实。

3）监理单位工作要求

（1）建立危险性较大的分部分项工程安全监管制度；

（2）项目总监理工程师审核专项方案并签字；

（3）参加专家论证会；

（4）将危险性较大工程列入监理规划和监理实施细则；

（5）制定安全监理工作流程、方法和措施；

（6）对安全专项方案的实施情况进行现场监理，对不按方案实施的，应当责令整改，对拒不整改的，应当及时向建设单位报告；

（7）组织有关人员验收危大工程。

4）专家工作要求

专项方案经论证后，专家组应当提交论证报告，对论证的内容提出明确的意见，并在论证报告上签字。

5）建设行业主管部门工作要求

（1）按专业类别建立专家库，并公示专家名单，及时更新专家库；

（2）制定专家资格审查办法和监管制度并建立专家诚信档案；

（3）依据有关法律法规处罚违规的建设单位、施工单位和监理单位；

（4）制定实施细则。

2.4　专项施工方案编制

施工单位应当在危险性较大的分部分项工程施工前编制专项方案；对于超过一定规模的危险性较大的分部分项工程，施工单位应当组织专家对专项方案进行论证。建筑工程实行施工总承包的，专项方案应当由施工总承包单位组织编制。其中，起重机械安装拆卸工程、深基坑工程、附着式升降脚手架等专业工程实行分包的，其专项方案可由专业承包单位组织编制。

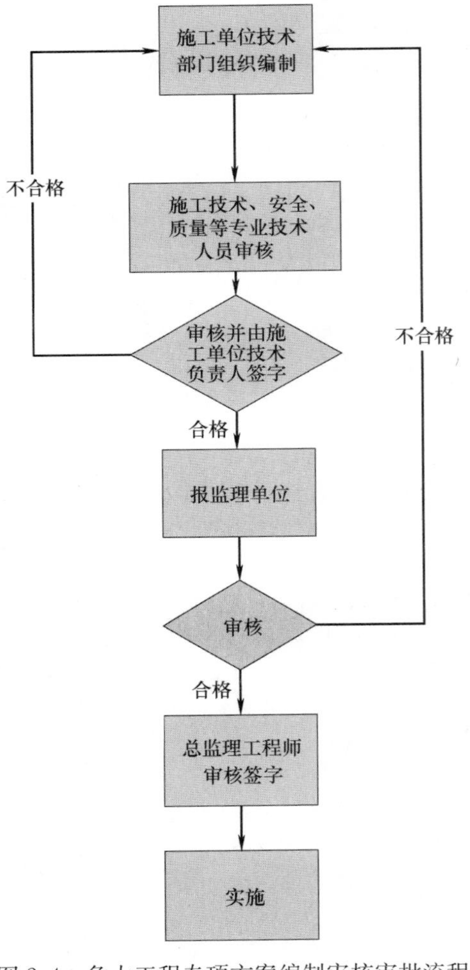

专项方案编制应当包括以下内容：

（1）工程概况：危险性较大的分部分项工程概况、施工平面布置、施工要求和技术保证条件。

（2）编制依据：相关法律、法规、规范性文件、标准、规范及图纸（国标图集）、施工组织设计等。

（3）施工计划：包括施工进度计划、材料与设备计划。

（4）施工工艺技术：技术参数、工艺流程、施工方法、检查验收等。

（5）施工安全保证措施：组织保障、技术措施、应急预案、监测监控等。

（6）劳动力计划：专职安全生产管理人员、特种作业人员等。

（7）计算书及相关图纸。

专项方案应当由施工单位技术部门组织本单位施工技术、安全、质量等部门的专业技术人员进行审核。经审核合格的，由施工单位技术负责人签字。实行施工总承包的，专项方案应当由总承包单位技术负责人及相关专业承包单位技术负责人签字。不需专家论证的专项方案，经施工单位审核合格后报监理单位，由项目总监理工程师审核签字。危大工程专项方案编制审核审批流程如图2.4所示。

图2.4　危大工程专项方案编制审核审批流程

2.5　专家论证

超过一定规模的危险性较大的分部分项工程专项方案应当由施工单位组织召开专家论

证会。实行施工总承包的，由施工总承包单位组织召开专家论证会。

下列人员应当参加专家论证会：

（1）专家组成员；

（2）建设单位项目负责人或技术负责人；

（3）监理单位项目总监理工程师及相关人员；

（4）施工单位分管安全的负责人、技术负责人、项目负责人、项目技术负责人、专项方案编制人员、项目专职安全生产管理人员；

（5）勘察、设计单位项目技术负责人及相关人员。

专家组成员应当由 5 名及以上符合相关专业要求的专家组成。本项目参建各方的人员不得以专家身份参加专家论证会。

专家论证的主要内容：

（1）专项方案内容是否完整、可行；

（2）专项方案计算书和验算依据是否符合有关标准规范；

（3）安全施工的基本条件是否满足现场实际情况。

专项方案经论证后，专家组应当提交论证报告，对论证的内容提出明确的意见，并在论证报告上签字。该报告作为专项方案修改完善的指导意见。超过一定规模的危大工程专项方案编制审核审批流程如图 2.5 所示。

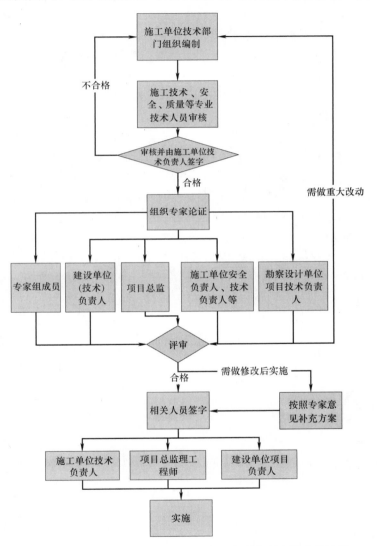

图 2.5　超过一定规模的危大工程专项方案编制审核审批流程

2.6　方案实施

施工单位应当根据论证报告修改完善专项方案，并经施工单位技术负责人、项目总监理工程师、建设单位项目负责人签字后，方可组织实施。实行施工总承包的，应当由施工总承包单位、相关专业承包单位技术负责人签字。

专项方案实施前，编制人员或项目技术负责人应当向现场管理人员和作业人员进行安全技术交底。

施工单位应当指定专人对专项方案实施情况进行现场监督和按规定进行监测。发现不按照专项方案施工的，应当要求其立即整改；发现有危及人身安全紧急情况的，应当立即组织作业人员撤离危险区域。施工单位技术负责人应当定期巡查专项方案实施情况。

监理单位应当对专项方案实施情况进行现场监理；对不按专项方案实施的，应当责令整改，施工单位拒不整改的，应当及时向建设单位报告；建设单位接到监理单位报告后，应当立即责令施工单位停工整改；施工单位仍不停工整改的，建设单位应当及时向住房城乡建设主管部门报告。

2.7 其他规定

（1）各地住房城乡建设主管部门可结合本地区实际，依照本办法制定实施细则。

（2）各地住房城乡建设主管部门应当根据本地区实际情况，制定专家资格审查办法和管理制度并建立专家诚信档案，及时更新专家库。

（3）各地住房城乡建设主管部门应当按专业类别建立专家库。专家库的专业类别及专家数量应根据本地实际情况设置。专家名单应当予以公示。

（4）专家库的专家应当具备的基本条件：诚实守信、作风正派、学术严谨；从事专业工作 15 年以上或具有丰富的专业经验；具有高级专业技术职称。

第 3 章　北京市危大工程安全监管情况介绍

周与诚　郭跃龙　张德萍　牛大伟　编写

3.1　贯彻落实危大工程安全监管制度总体情况

北京市从 1990 年代开始，基坑坍塌问题日渐突出，建设行政主管部门及工程技术人员着手研究防止基坑事故的办法。1994 年，上海市和天津市实施基坑支护方案专家评审制度，对防止基坑事故发挥了重要作用，北京市曾尝试学习借鉴上海天津的经验，但因多种原因未能实现。直到 2003 年地方标准《建筑工程施工技术管理规程》发布时，才在该规程第 10 章中列了一条，对基坑支护施工方案的管理进行了规范。2004 年，建设部印发《关于印发〈建筑施工企业安全生产管理机构设置及专职安全生产管理人员配备办法〉和〈危险性较大工程安全专项施工方案编制及专家论证审查办法〉的通知》（建质〔2004〕213 号，下称 213 号文），北京市计划制订实施细则，但随后建设部启动了修订 213 号文的调研工作，北京参与了 2006 年在上海召开的启动会，实施细则的研制发布工作被推迟。2009 年，住建部印发《危险性较大的分部分项工程安全管理办法》（建质〔2009〕87 号，下称《危大工程管理办法》），同年 11 月，北京市印发了实施细则《北京市实施〈危险性较大的分部分项工程安全管理办法〉规定》（京建施〔2009〕841 号，下称《实施〈危大工程管理办法〉规定》，详见附录 3）。

2010 年，在《实施〈危大工程管理办法〉规定》基础上，北京市住建委成立了"北京市危险性较大的分部分项工程管理领导小组"和"北京市危险性较大的分部分项工程管理领导小组办公室"（下称"危大办"），建立了"北京市危险性较大分部分项工程专家库"（下称"危大专家库"）；"危大办"制订了《北京市危险性较大分部分项工程专家库工作制度》（下称《专家库工作制度》，详见附录 4）和《北京市危险性较大分部分项工程安全专项施工方案专家论证细则》（下称《专家论证细则》）。2011 年，北京市住建委印发《北京市轨道交通建设工程专家管理办法》（京建法〔2011〕23 号，下称《轨道交通专家管理办法》，详见附录 5）；"领导小组"发布《北京市危险性较大分部分项工程专家库专家的考评和诚信档案管理办法》（下称《专家考评与诚信档案管理办法》，详见附录 6）。2012 年北京市住建委印发《北京市危险性较大的分部分项工程安全动态管理办法》（京建法〔2012〕1 号，下称《动态管理办法》，详见附录 7），并建立了"危险性较大的分部分项工程安全动态管理平台"（下称"动态管理平台"）。2014 年，北京市住建委组织专家开展专项方案论证标准和关键节点识别研究，并将研究成果应用于修订《专家论证细则》之中。2015 年，实行《专家论证细则》（2015 版），详见附录 8，实现了专项方案编制及专家论证工作的标准化。

3.2　印发《实施〈危大工程管理办法〉规定》

北京市自 20 世纪 90 年代开始研究基坑安全管理措施，2006 年参与了建设部修订 213 号文的调研工作。有了这些基础，北京的实施细则发布较快，2009 年 5 月《危大工程管理办法》发布，北京的实施细则就开始征求意见，并于同年 11 月印发了《实施〈危大工程管理办法〉规定》。

《实施〈危大工程管理办法〉规定》主要内容除《危大工程管理办法》内容之外，设立了危大工程的管理机构、明确了专家库的建立和管理程序、细化了专家论证结论的形式和内容，使得《危大工程管理办法》更具可操作性。具体细化的内容包括：

1）第九条至第十一条设立了危大工程领导小组及办公室，明确了职责任务。

2）第十二条将危大工程分为岩土工程、模架工程、吊装及拆卸工程、爆破及拆除工程四个专业，并分别设立专家库。

3）第十三条至第十八条明确专家库建立方式、程序、任期，规定专家的权利义务和责任。

4）第十九条规定由领导小组办公室建立超过一定规模的危大工程专项方案档案，并跟踪其执行情况。

5）第二十条至第二十三条规定了专家组的构成、预审方案、论证报告的形式及要求、资料存档等。

3.3　规范专家论证行为

为规范专家行为，"危大办"制订了《专家库工作制度》和《专家论证细则》。《专家工作制度》明确了专家入、出库的程序，规定了专家的权利和义务。《专家论证细则》则是专家参与专项方案论证活动时的技术规则。

《专家工作制度》共十条，主要内容：依据、领导小组和办公室职责、专业分类、专家聘任方式和程序、专家任期、专家责权利、组长的权利和义务等。

《专家论证细则》分通用部分和专业技术部分，通用部分包含总则、程序和纪律，适用于专家库内的四个专业；专业技术部分包括岩土工程、模架工程、起重与吊装拆卸工程、拆除与爆破工程四个专业技术评审细则。各专业技术论证部分均包括符合性论证和实质性论证。

《专家论证细则》是做好专项方案编制及专家论证工作的基础，并具有较高的技术含量。自 213 号文实施后，北京市危大工程专项方案的编制及专家论证工作在探索中逐步开展。当时的情况是：一方面，各施工单位依据规范和经验编制的专项方案，内容不统一，编制深度不一致，水平参差不齐；另一方面，专家也是依据自己的经验论证方案，专家水平及把握尺度相差较大；专项方案编制及专家论证都不规范。2009 年，北京市印发《实施〈危大工程管理办法〉规定》，为指导施工单位编制专项方案，规范专家论证内容，"危大办"组织四个专业的知名专家，在深入研究专业技术标准的基础上，结合北京地区的实际情况，编写出简明扼要的《专家论证细则》。

经过几年专项方案编制及专家论证实践活动，我们发现了更深层次的问题，需要设法解决。按照《实施〈危大工程管理办法〉规定》，专家论证结论统一为："通过"、"不通过"或"修改后通过"。应该说，这样的论证结论较此前的"基本可行"、"总体可行"、"在精心施工的前提下是安全的"等类的论证结论要明确得多。但问题是：在什么情况下论证结论为"不通过"？什么情况下论证结论为"修改后通过"？什么情况下论证结论为"通过"？有的方案编制质量很差，问题很多，专家提出了很多条修改意见，相当于要重新编制方案，但最后的论证结论可能是"修改后通过"，甚至可能是"通过"。由于"照顾面子"等多方面的原因，论证结论很少出现"不通过"的。也有一些专家，或水平不高看不出问题，或不认真查看，对存在明显缺陷的方案，论证结论为"通过"。针对这些问题，北京市住建委 2014 年建立课题，研究"不通过"、"修改后通过"和"通过"的判定标准。经过 24 位专家一年的研究，制订了基于四个专业共计 29 种施工方法的专项方案论证结论"不通过"、"修改后通过"、"通过"及关键节点的判定标准，形成了 2015 版的《专家论证细则》。

3.4　危大工程管理信息化

3.4.1　动态管理办法

《动态管理办法》与"动态管理平台"是北京市危大工程管理特色。为了将专家资源从服务于专项方案制订环节延伸至施工环节，以及实现危大工程管理信息化，更加有效地防止发生危大工程事故，北京市住建委印发了《动态管理办法》。主要内容包括：

（1）建立了"动态管理平台"。规定危大工程的认定、抽取专家、方案上传、专家预审方案、专家论证会、论证结论上传与确认、方案实施情况上传、专家跟踪及结论等均应通过"动态管理平台"进行。

（2）确立了视频论证会和专家电子签名的合规性。规定组织单位可以采用远程视频会议的方式召开专家论证会，专家论证报告可采用电子签名。

（3）规定了论证结论为"修改后通过"的处理方式。规定论证结论为"修改后通过"的，专家组长须对修改后的专项方案再次填写审查意见，该意见作为监理单位是否批准开工的参考依据。

（4）实行危大工程专项方案执行情况月报制度。要求施工单位每月 1 日至 5 日登录"动态管理平台"填写上月专项方案的实施情况，并应向专家提供能够判断工程安全状况的文字说明、相关数据和照片。

（5）实行专家跟踪专项方案执行情况制度。要求专家组长（或专家组长指定的专家）应当自专项方案实施之日起每月跟踪一次，在"动态管理平台"上填写信息跟踪报告。当工程项目施工至关键节点时，还应对专项方案的实施情况进行现场检查，指出存在的问题，并根据检查情况对工程安全状态做出判断，填写信息跟踪报告。

（6）设立专家免责条款。规定专家的论证工作和跟踪工作不替代施工单位日常质量安全管理工作职责。施工单位对危险性较大的分部分项工程专项方案的实施负安全和质量责任。

3.4.2　"动态管理平台"

"动态管理平台"是基于计算机和网络技术，服务于危大工程管理的信息平台。施工单位、专家和建设行政主管部门通过平台实现管理目标。施工单位通过该平台抽取专家、上传方案、上传论证结论、上传施工月报、组织视频专家论证会等，图 3.4-1 为施工单位操作界面截图；专家预审方案、提出预审意见、确认论证结论、上传跟踪及结论等，图 3.4-2 为专家跟踪专项方案执行情况操作界面截图；建设行政主管部门适时查看辖区内危大工程专项方案论证情况及执行情况，以便采取针对性监管措施等，图 3.4-3 为建设行政主管部门操作界面截图。"动态管理平台"信息化目标是：全面、及时、准确。

图 3.4-1 施工单位操作界面截图

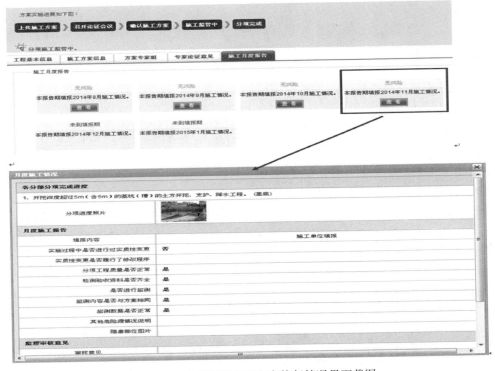

图 3.4-2 专家跟踪专项方案执行情况界面截图

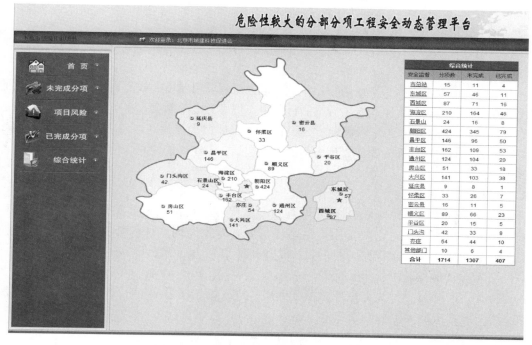

图 3.4-3　建设行政主管部门操作界面截图

3.4.3　"动态管理平台"运行状况

"动态管理平台"自 2012 年 8 月正式运行以来，基本达到了建立平台的目的，取得了较好的效果。主要表现在：

（1）方便了施工单位专项方案上传和专家跟踪，提高了方案上传率和专家跟踪质量。表 3.4 为 2013 年至 2016 年 9 月平台上专项方案数量、参与论证专家人数、被跟踪方案数量及跟踪专家人数。据 2015 和 2016 年基坑抽查结果显示，平台上传率分别达到 60.7％和 86％。专家通过跟踪及时发现安全隐患 2013、2014 和 2015 年分别为 14、11 和 3 处。

2013 年至 2016 年 9 月平台上方案及专家跟踪情况表　　　　　　　　表 3.4

序号	年度	论证方案（个）	论证专家（名）	施工单位（家）	跟踪工程（项）	跟踪专家（名）
1	2013 年	1526	767	281	836	118
2	2014 年	1539	785	290	927	133
3	2015 年	1461	766	318	818	108
4	2016 年（截至 9 月底）	1021	629	255	1297（含 15 年未完工）	112
总计		5547	2947	1144	2581	471

（2）有利于管理方及时掌握辖区内危大工程进展情况。

市（区）建委可随时了解本辖区内危大工程数量、各项工程的形象进度及其安全状态；亦可进一步查询项目的专项方案及专家论证、跟踪等信息；还可以做一些初步统计分析工作。监督机构开展专项检查之前查看平台项目情况，可提高监督工作的针对性和工作效率。

3.5　专家库和专家管理

3.5.1　专家库的管理

专家库是危大工程监管制度运行的基础。危大工程监管制度的核心内容就是以制度化的方式将专家资源纳入危大工程专项方案制订之中，把好方案编制关，避免安全隐患流入施工环节。《危大工程管理办法》明确地方建设行政主管部门主导建立专家库及专家诚信档案，并向社会公开。北京市在专家库管理方面的工作包括：专家库的建立、使用和换届，专家考评等。

3.5.2　专家库的建立

《实施〈危大工程管理办法〉规定》规定专家库专家可采取申请聘任和特邀聘任两种形式，但在具体实施上，主要采用申请聘任形式，专家库向全体专业技术人员开放，公开、公平、透明。专家库建立程序：发布公开征集通知（附件7）——初选——资格评审——公示——颁发聘书（组长配专用章）。

至2016年11月，危大专家库已换了两届，进入第三届第一年。每届专家库专家情况见表3.5-1北京市危大工程专家库专家表。

北京市危大工程专家库专家表

表 3.5-1

	岩土工程	模架工程	拆卸安装工程	拆除与爆破工程	合计
第一届	525	440	77	24	1066
第二届	703	404	65	26	1198
第三届	790	437	62	21	1310

3.5.3　专家库的使用

专家库在市住建委官网（http：//www.bjjs.gov.cn/publish/portal0/tab1777/）向社会公开，供相关单位和个人查询或抽取专家。

（1）查询。按上述网址（或市住建委官网首页→查询中心→其他查询→北京市危险性较大的分部分项工程专家库）进入专家库，可按专业类别、姓名或证书编号查询，其中专业类别从下拉菜单中点选，如图3.5-1所示。

图 3.5-1　危大专家库查询图

（2）施工单位抽取专家。施工单位组织专项方案论证之前，须组建专家组，专家从专家库中抽取，专家库内查询不到的工程技术人员不得以专家身份参加专项方案论证会。

3.5.4　专家考评

专家考评依据《专家考评与诚信档案管理办法》。"危大办"每年对所有库内专家定量考评一次，由业绩、继续教育、加分和减分四项累积而成，其中业绩分包括方案论证和方案执行跟踪，满分为各 40 分；继续教育满分为 20 分；加分项包括危大工程现场检查、抢险、编制规范等三项，每项加 4 分～5 分；减分项目包括违规参加专项方案论证、未跟踪专项方案执行、未审查出专项方案中安全隐患、论证后发生事故、受到处罚等五项，每项/次罚 0.5 分～50 分。考评分数计入专家诚信档案，并作为换届时是否续聘的依据。

3.5.5　换届工作

换届是保持专家库活力、优化专家资源的重要措施。到目前为止，"危大专家库"和"轨道交通专家库"分别于 2013 年和 2016 年完成了两次换届。按照淘汰率不低于 15% 和末位淘汰原则，确定续聘和淘汰专家名单，并增选符合条件的专家入库。每届淘汰和增选一次，期间原则上不做增减。换届淘汰和增选情况见表 3.5-2 和表 3.5-3。

危大专家库和轨道交通专家库 2013 年第一次换届情况表　　表 3.5-2

	第一届专家人数	淘汰人数	增补人数	第二届专家人数
危大库	1066	183	315	1198
轨道库	862	114	149	897
合计	1928	297	464	2095

危大专家库和轨道交通专家库 2016 年第二次换届情况表　　表 3.5-3

	第二届专家人数	淘汰人数	增补人数	第三届专家人数
危大库	1198	175	287	1310
轨道库	897	190	119	826
合计	2095	365	406	2136

3.6　取得的效果

北京市在危大工程管理方面的探索和实践取得了较好的效果。主要表现在以下几个方面：

（1）危大工程事故明显减少。北京市自 2008 年之后基本没有发生重大基坑塌方事故，而此前每年都有 2、3 起影响很大的事故，如东直门基坑塌方事故、熊猫环岛地铁基坑塌方事故、苏州街地铁暗挖塌方事故、京广桥地铁隧道塌方事故、空间中心车库基坑塌方事故等。2012 年至 2016 年 10 月，基本没有出现重大基坑险情。模架工程、起重与吊装拆卸工程、拆除与爆破工程等危大工程事故也大幅减少。

（2）建立了一套较完善的制度。北京市在住建部《危大工程管理办法》基础上，围绕专项方案编制、专家论证、专项方案实施、专家库管理等先后印发了《实施〈危大工程管理办法〉规定》、《轨道交通专家管理办法》和《动态管理办法》三个文件；"危大办"和"领导小组"分别制订了《专家库工作制度》、《专家论证细则》和《专家考评与诚信档案管理办法》三项制度。使得危大工程监管制度的各参与方均有章可循，职责明确。

（3）探索出一种新的组织形式。北京市采取政府主导、社会力量广泛参与的方式开展危大工程监管工作。市住建委和市重大办负责制定规则，专家库面向社会征集，并委托社会团体——北京城建科技促进会组织实施。市住建委以政府购买服务方式，通过签订服务合同明确双方职责。自2010年以来，危大工程监管顺畅、成果丰硕的实践表明这种新的组织形式是成功的。

（4）组织和培训了一个全国最大的专家群体。北京市2010年建立"危大专家库"，2012年建立"轨道交通专家库"，两库专家总数约2100名，去除重叠部分后，专家人数约1600人。据2013年后"动态管理平台"统计数据表明：每年约800名专家参与了约1500项专项方案论证，约120名专家组长参与了专项方案实施情况跟踪。这个专家群体通过多年有序参与学习、交流、方案论证及指导实践活动，技术水平和指导能力有了很大提高，他们中的不少专家不仅服务于北京建设工程，也服务于全国各地建设工程。

（5）相关单位的技术和管理水平明显提高。按照住建部《危大工程管理办法》规定，专项方案论证会由施工单位组织，监理单位、勘察设计单位、建设单位参加。论证会上，专家组（不少于5位）与这些单位的技术人员、管理人员就某个具体危大工程的施工方案进行讨论、评议，指出方案中的不足之处，并提出改进措施。可以说，每一次认真的专项方案论证会都是一次针对性极强的技术交流会、培训会。事实上，业内技术人员普遍认为，通过参加专项方案专家论证会，开阔了眼界，丰富了经验，提升了能力，专项方案的编制水平及监督落实能力都有了很大提高。

附录1

关于印发《建筑施工企业安全生产管理机构设置及专职安全生产管理人员配备办法》和《危险性较大工程安全专项施工方案编制及专家论证审查办法》的通知

建质〔2004〕213号

各省、自治区建设厅、直辖市建委，江苏省、山东省建管局，新疆生产建设兵团建设局：

现将《建筑施工企业安全生产管理机构设置及专职安全生产管理人员配备办法》和《危险性较大工程安全专项施工方案编制及专家论证审查办法》印发给你们，请结合实际，贯彻执行。

中华人民共和国建设部
二〇〇四年十二月一日

建筑施工企业安全生产管理机构设置及专职安全生产管理人员配备办法

第一条　为规范建筑施工企业和建设工程项目安全生产管理机构的设置及专职安全生产管理人员的配置工作，根据《建设工程安全生产管理条例》，制定本办法。

第二条　本办法适用于土木工程、建筑工程、线路管道和设备安装工程及装修工程的新建、改建、扩建和拆除等活动。

第三条　安全生产管理机构是指建筑施工企业及其在建设工程项目中设置的负责安全生产管理工作的独立职能部门。

建筑施工企业所属的分公司、区域公司等较大的分支机构应当各自独立设置安全生产管理机构，负责本企业（分支机构）的安全生产管理工作。建筑施工企业及其所属分公司、区域公司等较大的分支机构必须在建设工程项目中设立安全生产管理机构。

安全生产管理机构的职责主要包括：落实国家有关安全生产法律法规和标准、编制并适时更新安全生产监管制度、组织开展全员安全教育培训及安全检查等活动。

第四条　专职安全生产管理人员是指经建设主管部门或者其他有关部门安全生产考核合格，并取得安全生产考核合格证书在企业从事安全生产管理工作的专职人员，包括企业安全生产管理机构的负责人及其工作人员和施工现场专职安全生产管理人员。

企业安全生产管理机构负责人依据企业安全生产实际，适时修订企业安全生产规章制度，调配各级安全生产管理人员，监督、指导并评价企业各部门或分支机构的安全生产管理工作，配合有关部门进行事故的调查处理等。

企业安全生产管理机构工作人员负责安全生产相关数据统计、安全防护和劳动保护用品配备及检查、施工现场安全督查等。

施工现场专职安全生产管理人员负责施工现场安全生产巡视督查，并做好记录。发现现场存在安全隐患时，应及时向企业安全生产管理机构和工程项目经理报告；对违章指挥、违章操作的，应立即制止。

第五条　建筑施工总承包企业安全生产管理机构内的专职安全生产管理人员应当按企业资质类别和等级足额配备，根据企业生产能力或施工规模，专职安全生产管理人员人数至少为：

（一）集团公司——1人/百万平方米·年（生产能力）或每十亿施工总产值·年，且不少于4人。

（二）工程公司（分公司、区域公司）——1人/十万平方米·年（生产能力）或每一亿施工总产值·年，且不少于3人。

（三）专业公司——1人/十万平方米·年（生产能力）或每一亿施工总产值·年，且不少于3人。

（四）劳务公司——1人/五十名施工人员，且不少于2人。

第六条　建设工程项目应当成立由项目经理负责的安全生产管理小组，小组成员应包括企业派驻到项目的专职安全生产管理人员，专职安全生产管理人员的配置为：

（一）建筑工程、装修工程按照建筑面积：

1. 1万平方米及以下的工程至少1人；

2. 1万～5万平方米的工程至少2人；

3. 5万平方米以上的工程至少3人，应当设置安全主管，按土建、机电设备等专业设置专职安全生产管理人员。

（二）土木工程、线路管道、设备按照安装总造价：

1. 5000万元以下的工程至少1人；

2. 5000万～1亿元的工程至少2人；

3. 1亿元以上的工程至少3人，应当设置安全主管，按土建、机电设备等专业设置专职安全生产管理人员。

第七条　工程项目采用新技术、新工艺、新材料或致害因素多、施工作业难度大的工程项目，施工现场专职安全生产管理人员的数量应当根据施工实际情况，在第六条规定的配置标准上增配。

第八条 劳务分包企业建设工程项目施工人员 50 人以下的，应当设置 1 名专职安全生产管理人员；50 人～200 人的，应设 2 名专职安全生产管理人员；200 人以上的，应根据所承担的分部分项工程施工危险实际情况增配，并不少于企业总人数的 5‰。

第九条 施工作业班组应设置兼职安全巡查员，对本班组的作业场所进行安全监督检查。

第十条 国务院铁路、交通、水利等有关部门和各地可依照本办法制定实施细则。有关部门已有规定的，从其规定。

第十一条 本办法由建设部负责解释。

危险性较大工程安全专项施工方案编制及专家论证审查办法

第一条 为加强建设工程项目的安全技术管理，防止建筑施工安全事故，保障人身和财产安全，依据《建设工程安全生产管理条例》，制定本办法。

第二条 本办法适用于土木工程、建筑工程、线路管道和设备安装工程及装修工程的新建、改建、扩建和拆除等活动。

第三条 危险性较大工程是指依据《建设工程安全生产管理条例》第二十六条所指的七项分部分项工程，并应当在施工前单独编制安全专项施工方案。

（一）基坑支护与降水工程

基坑支护工程是指开挖深度超过 5m（含 5m）的基坑（槽）并采用支护结构施工的工程；或基坑虽未超过 5m，但地质条件和周围环境复杂、地下水位在坑底以上等工程。

（二）土方开挖工程

土方开挖工程是指开挖深度超过 5m（含 5m）的基坑、槽的土方开挖。

（三）模板工程

各类工具式模板工程，包括滑模、爬模、大模板等；水平混凝土构件模板支撑系统及特殊结构模板工程。

（四）起重吊装工程

（五）脚手架工程

1. 高度超过 24m 的落地式钢管脚手架；

2. 附着式升降脚手架，包括整体提升与分片式提升；

3. 悬挑式脚手架；

4. 门形脚手架；

5. 挂脚手架；

6. 吊篮脚手架；

7. 卸料平台。

（六）拆除、爆破工程

采用人工、机械拆除或爆破拆除的工程。

（七）其他危险性较大的工程

1. 建筑幕墙的安装施工；

2. 预应力结构张拉施工；

3. 隧道工程施工；

4. 桥梁工程施工（含架桥）；

5. 特种设备施工；

6. 网架和索膜结构施工；

7. 6m 以上的边坡施工；

8. 大江、大河的导流、截流施工；

9. 港口工程、航道工程；

10. 采用新技术、新工艺、新材料，可能影响建设工程质量安全，已经行政许可，尚无技术标准的施工。

第四条　安全专项施工方案编制审核

建筑施工企业专业工程技术人员编制的安全专项施工方案，由施工企业技术部门的专业技术人员及监理单位专业监理工程师进行审核，审核合格，由施工企业技术负责人、监理单位总监理工程师签字。

第五条　建筑施工企业应当组织专家组进行论证审查的工程

（一）深基坑工程

开挖深度超过 5m（含 5m）或地下室三层以上（含三层），或深度虽未超过 5m（含 5m），但地质条件和周围环境及地下管线极其复杂的工程。

（二）地下暗挖工程

地下暗挖及遇有溶洞、暗河、瓦斯、岩爆、涌泥、断层等地质复杂的隧道工程。

（三）高大模板工程

水平混凝土构件模板支撑系统高度超过 8m，或跨度超过 18m，施工总荷载大于 $10kN/m^2$，或集中线荷载大于 15kN/m 的模板支撑系统。

（四）30m 及以上高空作业的工程

（五）大江、大河中深水作业的工程

（六）城市房屋拆除爆破和其他土石大爆破工程

第六条　专家论证审查

（一）建筑施工企业应当组织不少于 5 人的专家组，对已编制的安全专项施工方案进行论证审查。

（二）安全专项施工方案专家组必须提出书面论证审查报告，施工企业应根据论证审查报告进行完善，施工企业技术负责人、总监理工程师签字后，方可实施。

（三）专家组书面论证审查报告应作为安全专项施工方案的附件，在实施过程中，施工企业应严格按照安全专项方案组织施工。

第七条　国务院铁路、交通、水利等有关部门和各地可依照本办法制定实施细则。

第八条　本办法由建设部负责解释。

附录 2

关于印发《危险性较大的分部分项工程安全管理办法》的通知

建质〔2009〕87 号

各省、自治区住房和城乡建设厅，直辖市建委，江苏省、山东省建管局，新疆生产建设兵团建设局，中央管理的建筑企业：

为进一步规范和加强对危险性较大的分部分项工程安全管理，积极防范和遏制建筑施工生产安全事故的发生，我们组织修订了《危险性较大的分部分项工程安全管理办法》，现印发给你们，请遵照执行。

中华人民共和国住房和城乡建设部

二〇〇九年五月十三日

危险性较大的分部分项工程安全管理办法

第一条　为加强对危险性较大的分部分项工程安全管理，明确安全专项施工方案编制内容，规范专家论证程序，确保安全专项施工方案实施，积极防范和遏制建筑施工生产安全事故的发生，依据《建设工程安全生产管理条例》及相关安全生产法律法规制定本办法。

第二条　本办法适用于房屋建筑和市政基础设施工程（以下简称"建筑工程"）的新建、改建、扩建、装修和拆除等建筑安全生产活动及安全管理。

第三条　本办法所称危险性较大的分部分项工程是指建筑工程在施工过程中存在的、可能导致作业人员群死群伤或造成重大不良社会影响的分部分项工程。危险性较大的分部分项工程范围见附件一。

危险性较大的分部分项工程安全专项施工方案（以下简称"专项方案"），是指施工单位在编制施工组织（总）设计的基础上，针对危险性较大的分部分项工程单独编制的安全技术措施文件。

第四条　建设单位在申请领取施工许可证或办理安全监督手续时，应当提供危险性较大的分部分项工程清单和安全管理措施。施工单位、监理单位应当建立危险性较大的分部分项工程安全监管制度。

第五条　施工单位应当在危险性较大的分部分项工程施工前编制专项方案；对于超过一定规模的危险性较大的分部分项工程，施工单位应当组织专家对专项方案进行论证。超过一定规模的危险性较大的分部分项工程范围见附件二。

第六条　建筑工程实行施工总承包的，专项方案应当由施工总承包单位组织编制。其中，起重机械安装拆卸工程、深基坑工程、附着式升降脚手架等专业工程实行分包的，其专项方案可由专业承包单位组织编制。

第七条　专项方案编制应当包括以下内容：

（一）工程概况：危险性较大的分部分项工程概况、施工平面布置、施工要求和技术保证条件。

（二）编制依据：相关法律、法规、规范性文件、标准、规范及图纸（国标图集）、施工组织设计等。

（三）施工计划：包括施工进度计划、材料与设备计划。

（四）施工工艺技术：技术参数、工艺流程、施工方法、检查验收等。

（五）施工安全保证措施：组织保障、技术措施、应急预案、监测监控等。

（六）劳动力计划：专职安全生产管理人员、特种作业人员等。

（七）计算书及相关图纸。

第八条　专项方案应当由施工单位技术部门组织本单位施工技术、安全、质量等部门的专业技术人员进行审核。经审核合格的，由施工单位技术负责人签字。实行施工总承包的，专项方案应当由总承包单位技术负责人及相关专业承包单位技术负责人签字。

不需专家论证的专项方案，经施工单位审核合格后报监理单位，由项目总监理工程师审核签字。

第九条　超过一定规模的危险性较大的分部分项工程专项方案应当由施工单位组织召开专家论证会。实行施工总承包的，由施工总承包单位组织召开专家论证会。

下列人员应当参加专家论证会：

（一）专家组成员；

（二）建设单位项目负责人或技术负责人；

（三）监理单位项目总监理工程师及相关人员；

（四）施工单位分管安全的负责人、技术负责人、项目负责人、项目技术负责人、专项方案编制人员、项目专职安全生产管理人员；

（五）勘察、设计单位项目技术负责人及相关人员。

第十条　专家组成员应当由5名及以上符合相关专业要求的专家组成。

本项目参建各方的人员不得以专家身份参加专家论证会。

第十一条　专家论证的主要内容：

（一）专项方案内容是否完整、可行；

（二）专项方案计算书和验算依据是否符合有关标准规范；

（三）安全施工的基本条件是否满足现场实际情况。

专项方案经论证后，专家组应当提交论证报告，对论证的内容提出明确的意见，并在论证报告上签字。该报告作为专项方案修改完善的指导意见。

第十二条　施工单位应当根据论证报告修改完善专项方案，并经施工单位技术负责人、项目总监理工程师、建设单位项目负责人签字后，方可组织实施。

实行施工总承包的，应当由施工总承包单位、相关专业承包单位技术负责人签字。

第十三条　专项方案经论证后需做重大修改的，施工单位应当按照论证报告修改，并重新组织专家进行论证。

第十四条　施工单位应当严格按照专项方案组织施工，不得擅自修改、调整专项方案。

如因设计、结构、外部环境等因素发生变化确需修改的，修改后的专项方案应当按本办法第八条重新审核。对于超过一定规模的危险性较大工程的专项方案，施工单位应当重新组织专家进行论证。

第十五条　专项方案实施前，编制人员或项目技术负责人应当向现场管理人员和作业人员进行安全技术交底。

第十六条　施工单位应当指定专人对专项方案实施情况进行现场监督和按规定进行监测。发现不按照专项方案施工的，应当要求其立即整改；发现有危及人身安全紧急情况的，应当立即组织作业人员撤离危险区域。

施工单位技术负责人应当定期巡查专项方案实施情况。

第十七条　对于按规定需要验收的危险性较大的分部分项工程，施工单位、监理单位应当组织有关人员进行验收。验收合格的，经施工单位项目技术负责人及项目总监理工程师签字后，方可进入下一道工序。

第十八条 监理单位应当将危险性较大的分部分项工程列入监理规划和监理实施细则，应当针对工程特点、周边环境和施工工艺等，制定安全监理工作流程、方法和措施。

第十九条 监理单位应当对专项方案实施情况进行现场监理；对不按专项方案实施的，应当责令整改，施工单位拒不整改的，应当及时向建设单位报告；建设单位接到监理单位报告后，应当立即责令施工单位停工整改；施工单位仍不停工整改的，建设单位应当及时向住房城乡建设主管部门报告。

第二十条 各地住房城乡建设主管部门应当按专业类别建立专家库。专家库的专业类别及专家数量应根据本地实际情况设置。

专家名单应当予以公示。

第二十一条 专家库的专家应当具备以下基本条件：

（一）诚实守信、作风正派、学术严谨；

（二）从事专业工作 15 年以上或具有丰富的专业经验；

（三）具有高级专业技术职称。

第二十二条 各地住房城乡建设主管部门应当根据本地区实际情况，制定专家资格审查办法和监管制度并建立专家诚信档案，及时更新专家库。

第二十三条 建设单位未按规定提供危险性较大的分部分项工程清单和安全管理措施，未责令施工单位停工整改的，未向住房城乡建设主管部门报告的；施工单位未按规定编制、实施专项方案的；监理单位未按规定审核专项方案或未对危险性较大的分部分项工程实施监理的；住房城乡建设主管部门应当依据有关法律法规予以处罚。

第二十四条 各地住房城乡建设主管部门可结合本地区实际，依照本办法制定实施细则。

第二十五条 本办法自颁布之日起实施。原《关于印发〈建筑施工企业安全生产管理机构设置及专职安全生产管理人员配备办法〉和〈危险性较大工程安全专项施工方案编制及专家论证审查办法〉的通知》（建质〔2004〕213 号）中的《危险性较大工程安全专项施工方案编制及专家论证审查办法》废止。

附件一：危险性较大的分部分项工程范围

附件二：超过一定规模的危险性较大的分部分项工程范围

附件一

危险性较大的分部分项工程范围

一、基坑支护、降水工程

开挖深度超过 3m（含 3m）或虽未超过 3m 但地质条件和周边环境复杂的基坑（槽）支护、降水工程。

二、土方开挖工程

开挖深度超过 3m（含 3m）的基坑（槽）的土方开挖工程。

三、模板工程及支撑体系

（一）各类工具式模板工程：包括大模板、滑模、爬模、飞模等工程。

（二）混凝土模板支撑工程：搭设高度 5m 及以上；搭设跨度 10m 及以上；施工总荷载 10kN/m² 及以上；集中线荷载 15kN/m² 及以上；高度大于支撑水平投影宽度且相对独

立无联系构件的混凝土模板支撑工程。

（三）承重支撑体系：用于钢结构安装等满堂支撑体系。

四、起重吊装及安装拆卸工程

（一）采用非常规起重设备、方法，且单件起吊重量在 10kN 及以上的起重吊装工程。

（二）采用起重机械进行安装的工程。

（三）起重机械设备自身的安装、拆卸。

五、脚手架工程

（一）搭设高度 24m 及以上的落地式钢管脚手架工程。

（二）附着式整体和分片提升脚手架工程。

（三）悬挑式脚手架工程。

（四）吊篮脚手架工程。

（五）自制卸料平台、移动操作平台工程。

（六）新型及异型脚手架工程。

六、拆除、爆破工程

（一）建筑物、构筑物拆除工程。

（二）采用爆破拆除的工程。

七、其他

（一）建筑幕墙安装工程。

（二）钢结构、网架和索膜结构安装工程。

（三）人工挖扩孔桩工程。

（四）地下暗挖、顶管及水下作业工程。

（五）预应力工程。

（六）采用新技术、新工艺、新材料、新设备及尚无相关技术标准的危险性较大的分部分项工程。

附件二

超过一定规模的危险性较大的分部分项工程范围

一、深基坑工程

（一）开挖深度超过 5m（含 5m）的基坑（槽）的土方开挖、支护、降水工程。

（二）开挖深度虽未超过 5m，但地质条件、周围环境和地下管线复杂，或影响毗邻建筑（构筑）物安全的基坑（槽）的土方开挖、支护、降水工程。

二、模板工程及支撑体系

（一）工具式模板工程：包括滑模、爬模、飞模工程。

（二）混凝土模板支撑工程：搭设高度 8m 及以上；搭设跨度 18m 及以上，施工总荷载 15kN/m² 及以上；集中线荷载 20kN/m² 及以上。

（三）承重支撑体系：用于钢结构安装等满堂支撑体系，承受单点集中荷载 700kg 以上。

三、起重吊装及安装拆卸工程

（一）采用非常规起重设备、方法，且单件起吊重量在 100kN 及以上的起重吊装工程。

（二）起重量 300kN 及以上的起重设备安装工程；高度 200m 及以上内爬起重设备的拆除工程。

四、脚手架工程

（一）搭设高度 50m 及以上落地式钢管脚手架工程。

（二）提升高度 150m 及以上附着式整体和分片提升脚手架工程。

（三）架体高度 20m 及以上悬挑式脚手架工程。

五、拆除、爆破工程

（一）采用爆破拆除的工程。

（二）码头、桥梁、高架、烟囱、水塔或拆除中容易引起有毒有害气（液）体或粉尘扩散、易燃易爆事故发生的特殊建、构筑物的拆除工程。

（三）可能影响行人、交通、电力设施、通信设施或其他建、构筑物安全的拆除工程。

（四）文物保护建筑、优秀历史建筑或历史文化风貌区控制范围的拆除工程。

六、其他

（一）施工高度 50m 及以上的建筑幕墙安装工程。

（二）跨度大于 36m 及以上的钢结构安装工程；跨度大于 60m 及以上的网架和索膜结构安装工程。

（三）开挖深度超过 16m 的人工挖孔桩工程。

（四）地下暗挖工程、顶管工程、水下作业工程。

（五）采用新技术、新工艺、新材料、新设备及尚无相关技术标准的危险性较大的分部分项工程。

附录3

北京市实施《危险性较大的分部分项工程安全管理办法》规定

第一条　为加强危险性较大的分部分项工程安全管理，积极防范和遏制建筑施工生产安全事故的发生，根据住房和城乡建设部《危险性较大的分部分项工程安全管理办法》（建质〔2009〕87 号），并结合我市实际情况，制定本实施规定。

第二条　本市行政区域内的房屋建筑工程和市政基础设施工程（以下简称"建设工程"）的新建、改建、扩建以及装修工程和拆除工程中的危险性较大的分部分项工程安全管理，适用本规定。

第三条　危险性较大的分部分项工程及超过一定规模的危险性较大的分部分项工程范围适用住房和城乡建设部《危险性较大的分部分项工程安全管理办法》（建质〔2009〕87 号）相关规定。

第四条　北京市住房和城乡建设委员会（以下简称"市住房城乡建设委"）负责全市危险性较大的分部分项工程的安全监督管理工作，区（县）建设行政主管部门负责本辖区内危险性较大的分部分项工程的具体安全监督工作。

第五条　施工单位应当在危险性较大的分部分项工程施工前编制专项方案；对于超过一定规模的危险性较大的分部分项工程，施工单位应当组织专家对专项方案进行论证。

危险性较大的分部分项工程专项施工方案（以下简称"专项方案"），是指施工单位在编制施工组织（总）设计的基础上，针对危险性较大的分部分项工程单独编制的安全技术措施文件。

第六条　建筑工程实行施工总承包的，专项方案应当由施工总承包单位组织编制。其中，起重机械安装拆卸工程、深基坑工程、附着式升降脚手架等专业工程实行分包的，其专项方案可由专业承包单位组织编制。

第七条　专项方案应当由施工单位技术部门组织本单位施工技术、安全、质量等部门的专业技术人员进行审核，经审核合格的，由施工单位技术负责人签字。实行施工总承包的，专项方案应当由总承包单位技术负责人及相关专业承包单位技术负责人签字。

不需专家论证的专项方案，经施工单位审核合格后报监理单位，由项目总监理工程师审核签字。

第八条　超过一定规模的危险性较大的分部分项工程专项方案应当由施工单位组织召开专家论证会。实行施工总承包的，由施工总承包单位组织召开专家论证会。

第九条　市住房城乡建设委成立危险性较大的分部分项工程管理领导小组（以下简称"领导小组"），对超过一定规模的危险性较大的分部分项工程专项方案的专家论证进行管理。

领导小组组长由市住房和城乡建设委分管施工安全的主管主任担任，施工安全管理处、市建设工程安全质量监督总站、科技与村镇建设处、北京城建科技促进会为领导小组成员单位。领导小组下设办公室，办公室设在北京城建科技促进会。

第十条　领导小组的职责是组织制定专家资格审查办法和监管制度，建立专家诚信档案，审定专家的聘任或解聘，组建北京市危险性较大的分部分项工程专家库（下称"专家库"），协调处理专项方案专家论证中出现的重大争议。

第十一条　领导小组办公室应当及时完成领导小组交办的工作任务，起草专家管理工作制度，协助执法机构检查专项方案落实情况，对专家论证的专项方案实施进展情况进行跟踪管理。

第十二条　专家库分四个专业类别设置，各专业类别及对应的超过一定规模的危险性较大的分部分项工程、专家条件等见附件一。

第十三条　专家库专家采取申请聘任和特邀聘任两种形式，以申请聘任为主。申请聘任遵循下列程序：

（一）符合条件的申请人按要求填写并向领导小组办公室提交申请材料。

（二）领导小组办公室接受申请人的申请材料后，进行必要的核实，并进行初选和评审。办公室将初选通过的申请人名单在市住房城乡建设委网站上公示1周。

（三）领导小组办公室将通过评审和公示的申请人提请领导小组审定。

（四）领导小组向通过审定的专家颁发聘书。

第十四条　领导小组根据专家论证需要可直接邀请专业技术人员担任专家，并颁发聘书。

第十五条　专家库专家名单在市住房城乡建设委网上公布。专家聘用期限一般为3年，可连聘连任。

第十六条　专家享有下列权利：

（一）担任专项方案论证专家。

（二）对专项方案进行论证，提出论证意见，不受任何单位或者个人的干预。

（三）接受劳务咨询和专项检查报酬。

（四）根据论证需要调阅工程相关技术资料。

第十七条　专家负有下列义务：

（一）遵守专家论证规则和相关工作制度。

（二）客观公正、科学廉洁地进行论证。

（三）协助市和区（县）建设行政主管部门检查专项方案落实情况。

（四）参与论证的工程出现险情时，为抢险提供技术支持。

（五）对在论证过程中知悉的商业秘密，遵守保密规定。

第十八条　专家有下列情形之一，领导小组视情节轻重给予告诫、暂停或取消专家资格的处理，并予以公告：

（一）不履行专家义务。

（二）论证结论无法实施或不符合工程实际情况。

（三）论证结论无法保证工程安全。

第十九条　领导小组办公室应建立超过一定规模的危险性较大的分部分项工程的档案，并采取咨询、抽查等方式定期跟踪专项方案的实施进展情况，并向领导小组提交跟踪报告。

施工单位应如实、及时地向领导小组办公室反映情况。

第二十条　组织专家论证的施工单位应当在论证会召开前从专家库中随机抽取 5 名（或 5 名以上单数）符合相关专业要求的专家组成专家组，也可以委托领导小组办公室随机抽取专家组成专家组。

项目参建单位的人员不得作为论证专家。

第二十一条　组织专家论证的施工单位应当于论证会召开 3 天前，将需要论证的专项方案送达论证专家。专家应于论证会前预审方案。

第二十二条　专项方案经论证后，专家组应当提交"危险性较大的分部分项工程专家论证报告"（附件二），对论证的内容提出明确的意见，在论证报告上签字，并加盖论证专用章。

报告结论分三种：通过、修改后通过和不通过。报告结论为通过的，施工单位应当严格执行方案；报告结论为修改后通过的，修改意见应当明确并具有可操作性，施工单位应当按专家意见修改方案；报告结论为不通过的，施工单位应当重编方案，并重新组织专家论证。

第二十三条　论证工作结束后 7 日内，专家组组长应负责将通过论证的专项方案和专家论证报告各一份送交领导小组办公室存档。

第二十四条　市和区（县）建设行政主管部门在日常的监督抽查过程中，发现工程参建单位未按照《危险性较大的分部分项工程安全管理办法》（建质〔2009〕87 号）和本规定实施的，应责令改正，并依法处罚。

第二十五条　建设单位对施工、工程监理等单位提出不符合安全生产法律、法规和强制性标准规定要求的，依据《建设工程安全生产管理条例》，责令限期改正，处 20 万元以上 50 万元以下的罚款。

建设单位接到监理单位报告后，未立即采取措施，责令施工单位停工整改或报告住房城乡建设主管部门的，对其进行通报批评，造成严重后果的依法处理。

第二十六条　工程监理单位有下列行为之一的，依据《建设工程安全生产管理条例》，责令限期改正；逾期未改正的，责令停业整顿，并处 10 万元以上 30 万元以下的罚款；情节严重的，降低资质等级，直至吊销资质证书；造成重大安全事故，构成犯罪的，对直接责任人员，依照刑法有关规定追究刑事责任；造成损失的，依法承担赔偿责任：

（一）未对专项方案进行审查的。

（二）发现安全事故隐患未及时要求施工单位整改或者暂时停止施工的。

（三）施工单位拒不整改或者不停止施工，未及时向有关主管部门报告的。

第二十七条　施工单位在危险性较大的分部分项工程施工前，未编制专项方案，依据《建设工程安全生产管理条例》，责令限期改正；逾期未改正的，责令停业整顿，并处 10 万元以上 30 万元以下的罚款；情节严重的，降低资质等级，直至吊销资质证书；造成重大安全事故，构成犯罪的，对直接责任人员，依照刑法有关规定追究刑事责任；造成损失的，依法承担赔偿责任。

第二十八条　本规定自 2010 年 2 月 1 日起执行。

附件一：专家库专业类别、范围和专家条件

附件二：危险性较大的分部分项工程专家论证报告

附件一

专家库专业类别、范围和专家条件

序号	专业类别	超过一定规模的危险性较大的分部分项工程	专家条件	备注
1	岩土工程	1. 开挖深度超过 5m(含 5m)的基坑(槽)的土方开挖、支护、降水工程。 2. 开挖深度虽未超过 5m，但地质条件、周围环境和地下管线复杂，或影响毗邻建筑(构筑)物安全的基坑(槽)的土方开挖、支护、降水工程。 3. 开挖深度超过 16m 的人工挖孔桩工程。 4. 地下暗挖工程、顶管工程、水下作业工程。 5. 采用新技术、新工艺、新材料、新设备及尚无相关技术标准的危险性较大的分部分项工程	1. 诚实守信、作风正派、学术严谨； 2. 从事专业工作 15 年以上或具有丰富的专业经验； 3. 具有高级专业技术职称或注册岩土工程师资格； 4. 身体健康，能胜任专项方案论证工作	
2	模架工程	1. 工具式模板工程：包括滑模、爬模、飞模工程。 2. 混凝土模板支撑工程：支撑高度 8m 及以上；搭设跨度 18m 及以上，施工总荷载 15kN/m² 及以上；集中线荷载 20kN/m 及以上。 3. 承重支撑体系：用于钢结构安装等满堂支撑体系，承受单点集中荷载 700kg 以上。 4. 搭设高度 50m 及以上落地式钢管脚手架工程。 5. 提升高度 150m 及以上附着式整体和分片提升脚手架工程。 6. 架体高度 20m 及以上悬挑脚手架工程。 7. 施工高度 50m 及以上的建筑幕墙安装工程。 8. 跨度大于 36m 及以上的钢结构安装工程；跨度大于 60m 及以上的网架和索膜结构安装工程。 9. 采用新技术、新工艺、新材料、新设备及尚无相关技术标准的危险性较大的分部分项工程	1. 诚实守信、作风正派、学术严谨； 2. 从事结构施工或模架专业技术工作 15 年以上，并主持过重大工程模架方案的编制； 3. 具有高级专业技术职称； 4. 身体健康，能胜任专项方案论证工作	

序号	专业类别	超过一定规模的危险性较大的分部分项工程	专家条件	备注
3	吊装及拆卸工程	1. 采用非常规起重设备、方法，且单件起吊重量在100kN及以上的起重吊装工程。 2. 起重量300kN及以上的起重设备安装工程；高度200m及以上内爬起重设备的拆除工程。 3. 采用新技术、新工艺、新材料、新设备及尚无相关技术标准的危险性较大的分部分项工程	1. 诚实守信、作风正派、学术严谨； 2. 从事专业工作15年以上或具有丰富的专业经验； 3. 具有高级专业技术职称； 4. 身体健康，能胜任专项方案论证工作	
4	拆除、爆破工程	1. 采用爆破拆除的工程。 2. 码头、桥梁、高架、烟囱、水塔或拆除中容易引起有毒有害气（液）体或粉尘扩散、易燃易爆事故发生的特殊建、构筑物的拆除工程。 3. 可能影响行人、交通、电力设施、通信设施或其他建、构筑物安全的拆除工程。 4. 文物保护建筑、优秀历史建筑或历史文化风貌区控制范围的拆除工程。 5. 采用新技术、新工艺、新材料、新设备及尚无相关技术标准的危险性较大的分部分项工程	1. 诚实守信、作风正派、学术严谨； 2. 从事专业工作15年以上或具有丰富的专业经验； 3. 具有高级专业技术职称； 4. 身体健康，能胜任专项方案论证工作	

附件二

危险性较大的分部分项工程专家论证报告

工程名称				
总承包单位			项目负责人	
分包单位			项目负责人	
危险性较大的分部分项工程名称				

专家一览表

姓名	性别	年龄	工作单位	职务	职称	专业

专家论证意见：

（加盖论证专用章）

年 月 日

专家签名	组长： 专家：

总承包单位（盖章）：　　　　　　　　　　　　　　　年 月 日

附录 4

北京市危险性较大分部分项工程专家库工作制度

第一条　为贯彻落实住房和城乡建设部《危险性较大的分部分项工程安全管理办法》（建质〔2009〕87 号）（下称《办法》），根据《北京市实施〈危险性较大的分部分项工程安全管理办法〉规定》（京建施〔2009〕841 号），组建北京市危险性较大分部分项工程专家库（下称"专家库"），制定本工作制度。

第二条　市住房城乡建设委危险性较大分部分项工程管理领导小组（下称领导小组）负责组建专家库，决定专家库专家的聘任或解聘。领导小组办公室负责专家库的组建、更新和管理等事务工作，负责建立和管理专家诚信档案及专家培训工作。

第三条　专家库分四个专业类别，各专业类别对应的危险性较大的分部分项工程、专家条件等见附件一。

第四条　专家库专家采取申请聘任和特邀聘任两种形式，以申请聘任为主。申请聘任遵循下列程序：

（一）符合条件的申请人按要求填写并向领导小组办公室提交申请材料。

（二）领导小组办公室接受申请人的申请材料后，进行必要的核实，并进行初选和评审。办公室将初选通过的申请人名单在市住房城乡建设委网站上公示一周。

（三）领导小组办公室提通过评审和公示的申请人提请领导小组审定。

（四）领导小组向通过审定的专家颁发聘书。

（五）领导小组从聘任专家中任命若干名组长，作为专项方案论证专家组组长人选，并配发专家论证专用章。

领导小组根据专家论证需要可直接邀请专业技术人员担任专家，并颁发聘书。

第五条　专家库专家名单及联系电话在市住房城乡建设委和北京城建科技促进会网站上公布。专家任期实行动态管理，一般为三年，可连聘连任。依据工作需要，不定期聘任符合条件的专家；不定期对犯有严重错误的专家进行除名；不定期接受由于健康、工作调动或工作性质变化等原因，不宜继续任职的专家辞职；也可根据实际情况，由领导小组予以解聘；或换届时，不再聘任。

第六条　专家享有下列权利：

（一）接受聘请，担任专项方案论证专家。

（二）对专项方案进行独立论证，提出论证意见，不受任何单位或者个人的干预。

（三）接受劳务咨询和专项检查报酬。

（四）根据论证需要调阅工程相关技术资料。

（五）法律、行政法规规定的其他权利。

第七条　专家负有下列义务：

（一）遵守专家论证规则和相关工作制度。

（二）客观公正、科学廉洁地进行论证。

（三）协助市和区（县）建设行政主管部门检查专项方案落实情况。

（四）参与论证的工程出现险情时，为抢险提供技术支持。

（五）对在论证过程中知悉的商业秘密，遵守保密规定。

（六）法律、行政法规规定的其他义务。

第八条　专家组长除上述第六条、第七条权利和义务外，尚有如下权利和义务：

（一）主持专家组方案论证工作，归纳统一专家意见。

（二）在论证报告上加盖"专项方案专家论证专用章"（由领导小组办公室统一配发）。

（三）应于论证工作结束后一周内，将专家论证报告和专项方案邮寄（送）达领导小组办公室。

（四）组织专家组对所论证项目的实施情况进行跟踪，了解方案落实情况。

第九条　专家有下列情形之一，领导小组视情节轻重给予告诫、暂停或取消专家资格的处理，并予以公告：

（一）不履行专家义务。

（二）论证结论无法实施或不符合工程实际情况。

（三）论证结论无法保证工程安全。

第十条　本工作制度经领导小组批准后实施，由办公室负责解释。

附录5

北京市轨道交通建设工程专家管理办法

第一条　为加强轨道交通建设工程专家管理，规范专家论证咨询行为，积极发挥专家在轨道交通建设中的作用，推进本市轨道交通建设又好又快发展，特制定本办法。

第二条　市住房城乡建设委会同市重大项目建设指挥部办公室组建"轨道交通建设工程资深专家顾问团"（下称"轨道交通资深专家顾问团"）和"北京市轨道交通建设工程专家库"（下称"轨道交通专家库"），并对其进行管理，日常事务工作委托北京城建科技促进会负责。

第三条　轨道交通资深专家顾问团成员为60岁以上、身体健康且为北京轨道交通工程做出突出贡献的专家，由市住房城乡建设委和市重大项目建设指挥部办公室直接聘任。轨道交通资深专家顾问团主要职能：

（一）参与轨道交通线路走向决策咨询；

（二）参与重大风险工程设计、施工方案咨询；

（三）参与事故调查、应急抢险、技术交流等工作；

（四）参与城市轨道交通工程法规文件、标准规范编制和审查工作；

（五）参与城市轨道交通工程新技术、新工艺、新材料、新设备的鉴定和评估工作；

（六）其他重大技术咨询工作。

第四条　轨道交通专家库分岩土工程（含明挖、暗挖、降水、盾构、监测）、模架工程、吊装及拆卸工程（含塔吊、龙门吊等）、轨道工程、混凝土工程、防水工程、材料及材料检测和桥梁工程等八个专业，其中岩土工程、模架工程、吊装及拆卸工程等三个专业纳入市住房城乡建设委危险性较大的分部分项工程专家库（下称"危大工程专家库"）统一管理，其他五个专业参照前三个专业进行管理。

岩土工程、模架工程、吊装及拆卸工程等三个专业专家的管理除应遵守本办法外，还应遵守《危险性较大的分部分项工程安全管理办法》（建质〔2009〕87号）和《北京市实施〈危险性较大的分部分项工程安全管理办法〉规定》（京建施〔2009〕841号）等相关规定。

第五条　轨道交通专家库专家应具备以下条件：

（一）诚实守信、作风正派、学术严谨，具有良好的职业道德；

（二）具有相关专业高级及以上专业技术职称（有特殊业绩者可不受此条件限制）；

（三）熟悉相关的法律法规和技术标准，有丰富的城市轨道交通在京工程建设实践经验；

（四）曾参加城市轨道交通工程法规文件、标准规范编制，或曾参加重大风险工程设计审查、专项施工方案论证和应急抢险等工作；

（五）年龄在 40 岁（含）至 60 岁（含）之间，身体健康，能够胜任所从事的业务工作；

（六）年龄在 40 周岁（不含）以下，但工作业绩突出，经考核合格，可以不受本条第（二）款和第（五）款的限制。

第六条　轨道交通专家库中模架工程、吊装及拆卸工程按市住房城乡建设委危险性较大的分部分项工程专家证书编号，其他专业专家证书编号在各专业之前冠以"DT"，以示区别。

第七条　对本市轨道交通建设工程专项方案进行论证咨询活动时，应当从轨道交通专家库中选取专家。专家应当依据自己的专业及特长接受组织单位的聘请并参加论证会，不得跨专业参加专项方案论证会，也不得参加自己不擅长的专项方案论证会。

第八条　专项方案论证组织单位应根据所论证的方案涉及的专业聘请持相关专业证书的专家参加论证会。参与论证会各专家的专业组成应合理。明挖（暗挖、盾构）等专项方案论证应同时聘请监测、降水等专业的专家，以保证专家论证意见全面、客观、科学。

第九条　专家享有下列权利：

（一）接受聘请，担任专项方案论证专家；

（二）对专项方案进行独立论证，提出论证意见，不受任何单位或者个人的干预；

（三）接受劳务咨询和专项检查报酬；

（四）根据论证需要调阅工程相关技术资料；

（五）法律、法规规定的其他权利。

第十条　专家负有下列义务：

（一）遵守专家论证规则和相关规定。

（二）客观公正、科学严谨地参加专项方案论证活动。

（三）及时了解掌握本专业技术发展状况，提供相关的政策咨询及技术咨询，协助制定城市轨道交通工程的相关法规政策和技术标准。

（四）积极参加主管部门组织的活动，按时完成交办的监督检查、事故调查、应急抢险、技术交流等各项工作。

（五）未经主管部门同意不得以轨道交通专家库专家的名义组织任何活动，也不得以轨道交通专家库专家的名义从事商业咨询服务活动。

（六）对在论证过程中知悉的国家秘密、商业秘密和个人隐私，应当遵守相关法律法规的规定和保密约定。

（七）在进行论证活动时应廉洁自律，不得接受超出论证合理报酬之外的任何现金、有价证券、礼品等。

（八）不得以专家库专家的身份参加所在单位组织的专项方案论证活动。

（九）法律、法规规定的其他义务。

第十一条　在进行专项方案论证时，应经全体与会专家协商一致，投票选出专家组长。专家组长除上述第九条、第十条权利和义务外，尚有如下权利和义务：

（一）主持方案论证工作，综合归纳专家意见。

（二）于论证工作结束后一周内，将专家论证报告和专项方案报送北京城建科技促进会。

（三）依据有关规定，组织专家组成员对所论证专项方案的执行情况进行跟踪，了解方案落实情况。

第十二条　专家任期为三年，可连聘连任。

第十三条　主管部门按下列要求对专家进行动态管理：

（一）依据工作需要随时聘任符合条件的专家；

（二）接受由于健康、工作调动或工作性质变化等原因，不宜继续任职的专家辞职；

（三）对犯有严重错误的专家除名；

（四）任期届满前，由北京市危险性较大的分部分项工程管理领导小组办公室根据有关规定对轨道交通专家库中专家进行考评，决定续聘或不再聘任。

第十四条　专家有下列情形之一，主管部门视情节轻重给予告诫、暂停或取消专家资格的处理，并予以公告。

（一）不履行本办法第十条第（一）、（二）、（五）、（六）、（七）、（八）款专家义务的；

（二）论证结论无法实施或不符合工程实际情况的；

（三）论证结论无法保证工程安全的；

（四）工程按论证方案实施后发生事故，且事故的原因之一为经论证的方案存在明显缺陷的。

第十五条　本办法自 2012 年 1 月 1 日起执行。

附录6
北京市危险性较大分部分项工程专家库专家考评及诚信档案管理办法

第一条　为加强和完善北京市危险性较大分部分项工程专家库专家管理，提高专家库管理水平，依照《危险性较大的分部分项工程安全管理办法》（建质〔2009〕87 号）等相关文件，并结合本市实际情况，制定本管理办法。

第二条　本办法适用于北京市危险性较大分部分项工程专家库专家的考评和诚信档案管理。

第三条　北京市危险性较大分部分项工程管理领导小组负责专家考评和专家诚信档案的管理。领导小组办公室负责具体事务工作。

第四条　领导小组办公室按北京市危险性较大分部分项工程专家考评项目及分值表（附件一），对库内专家进行考评打分，每年一次，并通过适当的方式公布考评结果。

第五条　专家任期届满前，依据专家三年考评得分之和（专家任期不满三年的，其得分数为任期内考评得分与任期月数之商乘 36 个月），从高到低排名，按专业前 85％的专家获得续聘资格，其余 15％的专家不再续聘。

第六条　通过考评拟续聘的专家名单在市住房和城乡建设委员会网站上公示一周。领导小组向通过公示和审定的专家颁发聘书。

第七条　领导小组办公室为专家库内每名专家建立诚信档案，档案记录的内容包括每年考评得分、加分项目和减分项目等。

第八条　本办法经领导小组批准后实施，由办公室负责解释。

附件一

北京市危险性较大分部分项工程专家考评项目及分值表

序号	项目名称	内　容	分　值	备　注
1	业绩	方案论证	每参与一项论证得2分，每年最多40分	以"危险性较大的分部分项工程安全动态管理平台"（下称"安全动态管理平台"）记录为依据
		方案执行跟踪	每项"安全动态管理平台"上跟踪一次得0.5分，现场跟踪一次得2分，每年最多40分	以"安全动态管理平台"记录和危大工程领导小组办公室记录为依据
2	继续教育	参加危大工程相关的法规培训、技术经验交流	每8学时4分，每年最多20分	以危大工程领导小组办公室记录备案的学时为依据
3	加分	参加市住建委组织的危大工程现场检查	每工日4分，每年最多20分	以危大工程领导小组办公室记录备案的工日为依据
		参加市住建委组织的抢险	每工日5分，每年最多20分	以危大工程领导小组办公室记录备案的工日为依据
		参加市住建委（住建部）组织的规范（危大工程）编制	每项5分，每年最多10分	以危大工程领导小组办公室记录备案的项目为依据
4	减分	参加未登录"安全动态管理平台"的专项方案论证	每项每人扣10分	以市（区/县）住建委和安全质量监督机构及危大工程领导小组办公室查证确认的项目为依据
		应跟踪未跟踪	每项（次）扣0.5分	以"安全动态管理平台"记录和危大工程领导小组办公室查证确认的项（次）为依据
		未审查出专项方案中安全隐患	每项每人扣10分	以市住建委和危大工程领导小组办公室查证确认的项目为依据
		发生事故，且与方案中安全隐患直接相关	重特大事故，每项每人－50分，一般事故－30分	以市住建委和危大工程领导小组办公室查证确认的项目为依据
		受到处罚	告诫－5分、警告－20分、暂停专家资格－30分、取消专家资格－50分	以市住建委和危大工程领导小组办公室查证确认的项目为依据。不重复扣分

附录7
北京市危险性较大的分部分项工程安全动态管理办法

第一条　为进一步加强本市危险性较大的分部分项工程安全动态管理，进一步落实安全生产各方主体责任，提高建设工程施工安全管理水平，有效防范生产安全事故发生，依照《危险性较大的分部分项工程安全管理办法》（建质〔2009〕87号）和《北京市实施〈危险性较大的分部分项工程安全管理办法〉规定》（京建施〔2009〕841号）等相关文件，并结合本市实际，制定本办法。

第二条　本市行政区域内的房屋建筑和市政基础设施工程（以下简称"建设工程"）的新建、改建、扩建以及装修和拆除工程中的危险性较大的分部分项工程的安全动态管理，适用本办法。

第三条　北京市住房和城乡建设委员会（以下简称"市住房城乡建设委"）负责全市危险性较大的分部分项工程的施工安全监督管理工作。区（县）建设行政主管部门负责本辖区内危险性较大的分部分项工程的施工安全监督管理工作。

第四条　市住房城乡建设委建立"危险性较大的分部分项工程安全动态管理平台"（以下简称"危大工程安全动态管理平台"），本市危险性较大的分部分项工程的认定、抽取专家、方案上传、专家预审方案、专家论证会、论证结论上传与确认、方案实施情况上传、专家跟踪及结论等均应通过危大工程安全动态管理平台进行。

第五条　市住房城乡建设委危险性较大的分部分项工程管理领导小组办公室（办公室设在北京城建科技促进会）负责危大工程安全动态管理平台的管理和维护工作。

第六条　危大工程安全动态管理平台登录网址为：www.cjjch.net，施工单位和监理单位凭北京市建设工程发包承包交易中心发的"企业智能IC卡"或"身份认证锁"登录，登录后给各工程项目分配用户名和密码。各工程项目凭分配的用户名和密码登录，具体操作方法见危大工程安全动态管理平台使用说明。

无"企业智能IC卡"或"身份认证锁"的单位凭单位名称和组织机构代码注册用户名和密码后进行登录。

专家凭用户名和密码登录，用户名为专家聘书编号，密码默认为666666，专家登录系统后可自行修改密码。有"身份认证锁"的专家可以直接插锁登录。

市、区（县）建设行政主管部门凭授权的用户名和密码登录。

第七条　对于超过一定规模的危险性较大的分部分项工程，应当由施工单位组织专家对专项施工方案进行论证；实行施工总承包的，由施工总承包单位组织专家论证。组织单位应从危大工程安全动态管理平台专家库中抽取专家，专家人数和专业应符合相关规定。

第八条　组织单位应当于专家论证会召开三天前将专项施工方案上传至危大工程安全动态管理平台，并通知已聘请的专家下载专项施工方案。参加专家论证会的专家应下载专项施工方案并进行预审。

第九条　组织单位可以采用现场会议或远程视频会议的方式召开专家论证会。采用现场会议论证的，专家论证报告需手工签名。采用远程视频会议论证的，专家论证报告须采用电子签名。

第十条　专家组应当就每项论证出具论证报告。采用现场会议论证的，组织单位应当于专家论证会结束后3日内将论证报告的扫描件上传至危大工程安全动态管理平台。论证结论为"修改后通过"的，专家组长须对修改后的专项施工方案再次填写审查意见，该意见作为监理单位是否批准开工的参考依据。

第十一条　施工单位在危险性较大的分部分项工程施工期，应每月1日至5日（节假日顺延）登录危大工程安全动态管理平台填写上月专项施工方案的实施情况，并应向专家提供能够判断工程安全状况的文字说明、相关数据和照片。监理单位应负责督促落实。

第十二条　对于超过一定规模的危险性较大的分部分项工程，专家组长（或专家组长指定的专家）应当自专项方案实施之日起每月跟踪一次，在危大工程安全动态管理平台上填写信息跟踪报告。当工程项目施工至关键节点时，还应对专项施工方案的实施情况进行现场检查，指出存在的问题，并根据检查情况对工程安全状态做出判断，填写信息跟踪报告。

第十三条　施工单位对危险性较大的分部分项工程专项施工方案的实施负安全和质量责任。专家的论证工作和跟踪工作不替代施工单位日常质量安全管理工作职责。

第十四条　市住房城乡建设委危险性较大的分部分项工程管理领导小组办公室将制定专家考评及诚信档案相关管理办法，每年对专家考核一次，并将考核结果进行公布。

第十五条　各区（县）建设工程安全监督执法机构应对危险性较大的分部分项工程专项施工方案的编制、专家论证及实施情况进行检查。市建设工程安全监督执法机构应对危险性较大的分部分项工程专项施工方案的编制、专家论证及实施情况实施抽查。

第十六条　应急抢险工程中涉及危险性较大的分部分项工程的应急处置不适用本办法。

第十七条　本办法自2012年7月1日起开始施行。

附录8

北京市危险性较大分部分项工程安全专项施工方案
专家论证细则（2015版）
通用部分内容
（1总则、2程序、3纪律）

1　总则

1.1　根据住房和城乡建设部《危险性较大的分部分项工程安全管理办法》（建质〔2009〕87号）、《北京市实施〈危险性较大的分部分项工程安全管理办法〉规定》（京建施〔2009〕841号）《北京市危险性较大的分部分项工程安全动态管理办法》（京建法〔2012〕1号）和北京市危险性较大分部分项工程专家库工作制度及相关规定，制订本细则。

1.2　《北京市危险性较大分部分项工程安全专项施工方案专家论证细则》（下称本细则）适用于参与专项方案论证活动的专家及相关工作人员。

1.3　专家应本着"安全第一、保护环境、技术先进、经济合理"的原则，客观公正、严肃认真地进行方案论证工作。

2　程序

2.1　抽取专家。论证组织单位从市住建委网上办事大厅登录"危险性较大的分部分项工程安全动态管理平台"，聘请专家组成专家组，专家组成员应得到组长同意。

2.2　方案预审。专家应于会前从市住建委网上办事大厅登录"危险性较大的分部分项工程安全动态管理平台"预审方案，为论证会做好准备。

2.3　论证会及论证报告。专家按确认的论证时间、地点聚齐后，由组长组织专家进行专项方案论证，通过现场勘察、质疑和答辩，专家组独立编写和签署专项方案专家论证报告（格式见附件1）。

2.4　宣读并提交论证报告、接受劳务咨询费。组长向与会各方宣读论证报告，并将报告（组长保留一份）提交给组织单位，按规定标准接受劳务咨询费。

论证流程图：

2.5　对于论证结论为"修改后通过"的专项方案，施工单位应按专家组意见对专项方案进行修改并将其上传至危大工程管理平台，专家组组长或专家组委托的组员审核修改后的方案并上传审核意见，审核通过后，论证工作结束。

3　纪律

3.1　专家在应诺参加某项目论证活动后，应按约定时间准时参加，不得迟到、早退，不得擅自更改承诺。若遇特殊情况确实不能履行承诺，应在约定论证时间前24小时通知组织单位，并经确认后方可不参加论证活动。

3.2　专家不得参加本单位的论证活动。发现论证项目为本单位项目时，应主动回避。

3.3　专家应树立良好的职业道德，按照本细则及相关技术标准，客观公正、严肃认真地进行论证，不受任何单位或个人的干预，并在论证报告上签名，承担个人责任。

3.4　专家在论证过程中应当做到：

3.4.1　应充分发表自己意见，有权坚持个人意见并写入论证报告；

3.4.2　不得在未填写论证意见的空白表格和文件上签名；

3.4.3　不得中途退出论证；

3.4.4　在论证过程中，应服从有关部门的监督；

3.4.5　专家组对论证结论和修改意见负责，专家对个人坚持的意见负责。

3.5　专家应接受参加论证活动的劳务报酬，但不得接受超出论证合理报酬之外的任何现金、有价证券、礼品等。

3.6　专家有义务向领导小组办公室及时举报或反映论证过程中所出现的违纪违法行为或不正当现象。

3.7　专家应认真学习相关的法律、法规文件，积极参加相关规范规则的培训，不断提高业务能力。

3.8　专家对论证结论负责。专家未认真履行论证职责将受到如下处理：未审出专项方案中的重大缺陷导致工程事故的，取消专家资格；未审出专项方案中的重大缺陷但尚未导致工程事故的，暂停论证资格 6 个月；无故缺席论证会的，给予告诫。

4　论证技术标准

4.1　符合性论证内容

4.1.1　专项方案装订成册，封面签章齐全（包括编制人、审核人、审批人签字和编制单位盖章）。

4.1.2　专项方案的主要内容基本完整。主要内容：编制依据；工程概况；施工场地及周边环境条件；起重设备、设施参数；施工计划；施工工艺流程及吊装步骤；安全保证措施；应急预案；必要的计算书。

4.2　实质性论证内容

实质性论证包括 9 项内容：1 编制依据；2 工程概况；3 施工场地及周边环境条件；4 起重设备、设施参数；5 施工计划；6 施工工艺流程及吊装步骤；7 安全保障措施；8 应急预案；9 计算书。

4.2.1　编制依据

4.2.1.1　相关图纸资料：现场平、立面图；地下设施、管线分布图或资料；起重设备、设施说明书；温度、风力相关气候条件等。

4.2.1.2　相关技术标准：《起重机械安全规程》GB/T 6067、《起重机用钢丝绳检验和报废实用规程》GB/T 5972、《重要用途钢丝绳》GB 8918、《起重机设计规范》GB/T 3811、《汽车起重机和轮胎起重机安全规程》JB 8716、《履带起重机安全规程》JG/T 5055 等。

4.2.1.3　相关法规：《建设工程安全生产管理条例》（国务院第 393 号令）、《北京市建设工程施工现场管理办法》（政府令第 247 号）、《危险性较大的分部分项工程安全管理办法》（建质［2009］87 号）、《北京市实施〈危险性较大的分部分项工程安全管理办法〉规定》（京建施［2009］841 号）等。

4.2.2　工程概况

4.2.2.1　工程所在位置、场地及其周边环境情况等；

4.2.2.2　工程规模：起重机械和辅助设施型号、性能；被吊物数量、重量、体积、形状、尺寸、就位位置等。

4.2.3　施工场地及周边环境条件

4.2.3.1　邻近建（构）筑物、道路及地下管线、基坑、高压线路的位置关系；

4.2.3.2　地下管线（包括供水、排水、燃气、热力、供电、通信、消防等）的特征、埋置深度等情况；

4.2.3.3　邻近建（构）筑物的层数、高度、结构形式；

4.2.3.4　道路的交通负载情况、作业面情况；

4.2.3.5　平面图应标注待安装设备设施或被吊物与邻近建（构）筑物、道路及地下管线、基坑、高压线路之间的平面关系及尺寸；条件复杂时，还应附剖面图。

4.2.4　起重设备、设施参数

4.2.4.1　起重设备、设施的名称和起重量、起（提）升高度、自重等性能参数；

4.2.4.2　主要被吊、移部件、组件的吊点、重量、重心、形状、尺寸、高度等；

4.2.5　施工计划

4.2.5.1 施工工期，包括时间、地点及气候影响等情况；

4.2.5.2 辅助设备及台班；

4.2.5.3 工具及劳动保护用品配置情况；

4.2.5.4 人员配置情况；

4.2.5.5 运输形式；

4.2.5.6 工作前的准备；

4.2.5.7 试吊装。

4.2.6 施工工艺流程及吊装步骤

4.2.6.1 施工工艺流程图；

4.2.6.2 吊装程序与步骤；运输、摆放、拼装、吊运、防变形、防失稳、安装的工艺要求；

4.2.6.3 施工过程监测；

4.2.6.4 载荷试验。

4.2.7 安全保障措施

4.2.7.1 危害危险源分析；

4.2.7.2 安全保障的人员组成；

4.2.7.3 安全防护措施：警戒区、防护隔离、环境保护、安全标志等；

4.2.7.4 施工过程安全注意事项及预防保证措施。

4.2.8 应急预案

4.2.8.1 应急救援领导小组组成与职责；

4.2.8.2 应急救援小组组成与职责，包括抢险、安保、后勤、医救、善后等；

4.2.8.3 应急救援工作流程及应对措施；

4.2.8.4 联系方式。

4.2.9 计算书

4.2.9.1 主要构、部件吊运的高度、位置、角度、重量、重心、刚度、强度、速度的计算；

4.2.9.2 各辅助设备设施和吊索具的选用、基础地锚及地耐力等的计算。

4.3 论证结论判定标准

依据相关规定，专家论证结论为三种形式，即"通过"、"修改后通过"和"不通过"。专家组应依据论证内容要求按下列标准做出论证结论。

4.3.1 塔式起重机吊装及拆卸工程

4.3.1.1 专项方案中出现下列情况之一的应判定为："不通过"。

1）未装订成册或签章不全。（《北京市危险性较大分部分项工程安全专项施工方案（吊装及拆装工程）专家论证细则》）

2）吊装及拆卸使用的流动式起重机站位点相关的受力无计算依据及结果。

3）吊装及拆卸使用的吊、索、卡具无受力计算依据及选择结果。

4）吊装及拆卸选用的流动式起重机的吊装载荷无计算依据及结果。

5）吊装及拆卸选用的流动式起重机的吊装及拆卸高度无计算依据及结果。

6）吊装及拆卸过程中流动式起重机的任何部位与周边障碍物的安全距离不符合要求。

7）无吊装及拆卸过程的平、立面图或平、立面图所标尺寸与实际不符，在实际尺寸状态下不能满足吊装及拆卸要求。

8）双机抬吊的吊装载荷无计算依据及结果。

9）履带起重机带载行走无载荷计算依据及结果。

10）特殊构件及特殊部位施工工艺流程不能满足安全要求。

11）无试吊装过程。

12）使用屋面吊拆除塔式起重机无屋面吊吊装载荷计算依据及结果。

13）使用屋面吊拆除塔式起重机屋面吊固定点相关的受力无计算依据及结果。

14）无安全技术保障措施。

15）无应急预案。

16）其他直接涉及施工安全但又不能在论证会现场提出明确具体的改进措施的情形。

4.3.1.2　专项方案中出现下列情况之一的应判定为："修改后通过"。

1）编制依据缺少重要项。

2）吊装及拆卸使用的流动式起重机站位点相关的受力计算依据错误。

3）吊装及拆卸使用的吊、索、卡具受力计算依据错误。

4）吊装及拆卸选用的流动式起重机的吊装载荷计算依据错误。

5）吊装及拆卸选用的流动式起重机的吊装及拆卸高度计算依据错误。

6）双机抬吊的吊装载荷计算依据错误。

7）履带起重机带载行走载荷计算依据错误。

8）使用屋面吊拆除塔式起重机屋面吊吊装载荷计算依据错误。

9）使用屋面吊拆除塔式起重机屋面吊固定点相关的受力计算依据错误。

10）吊装及拆卸使用的流动式起重机站位点在作业过程中无施工监测方案。

11）吊装及拆卸施工过程无施工监测方案。

12）吊装及拆卸作业时作业人员配置不能满足吊装及拆卸要求。

13）信号指挥方式不明确。

14）安全技术保障措施不到位。

15）应急预案无针对性。

16）其他对施工安全有直接影响，但能够提出明确具体改进措施的情形。

4.3.1.3　专项方案中没有出现"不通过"和"修改后通过"情形的，可判定为："通过"。

4.3.2　盾构机吊装及拆卸工程

4.3.2.1　专项方案中出现下列情况之一的应判定为：不通过。

1）未装订成册或签章不全。（《北京市危险性较大分部分项工程安全专项施工方案（吊装及拆装工程）专家论证细则》）

2）吊装及拆卸使用的流动式起重机站位点相关的受力无计算依据及结果。

3）吊装及拆卸使用的吊、索、卡具无受力计算依据及选择结果。

4）吊装及拆卸选用的流动式起重机的吊装载荷无计算依据及结果。

5）吊装及拆卸选用的流动式起重机的吊装及拆卸高度无计算依据及结果。

6）吊装及拆卸过程中流动式起重机的任何部位与周边障碍物的安全距离不符合要求。

7）无吊装及拆卸过程的平、立面图或平、立面图所标尺寸与实际不符，在实际尺寸状态下不能满足吊装及拆卸要求。

8）双机抬吊的吊装载荷无计算依据及结果。

9）履带起重机带载行走无载荷计算依据及结果。

10）特殊构件及特殊部位施工工艺流程不能满足安全要求。

11）无试吊装过程。

12）吊耳无载荷强度计算依据及结果。

13）无盾构机部件翻身过程的描述。

14）无安全技术保障措施。

15）无应急预案。

16）其他直接涉及施工安全但又不能在论证会现场提出明确具体的改进措施的情形。

4.3.2.2　专项方案中出现下列情况之一的应判定为："修改后通过"。

1）编制依据缺少重要项。

2）吊装及拆卸使用的流动式起重机站位点相关的受力计算依据错误。

3）吊装及拆卸使用的吊、索、卡具受力计算依据错误。

4）吊装及拆卸选用的流动式起重机的吊装载荷计算依据错误。

5）吊装及拆卸选用的流动式起重机的吊装及拆卸高度计算依据错误。

6）双机抬吊的吊装载荷计算依据错误。

7）履带起重机带载行走载荷计算依据错误。

8）吊耳载荷强度计算计算依据错误。

9）吊装及拆卸使用的流动式起重机站位点在作业过程中无施工监测方案。

10）吊装及拆卸施工过程无施工监测方案。

11）吊装及拆卸作业时作业人员配置不能满足吊装及拆卸要求。

12）信号指挥方式不明确。

13）安全技术保障措施不到位。

14）应急预案无针对性。

15）其他对施工安全有直接影响，但能够提出明确具体改进措施的情形。

4.3.2.3　专项方案中没有出现"不通过"和"修改后通过"情形的，可判定为："通过"。

4.3.3　桥式起重机（龙门吊）吊装及拆卸工程

4.3.3.1　专项方案中出现下列情况之一的应判定为："不通过"。

1）未装订成册或签章不全。（《北京市危险性较大分部分项工程安全专项施工方案（吊装及拆装工程）专家论证细则》）

2）吊装及拆卸使用的流动式起重机站位点相关的受力无计算依据及结果。

3）吊装及拆卸使用的吊、索、卡具无受力计算依据及选择结果。

4）吊装及拆卸选用的流动式起重机的吊装载荷无计算依据及结果。

5）吊装及拆卸选用的流动式起重机的吊装及拆卸高度无计算依据及结果。

6）吊装及拆卸过程中流动式起重机的任何部位与周边障碍物的安全距离不符合要求。

7）无吊装及拆卸过程的平、立面图或平、立面图所标尺寸与实际不符，在实际尺寸状态下不能满足吊装及拆卸要求。

8）双机抬吊的吊装载荷无计算依据及结果。

9）履带起重机带载行走无载荷计算依据及结果。

10）特殊构件及特殊部位施工工艺流程不能满足安全要求。

11）无试吊装过程。

12）吊耳无载荷强度计算依据及结果。

13）地锚无受力计算依据及选择方式与结果。

14）揽风绳无受力计算依据及选择方式与结果。

15）无安全技术保障措施。

16）无应急预案。

17）其他直接涉及施工安全但又不能在论证会现场提出明确具体的改进措施的情形。

4.3.3.2　专项方案中出现下列情况之一的应判定为："修改后通过"。

1）编制依据缺少重要项。

2）吊装及拆卸使用的流动式起重机站位点相关的受力计算依据错误。

3）吊装及拆卸使用的吊、索、卡具受力计算依据错误。

4）吊装及拆卸选用的流动式起重机的吊装载荷计算依据错误。

5）吊装及拆卸选用的流动式起重机的吊装及拆卸高度计算依据错误。

6）双机抬吊的吊装载荷计算依据错误。

7）履带起重机带载行走载荷计算依据错误。

8）吊耳载荷强度计算计算依据错误。

9）地锚受力计算依据错误。

10）揽风绳受力计算依据错误。

11）吊装及拆卸使用的流动式起重机站位点在作业过程中无施工监测方案。

12）吊装及拆卸施工过程无施工监测方案。

13）吊装及拆卸作业时作业人员配置不能满足吊装及拆卸要求。

14）信号指挥方式不明确。

15）安全技术保障措施不到位。

16）应急预案无针对性。

17）其他对施工安全有直接影响，但能够提出明确具体改进措施的情形。

4.3.3.3　专项方案中没有出现"不通过"和"修改后通过"情形的，可判定为："通过"。

4.3.4　架桥机吊装及拆卸工程

4.3.4.1　专项方案中出现下列情况之一的应判定为："不通过"。

1）未装订成册或签章不全。（《北京市危险性较大分部分项工程安全专项施工方案（吊装及拆装工程）专家论证细则》）

2）吊装及拆卸使用的流动式起重机站位点相关的受力无计算依据及结果。

3）吊装及拆卸使用的吊、索、卡具无受力计算依据及选择结果。

4）吊装及拆卸选用的流动式起重机的吊装载荷无计算依据及结果。

5）吊装及拆卸选用的流动式起重机的吊装及拆卸高度无计算依据及结果。

6）吊装及拆卸过程中流动式起重机的任何部位与周边障碍物的安全距离不符合要求。

7）无吊装及拆卸过程的平、立面图或平、立面图所标尺寸与实际不符，在实际尺寸状态下不能满足吊装及拆卸要求。

8）双机抬吊的吊装载荷无计算依据及结果。

9）履带起重机带载行走无载荷计算依据及结果。

10）特殊构件及特殊部位施工工艺流程不能满足安全要求。

11）无试吊装过程。

12）吊耳无载荷强度计算依据及结果。

13）无前支点与走行机构具体拉紧方式及受力计算依据与结果。

14）无安全技术保障措施。

15）无应急预案。

16）其他直接涉及施工安全但又不能在论证会现场提出明确具体的改进措施的情形。

4.3.4.2 专项方案中出现下列情况之一的应判定为："修改后通过"。

1）编制依据缺少重要项。

2）吊装及拆卸使用的流动式起重机站位点相关的受力计算依据错误。

3）吊装及拆卸使用的吊、索、卡具受力计算依据错误。

4）吊装及拆卸选用的流动式起重机的吊装载荷计算依据错误。

5）吊装及拆卸选用的流动式起重机的吊装及拆卸高度计算依据错误。

6）双机抬吊的吊装载荷计算依据错误。

7）履带起重机带载行走载荷计算依据错误。

8）吊耳载荷强度计算计算依据错误。

9）吊装及拆卸使用的流动式起重机站位点在作业过程中无施工监测方案。

10）吊装及拆卸施工过程无施工监测方案。

11）吊装及拆卸作业时作业人员配置不能满足吊装及拆卸要求。

12）信号指挥方式不明确。

13）安全技术保障措施不到位。

14）应急预案无针对性。

15）其他对施工安全有直接影响，但能够提出明确具体改进措施的情形。

4.3.4.3 专项方案中没有出现"不通过"和"修改后通过"情形的，可判定为："通过"。

4.3.5 混凝土桥梁吊装及拆卸工程

4.3.5.1 专项方案中出现下列情况之一的应判定为："不通过"。

1）未装订成册或签章不全。（《北京市危险性较大分部分项工程安全专项施工方案（吊装及拆装工程）专家论证细则》）

2）吊装及拆卸使用的流动式起重机站位点相关的受力无计算依据及结果。

3）吊装及拆卸使用的吊、索、卡具无受力计算依据及选择结果。

4）吊装及拆卸选用的流动式起重机的吊装载荷无计算依据及结果。

5）吊装及拆卸选用的流动式起重机的吊装及拆卸高度无计算依据及结果。

6）吊装及拆卸过程中流动式起重机的任何部位与周边障碍物的安全距离不符合要求。

7) 无吊装及拆卸过程的平、立面图或平、立面图所标尺寸与实际不符，在实际尺寸状态下不能满足吊装及拆卸要求。

8) 双机抬吊的吊装载荷无计算依据及结果。

9) 履带起重机带载行走无载荷计算依据及结果。

10) 特殊构件及特殊部位施工流程不能满足安全要求。

11) 无试吊装过程。

12) 无吊点的明确位置及吊装方式。

13) 无吊装就位过程的临时固定方法和措施。

14) 无安全技术保障措施。

15) 无应急预案。

16) 其他直接涉及施工安全但又不能在论证会现场提出明确具体的改进措施的情形。

4.3.5.2　专项方案中出现下列情况之一的应判定为："修改后通过"。

1) 编制依据缺少重要项。

2) 吊装及拆卸使用的流动式起重机站位点相关的受力计算依据错误。

3) 吊装及拆卸使用的吊、索、卡具受力计算依据错误。

4) 吊装及拆卸选用的流动式起重机的吊装载荷计算依据错误。

5) 吊装及拆卸选用的流动式起重机的吊装及拆卸高度计算依据错误。

6) 双机抬吊的吊装载荷计算依据错误。

7) 履带起重机带载行走载荷计算依据错误。

8) 吊装及拆卸使用的流动式起重机站位点在作业过程中无施工监测方案。

9) 吊装及拆卸施工过程无施工监测方案。

10) 吊装及拆卸作业时作业人员配置不能满足吊装及拆卸要求。

11) 信号指挥方式不明确。

12) 安全技术保障措施不到位。

13) 应急预案无针对性。

14) 其他对施工安全有直接影响，但能够提出明确具体改进措施的情形。

4.3.5.3　专项方案中没有出现"不通过"和"修改后通过"情形的，可判定为："通过"。

4.3.6　钢结构、钢箱梁吊装及拆卸工程

4.3.6.1　专项方案中出现下列情况之一的应判定为："不通过"。

1) 未装订成册或签章不全。（《北京市危险性较大分部分项工程安全专项施工方案（吊装及拆装工程）专家论证细则》）

2) 吊装及拆卸使用的流动式起重机站位点相关的受力无计算依据及结果。

3) 吊装及拆卸使用的吊、索、卡具无受力计算依据及选择结果。

4) 吊装及拆卸选用的流动式起重机的吊装载荷无计算依据及结果。

5) 吊装及拆卸选用的流动式起重机的吊装及拆卸高度无计算依据及结果。

6) 吊装及拆卸过程中流动式起重机的任何部位与周边障碍物的安全距离不符合要求。

7) 无吊装及拆卸过程的平、立面图或平、立面图所标尺寸与实际不符，在实际尺寸状态下不能满足吊装及拆卸要求。

8）双机抬吊的吊装载荷无计算依据及结果。

9）履带起重机带载行走无载荷计算依据及结果。

10）特殊构件及特殊部位施工流程不能满足安全要求。

11）无试吊装过程。

12）无吊点的明确位置及吊装方式。

13）无吊装就位过程的临时固定方法和措施。

14）吊耳无载荷强度计算依据及结果。

15）无安全技术保障措施。

16）无应急预案。

17）其他直接涉及施工安全但又不能在论证会现场提出明确具体的改进措施的情形。

4.3.6.2　专项方案中出现下列情况之一的应判定为："修改后通过"。

1）编制依据缺少重要项。

2）吊装及拆卸使用的流动式起重机站位点相关的受力计算依据错误。

3）吊装及拆卸使用的吊、索、卡具受力计算依据错误。

4）吊装及拆卸选用的流动式起重机的吊装载荷计算依据错误。

5）吊装及拆卸选用的流动式起重机的吊装及拆卸高度计算依据错误。

6）双机抬吊的吊装载荷计算依据错误。

7）履带起重机带载行走载荷计算依据错误。

8）吊耳载荷强度计算计算依据错误。

9）吊装及拆卸使用的流动式起重机站位点在作业过程中无施工监测方案。

10）吊装及拆卸施工过程无施工监测方案。

11）吊装及拆卸作业时作业人员配置不能满足吊装及拆卸要求。

12）信号指挥方式不明确。

13）安全技术保障措施不到位。

14）应急预案无针对性。

15）其他对施工安全有直接影响，但能够提出明确具体改进措施的情形。

4.3.6.3　专项方案中没有出现"不通过"和"修改后通过"情形的，可判定为："通过"

4.3.7　非常规吊篮（加长、加高）吊装及拆卸工程

4.3.7.1　专项方案中出现下列情况之一的应判定为："不通过"。

1）未装订成册或签章不全。

2）吊篮悬挂机构前支架支撑在女儿墙上、女儿墙外或悬挑结构边缘。

3）无吊篮自检合格报告。

4）加长前、后支架无受力分析计算依据及结果。

5）加高立柱无受力分析计算依据及结果。

6）无加长前、后支架及加高立柱连接加固方式。

7）额定载荷无稳定性计算依据及结果。

8）吊篮的任何部位与周边障碍物的安全距离不符合要求。

9）无现场吊篮布置的平、立面图或平、立面图所标尺寸与实际不符。

10）吊装及拆卸施工流程不符合现场施工要求及《北京市建筑施工高处作业吊篮安全监督管理规定》（京建法〔2014〕4号）。

11）无安全技术保障措施。

12）无应急预案。

13）其他直接涉及施工安全但又不能在论证会现场提出明确具体的改进措施的情形。

4.3.7.2　专项方案中出现下列情况之一的应判定为："修改后通过"。

1）编制依据缺少重要项。

2）加长前、后支架受力分析计算依据错误。

3）加高立柱受力分析计算依据错误。

4）额定载荷稳定性计算依据错误。

5）吊装及拆卸施工过程无施工监测方案。

6）吊装及拆卸作业时作业人员配置不能满足吊装及拆卸要求。

7）信号指挥方式不明确。

8）安全技术保障措施不到位。

9）应急预案无针对性。

10）其他对施工安全有直接影响，但能够提出明确具体改进措施的情形。

4.3.7.3　专项方案中没有出现"不通过"和"修改后通过"情形的，可判定为："通过"

4.3.8　土法吊装及拆卸工程

4.3.8.1　专项方案中出现下列情况之一的应判定为："不通过"。

1）未装订成册或签章不全。

2）吊装及拆卸使用的吊、索、卡具无受力计算依据及选择结果。

3）吊装及拆卸各分支吊点的设置与固定不能满足吊装要求且无受力分析计算依据及结果。

4）吊装及拆卸使用的起重、吊装设备：

（1）吊装及拆卸使用的卷扬机的设置与使用不符合规定要求；

（2）吊装及拆卸使用的滑轮和滑轮组的设置与使用不符合规定要求；

（3）吊装及拆卸使用的倒链（手动葫芦）、手扳葫芦、绞磨、千斤顶等的设置与使用不符合规定要求。

5）吊装及拆卸选用的方法：

（1）滚动吊装及拆卸法设置与使用不符合规定要求且无受力分析依据及结果；

（2）拔杆吊装及拆卸法设置与使用不符合规定要求且无受力分析依据及结果；

（3）旋转或扳倒吊装及拆卸法设置与使用不符合规定要求且无受力分析依据及结果。

6）吊耳无载荷强度计算依据及结果。

7）地锚无受力计算依据及选择方式与结果。

8）揽风绳无受力计算依据及选择方式与结果。

9）水平位移及垂直起落无受力计算依据及结果。

10）无吊点的明确位置及吊装方式。

11）无吊装就位过程的临时固定方法和措施。

12）无吊装及拆卸过程的平、立面图或平、立面图所标尺寸与实际不符，在实际尺寸状态下不能满足吊装及拆卸要求。

13）特殊构件及特殊部位施工工艺流程不能满足安全要求。

14）无试吊装过程。

15）无安全技术保障措施。

16）无应急预案。

17）其他直接涉及施工安全但又不能在论证会现场提出明确具体的改进措施的情形。

4.3.8.2 专项方案中出现下列情况之一的应判定为："修改后通过"。

1）编制依据缺少重要项。

2）吊装及拆卸使用的吊、索、卡具受力计算依据错误。

3）吊装及拆卸选择的方法其各分支吊点受力分析依据错误。

4）吊耳载荷强度计算依据错误。

5）地锚受力计算依据错误。

6）揽风绳受力计算依据错误。

7）水平位移及垂直起落受力计算依据错误。

8）吊装及拆卸施工过程无施工监测方案。

9）吊装及拆卸作业时作业人员配置不能满足吊装及拆卸要求。

10）信号指挥方式不明确。

11）安全技术保障措施不到位。

12）应急预案无针对性。

13）其他对施工安全有直接影响，但能够提出明确具体改进措施的情形。

4.3.8.3 专项方案中没有出现"不通过"和"修改后通过"情形的，可判定为："通过"

4.4 关键节点识别标准

依据相关规定，当工程施工至关键节点时，负责跟踪专项方案执行情况的专家应进行现场检查，因此，专家组应当依据表4.4起重与吊装拆卸工程关键节点识别表识别该工程关键节点，并编写入论证报告之中。

起重与吊装拆卸工程关键节点识别表　　　　　　　　　　表4.4

序号	吊装与拆卸工程名称	关键节点
1	塔式起重机吊装及拆卸工程	1. 利用屋面吊拆除塔式起重机。 2. 其他最不利情形
2	盾构机吊装及拆卸工程	1. 吊耳的设置和焊接。 2. 其他最不利情形
3	桥式起重机吊装及拆卸工程	1. 地锚、揽风绳的设置及连接。 2. 其他最不利情形
4	架桥机吊装及拆卸工程	无
5	混凝土桥梁吊装及拆卸工程	无
6	钢结构、钢箱梁吊装及拆卸工程	无

序号	吊装与拆卸工程名称	关键节点
7	非常规吊篮(加长、加高)吊装及拆卸工程	无
8	土法吊装及拆卸工程	1. 地锚、揽风绳的设置。 2. 水平位移及垂直起落过程。 3. 其他最不利情形

下篇

吊装及拆卸工程专项方案编制要点及范例

第4章 起重吊装与安装拆卸专项方案编制要点

孙曰增 李红宇 编写

编制组按照《细则》的要求细化了起重吊装工程安全专项方案的九项基本要素。由于每一个起重作业都有其自身的特点和重点,对这九项要素的描述侧重也不一样。我们所提供的方案范例只是在以往的施工经验基础上,以实际工程为蓝本,尽可能全面描述了这九个基本要素。

方案,是施工的作业指导书,也是管理依据,可操作性和针对性是基本要求。本书下篇收集的13个起重专项方案,在一些细节上有明显的区别,希望读者借以拓展思路,编制出具有各自企业特点的优秀起重吊装工程安全专项方案。

4.1 编制依据

4.1.1 勘察设计文件

(1)施工设计图

(2)吊装拆卸工程相关勘察报告

包括:和起重作业相关的图纸资料:起重施工现场平、立面图;起重施工现场地下设施、管线分布图或资料;现场温度、风力相关气候条件等。

4.1.2 合同类文件

4.1.3 法律、法规及规范性文件

指的是工程所涉及的国家、行业和北京市地方行政管理的相关法规。例如,《特种设备安全法》(中华人民共和国主席令4号)、《建筑起重机械安全监督管理规定》(建设部令第166号)、《建设工程安全生产管理条例》(国务院令第393号)、《北京市建设工程施工现场管理办法》(政府令第247号)、《危险性较大的分部分项工程安全管理办法》(建质[2009]87号)、《北京市实施〈危险性较大的分部分项工程安全管理办法〉规定》(京建施[2009]841号)等等。

4.1.4 技术标准

相关技术标准有国家标准、行业标准、地方标准和企业标准。引用标准的原则是,优先选用低位标准但并不能违反高位标准和相关的法律、法规。低位标准往往比高位标准更加严格,而且更加符合行业和地方的发展现状。高位标准虽然是最低要求,但权重最高,低位标准与高位标准有冲突时,按照高位标准执行。在现行标准不能满足施工要求时,还可以引用其他行业的相关标准,甚至国外相关标准。

常见的起重吊装类标准有:

《起重机械安全规程》(GB 6067)

《起重机设计规范》(GB 3811)

《塔式起重机安全规程》(GB 5144)

《门式起重机》（GB 14406）

《起重机用钢丝绳检验和报废实用规程》（GB/T 5972）

《重要用途钢丝绳》（GB 8918）

《起重吊运指挥信号》（GB 5082）

《建筑施工塔式起重机安装、使用、拆卸安全技术规程》（JGJ 196）

《建筑施工升降机安装、使用、拆卸安全技术规程》（JGJ 215）

《建筑机械使用安全技术规程》（JGJ 33）

《建筑施工起重吊装工程安全技术规范》（JGJ 276）

《汽车起重机和轮胎起重机安全规程》（JB 8716）

《建设工程施工现场安全防护、场容卫生及消防保卫标准》（DB 11/945）

《履带起重机安全规程》（JG/T 5055），等等。

4.1.5　被吊物、被安装设备和起重设备的说明书

4.1.6　管理体系文件

指的是企业内部的管理文件。

4.2　工程概况

4.2.1　工程简介

（1）工程概述

包括工程名称、工程地理位置、结构类型、道路和水文地质情况、工程量等，用列表和相关平、立面图说明。

（2）参建各方列表

建设、勘察、设计、总包、相关分包、监理等单位。

（3）专业工作内容、工作量概述

起重吊装工程整体介绍，主要被吊物的外形尺寸、重量参数及吊装要求等等。

4.2.2　专业施工重点、难点、关键节点

这部分是方案的核心内容之一，充分说明了方案为什么要采取这种工艺、工法、步骤。

4.3　施工场地周边环境条件

4.3.1　吊装作业区域上空情况

与邻近建（构）筑物、输电和通信线路等的位置关系，要确保预留出足够的作业空间和安全距离。

4.3.2　吊装作业区域地下情况

起重设备站位点地下管线情况（包括供水、排水、燃气、热力、供电、通信、消防等）的特征、埋置深度等情况，地基承载力，地下是否有空洞，等等。

4.3.3　吊装作业场地情况

根据工程需要，可能涉及水文地质条件，平面图应标注待安装设备设施或被吊物与邻

近建（构）筑物、道路及地下管线、基坑、高压线路之间的平、立面关系及尺寸；条件复杂时，还应附剖面图。

4.3.4　气候条件

便于根据季节、气候因素编制有针对性的技术措施。

4.4　起重设备、设施参数

4.4.1　起重设备、设施的选用

4.4.2　起重设备、设施的性能参数

包括功率、行驶参数、外形尺寸、支腿尺寸、履带尺寸、自重、压重、起重性能表、接地比压值等。

4.5　施工计划

4.5.1　工程总体目标

（1）安全管理目标

（2）质量管理目标

（3）文明施工及环境保护目标

4.5.2　工程管理机构设置及职责

（1）管理机构

（2）人员分工及管理职责

建议使用组织机构图，配以文字说明，把人员和职责分工描述清楚。

4.5.3　施工进度计划

包括施工起止时间、工作流程和进程等，可以用列表法、横道图法、关键日期法、CPM法等方法说明。

4.5.4　施工资源配置

（1）用电配置

（2）劳动力配置

按照不同的施工阶段、不同的工种、工位和人数要求，编制劳动力配置计划。

（3）施工机具配置

指的是辅助中小型机械和施工工具、吊具和索具。

（4）其他配置

比如监测设备等其他施工资源。

4.5.5　施工准备

在周期较长、比较复杂的大型起重吊装工程中，作业开始前或每个步骤开始前，需要进行细致的施工准备工作。

（1）技术准备

（2）现场准备

（3）施工机械准备

（4）工程物资材料准备

（5）劳动力准备

4.6　吊装工艺流程及步骤

4.6.1　施工流程图

4.6.2　吊装工艺

（1）吊装工况

最好用"吊装工况一览表"表示，把"起吊幅度和就位幅度"、"使用的起重设备和吊索具"、"被吊物重量、额定载荷和负载率"等关键参数，用列表的方式把每个吊装步骤的关键点展示出来。

（2）吊装过程的场地布置图平、立面图

吊装过程，运输、摆放、拼装、吊运的位置等等。

（3）信号指挥方式

除了 GB 5082《起重吊运指挥信号》规定的信号指挥方式，有些特殊的起重工程可能需要补充约定信号。约定信号和 GB 5082 不能有冲突。

（4）吊、索、卡具的使用

必须明确每个吊装工况所用的吊具索具，除了按照说明书规定的方式使用具有"合格证"的制式吊索具，所有自制吊索具应该根据实际的吊装工况进行受力分析，必要的时候应附计算书。

（5）吊耳设置

吊耳的设置是起重吊装工程的重要环节，必须对自设吊耳进行校核，还要说明对吊耳的现场焊接和检测。

（6）吊装辅助设施的设置

地锚、辅助支撑、桅杆、地排、缆风绳等吊装辅助设施，必须按照国家和行业标准要求设置。

（7）试吊装

在任何起重工程正式吊装前，都必须进行试吊装。要根据实际的工况进行试吊装，试验目的是验证地基承载力、起重性能、制动能力、吊索具和被吊物的稳定性。

4.6.3　吊装步骤

按照时间逻辑顺序描述吊装的步骤，对其中特殊的工况进行详细的描述，比如"多机联合作业"、"带载行走"、"构件的翻转"等需要精确配合才能完成的施工程序。

4.6.4　调试与验收

调试、试运转、检测和验收的要求和做法。

4.7　施工保证措施

4.7.1　风险源识别

从质量、安全、职业健康、环境、绿色施工等角度，根据工程实际情况进行识别、排查。

4.7.2　安全、质量、环境、消防保卫、绿色施工等方面的保证措施

（1）具体保证措施

可以与风险源识别一起列表说明，包括季节性（北京地区的特点包括大风、沙尘、雨季、冬季、炎热天气等）施工保证措施、夜间施工保证措施，还有施工机械安全、用电安全、高空作业安全、动火安全、吊装作业安全、人员保护、环境保护等等。措施手段可以采取技术性措施或者管理性措施。

（2）施工过程监测

有些精密起重工程或者涉及相对薄弱环节（比如边坡稳定）的起重工程，需要在全过程或者某些环节进行监测。需要说明监测目的、监测项目、监测方法、监测频率、预警分级、现场巡视手段、信息反馈流程等等。

4.8　应急预案

应急预案分为三个层次，分别是施工总预案、专项预案和现场处置方案，针对起重吊装工程的安全应急预案应该是后两者。必须具有鲜明的针对性和可操作性。

4.8.1　应急管理体系

（1）应急管理机构

（2）职责与分工

包括应急救援领导小组、应急救援小组的成员、职责与分工：包括抢险、安保、后勤、医救、善后等等。

4.8.2　应急响应程序

明确触发预案的条件，以及响应流程。

4.8.3　应急抢险措施

根据现场实际情况、可能发生事故的特点，针对人员、设备、环境、建（构）筑物的具体抢险措施。

4.8.4　应急资源配置

包括应急物资、通信资源、道路资源、起重和运输设备资源、医疗资源、资金储备等。有些应急资源不一定在现场存放，比如和附近吊装企业签订的应急响应协议，也应包含在应急资源配置的范畴内。

4.9　计算书

一个起重吊装安全专项方案，必须关注"起重设备的地基承载力"、"起重设备的性能"、"所使用的吊索具"、"吊索具与被吊物的连接"、"就位过程"和"作业环境"六个方面，对于不能简单说明的环节，必须进行充分的计算校核。

地基承载力的校核，是所有起重工程的必要环节。说明起重设备的支撑面（不一定是地面，也有可能是顶板、钢结构或者梁、柱等）是否能够承受起重设备对支撑面的各项支撑反力。

起重性能校核，用图示和文字说明起重设备满足起升高度（深度）、幅度、起重量的要求，以及是否会发生比如"杠杆"之类的干涉，与周边障碍物之间的安全距离，等等。对于特殊工况，比如"多机联合作业"、"带载行走"等工况，应该按照国家和行业、地方标准进行起重性能的折减。对于自制起重设备或人力起重工程，除了本身的起重性能，还要对相关的锚点、缆风绳、绞磨、卷扬机、滚杠、绳轮机构等进行计算、校核。

吊索具校核，必须在真实的受力分析基础上进行。按照实际的角度、长度、受力建立受力模型，再进行计算校核。

吊索具与被吊物的连接方式有兜、锁、捆、吊等，不同的系挂方式有各自的受力特点，采取的技术措施和安全系数不同。尤其是涉及自制吊耳的情况，必须就施焊部位、焊缝、吊耳的受力进行校核。

就位过程中可能涉及的环节，有临时支撑、地锚和缆风绳、安全距离等。

作业环境，最常见的校核项目是风力和作业时间。户外起重项目受风力影响其实很大，应按照《起重机设计规范》GB 3811 的要求校核。涉及航道或铁路运行线路的起重项目，必须严格按照预定的作业时间施工，方案对相关作业环节的用时需进行充分说明。

范例1 箱型梁吊装工程

王凯晖 朱凤昌 孙曰增 编写

王凯晖：北京建筑大学
　　　　北京市建设机械与材料质量监督检验站、北京城建科技促进会起重吊装与拆卸专业技术委员会
　　　　副主任、北京市危大工程吊装及拆卸工程专家组组长、北京市轨道交通建设工程专家组组长、
　　　　中国施工机械专家
朱凤昌：北京运双达重型机械运输有限公司、北京市交通委专家库专家，北京市危大工程吊装及拆卸工
　　　　程专家组专家
孙曰增：北京城建科技促进会起重吊装与拆卸专业技术委员会主任、北京市危大工程领导小组办公室副
　　　　主任、北京市危大工程吊装及卸卸工程专家组组长、北京市轨道交通建设工程专家组组长、中
　　　　国施工机械资深专家

某路箱型梁吊装安全专项方案

编制：＿＿＿＿＿＿＿＿＿

审核：＿＿＿＿＿＿＿＿＿

审批：＿＿＿＿＿＿＿＿＿

施工单位：＊＊＊＊＊＊

编制时间：＊＊＊＊＊＊

目　　录

1　编　制　依　据

1.1　工程设计文件

＊＊＊＊＊路勘察设计文件；

＊＊＊＊＊路施工设计图纸；

＊＊＊＊＊吊装拆卸专项勘察报告（汽车起重机、履带起重机作业区域勘察报告）。

1.2　合同类文件

＊＊＊＊＊路施工合同；

＊＊＊＊＊箱型梁吊装合同。

1.3　技术标准

（1）《起重机械安全规程　第1部分：总则》GB 6067.1—2010；

（2）《起重机 钢丝绳　保养、维护、安装、检验和报废》GB/T 5972—2009；

（3）《起重机设计规范》GB/T 3811—2008；

（4）《重要用途钢丝绳》GB 8918—2006；

（5）《建设工程施工现场安全防护、场容卫生及消防保卫标准》DB/11 945—2012。

1.4　法律、法规及规范性文件

（1）《建设工程安全生产管理条例》；

（2）《特种设备安全法》；

（3）《危险性较大的分部分项工程安全管理办法》（建质［2009］87号）；

（4）《北京市实施〈危险性较大的分部分项工程安全管理办法〉规定》（京建施［2009］841号）；

（5）《北京市建设工程施工现场管理办法》（北京市人民政府令第247号）；

（6）《北京市危险性较大的分部分项工程安全动态管理办法》（京建法［2012］1号）。

1.5　其他

（1）QUY150型履带吊使用说明书；

（2）QAY300汽车吊使用说明书；

（3）《北京市危险性较大的分部分项工程安全专项施工方案专家论证细则》；

（4）企业质量管理规范、制度。

2　工　程　概　况

2.1　工程概况

　　＊＊＊＊＊＊路桥梁吊装工程是我是规划中的主要道路之一，是由市中心城区通往南部新区的一条重要交通放射走廊。道路全长约 36km，规划为城市快速路。本标段为该工程的 6 号标段，全长 966.53m，预应力箱梁主要为 30m、35m 两种形式，结构形式为混凝土预制小箱梁，该路段的南北辅路桥采用 25m 预制简支 T 形梁（图 2.1）。

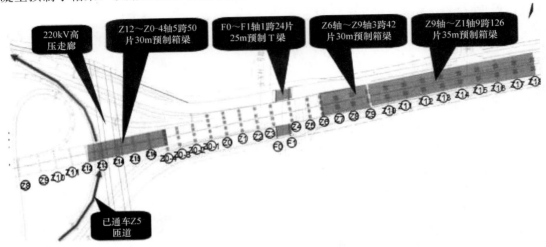

图 2.1　施工现场平面图

2.2　参建单位

　　建设单位：＊＊＊＊＊＊股份有限公司
　　设计单位：＊＊＊＊＊＊设计咨询公司
　　监理单位：＊＊＊＊＊＊建设监理公司
　　施工单位：＊＊＊＊＊＊路桥建设有限公司
　　桥梁预制：＊＊＊＊＊＊混凝土构件厂
　　吊装单位：＊＊＊＊＊＊吊运公司

2.3　工作内容、工程量概述

2.3.1　运输

　　1）梁的运输吊装工期为 30 天，每天运输 10 片。

　　2）计划运输时间：＊＊＊＊年 4 月，每晚 23：00 起运，次日凌晨 1：00 到达施工现场。

2.3.2　吊装安排

　　吊装工作安排在白天，预制小箱梁总片数 242 片，预制 T 梁 24 片（表 2.3）。桥梁 Z12-Z13 轴跨越邻近道路的 6 号匝道，预制箱形梁吊装时，申请该匝道断行；Z12 轴-Z15 需两台起重机联合起升作业，辅路桥采用 25m 预制简支 T 形梁，选用单台起重机机独立吊装。

吊装工程量表　　　　　　　　　　　　　　　　　表 2.3

名称	长度(m)	高度(m)	宽度(m)	吊装重量(t)	数量
箱梁	30	1.6	2.4	96	92 片
箱梁	35	1.8	2.4	126	126 片
T 形梁	25	1.4	1.2	42	24 片
合计					242 片

2.4　施工关键节点

本工程为使用起重设备进行吊装作业，以下两个环节为本工程的关键节点：

1) 需两台起重机联合起升作业：Z12-Z13 轴双机抬吊作业工况。

2) 避让作业区域内的输电线：Z13 轴及 Z14 轴吊装区域上方有 200kV 架空电缆。

3　施　工　环　境

3.1　周边建筑及地上情况

现场 Z13 轴及 Z14 轴盖梁上方距地面 22m 有 200kV 架空电缆（图 3.1）对相应的吊装作业有影响，其他各跨作业范围上空没有架空输电线、缆。

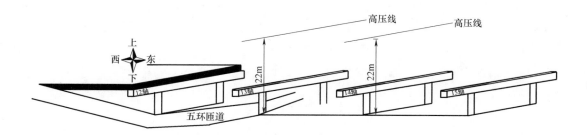

图 3.1　施工现场空间情况

3.2　周边建筑及地下情况

吊装作业区域地下无妨碍吊装作业的上、下水管路，电缆管线，暗井及未夯实填土等。

3.3　气　象　条　件

根据气象部门历年的气象资料，作业期间无极端天气记录满足吊装要求。根据汽车起重机说明书，吊装时吊装位置的风力应不大于六级（13.8m/s），当风力超过安全使用要求或遇到雷电时应停止工作，并将吊臂缩回成行驶状态。

4　起重设备的选择

4.1　箱梁吊装工况

1）由于本工程预制箱梁梁长为 30m、35m，单片箱梁重量分别为 96T、126T。吊装时采用两台起重机联合起升作业，箱梁的吊点位置应根据设计位置选取。

2）箱梁两端对称，重心在中线上，吊装时保持梁顶面水平，两台吊车起重量均匀分配。几何尺寸（图 4.1）。

4.2　起重机械的选择

1）根据箱梁重量和场地情况，选择 QAY300 型汽车起重机和 QUY150 履带起重机。汽车起重机和履带起重机起重性能见图 4.2-1 和图 4.2-2。

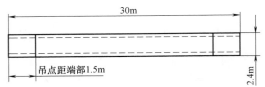

图 4.1　箱梁吊点示意图

起重性能参数表 Total rated lifting load											
主起重臂额定起重量　Rated boom lifting capacity											
幅度(m) ＼ 臂长(m)	19	22	25	28	31	34	37	40	43	46	49
5.0	150.0										
6.0	140.0	130.0	117.0								
7.0	119.0	118.0	110.0	106.0	96.0						
8.0	99.0	95.5	94.0	91.0	88.6	86.8	84.0				
9.0	82.5	80.7	80.5	79.0	77.0	75.8	74.0	72.0	69.4		
10.0	71.0	69.2	69.1	69.0	68.0	66.6	64.6	64.4	64.2	61.0	59.0
12.0	55.0	54.3	54.6	54.4	54.2	54.0	53.8	52.0	51.0	49.8	49.0
14.0	45.0	44.6	44.4	44.2	44.0	43.8	43.6	43.3	42.9	42.0	41.0
16.0	38.0	38.8	37.0	36.8	36.6	36.4	36.2	36.0	35.8	35.6	34.0
18.0		32.6	32.0	31.6	31.4	31.2	31.0	30.8	30.6	30.4	30.2
20.0			28.0	27.9	27.7	27.5	27.3	27.1	26.9	26.8	26.6

图 4.2-1　汽车起重机性能表

2）吊装作业中起重设备负载情况（表 4.2）

起重设备负载一览表					表 4.2
起重机型号	幅度（m）	额定起重量（t）	吊装重量（t）	载荷系数	吊装内容
QAY300	14	65	96/2＋1.8	76.6％	Z12-Z13 吊装
QUY150	9	89	96/2	55.9％	
QAY300	10.5	87	96/2＋1.8	56％	Z13-Z14 吊装
QUY150	9	89	96/2	55.9％	

续表

起重机型号	幅度(m)	额定起重量(t)	吊装重量(t)	载荷系数	吊装内容
QAY300	14	65	96/2+1.8	76.6%	Z14-Z15 吊装
QUY150	9	89	96/2	55.9%	
QAY300	10	87	126/2+1.8	74.5%	其余梁吊装
QUY150	7	110	126/2	57.2%	

300吨主臂性能表　支腿8.7m，配重98.2t

幅度(m) \ 臂长(m)	15.4*	15.4	20.5	20.5	25.7	25.7	25.7	30.8	30.8	30.8	35.9	35.9	35.9	41.1	41.1	41.1	46.2	46.2	46.2	51.3	51.3	56.4	61
3	300	300																					
3.5	210	186	175	122																			
4	190	172	170	119	154	106	89																
4.5	180	162	159	113	146	101	84																
5	169	152	150	108	139	96	80	113	95	78													
6	149	135	133	100	125	87	72	104	86	70	87	86	72										
7	133	120	119	93	113	80	65	95	79	64	80	79	66	69	67	57							
8	120	95	105	87	103	73	60	88	72	59	74	73	61	64	62	52							
9	108	95	95	81	94	67	55	81	67	54	68	68	57	59.5	58	49	52	48.7	42.4				
10	96	88	87	76	87	63	51	75	62	50	64	64	53	55	54	45	48.5	45.8	39.7	43	39.8		
12	73	70	75	67	75	55	45	66	54	44	56	56	46	49	48	40	43	40.8	35.2	38	35.6	34	
14			66	60	65	49	40	58.7	48	39	49	50	41	44	43	36	38.1	36.73	31.5	34	32.1	30.3	27.2
16			55.5	53	55	44	36	52	43	35	44	45	37	39.5	39	32	34.3	33.3	28.4	30.8	29.2	27.5	24.8
18					48.5	40	32	47	39	32	40	41	33	36	35	29	31.2	30.4	25.8	28	26.7	25.1	22.7
20					38	36	29.1	42.3	36	29	36	38	30	32.5	32	26	28.5	27.9	23.6	25.7	24.6	23.1	20.9
22					33.5	31.8	25.8	36	33	26	33	35	28	30	30	24	26.1	25.8	21.7	23.6	22.8	21.3	19.3

图 4.2-2　履带起重机性能表

3）起重设备外形尺寸（图 4.2-3，图 4.2-4）

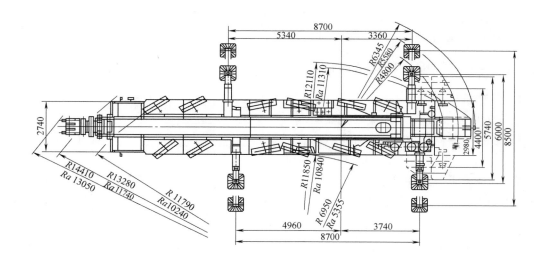

图 4.2-3　汽车起重机外形尺寸

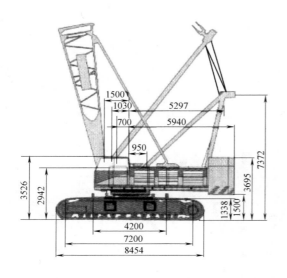
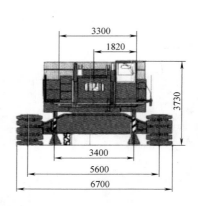

图 4.2-4　履带起重机外形尺寸

5　施　工　计　划

5.1　工程总体目标

5.1.1　吊装工程安全管理目标

杜绝一般等级（含）以上安全生产责任事故。

5.1.2　吊装工程质量管理目标

消除质量隐患，杜绝质量事故。

5.1.3　吊装工程文明施工及环境保护目标

有效防范和降低环境污染，杜绝违法违规事件。

5.2　吊装工程管理机构设置及职责

5.2.1　管理机构

根据现场施工需要，成立吊装工程管理机构保证吊装作业安全顺利完成（图5.2）。

5.2.2　人员分工及主要管理职责

箱梁吊装工程管理人员主要管理职责（表5.2）

5.3　施工进度计划

吊装工程从4月5日开始，每天完成10片梁的吊装，预计30天完成。吊装作

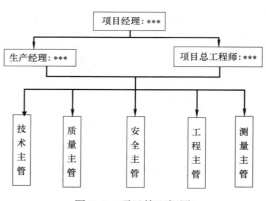

图 5.2　项目管理框图

业进度安排（表5.3）。

主要管理职责

表5.2

序号	岗位	姓名	联系电话	主要管理职责
1	项目经理	＊＊＊	＊＊＊＊＊＊	负责工程的总体调度和安排
2	技术主管	＊＊＊	＊＊＊＊＊＊	吊装方案的制定,现场技术问题的指导
3	质量主管	＊＊＊	＊＊＊＊＊＊	箱梁成品的验收,吊装过程的质量控制
4	安全主管	＊＊＊	＊＊＊＊＊＊	现场吊装过程的安全监督,对于不安全因素有权停止作业
5	工程主管	＊＊＊	＊＊＊＊＊＊	现场总指挥,负责吊装过程的具体实施
6	测量主管	＊＊＊	＊＊＊＊＊＊	现场监测起重机作业区域和箱梁就位的测量

箱梁吊装作业安排

表5.3

序号	时间	工作安排
1	4月5日	吊装现场验收,起重设备试吊装
2	4月6日～4月15日	Z12-Z13轴吊装
3	4月16日～4月25日	Z13-Z14轴吊装
4	4月26日～5月5日	Z14-Z15轴吊装
5	5月6日	吊装完成,撤场

5.4　施工资源配置

5.4.1　用电配置

项目部按照施工需要配置吊装时所需的配电箱、电缆等材料。

5.4.2　吊装劳动力配置

根据现场吊装需要,吊装人员组成如表5.4-1所示。

人员配置表

表5.4-1

序号	工种	要求	人数	职责
1	工程主管	掌握吊装要求	1	现场总指挥
2	吊车司机	具有资格	4	箱梁吊装
3	信号工	具有资格	6	信号
4	安全员	具有资格	2	安全
5	司索工	具有资格	12	挂钩
6	运输司机	具有资格	26	箱梁运输
7	交通维护	熟悉运输路线和停放要求	16	交通维护
8	测量员	具有资格	2	箱梁就位及起重机作业位置监测
	合计		69	

5.4.3　运输车辆的配置

根据箱梁重量选择运输车辆（表5.4-2）。

箱梁运输车组参数表　　　　　　　　　　　　　　　　表 5.4-2

牵引车型号：陕汽德龙	挂车(炮车)型号：威腾 TT80
牵引车额定功率：460 马力	挂车(炮车)额定载质量：100T
牵引车驱动形式：6×4	车板货台离地高度：1.2m
牵引车牵引总质量：100 T	车板货台宽：3.6m

5.4.4　主要机具的配置

箱梁吊装工程主要机具情况（表 5.4-3）。

主要机具配置表　　　　　　　　　　　　　　　　　　表 5.4-3

序号	机具	用途	数量	备注
1	QAY300	箱梁吊装	一台	
2	QUY150	箱梁吊装	一台	
3	陕汽德龙 460	箱梁运输	25 辆	
4	挂车(炮车) TT80	箱梁运输	25 辆	
5	金杯面包车	交通护送	4 台	
6	80 吨扁担梁	箱梁吊装	2	
7	钢丝绳 φ65mm 长 12m	箱梁吊装	6 根	
8	半圆厚皮管	箱梁运输包含	若干	
9	紧绳器	箱梁运输	若干	

5.5　施工准备

5.5.1　技术准备

1）培训吊装作业人员（起重机司机、信号工、司索工和安全员）：熟知吊装方案，掌握箱梁的尺寸、重量和吊装工序。

2）熟悉已选定的起重、运输及其他机械设备的性能及使用要求。

3）完成对作业人员的安全技术交底。

5.5.2　现场准备

1）路面处理：吊装作业前对桥区及桥跨两侧地面进行平整压实，然后再铺垫 30cm 级配砂石，压路机碾压密实。

2）明确运输车辆停放地点。

3）使用安全警示带划分吊装作业区域。

4）Z12-Z15轴作业前应得到供电部门批准，并做好安全保护措施。联系供电部门到现场协助施工。

5）设置供小箱梁临时加固焊接使用的施工电源。

6）完成测量控制点、线。

5.5.3 机械、机具准备

1）组织吊装起重设备进场组装、验收，查验起重机械的检验报告。

2）核验吊、索具。

3）清点运输车辆的"黄色警报灯"等警示标志。

5.5.4 人员准备

1）按照人员分工及管理职责要求落实人员准备。

2）查验作业人员资格。

5.6 梁的运输及捆扎方式

5.6.1 梁的运输

根据箱梁规格及运输路线的通行条件，预制箱梁采用陕汽德龙重型牵引车挂车机组运载，主要由重型牵引车和重型拖车前后承载方式运输。

5.6.2 捆扎方式

为防止运输过程中因颠簸和倾斜造成箱梁位移，装车后须进行捆扎紧固。每车组选用直径为19.5mm的钢丝绳两套，每车配备紧绳器8只、包角8只，用钢丝绳打围，包角垫在钢丝绳与钢箱梁梁体的结合部位，保护梁体及钢丝绳不受损伤，梁体与车体之间用硬木支垫，梁体与硬木之间铺垫地毯，防止损伤梁体。紧绳器紧固，将钢箱梁与前后车转盘紧固为一体。

5.6.3 运输行驶速度控制要点

为保证运输设备能匀速、安全地行驶，速度限制要求（表5.6）：

运梁车行驶速度控制表　　　　　　　　　　　　　　表5.6

空载行驶速度	≤60km/h
重载行驶速度	≤30km/h
重载弯道行驶速度	≤5km/h
坡道坡度	<6%

6 吊 装 步 骤

6.1 起重机联合起升作业工艺流程

6.1.1 准备

联合起升作业前进行计算机模拟，确认方案可行。

6.1.2　步骤

1）运梁车就位，两台起重机停放在工作位置并处于工作状态、挂钩，检查绑扎的吊索具牢靠。

2）正式吊装前应进行试吊装：张紧钢丝绳后两台起重机同时进行起升动作，使梁体离开运梁车（200mm）并保持水平，悬停 5min 进行检查，并观察起升钢丝绳是否垂直。（图 6.1-1）

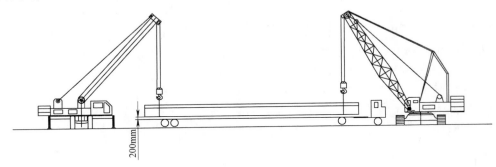

图 6.1-1　现场抬吊示意图

3）起升作业时统一由工程主管指挥，箱梁两端的上升速度、高度应保持一致。

4）工程主管工指挥 150t 履带起重机低速行走，汽车起重机进行回转动作（图 6.1-2），2 名信号工观察起重机起升钢丝绳的垂直度和构件水平度，发现不协调时，立即停止回转和行走，待调整完毕后，方可继续进行吊装作业。

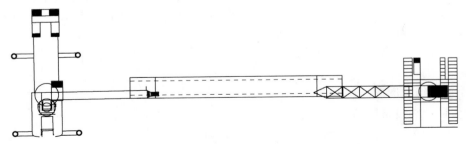

图 6.1-2　双机抬吊起始位置示意图

5）两台起重机回转、行走到指定位置，缓慢下落吊钩，箱梁就位并做完临时加固后摘除吊索（图 6.1-3）。

6.2　Z12 架-Z13 轴吊装步骤

6.2.1　吊装要点

箱梁架设顺序为 Z12、Z13 轴 30m 箱梁开始，箱梁首先 Z12-Z13 轴 10 片主梁开始，安装顺序从桥区南侧边梁开始向北逐片进行（ Z13 轴及 Z14 轴盖梁上方距地面 22m 有 220kV 架空电缆，根据电力部门数据，吊车的起重臂端部（鹅头）与高压线垂直距离不小于 6m）。

吊装 Z12-Z13 轴时，在 Z13 的轴盖梁东侧 150t 履带起重机受架空电缆制约，臂长 16m，300t 汽车起重机吊装 Z12-Z13 轴时不受架空电缆影响。

6.2.2　吊装步骤

1）运梁车就位在桥区北侧，运梁车就位并系挂吊索具后在工程主管的统一指挥下开始进行吊装作业。

2）进行试吊装，确认无异常后两台起重设备在统一指挥下开始起升动作并超过盖梁。

3）此后150t履带起重机缓慢行走（此时150t履带起重机作业半径不得大于9m），300t汽车起重机回转、变幅至待安装的支座处；两台起重机缓慢将梁放下就位。

4）就位后检查支座是否有松动、梁是否平稳。如有不平应重新起吊梁，对支座进行找平，直到平稳为止。

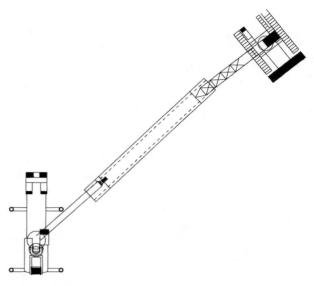

图6.1-3　双机抬吊行走示意图

5）第一片边梁架设完毕后，再按上述方法架设中梁，300t汽车吊同一个停放位置满足4片梁的架设，详见图6.2-1～图6.2-6。

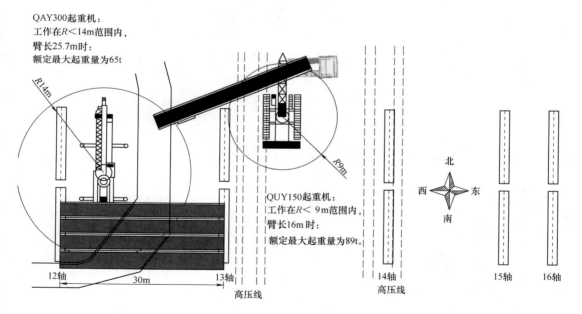

图6.2-1　Z12-Z13吊装示意图

6.3　Z13-Z14轴吊装

6.3.1　吊装要点

Z13轴及Z14轴上方有架空电缆，所以吊装顺序改为半幅吊装，从内边梁开始吊装外

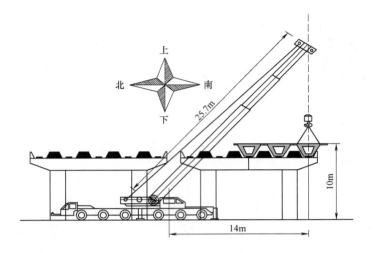

图 6.2-2 汽车起重机作业立面示意图

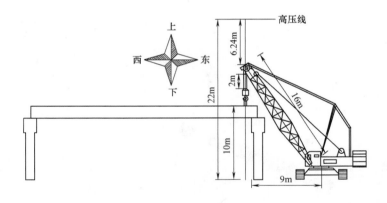

图 6.2-3 履带起重机作业立面示意图

侧的五片梁。

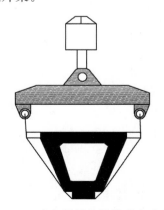

图 6.2-4 扁担梁吊装挂钩形式示意图

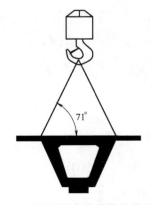

图 6.2-5 钢丝绳兜底吊装挂钩示意图

6.3.2　吊装步骤

300t 汽车起重机就位在 12 轴盖梁东侧，配置 98.2t 配重，150 吨履带起重机就位在 Z13 轴盖梁东侧，在跨外行走。

1）运梁车就位在桥区南侧，运梁车就位并系挂吊索具后在工程主管的统一指挥下开始起吊。

2）试吊装，确认无异常后两台起重设备在统一指挥下开始起升动作并超过盖梁。

3）此后 150t 履带起重机缓慢行走（此时 150t 履带起重机的作业半径不得大于 9m），300t 汽车起重机回转、变幅至待安装的支座处；两台起重机缓缓将梁放下就位。

4）就位后支座应无松动、箱梁稳定。如有不平应重新起吊梁，对支座进行找平，直到平稳为止。

5）第一片边梁架设完毕后，再按上述方法架设中梁，300t 汽车吊同一个停放位置可以满足 4 片梁的架设，详见图 6.3-1～图 6.3-4。

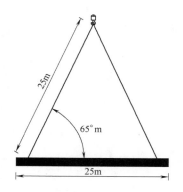

图 6.2-6　300t 履带吊独立吊装 25m T 形梁吊装挂钩示意图

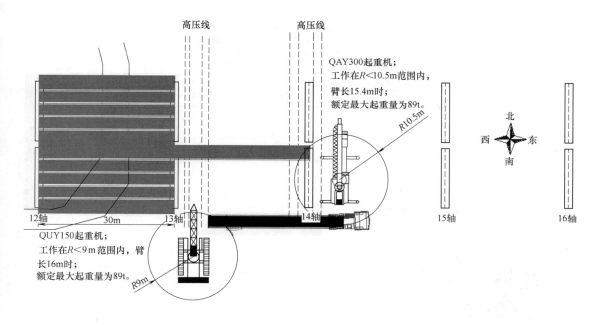

图 6.3-1　Z12-Z13 吊装作业示意图

6.4　Z14-Z15 轴吊装

6.4.1　吊装要点

Z14 轴的上方有架空电缆，150t 履带吊的工作受架空电缆的线影响。

6.4.2　吊装步骤

300t 汽车起重机在 Z15 轴盖梁东侧就位，配置 98.2t 配重。150t 履带起重机安放

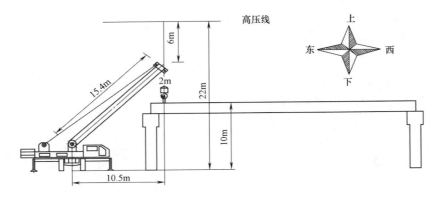

图 6.3-2　汽车起重机立面作业示意图

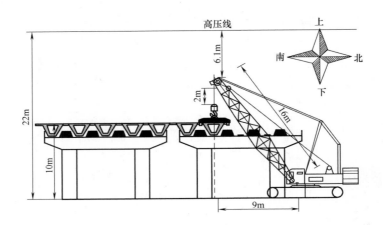

图 6.3-3　汽车起重机作业图

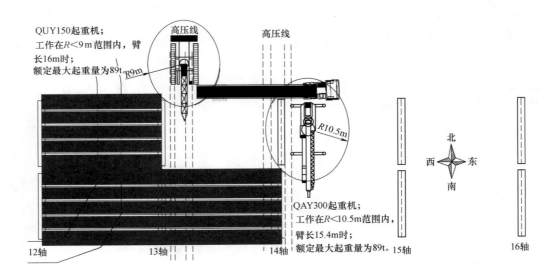

图 6.3-4　起重机工作图

在 Z14 轴的盖梁东侧，在跨内进行带载行走。

1）运梁车就位在桥区，运梁车就位并系挂吊索具后在工程主管的统一指挥下开始起吊。

2）试吊装，确认无异常后两台起重机在统一指挥下开始起升动作并超过盖梁。

3）此后 150t 履带起重机缓慢行走（此时 150t 履带起重机的作业半径不得大于 9m），300t 汽车起重机回转、变幅至待安装的支座处；两台起重机缓缓将梁放下就位。

4）就位后支座应无松动、箱梁稳定。如有不平应重新起吊梁，对支座进行找平，直到平稳为止。

5）第一片边梁架设完毕后，再按上述方法架设中梁，300t 汽车吊同一个停放位置可以满足 4 片梁的架设，详见图 6.4-1、图 6.4-2。

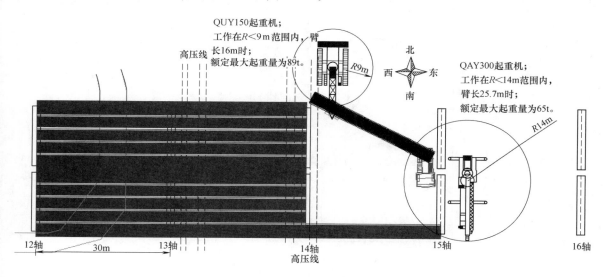

图 6.4-1　吊装作业示意图

6.5　Z12-Z15 轴箱梁吊装

6.5.1　吊装要点

Z12-Z15 轴吊装完成后其他各跨吊装履带吊配置 25m 臂杆可以满足所有箱梁的吊装需要。

6.5.2　吊装步骤（以一跨 35m 预制小箱梁吊装为例）

300t 汽车起重机安放在轴盖梁东侧，配置 98.2t 配重，150t 吊车就位在相邻跨盖梁东侧，跨内行走。

1）运梁车就位在桥区，运梁车就位系挂好吊索具后在工程主管的统一指挥下开始起吊。

2）试吊装，确认无异常后两台起重设备在统一指挥下开始起升动作并超过盖梁。

3）此后 150t 履带起重机缓慢行走（此时 150t 履带起重机的作业半径不得大于 9m），300t 汽车起重机回转、变幅至待安装的支座处；两台起重机缓缓将梁放下就位。

4）就位后支座应无松动、箱梁稳定。如有不平应重新起吊梁，对支座进行找平，直

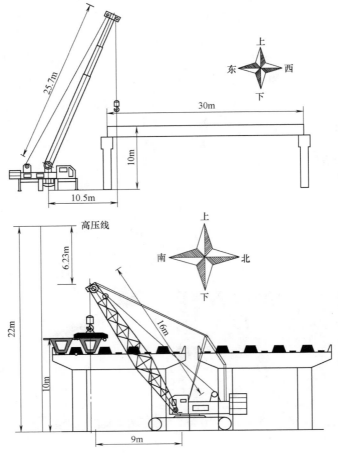

图 6.4-2　作业图

到平稳为止。

5）第一片边梁架设完毕后，再按上述方法架设中梁，300t 汽车吊同一个停放位置可以满足 5 片梁的架设，详见图 6.5-1～图 6.5-3。

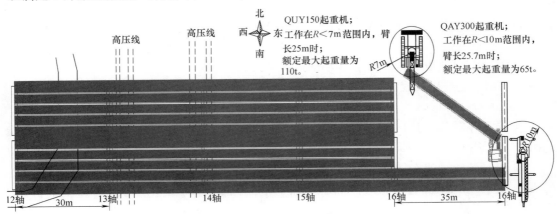

图 6.5-1　作业图一

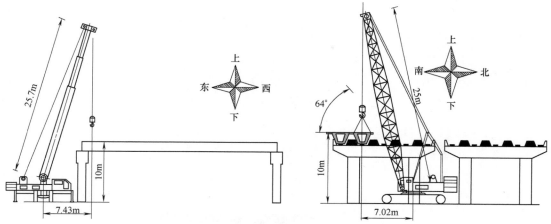

图 6.5-2　作业图二

6.6　25m T 形梁吊装

6.6.1　吊装要点

300t 汽车起重机独立吊装,将汽车
起重机吊装作业位置在盖梁东侧,配置
98.2t 配重。

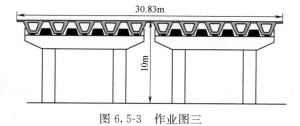

图 6.5-3　作业图三

6.6.2　吊装步骤

1)运梁车就位在 300t 汽车起重机起重性能范围内;

2)试吊装确认无误后开始工作。

3)起吊 T 形梁进行回转、变幅动作,至待安放支座处缓缓放下就位。就位后的梁检查一
下支座是否有松动、梁是否平稳。如有不平应重新起吊梁,对支座进行找平,直到平稳为止。

4)第一片边梁架设完毕后,再按上述方法架设中梁,300t 汽车起重机一次安放就位
可以完成 3 片梁的吊装作业,详见图 6.6-1~图 6.6-3。

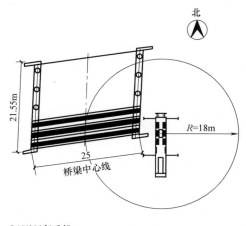

QAY300起重机
工作在R<18m范围内,
臂长30.8m时,额定最大起重量为47t。

图 6.6-1　北辅路吊梁平面图

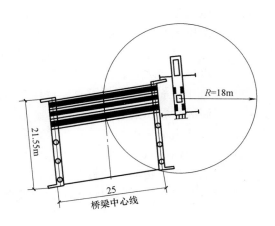

图 6.6-2　南辅路吊梁平面图

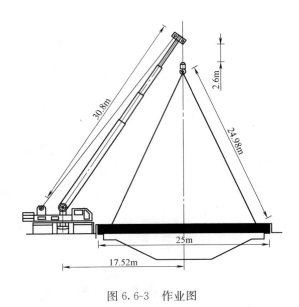

图 6.6-3　作业图

7　施工保障措施

7.1　危害危险因素辨识

7.1.1　运输路线风险源识别

1）进场路线地面不平整。

2）进场运输路线有障碍物影响正常运输。

7.1.2　作业现场风险源识别

1）吊装、组装作业范围内未设置警戒区域，未悬挂安全警示标志，无专人看护。

2）施工作业区未搭投扶梯、工作台、脚手架、护身栏、安全网或搭设不符合规范要求。

7.1.3　机械设备风险源识别

1）起重机无产品合格证及在有效期内合格的检验检测报告。

2）起重机无自检合格报告，没有按照行政主管部门相关要求进行验收就投入使用。

3）起重机带病运转、超负荷运转、超载运转。

4）每班作业前操作人员没有进行检查及试运转就开始作业。

7.1.4　吊装风险源识别

1）对作业人员未进行安全技术培训，对作业人员未进行有针对性的安全技术交底。

2）起重机站位点地基承载力不能满足吊装要求。

3）起重机没有按照专项方案指定位置准确站位。

4）在吊装过程中起重司索人员没有按要求选择吊点和系挂方法。

5）在吊装前没有对吊装使用的吊索具进行自检。

6）信号指挥方式不明确或不统一。

7）起重机司机及相关作业人员没有按照要求听从信号指挥人员的指挥。

8）起重司索人员引导吊装部件就位时选择位置不合理。

9）在吊装过程中使用的料具随意放置、抛掷。

10）各部件在吊装过程中未正确使用牵引绳。

11）在吊装过程中未做好防风、防滑、防雨等措施。

7.1.5　其他风险源识别

1）作业人员没有按规定正确佩戴劳动保护用品。

2）作业人员酒后作业或疲劳作业。

3）在作业过程中无专人进行全程监护。

7.2　安全保障措施

7.2.1　设备进场安全保障措施

根据运输车辆相关参数及现场情况选择运输路线。对选定的运输路线地面进行平整、加固处理（地下管线），保证运输车辆的稳定性；对运输路线周边的障碍物（高压线、建筑物、架体、地下管线等）采取有效措施，防止发生刮蹭。对选定的运输路线设置明显的标识，按照要求限速行驶，保证运输车辆安全抵达指定位置。

7.2.2　作业现场安全保障措施

1）吊装作业范围内设置警戒区域，悬挂安全警示标识，由专人看护禁止无关人员入内。

2）施工作业区域搭投的扶梯、工作台、脚手架、护身栏、安全网等，必须牢固可靠，符合相关规范要求，并经验收合格后方可使用。

7.2.3　机械设备安全保障措施

1）起重机须具有产品合格证及在有效期内合格的检验检测报告。

2）严格按照起重机使用说明书进行组装，组装完成后进行调试试车，起重机产权单位对设备进行自检并出具自检合格报告（自检合格报告须有自检人员签字并盖有产权单位公章），并按照行政主管部门相关要求进行验收，验收合格方可使用。

3）每班作业前操作人员要先查看设备各结构部位是否正常，通过运转试车查看设备各安全装置是否齐全有效、各机构是否运转正常，无异常方可开始作业。

4）指派专人按照说明书规定负责起重机的维修保养。严禁起重机带病运转或超负荷运转；严禁对运转中的起重机进行维修、保养、调整等作业。

7.2.4　吊装安全保障措施

1）培训交底

（1）吊装作业前施工总承包安全、技术人员应组织有关人员（项目安全及技术人员、作业人员等等）进行安全技术培训，使他们充分了解施工过程的内容、工作难点、注意事项等等。

（2）吊装作业前做好吊装指挥、通信联络等准备工作，确定吊装指挥人选及分工。指挥用对讲机、手势加哨音指挥。吊装前统一指挥信号，并召集指挥人员和吊装人员进行学习和练习，做到熟练掌握。

（3）对所有作业人员进行有针对性的安全技术交底。

2）起重机站位点

（1）根据起重机和箱梁各部件相关参数及现场情况对履带吊站位点进行处理，保证地基承载力满足吊装要求。

（2）起重机必须严格按专项方案指定位置准确站位。

3）吊点与吊索

（1）在吊装过程中吊点应按说明书规定要求选择，不得随意改动。

（2）在吊装前提供吊索具的单位对吊装使用的吊索具进行自检并出具自检合格报告（自检合格报告须有自检人员签字并盖有吊索具单位公章）。

4）起重司索与信号指挥

（1）起重司索、信号指挥人员需取得建设行政主管部门颁发的特种作业人员操作资格证。

（2）起重司索人员按照盾构机专项方案要求选择相应的吊索具，按照相关规范要求系挂，由信号指挥人员查验合格无异常后方可起吊。

（3）信号指挥人员要穿有明显标识的服装，按照指挥要求正确站位，分工明确，使用统一指挥信号，信号要清晰、准确，履带吊司机及相关作业人员必须听从指挥。

（4）作业人员在吊装过程中须精力集中认真操作。

（5）起重司索人员引导吊装部件就位时应选择合理位置，严禁攀爬部件进行登高作业。

5）吊装过程

（1）在吊装过程中作业人员要时刻注意起重机尾部的旋转动态，防止发生碰撞和挤压。

（2）起重机在吊装过程中其吊装载荷必须保证在其额定起重能力范围内，严禁超载作业。

（3）在吊装过程中严格执行试吊装程序，在试吊装过程中指定专人对各环节进行观察，发现异常情况立即停止作业进行相应处理，直到试吊装各环节完好无异常后方可继续吊装。

（4）在吊装过程中使用的料具应放置稳妥，小型工具应放入工具袋，上下传递工具时严禁抛掷。

（5）起重机在吊装过程中如发生故障立即停止运转，待维修人员修理完毕履带吊处于正常状态下，方可继续作业。

（6）箱梁在吊装过程中，司机应认真操作，慢起慢落；部件翻身时操作应保证同步平稳。

（7）箱梁在吊装过程中牵引绳操作人员站位安全合理，全过程控制空中姿态，防止在下井过程部件与井壁发生碰撞。

（8）各部件在起吊前要检查附件是否固定牢固、是否存在其他杂物等，完好无异常后方可起吊。

（9）四级及以上大风或其他恶劣天气应停止吊装作业，同时做好防风措施。

6）其他安全保证措施

（1）从事作业的特种人员，必须按照要求取得相应的特种作业操作资格。

　　（2）各种机械操作人员和车辆驾驶员，必须取得操作合格证，不准操作与证不相符的机械。

　　（3）进入施工现场必须戴安全帽，高处作业人员要佩戴安全带，穿防滑鞋，按规定正确佩戴劳动保护用品。

　　（4）所有作业人员严禁酒后作业，严禁疲劳作业。

　　（5）现场各种构件、材料按照要求摆放整齐，作业人员按照人力搬运的作业要求进行搬运。

　　（6）在作业过程中监理单位、总承包单位、分包单位相关人员在现场旁站。

　　（7）在作业过程中指派专人进行全程监护。

7.2.5　吊装过程监护（在安全立面）

　　1）监测仪器（表 7.2）

测量仪器统计表

表 7.2

仪器设备名称	仪器型号	仪器设备性能	数量
光学水准仪	DSZ2	精度：1mm	1台

　　2）监测的工作内容及控制标准。

　　3）监测项目达到报警值时立即停止吊装作业，通过分析找出原因，改进后方可继续作业。

7.3　质量保证措施（构件保护，就位准确）

　　1）吊装作业前施工总承包技术人员应组织相关人员进行质量培训，使他们充分熟悉安装图纸，了解施工过程的质量要求。

　　2）箱梁在装车运输过程中，部件与车体之间用硬木支垫，部件与硬木之间铺垫地毯，捆扎紧固使用的倒链及钢丝绳与箱梁接触部位用包角防护。

　　3）吊装过程中吊索具不得与相关附件发生干涉挤压。

　　4）各部件在吊装过程中牵引绳操作人员要全过程控制空中姿态，确保准确就位。

　　5）就位准确。

7.4　文明施工与环境保护措施

7.4.1　文明施工保证措施

　　1）施工场地出入口应设置洗车池，出场地的车辆必须冲洗干净。

　　2）施工场地道路必须平整畅通，排水系统良好。材料、机具要求分类堆放整齐并设置标示牌。

　　3）场地在干燥大风时应注意洒水降尘。

　　4）夜间施工向环保部门办理夜间施工许可证，主动协调好周边关系，减少因施工造成不便而产生的各种纠纷。

　　5）作业时尽量控制噪声影响，对噪声过大的设备尽可能不用或少用。在施工中采取防护等措施，把噪声降低到最低限度。

7.4.2　环境保护保证措施

　　1）夜间施工信号指挥人员不使用口哨，机械设备不得鸣笛。

2）汽车进入施工场地应减速行驶，避免扬尘。

3）加强对施工机械的维修保养，防止机械使用的油类渗漏进入地下水中或市政下水道。

4）对吊装作业的固体废弃物应分类定点堆放，分类处理。

5）施工期间产生的废钢材、木材，塑料等固体废料应予回收利用。

7.5　现场消防措施

1）作业现场区域按照要求设置消防水源和消防设施，消防器材应有专人管理。

2）作业现场严禁存放易燃易爆危险品，作业现场区域严禁吸烟。

3）严格加强作业现场明火作业管理，严格用火审批制度，现场用火证必须统一由保卫部门负责人签发，并附有书面安全技术交底。电气焊工持证上岗，无证人员不得操作。明火作业必须有专人看火，并备有充足的灭火器材，严禁擅自明火作业。

8　应　急　预　案

8.1　应急管理体系

8.1.1　应急管理机构

事故应急救援工作实行施工第一责任人负责制和分级分部门负责制，由安全事故应急救援小组统一指挥抢险救灾工作。当重大安全事故发生后，各有关职能部门要在安全事故应急救援小组的统一领导下，按要求，履行各自的职责，做到分工协作、密切配合，快速、高效、有序地开展应急救援工作。

应急救援领导小组成员如下：

组　　长：＊＊＊＊＊＊＊，电话：＊＊＊＊＊＊

副组长：＊＊＊＊＊＊＊，电话：＊＊＊＊＊＊

　　　　＊＊＊＊＊＊＊，电话：＊＊＊＊＊＊

成　　员：＊＊＊＊＊＊＊，电话：＊＊＊＊＊＊

　　　　＊＊＊＊＊＊＊，电话：＊＊＊＊＊＊

　　　　＊＊＊＊＊＊＊，电话：＊＊＊＊＊＊

应急救援小组成员如下：

组　　长：＊＊＊＊＊＊＊，电话：＊＊＊＊＊＊

副组长：＊＊＊＊＊＊＊，电话：＊＊＊＊＊＊

　　　　＊＊＊＊＊＊＊，电话：＊＊＊＊＊＊

成　　员：＊＊＊＊＊＊＊，电话：＊＊＊＊＊＊

　　　　＊＊＊＊＊＊＊，电话：＊＊＊＊＊＊

　　　　＊＊＊＊＊＊＊，电话：＊＊＊＊＊＊

8.1.2　职责与分工

1）应急救援领导小组职责与分工

组　　长：全面负责抢险指挥工作，发生险情时负责迅速组织抢险救援以及与外界联系救援。

副组长：具体负责对内外通讯联络以及根据现场情况向外界求援。

副组长：全面负责抢险技术保障，并与设计、监理、业主及相关单位联系拿出可靠的抢险或补救措施。

副组长：负责抢险时现场安全监督

组　　员：具体负责组织指挥现场抢险救援

负责抢险组织及实施

负责抢险时现场安全监督

负责监督提醒现场抢险人员安全

负责对外联络及协调

负责抢险技术保障，发生险情时应迅速拿出抢救方案

负责抢险物资管理

负责应急资金支持和后勤保障

负责抢险技术实施和监控

具体负责抢险时的监控量测工作

具体负责通信联络和信息收集、发布及伤亡人员的家属接待，妥善处理受害人员及家属的善后工作。

2）应急救援小组职责与分工

在得到事故信息后立即赶赴事发地点，按照事故预案相关方案和措施实施，并根据现场实际情况加以修正。寻找受害者并转移到安全地点，并迅速拨打医院电话 120 取得医院的救助。

8.2　应急响应程序

1）事故发生初期，事故现场人员应积极采取应急自救措施，同时启动施工现场应急救援预案，实施现场抢险，防止事故的扩大。前期部等部门应尽快恢复被损坏的道路、水电、通信等有关设施，确保应急救援工作顺利开展。

2）安全事故应急救援预案启动后，应急救援小组立即投入运作，组长及各成员应迅速到位履行职责，及时组织实施相应事故应急救援预案，并随时将事故抢险情况报告上级。

3）事故发生后，在第一时间抢救受伤人员，这是抢险救援的重中之重。保卫部门应加强事故现场安全保卫、治安管理和交通疏导工作，预防和制止各种破坏活动，维护社会治安。

4）当有重伤人员出现时救援小组应及时提供救护所需药品，利用现有医疗设施抢救伤员。同时拨打急救电话 120 呼叫医疗援助。其他相关部门应做好抢救配合工作。

5）事故报告：重大安全事故发生后，事故单位或当事人必须用将所发生的重大安全事故情况报告事故相关监管部门：

（1）发生事故的单位、时间、地点、位置；

（2）事故类型（倒塌、触电、机械伤害等）；

（3）伤亡情况及事故直接经济损失的初步评估；

（4）事故涉及的危险材料性质、数量；

（5）事故发展趋势，可能影响的范围，现场人员和附近人口分布；

（6）事故的初步原因判断；

（7）采取的应急抢救措施；

（8）需要有关部门和单位协助救援抢险的事宜；

（9）事故的报告时间、报告单位、报告人及电话联络方式。

6）事故现场保护：重特大安全事故发生后，事故发生地和有关单位必须严格保护事故现场，并迅速采取必要措施，抢救人员和财产。因抢救伤员、防止事故扩大以及疏通交通等原因需要移动现场物件时，必须做出标志、拍照、详细记录和绘制事故现场图，并妥善保存现场重要痕迹、物证等。

8.3　事故报告程序（见事故报告程序流程图）（略）

8.4　应急抢险措施

1）发生意外后现场负责人做好现场警戒，紧急拨打 120 急救电话、119 火警电话；

2）做好机械、零配件的储备，当机械设备出现故障时，应立即停止作业并及时抢修；

3）由成立应急救援小组，项目经理为组长，现场施工总负责人为副组长，组员由安全员、班长及现场人员组成；

4）发生意外后立即报告班长、主管及项目经理，应急响应小组人员接到报告后立即赶赴现场，由应急响应小组组织有关工作人员进行应急处理；

5）吊装前详细了分析吊装过程中的细节情况，并在吊装过程中密切注意工人的不规范动作，发现异常隐患及时采取措施，制止不规范操作。

6）对所用吊具进行细致的调查盘点，禁止不合格的吊具使用。

7）密切关注天气的变化，每天专人听取天气预报，提前预知天气的变化，避免在恶劣天气中作业。

8）加大对员工的安全培训和教育，告知员工工作中的危险源。

9）与监理、业主、其他施工单位做好相关安全、施工管理的沟通与协调工作，如遇安全事故、天气、不可抗力等因素时立即启动应急措施，以保障人员、设备的安全。

8.5　应急物资装备

应急资源的准备是应急救援工作的重要保障，根据现场条件和可能发生的安全事故准备应急物资如表 8.5 所示。

应急物资准备　　　　　　　　表 8.5

序号	物品名称	规格	数量
1	手拉葫芦	5t	2个
		1.5t	2个
2	手提电焊机		1台
3	钢管	48mm×6m	30根

序号	物品名称	规格	数量
4	电缆	$10mm^2$，三相五芯	100m
5	木板	$30cm \times 5cm \times 4m$	10块
6	应急配电箱		1套
7	应急灯		10个
8	担架		3付
9	医用急救箱		2个
10	医用绷带		5卷
11	呼吸氧		5袋

8.6 应急机构相关联系方式

北京市消防队求援电话：119

北京急救：120

北京市＊＊医院：＊＊＊＊＊＊＊＊

北京市＊＊医院：＊＊＊＊＊＊＊＊

9 设 计 计 算

9.1 地基承载力验算

9.1.1 汽车起重机

地基土所承受压力：$N = N_1 + N_2 + N_3 = 241.2t$

N_1——126t，最重箱梁＋吊索具；

N_2——80t，汽车吊自重；

N_3——98.2t，配重；

每条支腿受力 $N_t = N/4 = 60.3t$。

根据说明书要求受力最大支腿受力为平均受力的1.5倍，

$$N_{maxt} = 1.5 \times N_t = 90.45t，$$

汽车吊支腿下铺设 $2.2 \times 2.5m = 5.5m^2$ 方形钢箱板，

受力最大支腿对地面压力为 $90.45/5.5 = 16.45t/m^2 = 16.45kPa$

9.1.2 履带起重机

150t履带吊自重145t，梁重量按126t计算取二分之一，总重量为208t，单条履带宽1.1m，长8.454m，两条履带接地面积为18.59m^2，根据吊车仪表显示履带吊行走最大不均匀载荷为1.5，因此150t履带吊对地压力：$208/18.59 \times 1.5 = 16.78t/m^2 = 167.8kPa$。根据甲方提供的数据与现场实测，地基承载力大于200kPa，可满足300t与150t吊车就位及吊装需要。

9.2 钢丝绳计算起重钢丝绳验算

35m箱梁起重吊索选用 $6 \times 37 + 1$ 直径65mm钢丝绳，其公称抗拉强度为170MPa，

破断拉力为 266.5t。则其许用拉力

$$P = 266.5 \times 0.82/K = 218.53/6 = 36.4t$$

其中 K 为起吊安全系数，取 6。

钢丝绳长度选为 12m，共四根。兜底吊时钢丝绳与箱梁的夹角 71°

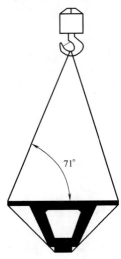

每根钢丝绳受力

$$F = (G/4)/\sin\alpha = 126/4/0.95 = 33.16t$$

$F < P$，即起吊时钢丝绳受力小于其许用拉力，钢丝绳性能满足要求。

30m 箱梁起重吊索选用 $6 \times 37 + 1$ 直径 56mm 钢丝绳，其公称抗拉强度为 170MPa，破断拉力为 200t。则其许用拉力

$$P = 200 \times 0.82/K = 184.33/6 = 33.46t$$

其中 K 为安全系数，取 6。

钢丝绳长度选为 12m，每头 1 根，共四根。兜底吊时钢丝绳与箱梁的夹角 71°

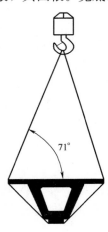

每根钢丝绳受力

$$F = (G/4)/\sin\alpha = 96/4/0.95 = 25.26t$$

$F < P$，即起吊时钢丝绳受力小于其许用拉力，钢丝绳性能满足要求。

25mT形梁起重吊索选用6×37＋1直径43mm钢丝绳，其公称抗拉强度为170MPa，破断拉力为118.5t。则其许用拉力

$$P=118.5×0.82/K=97.17/6=16.195t$$

其中K为起吊安全系数，取6。

钢丝绳长度选为25m，4根，吊装时钢丝绳与箱梁的夹角65°

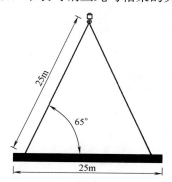

每股钢丝绳受力

$$F=(G/4)/\sin\alpha=42/4/0.906=11.59t$$

$F<P$，即起吊时钢丝绳受力小于其许用拉力，钢丝绳性能满足要求。

钢丝绳计算表

直径(mm)		钢丝总断面积(mm²)	钢丝绳参考重量(kg/100m)	钢丝绳公称抗拉强度(kg/mm²)				
				140	155	170	185	200
钢丝绳	钢丝			钢丝破断拉力总和不小于(kg)				
8.7	0.4	27.88	26.21	3900	4320	4730	5150	5570
11.0	0.5	43.57	40.96	6090	6750	7400	8060	8710
13.0	0.6	62.74	58.98	8780	9720	10650	11600	12500
15.0	0.7	85.39	80.27	11950	13200	14500	15750	17050
17.5	0.8	111.53	104.8	15600	17250	18950	20600	22300
19.5	0.9	141.16	132.7	19750	21850	23950	26100	28200
21.5	1.0	174.27	163.8	24350	27000	29600	32200	34850
24.0	1.1	210.87	198.2	29500	32650	35800	39000	42150
26.0	1.2	250.95	235.9	35100	38850	42650	46400	50150
28.0	1.3	294.52	276.8	41200	45650	50050	54450	58900
30.0	1.4	341.57	321.1	47800	52900	58050	63150	68300
32.5	1.5	392.11	368.6	54850	60750	66650	72500	78400
34.5	1.6	446.13	419.4	62450	69150	75800	82500	89200
36.5	1.7	503.64	473.4	70500	78050	85600	93150	100500
39.0	1.8	564.63	530.8	79000	87500	95950	104000	112500
43.0	2.0	697.08	655.3	97550	108000	118500	128500	139000
47.5	2.2	843.47	792.9	118000	130500	143000	156000	
52.0	2.4	1003.80	943.6	140500	155500	170500	185500	
56.0	2.6	1178.07	1107.4	164500	182500	200000	217500	
60.5	2.8	1366.28	1284.3	191000	211500	232000	252500	
65.0	3.0	1568.43	1474.3	219500	243000	266500	290000	

9.3 扁担梁计算

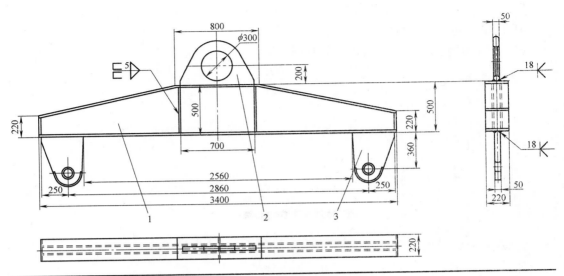

专用吊具(铁扁担)计算

A、设计参数:吊点距离 2700mm,吊重 $P=80000\text{kg}=784800$,见图

B、吊具主体的强度刚度计算:

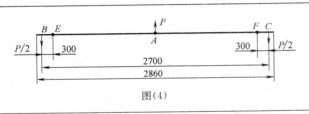

图(4)

1. 截面 A:

$I_a=904326620.8\text{mm}^4$	
$W_a=3248299.6\text{mm}^3$	

2. 截面 E:

$I_e=101901333.3\text{mm}^4$	
$W_e=926375.75\text{mm}^3$	

3. 当量惯性矩 $I_当=508725342.7\text{mm}^4$

C、A 点和 E 点的弯矩计算:

$M_a=(P/2)\times1350=529740000\text{N}\cdot\text{mm}.$ $M_e=(P/2)\times300=117720000\text{N}\cdot\text{mm};$

D、强度计算:本吊具材料采用 Q345,$[\sigma]=235\text{MPa}$。具体尺寸见图纸。

$\sigma_a=M_a\times k/W_a=218.2\text{MPa};\sigma_e=M_e\times k/W_e=170\text{MPa};$式中 $k=1.5$——动载系数

计算应力 $\sigma<[\sigma]$ 强度足够!

E、刚度计算:

挠度 $f_{max}=P\times L^3/(48EI_当)=0.307\text{cm}$,式中 $L=270\text{cm}$,$f=1.137L\text{‰}<5L\text{‰}$。

F、主钩吊件计算:材料 Q345 $\delta50\text{mm}$,$[\sigma]=235\text{MPa}$,尺寸见图纸。

吊环强度:$\sigma=P\times k/2S=784800\times1.5/(2\times50\times100)=117.7\text{MPa}<[\sigma]$

焊缝强度:$\sigma=784800\times1.5/(20\times0.7\times680\times2)=61.83\text{MPa}<[\tau_当]=166\text{MPa}$

G、钩绳挂件计算:材料 Q345 $\delta50\text{mm}$,$[\sigma]=235\text{MPa}$,尺寸见图纸。

抗拉强度 $\sigma=(P/2)\times k(2\times65\times50)=90.55\text{MPa},\sigma<[\sigma]=235\text{MPa},$

焊缝强度 $\tau=(P/2)\times k/(12\times0.7\times800)=87.59\text{MPa},\tau<[\tau]=166\text{MPa}$

挂件孔的抗拉强度足够!焊缝强度足够!

根据上述计算,专用吊具在 80t 重量作用下,各零部件强度和刚度均满足要求。

范例2　特殊结构施工吊篮安装工程

张艳明　庞京辉　赵　娜　编写

张艳明：中国新兴建设开发总公司、教授级高级工程师、北京市危大工程吊装及拆卸工程专家组专家、
　　　　主要从事钢结构工程施工研究工作
庞京辉：中建一局集团有限公司、高级工程师、北京市危大工程吊装与拆卸工程专家组组长、北京市轨
　　　　道交通建设工程专家组组长、中国施工机械专家
赵　娜：中建一局集团有限公司、高级工程师、北京市危大工程吊装与拆卸工程专家组专家、中国施工
　　　　机械专家、主要从事钢结构施工技术

某工程吊篮安装安全专项方案

编制：_____
审核：_____
审批：_____

施工单位：＊＊＊＊＊＊
编制时间：＊＊＊＊＊＊

目　　录

1　编 制 依 据

1.1　勘察设计文件

（1）＊＊＊工程设计图纸；

（2）＊＊＊外立面幕墙施工图纸。

1.2　施工组织设计文件

（1）＊＊＊工程施工组织设计；

（2）＊＊＊工程幕墙施工组织设计。

1.3　合同类文件

＊＊＊工程吊篮使用租赁合同。

1.4　法律、法规及规范性文件

（1）《建设工程安全生产管理条例》（国务院第 393 号令）；

（2）《北京市建设工程施工现场管理办法》（政府令第 247 号）；

（3）《危险性较大的分部分项工程安全管理办法》（建质［2009］87 号）；

（4）《北京市实施〈危险性较大的分部分项工程安全管理办法〉规定》（京建施
［2009］841 号）。

1.5　技术标准

（1）《起重机设计规范》GB 3811—2008；

（2）《起重机械安全规程　第一部分：总则》GB 6067—2010（名称修改）；

（3）《高处作业吊篮》GB 19155—2003；

（4）《重要用途钢丝绳》GB 8918—2006；

（5）《起重机钢丝绳保养、维护、安装、检验和报废》GB 5972—2009；

（6）《坠落防护　安全绳》GB 24543—2009；

（7）《坠落防护 带柔性导轨的自锁器》GB/T 24537—2009；

（8）《施工现场临时用电安全技术规范》JGJ 46—2005；

（9）《建设工程施工现场安全防护、场容卫生及消防保卫标准》DB 11/945—2012。

1.6　其他

（1）＊＊＊系列电动吊篮《产品使用说明书》；

（2）＊＊＊公司综合管理体系文件。

2 工程概况

2.1 工程简介

2.1.1 工程概述

工程简况见表2.1-1。

工程概况一览表 表2.1-1

工程名称	* * *		
地理位置	* * *		
结构形式	现浇钢筋混凝土结构	建筑面积	75000m²
层数	30层	建筑高度(檐高)	100m
层高	3.3米		

2.1.2 参建单位

参见单位见表2.1-2。

参建各方一览表 表2.1-2

建设单位	* * *置业有限公司
设计单位	* * *设计研究院有限公司
监理单位	* * *工程建设咨询有限公司
质量监督单位	* * *区质量监督站
施工总承包单位	* * *工程建设有限公司
幕墙施工单位(使用方)	* * *幕墙装饰有限公司
设备产权单位	* * *设备租赁有限公司

2.1.3 专业工作内容、工作量概述

工作内容及工作量参建表2.1-3。

工作内容一览表 表2.1-3

吊篮型号	* * *	生产厂家	* * *
使用区域	建筑外立面四周	数量	31台(非标2台)
架设位置	屋顶结构	固定方式	
使用时间	5～7月	用途	幕墙安装

2.2 吊篮平面布置及分类

吊篮平面布置图见图2.2,本工程共计使用31台吊篮,其中1号～12号、15号～20号、23号～26号、28号～30号为标准吊篮(悬吊平台长度为6m),12号、21号、22号、27号为标准吊篮(悬吊平台长度3m),13号、31号为异型悬吊支架吊篮(吊悬吊平台6m);13号悬吊支架位于屋面花架梁上(前后支架高度不一致),31号悬吊支架位于屋

面钢结构架上。

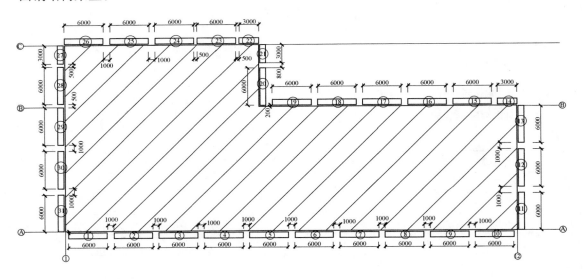

图 2.2　吊篮布置图

2.3　吊篮设备、设施参数

2.3.1　标准吊篮主要参数

按施工平面布置图 1 号～12 号、15 号～20 号、23 号～26 号、28 号～30 号为 6 米标准吊篮共计 25 台。12 号、21 号、22 号、27 号为 3m 标准吊篮共计 4 台。

1）设备选型

设备采用＊＊＊机械制造有限公司提供的 ZLP630 型吊篮，其技术性能见表 2.3。

ZLP630 型吊篮性能参数表			表 2.3
技术性能			ZLP630
额定载重		kg	630
提升速度		m/min	9.3±0.5
平台尺寸(长×宽×高)		mm	(2000×3)×690×1180
悬挂机构	前梁额定伸出量	mm	1500
	前梁离地高度	mm	1300～1800(调节间距 100)
	前后支架距离	mm	3000～4000
提升机	型号		LTD6.3
	数量	只	2
	电动机 型号		Y2EJ90L-4
	电动机 功率	kW	15
	电动机 电压	V	380
	电动机 转速	r.p.m	1420
	电动机 制动力矩	N·m	15

续表

技术性能			ZLP630
安全锁	型号		LSG20
	数量	只	2
	允许冲击力	kN	20
质量	悬吊平台	kg	225
	提升机	kg	48×2
	安全锁	kg	5×2
	悬挂机构	kg	(不含配重)300
	电箱	kg	15
	整机	kg	800
	配重	kg	900(25×36块)
钢丝绳	型号		4×25Fi＋PP-Φ8.3 破断拉力≥51800N
电缆线	型号		3×2.5＋2×1.5YC-5(1根)

2）主要系统结构

吊篮整机由悬挂机构、悬吊平台、提升机、安全锁、工作钢丝绳、安全钢丝绳和电气箱及电控制系统等主要部分组成，见图2.3-1。

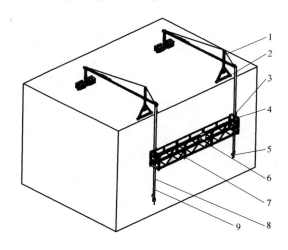

图2.3-1　吊篮结构简图

1—悬挂机构；2—行程限位块；3—安全锁；4—提升机；5—重锤；
6—电器箱；7—悬吊平台；8—工作钢丝绳；9—安全钢丝绳

3）主要受力结构

吊篮主要承力结构为悬挂机构。ZLP630型吊篮的悬挂支架由前支架、后支架、调节支架、上支柱、前梁、中梁、后梁、加强钢丝绳及配重等组件组成，中梁套装于前梁和后梁内，通过改变连接螺栓的穿装孔位置，可调节前、后支架间距离，调节范围为3～4m，调节间隔为0.2m。前梁和后梁通过调节支架安装于前支架和后支架上，改变调节支架和前、后支架连接螺栓的穿装孔装置，可调节梁距地面高度，调节范围为 1.3～1.8m，调节间距为 0.1m，为可调式悬挂支架。加强钢丝绳组件通过调节螺栓和连接套经过上支柱连接于前梁和后梁两端，并通过旋紧螺扣将钢丝绳拉紧，以提高悬挂支架的整体刚度。

吊篮使用载荷、前梁、支架间距与配重通过下表计算（配重块每块 25kg），见图 2.3-2。

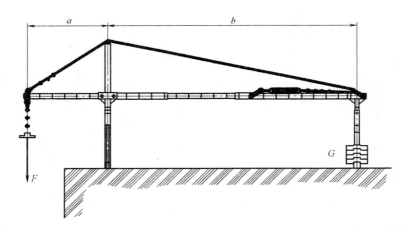

前梁悬伸长度 a （mm）	最大工作载荷 W_2（公斤）	前、后支架间距离 b(mm)		加载配重块	
		钢绳长度≤100m	钢绳长度≤200m	重量 G(kg)	数量(块)
700	630	≥2000	≥2200	900	36
900	630	≥2600	≥2800	900	36
1100	630	≥3000	≥3200	900	36
1300	630	4000	4000	900	36
1500	500	≥3800	≥3800	1000	40

图 2.3-2 吊篮使用参数图

2.3.2 非标准吊篮

1）安装在屋面花架顶部吊篮

按照平面图 13 号为屋面花架梁安装的异形吊篮，共计 1 台，其悬挂支撑架结构见图 2.3-3a 屋面花架顶非标吊篮图。与标准吊篮对比，主要做了如下改变：

（1）后支支架处将配重平衡的方式改为焊接方式；

（2）支架插接方式改为焊接方式；

（3）前梁伸出长度由标准支撑架的 1500mm，增加到 1900mm；

（4）前支架后支架间距有标准支撑架最大 4000mm，增加到 4508mm；

（5）前支架高度由标准支架最大高度 1800mm，增加到 2000mm。

2）安装在屋面钢结构顶部吊篮

根据施工平面布置图，31 号为屋面钢结构安装的异形吊篮，共计 1 台，其悬挂支撑架结构见图 2.3-3b 屋面钢结构位置非标吊篮图。与标准吊篮对比，主要做了如下改变：

（1）前梁伸出长度对比标准吊篮 1500mm，增加到 1900mm；

（2）前后支架距离对比标准吊篮 3000mm～4000mm，减小到 2500mm；

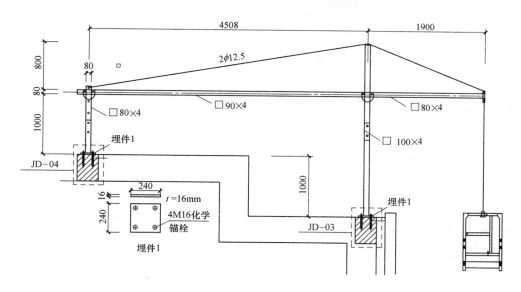

图 2.3-3a 屋面花架顶非标吊篮图

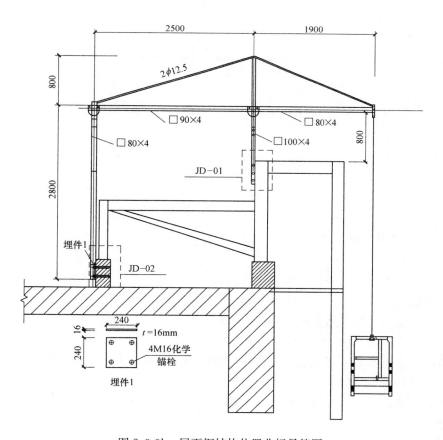

图 2.3-3b 屋面钢结构位置非标吊篮图

（3）支架插接方式改为与钢结构焊接方式；

（4）后支架将配重平衡方式改为焊接方式。

3　施　工　计　划

3.1　工程总体目标

3.1.1　安全管理目标
杜绝一般性（含）安全事故、杜绝现场各类火情事故。

3.1.2　质量管理目标
吊篮安装检验一次合格率100％。

3.2　施工管理机构设置及职责

3.2.1　施工管理机构
施工管理机构见图3.2。

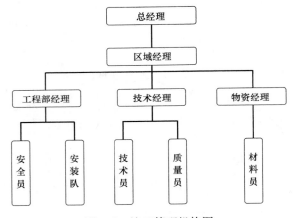

图3.2　施工管理机构图

3.2.2　人员分工及管理职责
1）总经理　姓名＊＊＊

职责：对本次吊篮安装付全面领导责任

2）区域经理　姓名＊＊＊

职责：负责本工程吊篮资源调配、人力调配

3）工程部经理　姓名＊＊＊

职责：负责组织本工程吊篮安装的现场指挥协调工作，为现场安装的第一负责人

4）安全员　　姓名＊＊＊

职责：负责施工人员进场教育与安全管理工作，对安全隐患提出整改意见，有权对不安全作业下达停工令

5）技术经理　　姓名＊＊＊

职责：负责对本工程吊篮安装工艺进行技术交底与现场监督，并对非标准吊篮进行计算与核验。并配合各方进行吊篮验收。

6）物资经理　　姓名＊＊＊

职责：负责本工程吊篮进场组织与设备报验。

3.3　施工进度计划

吊篮整体安装35天，具体以使用单位通知为准。

3.4　施工资源配置

3.4.1　用电配置

由使用单位在屋面配置配电箱与31台开关箱。

3.4.2　劳动力配置

劳动力配置见表3.4-1。

动力配置表　　　　　　　　　　　　　表3.4-1

序　号	岗　位	人　数	条　件
1	电工	2	持有效操作证
2	电焊工	1	持有效操作证
3	安装维修工	18	持有效操作证
4	普工	8	
合计		29人	

3.4.3　施工机具配置

安装过程中需要配置相应机具，见表3.4-2。

施工机具配置表　　　　　　　　　　表3.4-2

序号	名称	规格	单位	数量	用途
1	电焊机	N300	台	1	现场焊接
2	活动扳手	12寸、8寸	把	18	螺栓紧固
3	白棕绳	$\phi 10mm$	m	400	
4	榔头	5磅	把	6	
5	警戒标示带		m	400	

4　施　工　准　备

4.1　现场准备

1）吊篮根据场地大小，实际工程需求数量分4批次进场。吊篮为便于运输和搬运，产品出厂以及运输时按部件或组、零件进行分解，至施工现场后拼装成整机。

2）在建筑物屋顶预备5台配电箱，31台开关箱。

3）建筑物顶部具备基本平整条件，预埋件与钢结构验收合格。

4）对参加本次安装作业人员进行培训与安全技术交底。

4.2　机械准备

吊篮设备及构配件进场通过总包、监理、业主的相关部门对设备构配件进行验收合格。

5　吊　篮　安　装

5.1　安装流程

吊篮安装流程如下：

转运材料→组装悬挂机构→压放配重块（焊接支架）→安装并垂放工作钢丝绳和安全钢丝绳→组装平台→安装提升机安全锁→安装电器系统→自检并确认部件安装正确完整→试运行→提升机运行正常→验收合格，交付使用。

5.2　安装步骤

5.2.1　安装悬挂机构

悬挂机构的结构见图 5.2-1 ，由前梁、前梁上支柱、前后升降支架、中梁、加强绳、后梁、后梁立柱、配重块、前支加、后支架等组成

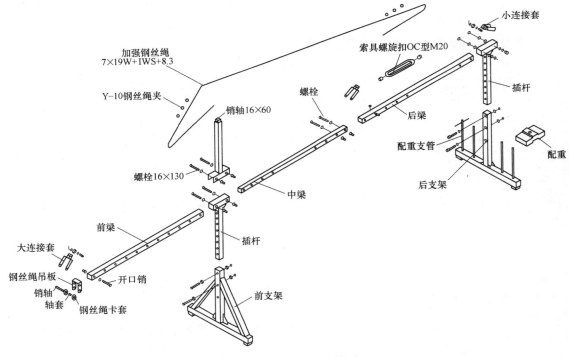

图 5.2-1　吊篮悬挂机构图

安装步骤：

1）将插杆分别放入前、后支架内。

2）根据施工需要调节好插杆的高度，随后用螺栓固定。（非标吊篮此步骤为将插杆焊接在埋件或钢结构构件上）

3）前梁分别穿入前插杆内，再把中梁穿入前梁中，或者先把前中梁穿好，再将前后梁穿入后插杆内。

4）在前梁上的钢丝绳悬挂架下的二销轴卡上分别安装好工作钢丝绳和安全钢丝绳，在上方装上加强钢丝绳，用绳夹夹好各条绳的端部，再在安全钢丝绳的适当部位装好限位块。

5）根据施工需要，调整前梁伸出长度，然后把上支柱套在前伸缩架上，并用螺栓紧固好。

6）调好前后支架间的距离，然后将梁与伸缩架、梁与梁连接好，并调整到三梁在一条直线上。另外，在三条梁的全长范围内，其水平高度差不得大于100mm，且只允许前高后低。

7）把加强钢丝绳经过上支柱与后支架上的调节扣连接好，用绳夹夹好钢丝绳端部，然后旋转调节扣收紧加强钢丝绳，在绷紧前梁消除间隙后，再旋4、5扣。

8）把工作钢丝绳和安全钢丝绳慢慢放到悬吊平台停放处。

9）前支架、后支架、中梁和后梁安装完成后，把配重放置于后支架的配重支管上。（非标准吊篮此步骤为将后支架焊接在预埋件上或主体钢结构上）

5.2.2　安装工作钢丝绳与安全钢丝绳

分别将工作钢丝绳和安全钢丝绳绕过绳轮后安装三个钢丝绳夹绳夹间距约50mm，绳夹滑鞍压在工作段上。再将固定钢丝绳绳轮与悬挂前臂耳板穿上连接销轴，开口销尾部叉开。分别将工作钢丝绳和安全钢丝绳沿外墙缓慢放下。

5.2.3　安装悬吊平台

悬吊平台在地面进行组装：将篮底和篮架组装完毕后，再安装篮端头并将提升机和安全锁安装就位。在吊架安装之后，安装人员必须完成工作中的自检，并检查各连接点的螺栓是否缺少和松动。悬吊平台组件见图5.2-2悬吊平台组装图。

5.2.4　安装提升机、安全锁、电器箱

1）将提升机安装在悬吊平台的安装架上，用手柄、锁销、螺栓固定。

2）将安全锁安装在安装架的安全锁安装板上，用螺栓紧固（安全锁滚轮朝平台内侧）。

3）拧下安全锁上的六角螺母，将提升机的上限位止挡安装在该处。

4）将电器箱挂在工作平台后篮片的中间空档处，将电动机插头分别插入电器箱下部相应的插支架内（下限位行程止挡安装在提升机安装架下部的安装板上）。

5）各插头分别插入电器箱下面对应的插支架内，见图5.2-3。

5.2.5　连接电缆线和调整电动机转向

1）连接电缆线

电源电缆的插支架与电器控制箱的插头插接牢固，将电缆另外一头接到现场所提供的开关箱漏电开关上。

2）调整电动机转向

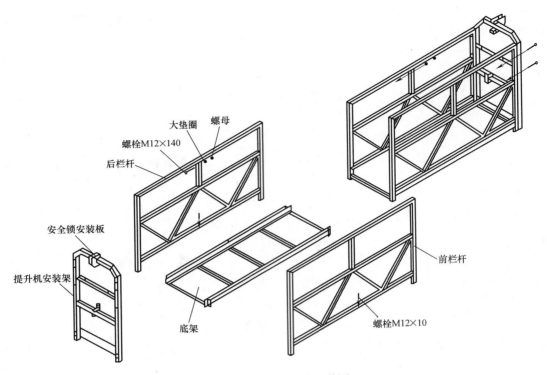

大垫圈　螺母

螺栓M12×140

后栏杆

安全锁安装板

提升机安装架

前栏杆

底架

螺栓M12×10

图 5.2-2　悬吊平台组装图

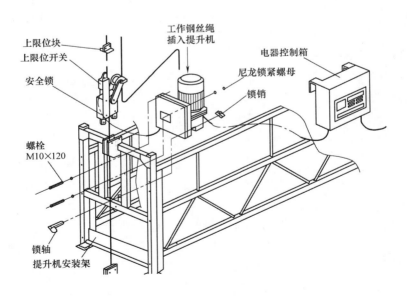

工作钢丝绳
插入提升机

上限位块

上限位开关

电器控制箱

安全锁

尼龙锁紧螺母

锁销

螺栓
M10×120

锁轴
提升机安装架

图 5.2-3　吊篮提升机图

5.2.6　安装安全绳和绳卡

在吊篮安装完毕使用以前，须从屋面垂下一根独立的安全绳，安全绳在楼顶的攀挂点必须牢固，绳体与建筑物接触处做好防护。不可将安全绳攀挂在悬挂机构上面，顶部挂完后安全绳放置于吊篮的中间，自锁器直接安装在安全绳上面，施工人员在施工中须将安全带挂在安全绳上的自锁器上。

6　试验与验收

吊篮安装完毕自检合格后，组织相关人员按照国家标准《高处作业吊篮》GB 19155—2003 及相关规定进行验收合格后，项目部代表及相关人员在吊篮安装验收表上签字确认后投入使用。

7　施工保证措施

7.1　危险源识别

7.1.1　施工人员安全防护危险源辨识

1）施工人员为正确使用安全防护用品，易造成物体打击、高处坠落伤害。

2）在高处作业下方有人员穿行，易造成高空坠物打击伤害。

3）安全绳固定位置不正确，导致安全绳失效造成高处坠落伤害。

4）组装吊篮悬挂支架时，配件、零件或工具零散放在建筑临边，易造成高处坠物打击。

5）传递工具及放钢丝绳、安全绳时进行抛掷，易造成物体打击伤害。

7.1.2　设备组装危险源辨识

1）吊篮组装时，连接螺栓未拧紧、销轴的开口销未按要求打开、支架与结构或埋件焊接不符合要求，易造成设备承载后解体导致人员伤害。

2）钢丝绳不符合要求，易造成钢丝绳断裂、设备损害导致人员伤害。

3）钢丝绳绳夹型号、固定、方向、数量、间距不符合规范要求，易造成钢丝绳脱落，导致设备损坏人员伤害。

4）安装步骤不符合要求，易造成设备垮塌导致人员伤害。

7.1.3　作业消防危险源辨识

支架与结构、埋件焊接时，未履行安全动火手续，易造成火灾危害。

7.1.4　作业临时用电危险源辨识

1）非电工进行临电作业，易造成触电伤害。

2）使用电箱、电缆线不符合规范要求。

7.2　安全保障措施

7.2.1　作业人员安全防护技术保障措施

1）高处组装吊篮人员应满足高处作业条件，安装工、电工、电焊工等特殊工种应持证作业。

2）作业人员应正确使用安全防护用品，安全帽应系好帽带，安全带高挂低用。

3）高处作业用安全绳应固定在稳定的结构上，严禁固定在吊篮悬挂机构上。

4）吊篮组装区域下方严禁人员通过，在地面应拉警戒标识带划分安全作业区，专人看护。

　　5）组装用工具、零件、器材须做好固定且不应放置在建筑临边位置，小型工具等应放置在工具袋内，同时做好防坠落措施。

　　6）传递物品应采用密闭工具袋或绑缚牢固，严禁抛掷。

7.2.2　设备组装安全技术保障措施

　　1）设备组装前，应检查所用钢丝绳，未达到使用标准的，应进行更换。

　　2）设备组装时应检查支架与结构、埋件的焊缝，应符合要求。

　　3）检查各个部件的连接螺栓、销轴和开口销应安装到位连接牢固。

　　4）检查钢丝绳夹的型号、固定、数量与方向应符合要求。

　　5）安装过程中必须遵循说明书规定，须先固定支架后放置钢丝绳的步骤；禁止未放置配重（支架焊接）时，移动或上升平台。

7.2.3　现场消防保障措施

　　焊接前在总承包安全部门办理动火手续，焊接位置配置灭火器，清理作业位置及周边的易燃物，并设定专人进行看火。

7.2.4　临时用电安全保障措施

　　1）严禁非电工进行电气作业。

　　2）电焊机接地线不得接在平台或钢丝绳上，在平台上进行电焊作业时，必须对钢丝绳进行有效防护。

　　3）电气控制箱不得增设其他线路，作为照明或其他动力电源使用，箱内禁止摆放杂物。

　　4）作业前检查漏电保护器是否灵敏可靠。

8　应急预案

8.1　应急管理体系

8.1.1　应急管理机构

　　由项目部成立应急响应指挥部，负责指挥及协调工作。

　　组长：总经理　姓名＊＊＊　电话＊＊＊＊＊＊

　　成员：

　　区域经理　　　　姓名＊＊＊电话＊＊＊＊＊＊

　　工程部经理　　　姓名＊＊＊电话＊＊＊＊＊＊

　　安全员　　　　　姓名＊＊＊电话＊＊＊＊＊＊

　　技术经理　　　　姓名＊＊＊电话＊＊＊＊＊＊

　　物资经理　　　　姓名＊＊＊电话＊＊＊＊＊＊

8.1.2　职责与分工

　　1）总经理及工程部经理负责现场，任务是掌握了解事故情况，组织现场抢救。

　　2）区域经理负责联络，任务是根据指挥小组命令，及时布置现场抢救，保持与当地电力．建设行政主管部门及劳动部门等单位的沟通。

3）安全员负责维持现场秩序，做好当事人、周围人员的问讯记录。

4）技术经历与物资负责妥善处理好善后工作，负责保持与当地相关部门的沟通联系。

8.2　应急响应程序

1）紧急情况发生时，现场人员应积极采取应急自救措施，同时启动施工现场应急救援预案，实施现场抢险，防止事故的扩大。

2）紧急情况发生后，应急响应指挥部各成员按各自分工布置工作，进行现场抢救、道路疏通、现场维护、情况通报工作。

3）当有重伤人员出现时救援小组应拨打急救电话 120 呼叫医疗援助。其他相关部门应做好抢救配合工作。

4）当发生重大安全事故时，事故单位或当事人必须用将所发生的重大安全事故情况报告事故相关监管部门。

5）当发生事故时现场各方必须严格保护事故现场，并迅速采取必要措施，抢救人员和财产。因抢救伤员、防止事故扩大以及疏通交通等原因需要移动现场物件时，必须做出标志、拍照、详细记录和绘制事故现场图，并妥善保存现场重要痕迹、物证等。

8.3　应急抢险措施

8.3.1　触电事故应急响应预案

1）现场人员应当机立断地脱离电源，尽可能的立即切断电源（关闭电路），亦可用现场得到的绝缘材料等器材使触电人员脱离带电体。

2）将伤员立即脱离危险地方，组织人员进行抢救。

3）若发现触电者呼吸或呼吸心跳均停止，则将伤员仰卧在平地上或平板上立即进行人工呼吸或同时进行体外心脏按压。

4）维护现场秩序，严密保护事故现场。

8.3.2　高处坠落、物体打击事故应急响应预案

1）迅速将伤员脱离危险场地，移至安全地带。

2）保持呼吸道畅通，若发现窒息者，应及时解除其呼吸道梗塞和呼吸机能障碍，应立即解开伤员衣领，消除伤员口鼻、咽、喉部的异物、血块、分泌物、呕吐物等。

3）有效止血，包扎伤口。

4）视其伤情采取报警直接送往医院，或待简单处理后去医院检查。

5）伤员有骨折，关节伤．肢体挤压伤，大块软组织伤的要固定。

6）若伤员有断肢情况发生应尽量用干净的干布（灭菌敷料）包裹装入塑料袋内，随伤员一起转送。

7）重伤员运送应用担架，腹部创伤及背柱损伤者，应用卧位运送；胸部伤者一般取半卧位，颅脑损伤者一般取仰卧偏头或侧卧位，以免呕吐误吸。

8.4　应急物资装备

常备药品：消毒用品、急救物品（绷带、无菌敷料）及各种常用小夹板、担架、止血袋、氧气袋。

常备工具：担架、应急照明灯。

8.5　应急机构相关联系方式

北京市消防队求援电话：119

北京急救：120

就近医院电话：＊＊＊＊＊＊

就近医院行车路线图。

9　非标悬挂机构计算书

9.1　计算说明

9.1.1　计算分析概述

为确保计算准确性，悬吊支架按照整体模型进行受力分析计算，综合考虑结构自重、悬吊荷载、风荷载共同作用。分别按主体支架、钢丝绳、支座预埋件等三部分进行计算，其中主支架部分分别计算位移、杆件应力、杆件内力、支座反力及整体稳定性等五项指标，杆件内力作为钢丝绳受力计算依据，支座反力作为预埋件设计依据。

9.1.2　荷载取值

1）自重：由程序自动计算；

2）悬吊荷载：吊篮的额定载重量、悬吊平台自重和钢丝绳自重所产生的重力之和值的一半，同时考虑 1.25 倍动力系数。

ZLP630 型吊篮悬吊平台其自重 $G_自＝331kg$（按照表　计算），额定载重量 $G_额＝500kg$（按照表　确定），钢丝绳自重 $G_{钢丝绳自重}＝25kg/100m$。

则吊篮悬挂机构前梁所受的集中力为：

$$G＝1.25×(G_自＋G_额＋4G_{钢丝绳自重})·g÷2$$
$$＝1.25×(331＋500＋4×25)×9.8÷2$$
$$＝5072N，取 G＝5.1kN$$

3）风荷载：工作状态按 500Pa，非工作状态按 2245Pa。

风荷载体形系数按照荷载规范取 0.8＋0.5＝1.3。

9.1.3　荷载组合

由程序自动组合计算。

9.1.4　安全系数

1）悬挂支架：按照《高处作业吊篮》规定不小于 2.0；

2）钢丝绳：按照《高处作业吊篮》规定钢丝绳安全系数不小于 9.0；

3）预埋件：按照《高处作业吊篮》规定不小于 3.0。

9.1.5　变形限值

按照 $l/400$ 控制，即 1900/400＝4.75mm。

9.1.6　材料

1）支架材料采用 Q235B，截面为 □80×4.0；

2）钢丝绳采用 2φ12.5，公称抗拉强度 1550MPa，单根破断拉力 88.7kN；

3）预埋件材料采用 Q235B 钢，化学锚栓采用 M16，单根抗拉强度 77.9kN，抗剪承载力 46.7kN。

9.2 支架计算

9.2.1 （13号）支架计算

1）悬吊支架结构图

悬吊支架结构见图 9.2-1。

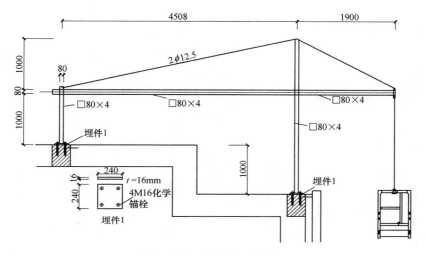

图 9.2-1 （13号）支架图

2）13号悬吊支架计算简图

13号悬吊支架计算见图 9.2-2。

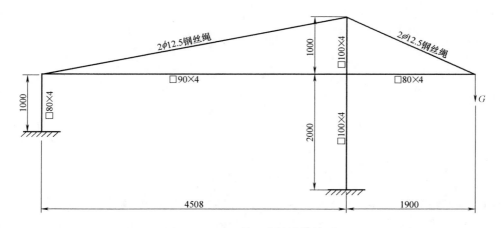

图 9.2-2 （13号）支架计算简图

3）主支架结构验算

（1）悬吊支架位移计算：最大位移量发生在悬挑端部，位移量 4.5mm$<l/400$，符合要求，见图 9.2-3。

图 9.2-3 （13 号）悬吊支架位移云图

（2）悬吊支架应力验算，最大应力值 31.1，应力比 0.16，符合要求，见图 9.2-4。

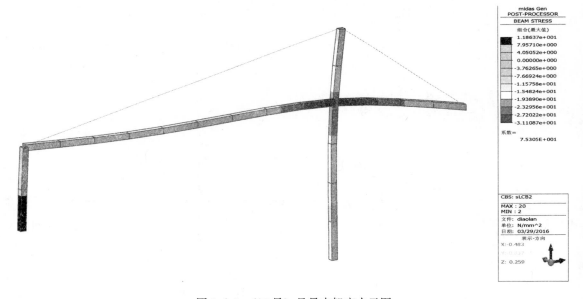

图 9.2-4 （13 号）悬吊支架应力云图

（3）支座位置反力验算，竖向反力分别为 2.9kN、12.6kN，见图 9.2-5。

（4）悬吊支架内力验算，拉索最大内力为 12kN，见图 9.2-6。

（5）主杆件整体稳定性验算，□80×4.0 方管稳定应力比 0.44＜0.5 符合要求。计算过程见图 9.2-7。

4）拉索验算

钢丝绳受力 $F=12.0$kN，拟采用 2 根直径 12.5mm（6×19）的钢丝绳。

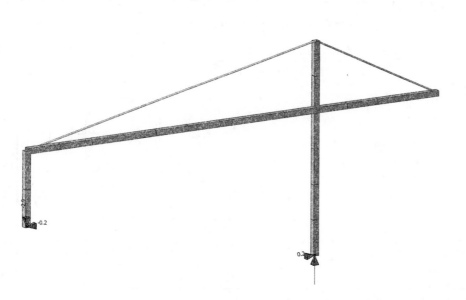

图 9.2-5　（13 号）支座反力云图

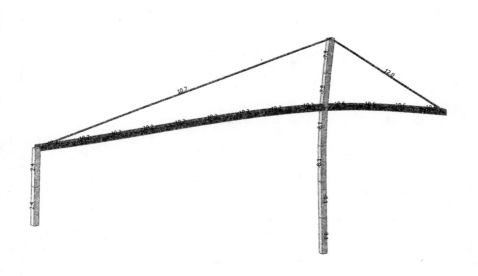

图 9.2-6　（13 号）悬吊支架内力云图

单根钢丝绳破断拉力为 88.7kN。

钢丝绳总破断拉力：$88.7 \times 2 = 177.4$kN。

安全系数：$177.4 \div 12 = 14.8 > 9$。

2 根直径 12.5mm（6×19）的钢丝绳满足使用要求。

5）预埋件验算

（1）焊缝验算

焊缝承受拉力 $T = 2.9$kN

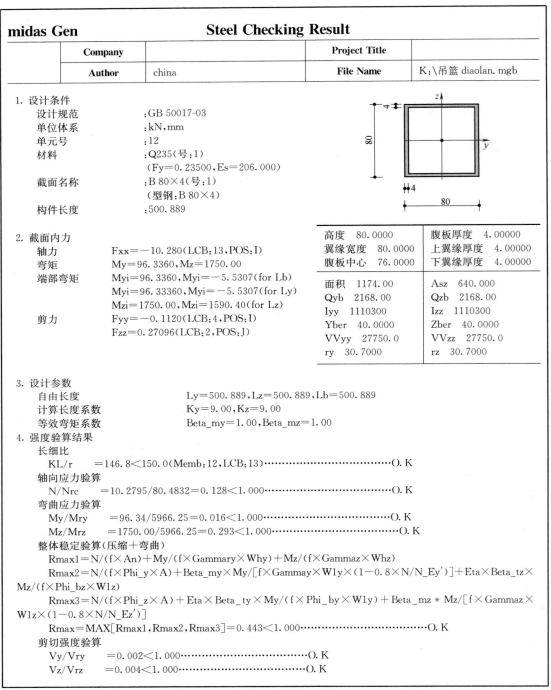

midas Gen		**Steel Checking Result**	
Company		Project Title	
Author	china	File Name	K：\吊篮 diaolan. mgb

1. 设计条件
　　设计规范　　　　:GB 50017-03
　　单位体系　　　　:kN,mm
　　单元号　　　　　:12
　　材料　　　　　　:Q235(号:1)
　　　　　　　　　　(Fy=0.23500,Es=206.000)
　　截面名称　　　　:B 80×4(号:1)
　　　　　　　　　　(型钢:B 80×4)
　　构件长度　　　　:500.889

2. 截面内力
　　轴力　　　Fxx=−10.280(LCB:13,POS:I)
　　弯矩　　　My=96.3360,Mz=1750.00
　　端部弯矩　Myi=96.3360,Myi=−5.5307(for Lb)
　　　　　　　Myi=96.33360,Myi=−5.5307(for Ly)
　　　　　　　Mzi=1750.00,Mzi=1590.40(for Lz)
　　剪力　　　Fyy=−0.1120(LCB:4,POS:I)
　　　　　　　Fzz=0.27096(LCB:2,POS:J)

高度　　80.0000	腹板厚度　4.00000
翼缘宽度　80.0000	上翼缘厚度　4.00000
腹板中心　76.0000	下翼缘厚度　4.00000
面积　1174.00	Asz　640.000
Qyb　2168.00	Qzb　2168.00
Iyy　1110300	Izz　1110300
Yber　40.0000	Zber　40.0000
VVyy　27750.0	VVzz　27750.0
ry　30.7000	rz　30.7000

3. 设计参数
　　自由长度　　　　　　　Ly=500.889,Lz=500.889,Lb=500.889
　　计算长度系数　　　　　Ky=9.00,Kz=9.00
　　等效弯矩系数　　　　　Beta_my=1.00,Beta_mz=1.00
4. 强度验算结果
　　长细比
　　　KL/r　　=146.8＜150.0(Memb:12,LCB:13)······················O. K
　　轴向应力验算
　　　N/Nrc　=10.2795/80.4832=0.128＜1.000·····················O. K
　　弯曲应力验算
　　　My/Mry　=96.34/5966.25=0.016＜1.000·····················O. K
　　　Mz/Mrz　=1750.00/5966.25=0.293＜1.000··················O. K
　　整体稳定验算(压缩＋弯曲)
　　　Rmax1=N/(f×An)+My/(f×Gammary×Why)+Mz/(f×Gammaz×Whz)
　　　Rmax2=N/(f×Phi_y×A)+Beta_my×My/[f×Gammay×W1y×(1−0.8×N/N_Ey′)]+Eta×Beta_tz× Mz/(f×Phi_bz×W1z)
　　　Rmax3=N/(f×Phi_z×A)+Eta×Beta_ty×My/(f×Phi_by×W1y)+Beta_mz＊Mz/[f×Gammaz× W1z×(1−0.8×N/N_Ez′)]
　　　Rmax=MAX[Rmax1,Rmax2,Rmax3]=0.443＜1.000···············O. K
　　剪切强度验算
　　　Vy/Vry　=0.002＜1.000·····························O. K
　　　Vz/Vrz　=0.004＜1.000·····························O. K

图 9.2-7　(13 号)悬吊支架计算过程图

钢管截面为□80×4，采用角焊缝周圈满焊，焊缝高度 h_f=4mm，

焊缝承载力 F=80×4×0.7×4×160=143360N=143kN＞2.9kN，满足要求。

（2）化学锚栓计算

化学锚栓承受拉力 T=2.9kN，拟采用 4M16 化学锚栓，单根拉力设计值为 77.9kN。

满足受力要求。

9.2.2 （31 号）悬吊支架计算

1）（31 号）悬吊支架结构图

（31 号）悬吊支架结构见图 9.2-8。

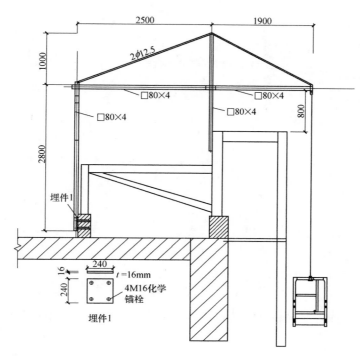

图 9.2-8 悬吊支架结构图

2）（31 号）悬吊支架计算简图

（31 号）悬吊支架计算简图见图 9.2-9。

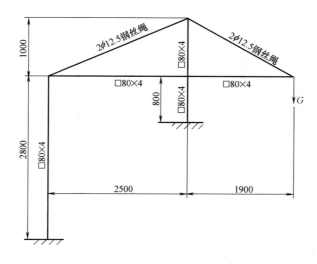

图 9.2-9 （31 号）悬吊支架计算简图

3）主支架验算

（1）悬吊支架位移计算

最大位移量发生在悬挑端部，3.0mm＜$l/400$，符合要求，见图9.2-10。

图9.2-10　（31号）悬吊支架位移云图

（2）悬吊支架应力验算，最大应力值25.1，应力比0.117，符合要求，见图9.2-11。

图9.2-11　（31号）悬吊支架应力云图

（3）支座位置反力验算，竖向反力分别为4.9kN、1.3kN，见图9.2-12。

（4）悬吊支架内力验算，拉索最大内力为15.2kN，见图9.2-13。

图 9.2-12 （31 号）悬吊支架支座反力云图

图 9.2-13 （31 号）悬吊支架内力云图

（5）主杆件整体稳定性验算，稳定应力比 0.141，符合要求。计算过程见图 9.2-14。

4）拉索验算

钢丝绳受力 $F=15.2$ kN，拟采用 2 根直径 12.5mm（6×19）的钢丝绳。

单根钢丝绳破断拉力：88.7kN。

钢丝绳总破断拉力：$88.7×2=177.4$ kN。

安全系数：$177.4÷15.2=11.6>9$。

midas Gen	**Steel Checking Result**		
Company		**Project Title**	
Author	china	**File Name**	K:\吊篮 diaolan1.mgb

1. 设计条件

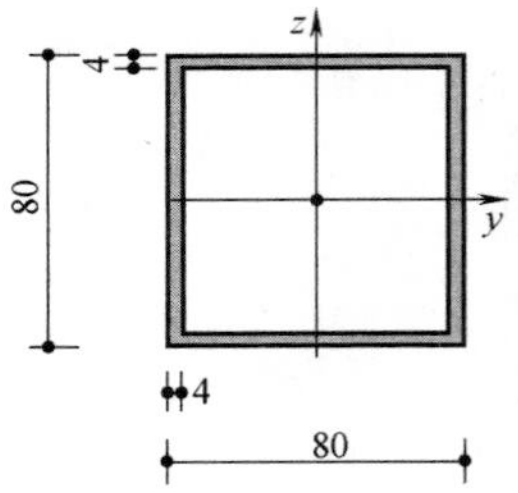

　　设计规范　　　:GB 50017-03
　　单位体系　　　:kN,mm
　　单元号　　　　:11
　　材料　　　　　:Q235(号:1)
　　　　　　　　　(Fy=0.23500,Es=206.000)
　　截面名称　　　:B 80×4(号:1)
　　　　　　　　　(型钢:B 80×4)
　　构件长度　　　:500.000

高度　80.0000	腹板厚度　4.00000
翼缘宽度　80.0000	上翼缘厚度　4.00000
腹板中心　76.0000	下翼缘厚度　4.00000

面积　1174.00	Asz　640.000
Qyb　2168.00	Qzb　2168.00
Iyy　1110300	Izz　1110300
Yber　40.0000	Zber　40.0000
VVyy　27750.0	VVzz　27750.0
ry　30.7000	rz　30.7000

2. 截面内力

　　轴力　　　　$F_{xx}=-13.309(LCB:9,POS:I)$
　　弯矩　　　　$My=-302.54,Mz=-116.36$
　　端部弯矩　　$Myi=-164.86,Myj=-302.54(for Lb)$
　　　　　　　　$Myi=-164.86,Myj=-302.54(for Ly)$
　　　　　　　　$Mzi=-66.666,Mzj=-116.36(for Lz)$
　　剪力　　　　$Fyy=-0.1656(LCB:4,POS:I)$
　　　　　　　　$Fzz=0.30790(LCB:2,POS:J)$

3. 设计参数

　　自由长度　　　　$Ly=500.000,Lz=500.000,Lb=500.000$
　　计算长度系数　　$Ky=5.00,Kz=5.00$
　　等效弯矩系数　　$Beta\_my=1.00,Beta\_mz=1.00$

4. 强度验算结果

　　长细比
　　　KL/r　　=91.2<150.0(Memb:19,LCB:4)·················O.K
　　轴向应力验算
　　　N/Nrc　=13.309/171.218=0.078<1.000·················O.K
　　弯曲应力验算
　　　My/Mry　=302.54/5966.25=0.051<1.000·················O.K
　　　Mz/Mrz　=116.36/5966.25=0.020<1.000·················O.K
　　整体稳定验算(压缩+弯曲)
　　　$Rmax1=N/(f\times An)+My/(f\times Gammary\times Why)+Mz/(f\times Gammaz\times Whz)$
　　　$Rmax2=N/(f\times Phi\_y\times A)+Beta-my\times My/[f\times Gammay\times W1y\times(1-0.8\times N/N\_Ey')]+Eta\times Beta\_tz\times Mz/(f\times Phi\_bz\times W1z)$
　　　$Rmax3=N/(f\times Phi\_z\times A)+Eta\times Beta\_ty\times My/(f\times Phi\_by\times W1y)+Beta\_mz*Mz/[f\times Gammaz\times W1z\times(1-0.8\times N/N\_Ez')]$
　　　$Rmax=MAX[Rmax1,Rmax2,Rmax3]=0.141<1.000$·················O.K
　　剪切强度验算
　　　Vy/Vry　=0.003<1.000·················O.K
　　　Vz/Vrz　=0.005<1.000·················O.K

图 9.2-14　计算过程图

　　2 根直径 12.5mm（6×19）的钢丝绳满足使用要求。

5）预埋件验算

（1）焊缝验算

　　左侧立柱：焊缝承受剪力 $V=4.9$kN，钢管截面为口 80×4，采用双面 4mm 角焊缝，

角焊缝计算长度取 $l=100$mm，焊缝总长度 $2l=200$mm。

焊缝抗剪承载力：$V_1 = (200-4\times10)\times4\times0.7\times160$
$$=71.7\text{kN}>4.9\text{kN}$$

单侧焊缝长度取 100mm，满足受力计算要求。

右侧立柱：焊缝承受剪力 $V=13.4$kN，钢管截面为口 80×4，采用双面 4mm 角焊缝，角焊缝计算长度取 $l=100$mm，焊缝总长度 $2l=200$mm。

焊缝抗剪承载力：$V_1 = (200-4\times10)\times4\times0.7\times160$
$$=71.7\text{kN}>13.4\text{kN}。$$

单侧焊缝长度取 100mm，满足受力计算要求。

化学锚栓计算（只计算左侧立柱）

化学锚栓承受拉力 $T=4.9$kN，拟采用 4M16 化学锚栓，单根拉力设计值为 77.9kN，满足受力要求。

范例3 架桥机安装工程

孙曰增 李红宇 王凯晖 编写

孙曰增：北京城建科技促进会起重吊装与拆卸专业技术委员会主任、北京市危大工程领导小组办公室副主任、北京市危大工程吊装及拆卸工程专家组组长、北京市轨道交通建设工程专家组组长、中国施工机械资深专家

李红宇：北京城建建设工程有限公司、高级工程师、北京城建科技促进会起重吊装与拆卸专业技术委员会秘书长、北京市危大工程吊装及拆卸工程专家组组长、北京市轨道交通建设工程专家组组长、中国施工机械专家

王凯晖：北京建筑大学、北京市建设机械与材料质量监督站、北京城建科技促进会起重吊装与拆卸专业技术委员会副主任、北京市危大工程吊装及拆卸工程专家组组长、北京市轨道交通建设工程专家组组长、中国施工机械专家

某桥梁工程架桥机安装方案

编制：＿＿＿＿＿＿
审核：＿＿＿＿＿＿
审批：＿＿＿＿＿＿

施工单位：＊＊＊＊＊＊
编制时间：＊＊＊＊＊＊

目　　录

1　编 制 依 据

1.1　勘察设计文件

（1）＊＊＊专线工程＊＊标招标文件、施工设计图纸、工程量清单、答疑书、指导性施组等；

（2）＊＊＊专线工程桥梁施工图纸及变更桥跨布置图；

（3）现场踏勘调查所获得的工程地质、水文地质、当地资源、交通状况及施工环境等调查资料。

1.2　合同类文件

（1）＊＊＊专线工程＊＊标施工合同；

（2）＊＊＊专线工程＊＊标分包合同；

（3）＊＊＊专线＊＊年＊＊月建设工作协调例会会议纪要（＊＊＊函［2014］＊＊号）。

1.3　法律、法规及规范性文件

(1)《特种设备安全法》（中华人民共和国主席令第 4 号）；

(2)《危险性较大的分部分项工程安全管理办法》（建质［2009］87 号）；

(3)《建设工程安全生产管理条例》（国务院第 393 号令）。

1.4　技术标准

(1)《起重机械安全规程　第 1 部分：总则》GB 6067.1—2010；

(2)《起重机　钢丝绳　保养、维护、安装、检验和报废》GB/T 5972—2009；

(3)《重要用途钢丝绳》GB 8918—2006；

(4)《起重机设备安装工程施工及验收规范》GB 50278—2010

(5)《起重吊运指挥信号》GB 5082—1985；

(6)《桥架机通用技术条件》GB/T 26470—2011；

(7)《桥架机安全规程》GB/T 26469—2011；

(8)《起重机钢丝绳保养、维护、安装、检验和报废》GB 5972—2009；

(9)《施工现场临时用电安全技术规范》JGJ 46—005；

(10)《铁路架桥机架梁暂行规程》＊＊＊［2006］181 号；

(11)《铁路桥涵设计基本规范》TB 10002.1—2005；

(12)《高速铁路桥涵工程施工质量验收标准》TB 10752—2010 J1148—2011；

(13)《铁路桥涵工程施工安全技术规程》TB 10303—2009 J946—2009；

(14)＊＊＊专线轨道双线预应力混凝土连续梁采用 YLSS900/JQSS900 设备运架施工检算报告。

1.5　起重设备说明书

（1）《JQSS900 双跨式隧道内架桥机操作使用说明书》；

（2）《YLSS900 型过隧轮胎式运梁车操作使用说明书》。

1.6　管理体系

＊＊＊公司项目管理文件。

2　工　程　概　况

2.1　工程简介

2.1.1　工程概述

　　＊＊＊专线位于＊＊＊地区，西起＊＊＊，东至＊＊＊。与＊＊＊铁路衔接。线路全长 361.937km。

　　由我部施工的范围内共有 1 座特大桥，为＊＊＊特大桥。本方案为 JQSS900 运架设备架梁施工，范围包括＊＊＊特大桥全桥 175 孔（不含非标梁）。合计 JQSS900 运架设备共计架设箱梁 186 孔，其中 24m 梁 13 孔、32m 梁 163 孔、非标梁 10 孔。架设范围内共有连续梁 7 座，均位于＊＊＊＊公路特大桥范围内，施工范围内所有架设箱梁均由＊＊＊制梁场供应。梁场里程 DK12＋3635，＊＊＊特大桥第 1 孔里程 DK1＋938.96，最远运距 10.42km。

　　JQSS900 运架设备施工从＊＊＊桥 1 号墩向 0 号台方向架设第 1 孔；完成后运架设备通过路基段转至＊＊＊特大桥 216 号台定位，向 0 号台方向架设标准梁型 175 孔（不含 10 孔非标梁），架梁施工作业共跨越连续梁 7 座。

2.1.2　参建单位

　　参见单位见表 2.1。

参建各方一览表

表 2.1

建设单位	＊＊＊建设开发集团有限公司
设计单位	＊＊＊设计研究院有限公司
监理单位	＊＊＊工程建设咨询有限公司
质量监督单位	＊＊＊质量监督站
施工总承包单位	＊＊＊局＊＊＊公司
专业分包单位	＊＊＊工程局＊＊公司
设备安装单位	＊＊＊设备安装公司

2.2　架桥机安装工程简介

2.2.1　架桥机及运梁车几何尺寸

　　1）JQSS900 架桥机

　　JQSS900过隧架桥机是为满足桥隧相连地区时速200～350km铁路客运专线，20m、24m、32m标准和20～32m之间的非标双线整孔混凝土箱梁的架设施工而研制的全新机型。JQSS900过隧架桥机与YLSS900过隧运梁车配合，除了能够进行标准架梁作业外，还能满足首末跨架设，曲线架设，非标梁架设，门式墩下架设，变跨架设，跨连续梁、结合梁、连续钢构等既有桥梁架设，简支变连续架设，隧道进、出口及隧道内架设等工况的施工。在半径为R6410mm的隧道内，通过极少部件的转换和折叠，无须辅助起重设备，不进行拆解即可通过隧道，并能满足隧道口零距离、负距离及隧道内架梁。

　　该架桥机主要由机臂、前支腿、起重小车、中支腿、后支腿、液压系统、电气系统、集控室、驾驶室、吊具和发电机组等组成。

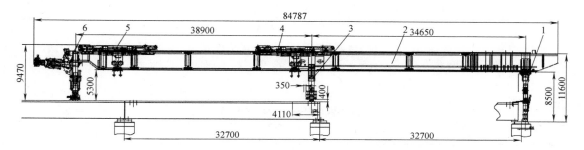

图 2.2-1　JQSS900 型架桥机总图

1—前支腿；2—主梁机臂；3—中支腿；4—前小车；5—后小车；6—后支腿

架桥机主要技术参数　　　　　　　　　　　　　　　　　　　　　　　表 2.2-1

序号	项　　目	技 术 参 数
1	架桥机工作级别	A3
2	机构工作级别	M4
3	额定起重量	900t（双小车）
4	架梁最小曲线半径	1500m
5	梁体吊装方式	四点起吊三点均衡
6	吊点数	4 个
7	每台小车额定起重量	500t
8	起升高度	6.5m
9	空载起升速度	0.1～1.0m/min
10	重载起升速度	0.1～0.5m/min
11	小车空载运行速度	0.1～6m/min
12	小车重载运行速度	0.1～3m/min
13	过孔抗倾覆稳定系数	≥1.5
14	其他抗倾覆稳定系数	≥1.3
15	整机总功率	≤200kW
16	整机总重	约765t
17	工作外形尺寸（长×宽×高）	84.787m×11.3m×11.6m
18	最大部件运输尺寸（长×宽×高）	14m×1.73m×3.1m
19	最大部件运输重量	40t
20	架桥机与桥面内部净空（长×宽×高）	84.782m×7.5m×5m

2）YLSS900 型运梁车

YLSS900 运梁车是用于铁路客运专线 20-32m 预制箱梁的运输及喂梁作业。该机主要由车身主梁、悬挂部分、轮对、液压系统、电气系统、动力模块（集控室、驾驶室和发动机）等组成。

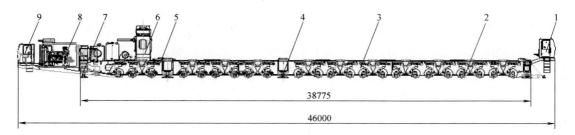

图 2.2-2　YLSS900 型运梁车总图

1—前司机室；2—悬挂及轮对；3—主梁（3 节）；4—伸缩支腿；5—驼梁小车；

6—后端伸缩腿；7—后折叠伸缩支腿；8—动力室；9—后操作室

YLSS900 型运梁车技术参数　　　　　　　　　　　表 2.2-2

序号	参数名称		单位	技术参数
1	额定运载量		t	900
2	空载运行速度		km/h	0～8
3	重载运行速度		km/h	0～4
4	满载时最大爬坡能力		‰	40
5	横向坡度（人字坡）		‰	30
6	最小转弯半径		m	40
7	均衡轮组调节范围		mm	±210
8	轮轴轴数（总轴数/主动轴数/气制动轴数）		轴	23/12/8
9	轮胎数量		个	184
10	轮距		m	5.5
11	外形尺寸（长×宽×高）		m	46.325×8.1×4.75
12	柴油机额定功率		kW	2×441
13	整车自重		t	约 361
14	驮梁台车走行速度		m/min	0～3
15	转向模式			八字转向、半八字转向、斜行
16	伸缩腿	伸缩调整量	mm	±480
		柱铰旋转角度	°	±2

3　安装场地条件

如平面图所示（图 3.0），在制梁场空地安装运梁车和架桥机。

为了车辆行驶和制梁、存梁，场地已经全部硬化，承载力达到 350kPa。

组装场地平整、无油污、坡度不大于1.5%，满足运梁车接地比压为60kPa的要求，且场地满足运梁车组装后退进提梁机下方的要求。

该区域应能满足汽车起重机通过及站立要求。

该区域上空无影响安装工程的高压线等障碍物。

根据气象预报，预计施工期间天气较冷，温度为8°～16°，风力1～3级，无降水。

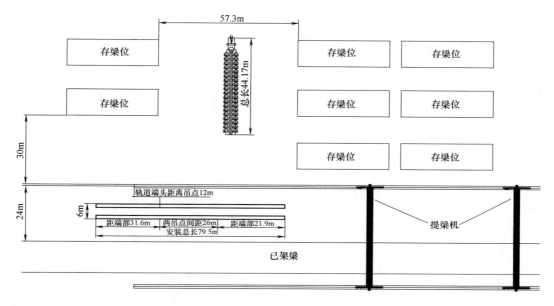

图3.0　安装场地平面图

4　起重设备参数

安装工程使用1台100t汽车式起重机、1台50t汽车式起重机和两台500t提梁机。50t汽车式起重机的性能参数见表4.0-1。

50t 吊车起重性能表　　单位：kg　　　　　　表 4.0-1

工作幅度(m)	主臂							主臂仰角(°)	主臂＋副臂(m)			
	伸油缸1至100%,支腿全伸,侧方、后方作业								42＋9.5		42＋16	
	11.1	15.0	18.8	24.6	30.4	36.2	42.0		0°	30°	0°	30°
3.0	55000	40000	32000					80	4500	2150	2800	1000
3.5	50500	40000	32000					78	4500	2050	2600	1000
4.0	44500	40000	32000	24000				76	4200	1950	2300	1000
4.5	40000	36000	31000	23000				74	3800	1900	2000	1000
5.0	36000	33000	29000	21800	16000			72	3500	1850	1800	1000
5.5	32000	30000	27300	20600	16000	12400		70	3200	1800	1650	1000
6.0	29000	27500	25700	19500	16000	12400		68	3000	1750	1550	900
6.5	26000	25500	24200	18500	15500	12400		66	2700	1700	1450	850

续表

工作幅度（m）	主 臂							主臂仰角（°）	主臂＋副臂(m)			
	伸油缸1至100％,支腿全伸,侧方、后方作业								42＋9.5		42＋16	
	11.1	15.0	18.8	24.6	30.4	36.2	42.0		0°	30°	0°	30°
7.0	24000	23500	23000	17500	14600	12400	9000	64	2300	1650	1350	800
7.5	22300	21900	21500	16600	14000	12400	9000	62	2000	1600	1250	750
8.0	20300	19700	19400	15800	13300	11800	9000	60	1700	1350	1150	700
9.0	15800	15300	15000	14300	12200	10900	9000	58	1400	1100	1000	650
10.0		12200	12000	13000	11200	10000	9000	56	1150	850	850	550
11.0		9900	9700	10700	10300	9200	8300	54	950	650	650	
12.0		8200	8000	9000	9700	8500	7800	52	750	450		
14.0			5500	6500	7150	7500	6800					
16.0			3800	4800	5400	5750	6000					
18.0				3550	4150	4500	4750					
20.0				2600	3200	3500	3750					
22.0				1850	2400	2750	3000					

100t 汽车式起重机的性能参数见表4.0-2。

100t 吊车起重性能表　　　　　　　　表 4.0-2

作业半径(m)	主臂长度(m)																		
	18	21	24	27	30	33	36	39	42	45	48	51	54	57	60	63	66	69	72
5.1	105.0																		
5.5	100.0	90.9																	
6.0	92.5	90.0	80.8	70.8															
7.0	79.5	78.7	77.5	70.0	60.5	57.3													
8.0	66.0	65.7	65.5	64.6	60.0	56.6	50.5	46.6											
9.0	55.2	55.1	54.9	54.8	54.7	54.2	50.0	46.2	44.2	41.2									
10.0	47.5	47.3	47.2	47.1	46.9	46.8	46.6	44.7	42.4	40.4	35.6	32.8	28.7	26.3					
12.0	36.9	36.7	36.5	36.4	36.3	36.1	36.0	35.9	35.8	35.7	33.7	30.3	28.2	26.2	24.5	22.9	19.4		
14.0	30.1	29.8	29.6	29.5	29.3	30.2	29.1	28.9	28.7	28.6	28.5	26.9	25.3	23.7	21.8	19.2	17.8	16.0	
16.0	25.2	25.0	24.8	24.7	24.5	24.3	24.2	24.0	23.9	23.8	23.7	23.5	23.4	23.2	22.1	20.2	18.3	17.0	15.4
18.0	21.7	21.5	21.2	21.1	20.9	20.8	20.7	20.5	20.4	20.2	20.1	20.0	19.8	19.6	19.5	19.4	17.5	16.2	14.6
20.0		19.4	18.6	18.4	18.2	18.0	17.9	17.7	17.6	17.5	17.4	17.2	17.1	16.9	16.8	16.7	16.5	15.5	13.9
22.0		17.1	17.0	16.3	16.1	15.9	15.8	15.6	15.5	15.3	15.2	14.9	14.8	14.6	14.5	14.4	14.2	14.0	13.0
24.0			14.7	14.5	14.2	14.1	14.0	13.7	13.6	13.5	13.3	13.2	13.0	12.8	12.7	12.6	12.4	12.2	12.0
26.0				12.8	12.7	12.6	12.5	12.3	12.2	12.0	11.9	11.7	11.5	11.3	11.2	11.1	10.9	10.7	10.5
28.0					11.1	11.4	11.3	11.0	10.9	10.8	10.6	10.5	10.3	10.1	10.0	9.9	9.7	9.5	9.3
30.0						10.5	10.3	10.0	9.9	9.7	9.6	9.4	9.3	9.0	8.9	8.8	8.6	8.4	8.2
32.0						9.7	9.4	9.1	9.0	8.8	8.7	8.5	8.4	8.1	8.0	7.9	7.7	7.5	7.3
34.0							8.6	8.4	8.2	8.1	7.9	7.7	7.6	7.3	7.2	7.1	6.9	6.7	6.5
36.0								7.4	7.3	7.2	7.1	7.0	6.9	6.6	6.5	6.4	6.2	6.0	5.8
38.0									6.8	6.7	6.5	6.4	6.3	6.0	6.0	5.8	5.6	5.4	5.1

提梁机外形尺寸如图 4.0 所示。

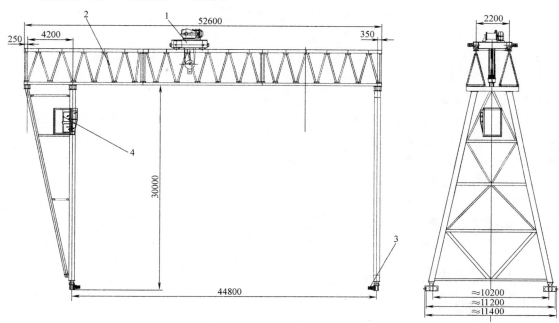

图 4.0　提梁机外形尺寸图

1—起重小车；2—主梁；3—行走机构；4—驾驶室

提梁机起重性能参数　　　　　　　　　　　　　　　　表 4.0-3

机构名称 项目		起升机构		机构名称 项目		运行机构	
		主起升	副起升			小车运行机构	大车运行机构
起重量	t	500t		轨距	mm	2200	44800
起升速度	m/min	0.67		运行速度	m/min	3.2	6.7
工作级别		M3		工作级别		M3	M3
最大起升高度	m	30		基距	mm		
电源		三相交流 50Hz　380V					
起升机构		JM32t 卷扬机 滑轮上 7 下 8		缓冲行程	mm	120	120
				钢轨型号		35×70	P54
				车轮直径	mm	φ400×4	φ400×8
				最大轮压	kN	211	285
				电机功率	型号	YEJ	YEJ
					功率　kW	2.2kW×2	4.5kW×4
					转速　r/min	1400	1400
				减速器	型号	XLED53-187-2.2	XLD6-87-4.5
					传动比　i		
限位开关				限位开关		LX10-12	

5　施　工　计　划

5.1　工程总体目标

5.1.1　吊装工程安全管理目标

杜绝一般及以上安全生产责任事故；杜绝主要责任一般及以上道路交通事故；杜绝较大及以上机械设备责任事故；杜绝一般及以上特种设备责任事故；杜绝一般及以上火灾责任事故；杜绝一般 C 类及以上铁路交通责任事故。

5.1.2　吊装工程质量管理目标

消除质量隐患，杜绝质量事故。

5.1.3　吊装工程文明施工及环境保护目标

有效防范和降低环境污染，杜绝环境违法违规事件。

5.2　工程管理机构设置及职责

管理组织机构见图 5.2。

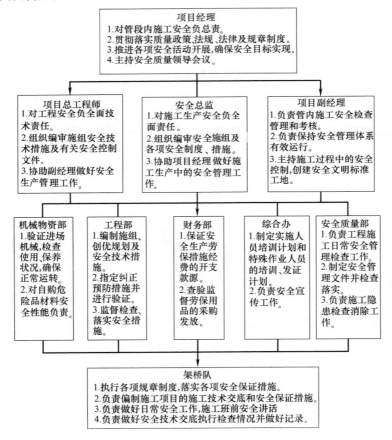

图 5.2　管理组织机构

5.3　施工进度计划

于＊＊＊＊年3月3日开始安装施工，于同年3月12日施工完成，见表5.3。

施工进度计划　　　　　　　　　　　　　　表5.3

施 工 步 骤	日历天								
	1	2	3	4	5	6	7	8	9
运梁车主梁拼装	——								
安装悬挂及轮对		——	——						
安装转向油缸及液压支腿		——	——						
安装前驾驶室和推动油缸				——					
安装驮梁小车和驱动				——					
整机调试					——				
架梁机主梁1~7节拼装	——	——							
安装架梁机后支腿		——	——						
架梁机走台栏杆安装				——					
起重小车吊装至机臂				——					
整机调试					——				
吊装机臂主体到运梁车上						——			
安装架桥机前支腿						——			
穿绕钢丝绳及吊具安装							——		
空载整机调试							——		
提梁机提架桥机运梁车上桥面									——

5.4　施工资源配置

5.4.1　用电配置

轨道端头10m处设置开关箱备用。

5.4.2　劳动力配置

操作工人见表5.4-1。

操作人员　　　　　　　　　　　　　　表5.4-1

岗位	人数	职　　责	要求
总负责	1人	对作业全过程的组织、协调、安排并对安全、质量、进度负责。	
起重指挥	3人	负责作业全过程的指挥、协调。重点为主梁组合、支腿组合吊装、支腿缆风绳的拉设及移动、桥架抬吊作业、试吊等主要施工环节。	持证
起重设备司机	4人	架桥机安装所使用的机械操作。	持证
安装工	10人	整个安装过程中的安装、修整、调试。	持证
架子工	2人	部件组合及桥架抬吊时搭设脚手架。	持证

安全、技术、质量人员见表5.4-2。

安全技术质量人员 表 5.4-2

岗位	人数	职责	要求
技术负责	1 人	指导具体实施技术方案。协助做好作业全过程的技术工作、过程控制及螺栓、附件登记、编号,安装记录的编制	
安全员	1 人	作业全过程的安全监督和管理,检查事故隐患,及时提出纠正预防措施	
质检员	1 人	对作业过程的工艺质量进行检查和验收	
电气工程师	2 人	负责电气系统的安装、修整、调试	
液压工程师	2 人	负责液压系统的安装、修整、调试	
测量员	1 人	对支腿垂直度及主梁拱度、试吊中的挠度进行测量	

5.4.3 施工机具配置

钢筋笼吊装过程中需要大量的机械、工具和材料,其清单如表 5.4-3、表 5.4-4 所示。

主要施工机械 表 5.4-3

序　号	主要起重设备	规　格	数　量
1	门式起重机(提梁机)	500t	2 台
2	全路面起重机(汽车吊)	100t	1 台
3	汽车式起重机(汽车吊)	50t	1 台

施工机具和工具清单 表 5.4-4

序号	名　称	规　格	数　量
1	电焊机具	ZX7-400A	1 套
2	气割工具		1 套
3	枕木	2500mm	160 根
4	钢丝绳吊索①	$\phi 50 \times 12m$	4 根
5	钢丝绳吊索②	$\phi 40 \times 10m$	8 根
6	钢丝绳吊索③	$\phi 20 \times 20m$	8 根
7	卸扣	9t	8 个
8	卸扣	16t	4 个
9	起吊包角	自制	8 个
10	棕绳	$\phi 12$	60m
11	链条手拉葫芦	10t	4 个
12	链条手拉葫芦	5t	8 个
13	液压扳手	3000N·m	2 套
14	活动扳手	18″	4 把
15	活动扳手	12″	4 把
16	榔头	18P	2 把
17	榔头	12P	2 把
18	过铣	$\phi 30$	20 只
19	过铣	$\phi 24$	20 只
20	铁丝	12 号	50kg
21	电气液压用具		1 套

5.4.4 测量设备配置

测量设备需要在水准仪和经纬仪各一台，见表 5.4-5。

测量仪器统计表

表 5.4-5

序　号	设 备 名 称	型　号	数　量
1	水准仪	GOL32D	1 套
2	经纬仪	DJ2	1 套

5.5 施工准备

5.5.1 技术准备

1) 核实作业所需的各类技术参数及依据的可靠性，清点构件及零部件到货顺序、到货情况和质量保证状态。

2) 作施工前进行方案交底，组织全体人员学习，由技术员讲解架桥机结构、性能参数，对作业进行技术交底和危害因素的辨识、学习并制定相应的防范措施，使全体作业人员认可并熟知整个工序和要点及注意事项，明白安装步骤及安装过程中的针对性危害。全员通过培训后方可施工，未明确上述要求的人员不得参加此项施工。

3) 使用经校验合格的测量工具。

4) 对参与作业的机械进行详细的检查，确认合格后，方可投入使用。

5) 对所有特殊工种人员资格进行审查。所有特殊工种持证上岗率 100%。

6) 对起重用工、器具进行检查确认。

7) 对施工作业环境检查、检测、认可后，才能进行下一工序。

5.5.2 作业质量标准及检验要求

1) 作业质量标准

本作业质量标准主要依据起重设备安装工程施工及验收规范。

2) 检验要求

安装前应对所有变形件、损耗件进行校正和修补。

所有传动件须进行有效的保养，检查齿轮啮合，轴套磨损与联轴器螺栓全部合格后，补充和重新添加新的润滑油（脂）。各减速传动部分不应有漏油现象。所有电气和液压元件无破损。

所有联结螺栓，使用正确，完全紧固，达到规定力矩要求。调节机臂和导梁整体的旁弯、扭曲和拱度。

6 吊装工艺流程及步骤

YLSS900 型运梁车、JQSS900 型架桥机体积自重大，为了满足长距离公路运输要求，必须解体发运、现场拼装。运梁车、架桥机现场安装必须统一指挥，要有严格的施工组织及安全防范措施以确保安全。

6.1 吊装工序流程图

6.1.1 运梁车安装流程

如图 6.1-1 所示。

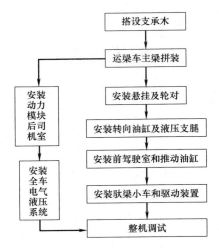

图 6.1-1　YLSS900 型运梁车安装流程图

6.1.2　架桥机安装流程

如图 6.1-2 所示。

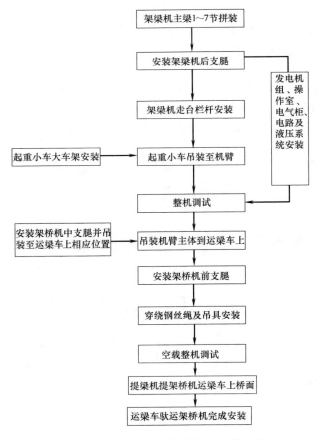

图 6.1-2　JQSS900 型架桥机安装流程图

6.1.3 试吊装

正式吊装之前，必须进行试吊装，被吊物离开支撑面200mm时，停车5分钟，检查起重机稳定性、吊索和系挂是否牢固可靠、被吊物的稳定。确认无误，方可继续吊装。

6.2 YLSS900型运梁车拼装

6.2.1 运梁车主要结构件参数及吊装工况

运梁车主要结构件参数及吊装工况表见表6.2。

运梁车主要结构件参数及吊装工况表　　　　　　　　　　表6.2

主要部件	分类	长度(mm)	重量(kg)	所用起重设备	幅度(m)	负载率	吊索
运梁车车体	节段1	11925	42380	100t	9	82%	①
	节段2	13250	52800	100t	9	95%	①
	节段3	13680	50500	100t	9	91%	①
轮组	从动轮		4514	50t	9~15	20~75%	③
	主动轮		4444	50t	9~15	20~75%	③
拖梁台车		38855	15900	50t	8	74%	②
动力室			14100	50t	9	91%	②
伸缩支腿			30300	100t	7	75%	①

6.2.2 拼装过程

在运梁车拼装场地，沿场地中心线自前向后搭设六组高度为400mm的枕木垛，距离分别为7000mm、3000mm、10000mm，3000mm、8500mm并使用水平仪进行抄平，如图6.2-1所示。

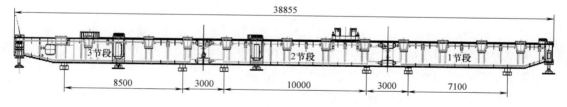

图6.2-1 运梁车车体拼装示意图

利用100吨吊车将运梁车主梁1节段吊放至间距为7000mm的枕木垛上并牢固支撑。如图6.2-2、图6.2-3所示。

将主梁2节段吊起，2节段的前端与1节段后端对接，2节段前端支撑在已搭设好的枕木垛上，连接并紧固抗剪销与双头螺栓。

依次拼接主梁3节段，调整主梁技术要求的预拱度。

自前向后左右交替逐个安装运梁车悬挂轮组及液压伸缩支腿，连接悬挂轮组及液压伸缩支腿与主梁的法兰螺栓。

安装悬挂轮组的转向油缸，连接悬挂轮组油缸及转向油缸的进出油管和制动风管，以及驱动马达的进出油管。

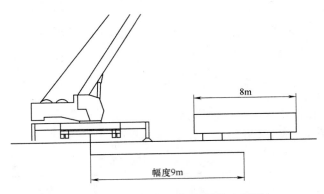

图 6.2-2 运梁车主梁 1 段吊装立面图

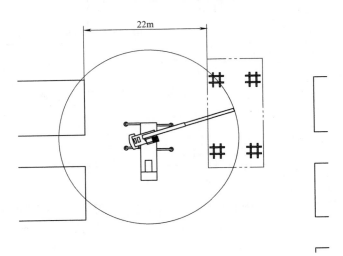

图 6.2-3 运梁车主梁 1 段吊装平面图

利用 50 吨吊车将动力模块整体起吊,与主梁一号节进行连接。连接后用枕木支垫。

将驮梁小车吊至运梁车上并安装驱动装置连接好走行链条。

安装运梁车后端伸缩支腿并连接好液压油缸油管。

按图纸连接整车电气液压制动管路(线路)。

运梁车点火并调试,正常后完成运梁车的安装作业。

6.3 JQSS900 架桥机组装

6.3.1 架桥机主要结构件参数

见表 6.3。

架桥机主要结构参数 表 6.3

主要部件	分 类	长度(mm)	重量(kg)	吊索
架桥机机臂	节段 1	14000	38340	①
	节段 2	9880	27600	①
	节段 3	12000	36700	①

续表

主要部件	分　类	长度(mm)	重量(kg)	吊索
架桥机机臂	节段 4	12000	48000	①
	节段 5	12000	35200	①
	节段 6	9660	26170	①
	节段 7	9960	24600	①
	前端梁	3700	5300	③
	后端梁	4040	4000	③
前支腿	总成		42664	①
	上柱体不含油缸		31000	①
	下柱体不含油缸		6928	③
后支腿	总成		29000	①
起重小车	横移小车		7000	③
	大车架总成		39000	①
	吊具总成		9000	③
中支腿	下横梁		20000	③

6.3.2 机臂组装

JQSS900 架桥机机臂的拼装由现场门式起重机（提梁机）负责吊装，100t 汽车吊进行配合作业。

机臂是双主梁，分 7 个节段和前后端梁组成。两根主梁的中心距为 6000mm。如图 6.3-1，组装时，每个节段两个枕木垛，在地面上摆好枕木垛，将左右机臂的节段 1 放置在间距为 5800mm 的枕木垛上，与前端梁通过连接法兰将其连接起来，确保左右机臂在同一水平面上，且与前端梁完全垂直，紧固连接法兰螺栓。然后从前到后依次拼接左右机臂的各个节段，最后连接后端梁。将整个机臂框架调平调直，测对角线。一切就绪后，紧固机臂节段之间连接的双头螺柱。

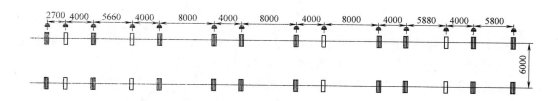

图 6.3-1 机臂和枕木摆放示意图

机臂拼装完成后可以进行走台、栏杆、发电机、司机室、电气液压系统的安装。

137

注意事项：

1）左右机臂的各个节段首先仅通过抗剪销依次连接起来，待左右机臂与前后端梁连接成整体框架后，通过测量确认主梁旁弯、左右两边高差、框架对角线等各项外形尺寸达到要求后，再紧固各个节段之间的双头螺杆，双头螺杆紧固分成初紧和终紧两次完成，其中初紧时第二排双头螺杆不紧固而且螺母和垫片都不用安装上，待第一排和第三排双头螺杆初紧和终紧都完成后再来直接终紧第二排双头螺杆。液压泵站带两个拉伸油缸，每次同时张紧两个螺杆，两个螺杆在接头上呈对角对称分布，如图 6.3-2 中，1 和 2 同时张紧，3 和 4 同时张紧，即张紧顺序是从中间 3 和 4 开始，向四周依次扩散。

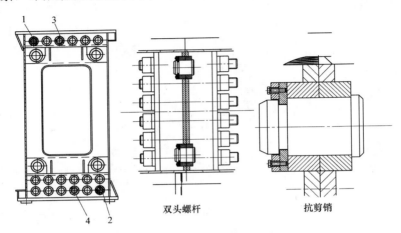

图 6.3-2　抗剪销、双头螺栓连接安装示意图

2）双头螺柱拉杆（图 6.3-3）采用液压拉伸器拧紧，机臂单边七节分为 6 个接头。初紧 6 个接头的预紧拉力都定为 105t，对应的拉伸器液压泵压力 50MP/500bar；终紧对机臂 1、2、5、6 连接处的双头螺柱拉杆要求的预紧力 210t，对应的拉伸器液压泵压力 100MP/1000bar；3、4 连接处双头螺柱拉杆要求的预紧力 260t，对应的拉伸器液压泵压力 122MP/1220bar。

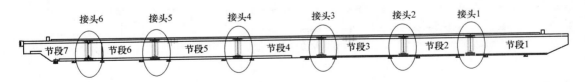

图 6.3-3　双头螺柱拉杆接头分布示意图

3）中支腿两级伸缩柱与节段四应在出厂前装配完毕，且两级油缸伸缩动作应调试完毕，发运到现场及组装机臂时，中支腿伸缩柱保持收缩在节段四内部的状态。

4）注意卸货顺序及放置位置。机臂每节段铺设 400mm 高枕木。

5）机臂总重约 500 吨，最重的节段四（附带中支腿两级伸缩柱）约有 48t。

6）机臂最后需要达到的外形标准：对每侧机臂，全长允许偏差±10mm，旁弯允许偏差 10mm，扭曲允许偏差 1‰，各耳梁及上下轨道板应平滑，其波浪度不得超过 3‰，轨道中心距偏差±1mm；对两侧机臂中心距允许偏差±5mm（图 6.3-4）。

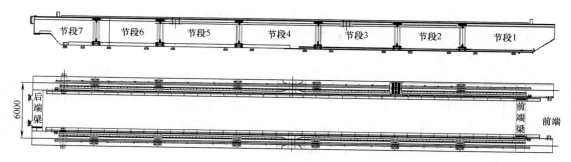

图 6.3-4　拼装完成后主梁示意图

机臂安装主要螺栓清单：

机臂前端梁 24×70（GB/T 5782—2000）10.9 级　96 套；

机臂后端梁 24×70（GB/T 5782—2000）10.9 级　80 套。

7）安装前后端梁。

6.3.3　后支腿安装

机臂拼装完成后就可以安装后支腿。安装顺序：先拼装好后支腿外柱体，连接好横连和拉杆，暂时拧紧一侧的横梁连接螺栓，另一侧戴上螺母垫片就可以。然后通过吊车吊挂在机臂后端安装好绞座插销轴，安装完成后再紧固另一侧横梁连接螺栓和安装内柱体并插好销轴至内柱体最下面一个孔位。完成后再安装驱动机构和油缸。安装完成后如图 6.3-5 所示。

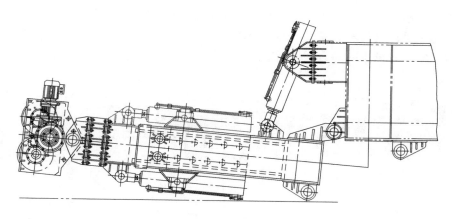

图 6.3-5　后支腿安装图

后支腿安装主要螺栓清单：

上横联 30×70（GB/T 5782—2000）10.9 级 56 套；

下横联 24×70（GB/T 5782—2000）10.9 级 48 套；

折叠油缸支座 24×70（GB/T 5782—2000）10.9 级 24 套；

柱体与驱动装置连接 30×100 GB 5782 10.9 级 112 套。

6.3.4　起重小车安装

先在地面组装好纵移大车架及纵移台车，在地面上先把卷扬系统及纵移驱动电机装置都安装好，然后再把大车架总成起吊至机臂上。见图 6.3-6。

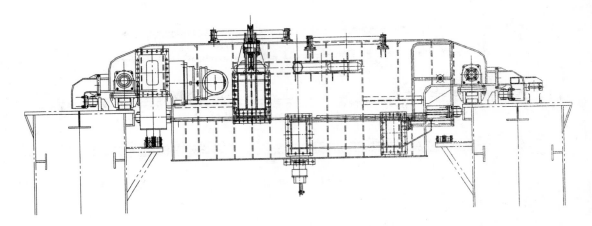

图 6.3-6　小车安装完成吊上主梁示意图

起重小车安装主要螺栓清单：

连接梁 24×70（GB/T 5782—2000）10.9 级 200 套；

卷扬底座安装架 24×90（GB/T 5782—2000）10.9 级 128 套；

纵移驱动电机 24×80（GB/T 5782—2000）10.9 级 64 套；

导向装置 16×60（GB/T 5782—2000）10.9 级 160 套；

导向滑轮安装架 24×70（GB/T 5782—2000）10.9 级 52 套。

6.3.5　钢丝绳吊具安装

起重小车吊装至机臂前，先将小车吊具 A 吊装至左右机臂中间起重小车下面的相应位置，待起重小车吊装至机臂上后即可先穿好引绳，卷扬系统的电气和液压系统调试好后，通过导绳和卷扬机的动力穿接钢丝绳，见图 6.3-7、图 6.3-8。

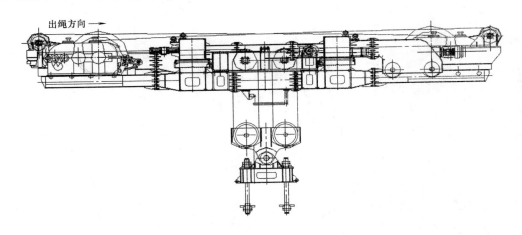

图 6.3-7　小车示意图

6.3.6　架桥机中支腿安装

中支腿的柱体部分和下横梁可以轻易分离与连接，且中支腿的柱体部分在出厂前就要安装至机臂节段四中（设备转场时，中支腿柱体部分也是与节段四整体发运）。现场组装

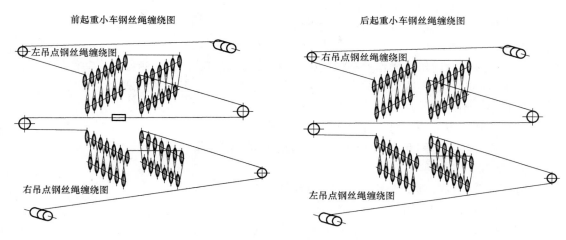

前起重小车钢丝绳缠绕图   后起重小车钢丝绳缠绕图

左吊点钢丝绳缠绕图   右吊点钢丝绳缠绕图

右吊点钢丝绳缠绕图   左吊点钢丝绳缠绕图

图 6.3-8   钢丝绳缠绕示意图

时，仅需要将中支腿下横梁单独组装成整体，然后安装在 YLSS900 过隧运梁车的固定位置上。待部件间整体拼装机臂要吊装至运梁车上时，再将中支腿柱体部分从机臂内部伸出来与下横梁对位。中支腿整体完成拼装时，架桥机在运梁车上处于驮运状态。见图6.3-9。

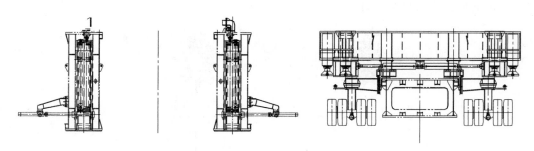

图 6.3-9   中支腿柱体和下横梁示意图

6.3.7   电气液压系统安装调试

1）安装前准备

（1）电机绝缘检测，用 500V 兆欧表检测各电机绝缘电阻≥2MΩ。

（2）电缆外观和绝缘检测，用 500V 兆欧表检测各电机绝缘电阻≥5MΩ。

（3）清洁配电柜灰尘，各主要接触器触头检查，不得有烧蚀和接触不良，各种组合开关、限位开关、按钮检测，各接线端子检查是否有松动、滑丝现象，否则予以更换。

（4）做好各控制线标识（线号）并检测是否正确。

（5）安装前对 PLC 进行单独检测各输入输出点信号是否正确。

2）安装调试步骤

（1）安装配电室与各电机之间主电路电缆，要求连接紧固良好。

（2）安装配电室与操作室、各传感器、限位开关之间的控制线（用万用表核对）并注意电缆绑扎做到整齐、美观和安全。

（3）检测对地电阻是否符合要求。

（4）变频器输出端严禁用兆欧表检测。

（5）配电柜电气连接接触器螺丝检查紧固。

3）操作室和配电柜调试

（1）用两台对讲机在操作室和配电柜之间进行无载调试，以检测各操作动作是否完全符合要求，同时检查各限位开关是否正常，各接触器动作是否正常。试验时电气调试和操作人员必须穿绝缘鞋。

（2）检测零位开关、急停开关是否工作正常。

（3）检查各部之间互锁动作的确定，防止产生错误动作。

4）联调（空载）

（1）逐个调试各部工作是否正常，即确认单个动作是否正常。

（2）检查各制动器钳盘制动是否正常。

（3）检查整机结构起升、走行机构部件有无异响，载荷限制器是否正常。

（4）以正常的工序进行操作，测试各部动作是否正常，限位器是否可靠工作。

电气液压系统在机臂拼装完后就可以布置相应的工作，待上述工作都完成后要对架桥机中支腿和后支腿进行调试，以满足机臂吊装至运梁车上的基本要求。

6.3.8　吊装机臂主体至运梁车上

两台提梁机分别通过提梁机自带吊杆安装好 JQSS900 架桥机的吊具 B，然后至机臂相应固定的位置用吊杆连接好。

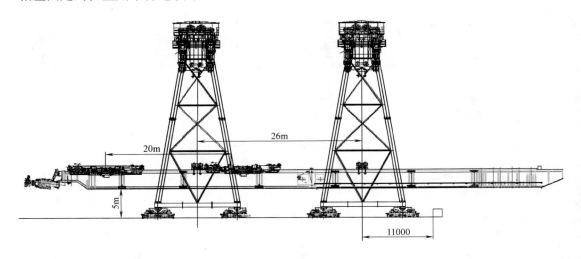

图 6.3-10　吊具在机臂上安装位置和提梁机占位示意图

两台提梁机同时提升架桥机（图 6.3-10），提升架桥机净空 5m，清理地面杂物。

因场地有限，提梁机提起架桥机后需要往东侧行走 50m 让出运梁车转弯通道，运梁车转弯驶入桥机驮运位置，支撑好前后液压支腿，如图 6.3-11 所示。

两台提梁机再提着架桥机行走至运梁车驮运位置，运梁车伸出运梁车后端桥机支撑腿并插好插销，控制架桥机伸出中支腿。

提梁机慢速下降，精确对位架桥机中支腿伸缩柱体与下柱体连接，运梁车后端伸缩支腿接触机臂受力后插好销轴，完成后提梁可以退出，架桥机吊具 B 保留在机臂上，见图

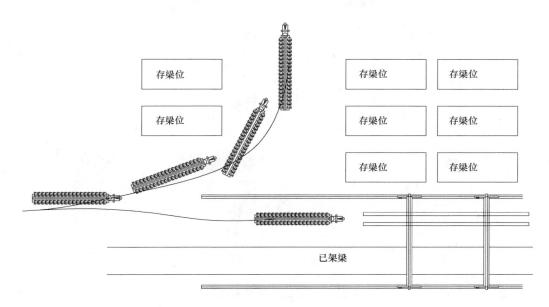

图 6.3-11　运梁车转弯示意图

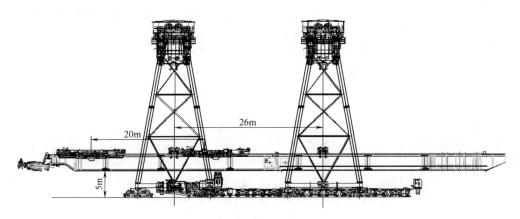

图 6.3-12　架桥机吊起后运梁车驶入示意图

6.3-12、图 6.3-13。

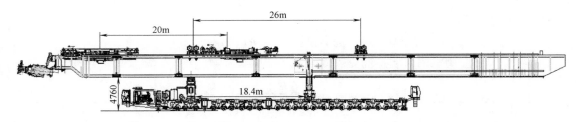

图 6.3-13　架桥机吊装完成后运梁车驮运好桥机示意图

6.3.9　前支腿安装

前支腿分为上半柱体（包含托挂轮和伸缩柱）和下半柱体。按照图纸配合，分别组装

143

好前支腿上半柱体部分（即前支腿去除挂轮总成和下柱体总成的剩余部分）、下柱体总成，并保持伸缩柱总成保持收缩到最短长度的状态。前支腿上柱体最好是在架桥机主梁底下拼装，组装好后吊车直接从主梁空挡下勾吊起，前支腿上柱体与主梁接触好，见图6.3-14。

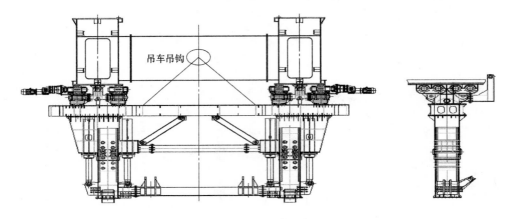

图 6.3-14 前支腿安装示意图

安装前支腿挂轮，安装时要调整好挂轮与轨道间的间隙、与轨道的平行度，挂轮安装完成后，然后把下柱体与上柱体连接，液压电气系统布置管线路并调试架桥机所有工况动作。安装完成的尺寸见见图6.3-15。

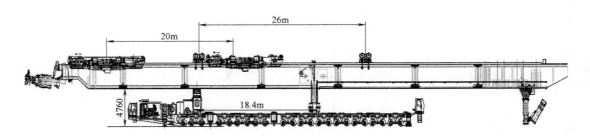

图 6.3-15 前支腿安装完成后示意图

6.4 架桥机吊上桥面

6.4.1 提上桥面

架桥机组装完成后由两台500t提梁机提至桥面，如图6.4-1。

两台500t提梁机的吊装工况见表6.4-1。

吊装工况 表 6.4-1

起重设备	总重	计算重量	负载率	吊索
东侧提梁机	765t	401t	80%	①
西侧提梁机		401t	80%	①

注："计算重量"是在"1/2总重"的基础上乘以偏载系数1.05得到的，由于提梁机起升速度很慢，不考虑动载系数。

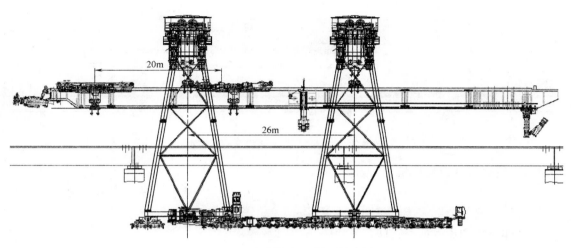

图 6.4-1　架桥机提至桥面示意图

6.4.2　支撑架桥机

架桥机提至桥面之后，架桥机后支腿折叠至支撑走行状态，提梁机提起架桥机时，中支腿下柱体跟上柱体连接一起提起上桥面。架桥机上桥面后，后支腿折叠至支撑走行状态，支撑前垫好垫箱，架桥机前支腿和中支腿都分别垫好方木或木板支撑好，前支腿支撑时一定要保证好垂直度。

架桥机上桥面后放置位置如图 6.4-2。

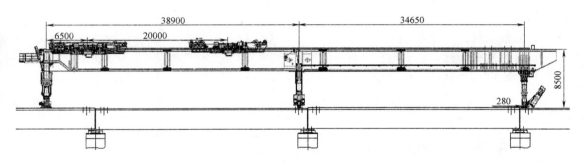

图 6.4-2　架桥机支撑在桥面上示意图

6.4.3　运梁车上桥面

架桥机吊上桥面支撑好后，提梁机带着架桥机吊具 B 从架桥机上卸下来，然后把运梁车吊至桥面架桥机后面。见图 6.4-3。

两台 500t 提梁机的吊装工况见表 6.4-2。

表 6.4-2

吊装工况

起重设备	总重	计算重量	负载率	吊索
东侧提梁机	361t	212t	42%	①
西侧提梁机		167t	33%	①

注："计算重量"是在"分配载荷"的基础上乘以偏载系数 1.05 得到的，由于提梁机起升速度很慢，不考虑动载系数。

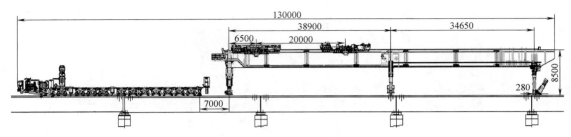

图 6.4-3　运梁车与架桥机全部上桥面

6.4.4　运梁车驮运架桥机

架桥机和运梁车都吊到桥面上后，运梁车就可以驮运架桥机至桥头开展架梁工作，此时运架设备安装全部完成。见图 6.4-4。

具体方法和步骤如下：

1）前后起重小车走至机臂最前端配重；

2）折翻后支腿至机臂水平状态，运梁车能进入即可；

3）运梁车驶入至后支腿能折翻至支撑状态；

4）架桥机后起重小车退回至机臂最后端配重；

5）架桥机中支腿连带下半部分收缩至运梁车能通过；

6）运梁车驶入架桥机中支腿与运梁车固定驮运位置支撑好前后支腿油缸；

7）前起重小车退回至机臂最后端配重；

8）放下中支腿横联与运梁车驮运支撑座连接好；

9）伸起运梁车后端伸缩腿支撑机臂；

10）前支腿运行至配重位；

11）折翻后支腿；

12）缩回支腿油缸完成驮运工作。

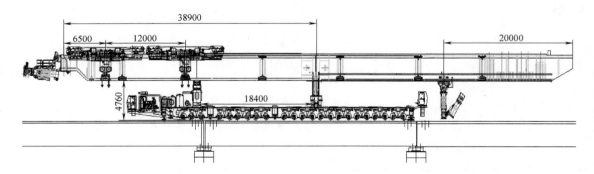

图 6.4-4　运梁车驮运架桥机示意图

7　施工保证措施

施工过程中的危害因素和安全技术保证措施见表 7.0。

危害因素和保障措施 表 7.0

序号	危害类型	危害方式	保障措施	负责人
1	高处作业	人员坠落	合理穿戴和使用防护用具,设安全员巡逻监督。必须在安全可靠的专业平台上作业,不得私搭乱建,在不牢固的平台上施工	＊＊＊
2		工具或杂物的坠落	班前教育,临边作业时使用工具袋和腕套	＊＊＊
3	机械伤害	安装支腿机构时挤压伤害	班前教育,确认安全后进行下一道工序,划定施工区域,设安全员旁站监督	＊＊＊
4		安装小车时碾压伤害	班前教育,确认安全后进行下一道工序,设安全员旁站监督	＊＊＊
5		被钢丝绳缠绕伤害	卷扬机启动时不得用脚踩钢丝绳,设专人看护,卷扬机速度只能用 1 挡	＊＊＊
6		活动部位碰伤	班前教育,穿戴防护用具,划定施工区域,设安全员旁站监督	＊＊＊
7	用电伤害	临时线路漏电	使用优质电缆,班前检查,并做好防护	＊＊＊
8		私自动开关箱	非专职电工不得触碰电源箱。电源箱上锁。检修电气设备时必须设专人看护开关箱并悬挂明显标志	＊＊＊
9	焊接和气割	触电	电焊机必须采取保护接地或接零装置。防护隔离,电焊机外露的带电部分应设有完好的防护罩,裸露的接地柱必须设有防护罩。电焊机必须设单独的电源开关、自动断电装置	＊＊＊
10		气割设备烧伤	严格遵守安全操作规程,保持安全距离,使用经过检定的设备,专人保管,持证上岗	＊＊＊
11		高处掉落的火花烫伤	设接火盆	＊＊＊
12	起重吊装	起重设备倾翻	支腿必须完全伸开,安全装置齐全,不超载作业	＊＊＊
13		吊索具不合格	班前检查,挂钩前检查,起吊前再次检查,起吊 200mm 后悬停观察	＊＊＊
14		系挂方式不正确	司索和信号指挥分别设置	＊＊＊
15		指挥错误,信号指挥的传递错误	起吊前对起吊过程进行推演,明确每个人的职责。起吊时多人多角度看护,安全员旁站监督,施工现场任何人发现问题多可以发出紧急停止信号	＊＊＊
16		起重设备制动故障	每天作业前都要检查起升机构制动器,确保安全可靠。大起重量时要试吊	＊＊＊
17		碰伤砸伤	遵守"施工现场禁吊原则",划定吊装施工区域,无关人等不得进入,设安全员旁站监督	＊＊＊
18	物体打击	高处坠物	进入施工现场必须正确佩戴安全帽,严禁上下交叉作业	＊＊＊

续表

序号	危害类型	危害方式	保障措施	负责人
19	拼装事故	支撑不牢	严格按照方案要求支撑,技术人员和安全人员现场旁站	＊＊＊
20		千斤顶歪斜造成事故	千斤顶底部应有足够的支承面积,并使作用力通过承压中心,以防受力后千斤顶发生倾斜,顶部应有足够的工作面积,以防工件受损。使用千斤顶时,应随着工件的升降,随时调整保险垫块的高度。用多台千斤顶同时工作时,须采用规格型号一致的千斤顶,且载荷应合理分布,每台千斤顶的额定起重量不得小于其计算荷载的 1.2 倍。千斤顶的动作应相互协调,以保证升降平稳,无倾斜及局部过载现象	＊＊＊
21		高强螺栓拧紧力矩不够	技术人员旁站作业,按照方案要求张紧	＊＊＊
22	环境污染	漏油	设废油桶,回收废油	＊＊＊

8　应急预案

8.1　应急预案领导小组

对重大风险源的辨识、各安全专项方案及应急救援预案的教育培训计划应结合总体培训计划进行局部修订和完善,并按期培训。

同时项目成立突发事件应急领导小组

组　长：＊＊＊

副组长：＊＊＊　　＊＊＊　　＊＊＊

成　员：＊＊＊＊＊＊＊＊＊＊＊＊＊＊＊＊＊＊＊＊＊＊＊＊

8.2　应急预案领导小组职责

项目应急领导小组的主要职责：负责制定、修改、更新应急预案；决定启动、终止本预案；确定铺架分部相关部门及下属单位在应急处置过程中的具体职责和分工；分析、研究突发事件的相关信息,制定或调整应急措施；统一指挥和协调铺架分部的突发事件应急工作；监督铺架分部应急体系的建设和运转,审查应急救援工作报告；组织铺架分部突发事件应急预案的编制、演练、评估和修订；通报、发布铺架工区突发事件应急救援与处理的进展情况；协调与外部应急力量、政府部门的关系。

8.3　应急响应流程

应急响应流程见图 8.3。

8.4　应急物资储备

应急物资储备见表 8.4。

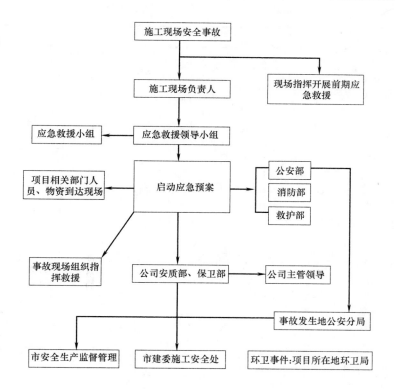

图8.3 应急响应流程图

应急物资储备清单　　　　　　　　　　　　　　　　　　　表8.4

序号	名　称	单位	规　格	数量	说　明
1	备品库房	间	30平方活动板房	1	
2	汽车	辆	5座	1	SUV
3	汽车	辆	7座	2	面包车
4	汽车	辆	15座	1	中巴车
5	对讲机	台		22	
6	强光电筒	把		60	
7	液压千斤顶	台	10t	5	液压式
8	应急维修小吊	台	2t	1	龙门式
9	应急维修小吊	台	400kg	1	室外小吊
10	直流电焊机	台		1	及相关配件
11	气割设备	套		2	及相关配件
12	手拉葫芦	台	5t	4	
13	插钢丝绳	根	直径15.5mm	10	12米长
14	插钢丝绳	根	直径16.5mm	10	8米长
15	卸扣	个	16t	16	
16	20×20方木	个	80cm	50	

序号	名　称	单位	规　格	数量	说　明
17	木板	块	200×400×50	24	
18	枕木	根	2500×160×200	200	
19	麻绳	根	直径 17mm	50m	
20	冲击钻	台		1	
21	大锤	把		10	
22	撬棍	根		15	
23	铁锹	把		15	
24	铝合金爬梯	个		2	
25	应急救援爬梯	个		1	
26	干粉灭火器	瓶	4kg	15	
27	干粉灭火器	瓶	50kg	1	
28	电缆线	米		100	25mm²
29	照明灯	套		5	探照灯
30	钢板	块	200×100×20	4	
31	电锯	台		1	
32	空气压缩机	台		2	
33	风动扳手	把		2	
34	切割机	台		1	
35	切割片	箱		1	
36	扒钉	个		100	
37	篷布	平方		300	
38	角磨机	台		1	
39	槽钢	根	140mm×6m	60	
40	螺旋千斤顶	台	20t	2	
41	扳手	把		25	10～75mm
42	架桥机走行钢轨	根	12.5m	6	
43	贝雷架	套		1	
44	装载机	辆	LG918	1	
45	三角木	块	600×600×500	8	

8.5 紧急情况的应急准备与响应措施

8.5.1 高处作业发生高处坠落的应急措施

重点做好施工现场的"外防护、内封闭"各项防护措施 的准备，正确使用"三宝"。

高处坠落可能的伤害有：颅脑损伤、胸部创伤（如肋骨骨折）、胸腔内器损伤、腹部创伤等，当发生物体打击事件和有人自高空坠落摔伤时，应注意保护摔伤及骨折部分，避免因不正确的抬运使骨折部分造成二次创伤，送医院途中不要乱转伤员的头部，应将伤员的头部略抬高一些，昏迷伤员注意昏迷体位，防止呕吐物吸入肺内。

8.5.2 检修、使用电动机械工具等发生的触电事故应急措施

必须执行三级配电两级保护规定，各种机械设备必须做到"一机、一闸、一箱、一漏"，做好用电防护。严禁乱拉乱搭电线及各种照明灯具，带电作业的机械设备专人负责制，经常检查施工用电设施，及时处理事故隐患。

1）有人触电时，抢救者首先要立刻断开近处电源（拉闸、拔插头如触电距开关太远，用电工绝缘钳或干燥木柄铁锹、斧子等切断电线，断开电源，切忌直接用手或金属材料及潮湿物件直接去拉电线和触电的人，以防止解救的人再次触电。

2）触电人脱离电源后，如果触电人神志清醒，但有些心慌、四肢麻木、全身无力或者触电人在触电过程中曾一度昏迷，但已清醒过来，应使触电人安静休息，不要走动，严密观察，必要时送医院诊治。

3）触电人失去知觉，但心脏还在跳动，还有呼吸，应使触电人在空气清新的地方舒适、安静地平躺，解开妨碍呼吸的衣扣、腰带、若天气寒冷要注意保持体温，并迅速请医生（或打120）到现场诊治。

4）如果触电人已失去知觉、呼吸停止，但心脏还在跳动，尽快把他仰面放平进行人工呼吸。

5）如果触电人呼吸和心脏跳动完全停止，应立即进行人工呼吸和心脏胸外按压急救。

8.5.3 机械伤害事故的应急措施

各种机械设备必须按规定配置齐全有效的各种安全保护装置，按要求验证（必须及时办理准用证）。

1）发生断手（足）、断指（趾）的严重情况，现场要对伤口包扎止血、止痛、进行半握拳状的功能固定。将断手（足）、断指（趾）用消毒和清洁的敷料包好，切忌将断指（趾）浸入酒精等消毒液中，以防细胞变质。然后将包好的断手（足）、断指（趾）放在无泄露的塑料袋内，扎紧袋口，在袋周围放些冰块，或用冰棍代替，切忌将断手（足）、断指（趾）直接放入冰水中浸泡，速随伤者送医院抢救。

2）发生头皮撕裂伤时，必须及时对受伤者进行抢救，采取止痛及其他对症措施；用生理盐水冲洗有伤部位，涂红药水后用消毒大纱布块、消毒棉花紧紧包扎，压迫止血，同时拨打120急救或者送医院进行治疗。

8.5.4 由化学品造成危险品的保管使用

若眼睛被柴油、煤油、汽油、热油、蒸汽等烧伤，立即送伤者到有条件的附近医院急救。

8.5.5 食物导致中毒的应急措施

警惕误食亚硝酸盐中毒，亚硝酸盐为工业用防冻剂，在建筑施工中常见，施工现场要加强亚硝酸盐的保管，防止误食，不吃腐烂变质的蔬菜瓜果；不用温锅水和枯井水煮粥、做饭；不吃未腌透的咸菜。

发现饭后多人有呕吐、腹泻等不正常症状时，要让病人大量饮水，刺激喉部使其呕吐，立即送往医院，及时向卫生防疫部门报告，并保留剩余仪器以备检验。

8.5.6 油料及化学品的泄露

汽油、柴油等油料以及各类化学危险品应防止泄露，一旦发生满足现象应及时清理干净被污染场所。

油品及化学品在采购、运输、储存、发放中发生的泄露由材料部门进行清理，机械设备．在使用过程当中发生的泄露由机械部门进行清理。

8.5.7　火灾、爆炸与爆燃

施工现场应根据施工作业条件制定消防措施，成立消防组织，并记录落实效果按照不同作业条件，合理配备灭火器材，现场动火执行动火审批制度，设专人监护。

对易燃易爆等危险物品分库存放，设专职保管员，储存易燃易爆物的仓库必须严禁吸烟，严禁烟火，违者罚款 50～300 元，存放应分类、分堆，并标明名称。容易受太阳照射易燃易爆的物品，不能露天存放；库存内外设置防火标志，仓库处要留出不小于 3.5m 宽的消防通道，并结合储存物品性质，设置相应消防器材。

1）火灾

火灾按照可燃物类别，一般分为五类：

可燃气体火灾、可燃液体火灾、固体可燃物火灾、电器火灾。

应分清哪些火灾不能用水扑救：三酸（硫酸、硝酸、盐酸）引起的火灾；轻于水和不溶解于水的易燃液体；熔化的铁水、钢水；高压电器装置的火灾，在没有良好接地设备或没有切断电源的情况下引起的火灾，具体应急措施为：

① 发现者立即向周围的人发出警报。

② 在安全的情况下设法灭火和抢救伤员，要及时疏散被火围困人员，并对受伤人员进行必要的抢救，控制火势蔓延，建筑物起火，一端向另一端蔓延，应从中间控制，中间着火，两侧控制，楼层着火，上下控制，以上层为主。

③ 火势严重的应立即拨打 119 火警电话，报警时应说明：起火场所的详细地址，火势大小，着火物品，有无爆炸危险，是否有人被困，报警用的电话号码和报警人的姓名。

④ 派人到主要路口迎接消防车。

⑤ 尽快与上级部门及医疗部门取得联系，以便迅速、妥善地得到后续治疗。

2）爆炸与爆燃

爆炸与爆燃主要有：锅炉爆炸事故、易燃易爆的液体燃爆（柴油、汽油、油漆、稀料、氧气、乙炔气、天然气）。

存放易燃易爆液（气）体的仓库或化学危险品的场所，要按国家规定配备隔爆设施，严格控制各类火源；着火周围如有油罐，在不能及时排除（指不能迅速扑灭和不易疏散的物质）以冷却法控制，冷却临近的油罐，防止温度升高爆炸；配备好应有的灭火器材、防毒用具、专人负责管理，确保随时都能有效使用。

发生爆炸、爆燃事故后，要迅速将烧伤人员脱离火源，剪掉着火衣服，采取有效措施，防止伤员休克、窒息、创面污染，必要时可用止痛剂，喝淡盐水。在现场除化学烧伤，对创面一般不作处理，有水泡一般不要弄破，用洁净衣服覆盖，把重伤员及时送医院救治。

8.6　应急资源联系方式

（略）

9　计　算　书

9.1　提升高度校核

提梁机的最大提升高度为 30m，满足将架桥机提升到已架设桥面的要求，提升高度各参数见图 9.1。

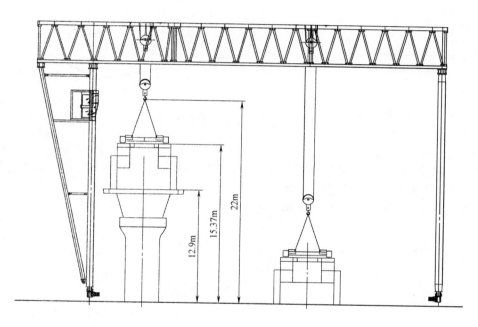

图 9.1　提升高度示意

9.2　吊索校核

本工程使用三种规格的钢丝绳吊索，其规格如表 9.2。

吊索规格表　　　　　　　　　　　　　　表 9.2

编号	规格	长度	数量	许用拉力	用途
①	50NAT6×37S+11770	12m	4 根	240kN	用于超过 30t(含以下)重物的吊运
②	40NAT6×37S+11770	10m	8 根	140kN	用于不超过 20t 重物的吊运
③	20NAT6×37S+11770	10m	8 根	30kN	用于不超过 10t 重物的吊运

注：许用拉力为吊索说明书规定。

以运梁车第二段车体为例（最重的部件），说明钢丝绳的用法。

车体重 52800kg，即 52800×9.8＝517440N。受力简图如图 9.2。

计算钢丝绳受力时，按照 60°夹角计算

$$T=k_1 k_2 \frac{517400}{4\sin72°}=179529 \quad N=180kN<[T]=240kN$$

式中　k_1——偏载系数，取 1.2；

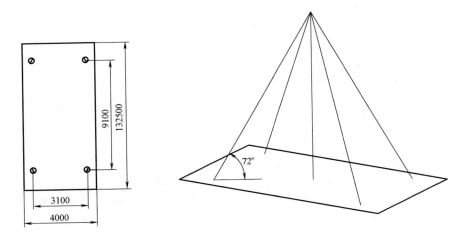

图 9.2 车体吊装受力简图

k_2——动载系数，取 1.1。

吊索严格按照表 9.2 "吊索规格表"、表 6.2 "运梁车主要结构件参数及吊装工况表"和表 6.3 "架桥机主要结构参数"的规定使用。

吊具 A、B，是设备自带专用吊具，免于校核。

范例4 门式起重机安装工程

杨杰 左建涛 赵中华 编写

杨 杰：中国新兴建设开发总公司、高级工程师、北京城建科技促进会起重吊装与拆卸工程专业技术委员会委员、北京市危大工程吊装及拆卸工程专家组组长、北京市轨道交通建设工程专家组组长、中国施工机械专家

左建涛：中国新兴建设开发总公司、主要从事建筑机械技术与管理

赵忠华：中建一局集团有限公司、高级工程师、北京市危大工程吊装及拆卸工程专家组专家

MG45t/16t-26 门式起重机安装安全专项方案

编制：_____
审核：_____
审批：_____

施工单位：＊＊＊＊＊＊
编制时间：＊＊＊＊＊＊

目　录

1　编 制 依 据

1.1　勘察设计文件

1.1.1　施工设计图

＊＊＊线＊＊＊标＊＊＊站至＊＊＊站区间隧道工程施工设计图。

1.1.2　吊装拆卸工程相关勘察报告

（1）汽车吊进场线路和站位点区域勘察报告（地基承载能力等）；

（2）门式起重机吊装作业区域勘察报告。

1.2　合同类文件

（1）＊＊＊招投标文件；

（2）《MG45t/16t-26门式起重机安装/拆除合同》。

1.3　法律、法规及规范性文件

（1）《危险性较大的分部分项工程安全管理办法》（建质［2009］87号）；

（2）《北京市实施〈危险性较大的分部分项工程安全管理办法〉规定》（京建施［2009］841号）；

（3）《北京市建设工程施工现场管理方法》政府令247号令；

（4）《建设工程安全生产管理条例》国务院393号令；

（5）《绿色施工管理规程》DB11/513—2015；

（6）《建设工程施工现场安全防护、场容卫生及消防保卫标准》DB11/945—2012。

1.4　技术标准

（1）《起重机械安全规程　第1部分：总则》GB 6067.1—2010；

（2）《工程建设安装工程起重施工规范》HG 20201—2000；

（3）《重要用途钢丝绳》GB 8918—2006；

（4）《起重机 钢丝绳 保养、维护、安装、检验和报废》GB/T 5972—2009；

（5）《起重设备安装工程施工及验收规范》GB 50278—2010；

（6）《机械设备安装工程施工及验收通用规范》GB 50231—2009；

（7）《电气装置安装工程　低压电器施工及验收规范》GB 50254—2014；

（8）《起重机　试验规范和程序》GB/T 5905—2011；

（9）《起重机　分级　第5部分：桥式和门式起重机》GB/T 20863.5—2007；

（10）《施工现场临时用电安全技术规范》JGJ 46—2014；

（11）《大型设备吊装工程施工工艺标准》SH/T 3515—2003；

（12）《建筑施工高处作业安全技术规范》JGJ 80—1991；

（13）《汽车起重机和轮胎起重机 安全规程》JB 8716—1998。

1.5　门式起重机、起重设备说明书

(1)《MG45t/16t-26 门式起重机安装使用说明书》;

(2) MG45t/16t-26 门式起重机图纸;

(3) 中联 70t、130t 汽车吊《使用说明书》。

1.6　管理体系文件

(1) ＊＊公司技术质量管理体系;

(2) ＊＊公司安全管理体系。

2　工　程　概　况

2.1　工程简介

2.1.1　工程概述

(1) 工程名称:＊＊＊线＊＊＊标＊＊＊站至＊＊＊站区间工程;

(2) 工程地理位置:＊＊＊。

2.1.2　参建各方列表

(1) 建设单位:＊＊＊＊＊公司;

(2) 勘察单位:＊＊＊＊＊公司;

(3) 设计单位:＊＊＊＊＊公司;

(4) 总包单位:＊＊＊＊＊公司;

(5) 分包单位:＊＊＊＊＊公司;

(6) 监理单位:＊＊＊＊＊公司。

2.1.3　专业工作内容、工程量概述

根据工程需要,在施工现场东西向安装一台通用门式起重机(以下简称"门机"),主要用于＊＊＊站至＊＊＊站区间右线盾构掘进施工。门式起重机型号为 MG45t/16t-26,设计跨度为 16m/22m/26m,按照场地布置方案,此次实际跨度均按 26m 的跨度进行安装。现场布置如图 2.1-1 所示。

门机安装采用 70t、130t 汽车吊各 1 台。其中 70t 吊车主要用于行走梁、支腿安装、主梁组装及主梁抬吊等,可根据现场实际情况调整占位。130t 吊车主要用于大梁就位抬吊及小车吊装,吊装小车及主梁抬吊时的占位如图 2.1-2,具体分步吊车站位见 6.3 吊装步骤。

门机主梁采用箱梁焊接结构形式,共两列,其间距 6.4m,总长度 38m。主梁与支腿采用高强螺栓连接,主梁设天车导电架和走台。支腿采用双钢结构,高度 9m。门吊结构总图见图 2.1-3。

门机主要部件重量及外形尺寸详见表 2.1。

2.2　专业施工关键节点

1) 地锚、缆风绳的设置

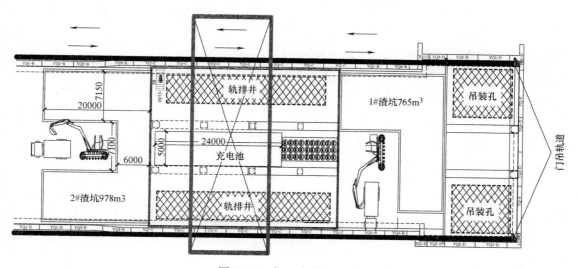

图 2.1-1 场地布置平面图

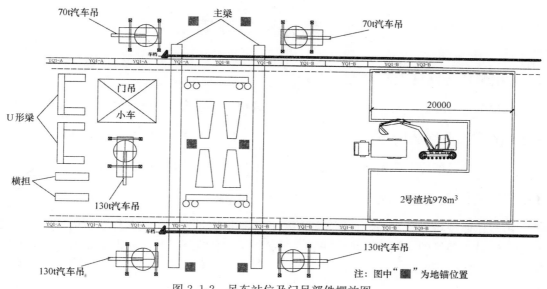

注：图中"▨"为地锚位置

图 2.1-2 吊车站位及门吊部件摆放图

门机主要部件重量及外形尺寸表

表 2.1

序号	名称	数量	重量(t)	部件尺寸(m)	备注
1	导电架侧主梁	1	22	38×0.86×3.1	
2	非导电架侧主梁	1	20	38×0.86×2.1	
3	下横梁	2	8	13×0.8×1.6	
4	刚性支腿	4	5	7.2×1.68×1.85	
5	45t 小车	1	23	5.6×5.2×2.2	
6	马鞍梁	2	5	9×1.85×3.6	

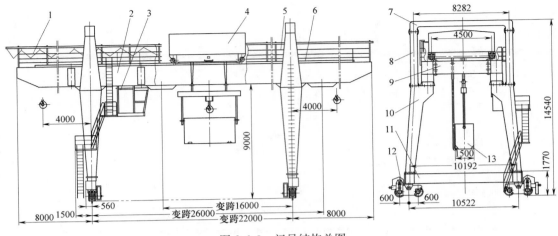

图 2.1-3 门吊结构总图

2）双机抬吊安装主梁过程

3 施工场地周边环境条件

3.1 吊装作业区域上空情况

吊装作业区域上空无妨碍作业的建（构）筑物、架空输电线路、信号线等障碍物。

3.2 吊装作业区域地下情况

吊装作业区域地下无无妨碍作业的水管、电缆管线、暗井及松填土等。

3.3 吊装作业场地情况

吊装作业现场平整宽阔，地面上无障碍物。现场满足汽车吊支车作业所需空间、满足运输车辆进出现场的空间；满足门式起重机各结构部件现场摆放、临时固定所需场地及主梁地面拼装所需空间。

3.4 气候条件

本拆除工程施工时间为 4 月，根据气象部门发布的天气预报，作业期间的气象条件满足吊装要求。

4 起重设备、设施参数

4.1 起重设备、设施的选用

根据吊装部件重量及现场场地条件，选用 1 台 70t 汽车吊和 1 台 130t 汽车吊。考虑最不利工况，现场吊装作业区域地基承载力的可以满足本次吊装需求。具体计算过程详见 9.1。

4.2　起重设备、设施的性能参数

1）表 4.2-1 为 QY130V 汽车吊相关参数表

2）表 4.2-2 为 QY70V 汽车吊相关参数表

3）图 4.2-1 为 QY70V 汽车吊起重性能表

4）图 4.2-2 为 QY130V 汽车吊起重性能表

为 QY130V 汽车吊相关参数表　　　　　　　　　　　　　　表 4.2-1

序号	名　　称	数值	备　　注
1	外形尺寸(长×宽×高)(mm)	14690×3000×3940	
2	支腿跨距(m)	7.8	
3	主机重量(t)	54.7	
4	配重重量(t)	45	

为 QY70V 汽车吊相关参数表　　　　　　　　　　　　　　表 4.2-2

序号	名称	数值	备　　注
1	外形尺寸(长×宽×高)(mm)	14100×2750×3750	
2	支腿跨距(m)	7.6	
3	主机重量(t)	45	

中联 QY70V 汽车吊性能表

单位：kg

工作幅度 (m)	主臂(m)						
	支腿全伸，Ⅰ缸伸至100%，侧方、后方作业						
	11.6	15.6	19.6	25.7	31.8	37.9	44.0
3.0	70000	50000	40000				
3.5	64000	50000	40000				
4.0	56000	48000	40000	28000			
4.5	52000	44000	40000	28000			
5.0	48000	43000	38500	27000			
5.5	43000	39000	36000	26000	18000		
6.0	39000	37000	34000	25000	18000		
6.5	35000	33000	31500	24000	18000		
7.0	30000	28700	28700	23000	18000	14100	
7.5	26500	25000	25000	22000	18000	14100	
8.0	23500	22500	22500	21000	17500	14100	
9.0	18200	18200	18200	18500	16000	14100	10000
10.0		14700	14700	15300	14500	13300	10000
11.0		12200	12200	12700	13000	12000	9500
12.0		10000	10200	11000	11500	11300	9200
14.0			7100	8200	8800	9300	8200
16.0			5300	6000	6700	7200	7300
18.0				4700	5200	5500	5900
20.0				3500	4000	4300	4600
22.0					3100	3450	3800
24.0					2300	2750	3050
26.0					1700	2100	2450
28.0						1600	1950
30.0						1200	1500
32.0							1200
Ⅰ	0	4.0	8.0	8.0	8.0	8.0	8.0
Ⅱ	0	0	0	6.1	12.2	18.3	24.4
倍率	12	9	9	5	5	3	3
吊钩	70t 主吊钩						

图 4.2-1　为 QY70V 汽车吊起重性能表

中联 QY130V 汽车吊性能表

单位：吨

工作幅度(m)	主臂(m)											
	支腿全伸，45t 配重，360[1]作业											
	12.8	16.9	21.0	25.1	29.2	33.3	37.4	41.5	45.6	49.7	53.8	57.5
3.0	130.0	105.0										
3.5	125.0	102.0	90.0									
4.0	115.0	98.0	90.0	75.0								
4.5	105.0	91.0	85.0	72.0	60.0							
5.0	97.0	85.0	77.0	68.5	56.0	48.0						
6.0	81.0	78.0	69.5	62.0	54.0	45.0	38.0					
7.0	66.0	66.0	63.0	56.5	50.5	43.0	37.0	27.0				
8.0	56.0	56.0	57.0	52.0	47.4	40.0	35.0	26.5	23.0			
9.0	48.0	48.0	48.0	48.0	45.8	37.0	32.5	26.0	22.0	18.5		
10.0	43.0	43.0	43.0	43.0	41.0	34.0	30.0	25.0	20.0	16.5	15.0	
12.0		38.0	38.6	38.5	35.8	30.0	25.0	24.0	19.0	15.2	14.0	12.5
14.0		30.0	29.0	30.7	31.6	26.2	22.8	21.4	18.0	14.5	13.0	11.0
16.0			23.0	24.7	24.5	24.0	20.0	19.4	16.0	14.0	12.0	10.5
18.0			19.0	19.3	20.0	20.2	18.0	17.0	14.5	13.0	11.0	10.0
20.0				16.0	16.7	17.5	16.0	14.0	13.0	12.0	10.5	9.5
22.0				13.3	14.0	14.8	14.0	12.8	11.8	10.8	10.0	9.0
24.0					11.4	12.6	12.4	11.5	10.5	9.8	9.0	8.5
26.0					10.0	11.0	11.0	10.0	9.5	9.0	8.0	8.0
28.0						9.0	10.0	9.0	8.5	8.2	7.6	7.3
30.0						8.0	8.6	8.0	8.0	7.6	7.0	6.8
32.0							7.5	7.0	7.0	7.0	6.5	6.2
34.0							6.6	6.5	6.0	6.5	6.0	5.8
36.0								5.5	5.4	5.8	5.6	5.4
38.0								5.0	5.0	5.0	5.0	5.0
40.0									4.4	4.5	4.8	4.5
42.0									3.5	4.0	4.2	4.3
44.0										3.4	3.7	3.8
46.0											3.2	3.3
48.0											3.0	3.0
50.0												2.8
52.0												2.5
倍率	16	14	13	10	8	7	6	5	4	3	2	2
Ⅰ	1	1	2	2	2	2	3	3	3	3	3	4
Ⅱ	1	2	2	2	2	2	3	3	3	3	3	4
Ⅲ	1	1	1	2	2	2	2	3	3	3	3	4
Ⅳ	1	1	1	1	2	2	2	2	3	3	3	4
Ⅴ	1	1	1	1	1	2	2	2	2	2	3	4
吊钩	130t		90t				55t				20t	

图 4.2-2　为 QY130V 汽车吊起重性能表

5　施 工 计 划

5.1　工程总体目标

5.1.1　安全管理目标

杜绝一般等级（含）以上安全生产责任事故。

5.1.2　质量管理目标

消除质量隐患，杜绝质量事故；保证门机安装验收合格。

5.1.3　文明施工及环境保护目标

有效防范和降低环境污染，杜绝违法违规事件。

5.2　施工生产管理机构设置及职责

5.2.1　管理机构

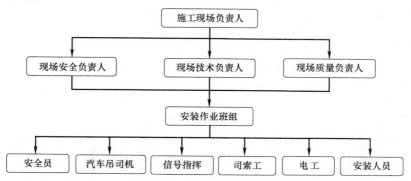

5.2.2　人员分工及管理职责

1）施工现场负责人：＊＊＊

职责：对本次门机安装工程全面负责，保证工期、质量、安全处于受控状态。

2）现场安全负责人：＊＊＊

职责：落实安全责任制度，负责检查，监督现场人、机、物安全性、可靠性，制止违章作业，消除可能存在的安全隐患。

3）现场技术负责人：＊＊＊

职责：负责技术方案审批，确保方案的正确性，科学性和可行性。

4）现场质量负责人：＊＊＊

职责：对门机的安装质量负责，负责安装过程的质量检查和整机安装后的质量验收。

5）安装作业班组：

职责：包括安全员、汽车吊司机、信号指挥、司索工、安装工和电工。负责门机的安装。

5.3　施工进度计划

门机安装计划工期 16 天，具体作业安排见表 5.3。

施工作业进度计划　　　　　　　　　　　表 5.3

序号	工序名称	开始日期	有效工作日	累计工作日
1	现场勘查	4 月 1 日	1	1 天
2	开工准备	4 月 2 日	1	2 天
3	施工预检			
4	场地布置	4 月 3 日	1	3 天
5	预拼装	4 月 4 日	4	7 天
6	支腿吊装	4 月 8 日	1	8 天
7	主梁吊装	4 月 9 日	1	9 天
8	电气安装	4 月 10 日	3	12 天

续表

序号	工序名称	开始日期	有效工作日	累计工作日
9	调　试	4月13日	2	14天
10	整机检测	4月15日	1	15天
11	自检、交工验收	4月16日	1	16天

5.4　施工资源配置

5.4.1　用电配置

项目部按照施工需要配置门机安装时所需的配电箱、电缆等材料。

5.4.2　劳动力配置

根据现场作业需要，门式起重机拆除人员组成如表5.4-1所示。

拆卸作业劳动力配置表

表5.4-1

序号	职　责	人数	条　件	备注
1	汽车吊司机	3	持有效操作证	
2	信号指挥人员	2	持有效操作证	
3	司索工	2	持有效操作证	
4	安装拆卸工	5	持有效操作证	
5	电工	1	持有效操作证	
6	安全员	1		
	合计	14		

5.4.3　吊装机具配置

1）仪器、仪表：详见表5.4-2。

安装用仪器仪表

表5.4-2

序号	名称	规格	精度等级	单位	数量	备　注
1	水准仪	NA2	0.5mm	台	1	检验合格并在有效期内
2	经纬仪	TDJ2E	6″	台	1	检验合格并在有效期内

2）作业工机具：详见表5.4-3。

作业工具列表

表5.4-3

序号	名　称	规格/型号	数　量	备　注
1	汽车吊	70t/130t	共2台	1台70t，1台130t
2	套筒扳手		1套	
3	大锤	20磅	2把	
4	手锤	2.5磅	1把	
5	套筒	30mm、36mm、46mm	各1个	
6	施工接电箱		1个	带漏电保护功能
7	开口扳手	30×36	2把	
8	梅花扳手	30×36	2把	
9	扭矩扳手	2000N·m　750N·m	各1件	
10	钢卷尺	5m	各1件	
11	撬棍	长、短	各两根	

续表

序号	名 称	规格/型号	数量	备 注
12	脚手架板	3.5m	12块	
13	手拉葫芦	3t	6只	
14	手拉葫芦	10t	1只	
15	吊装绳	6×37-φ32-1770	2根	长 14m
16	吊装绳	6×37-φ22-1770	2根	长 12m
17	缆风绳	6×37-φ12-1770	8根	12m、6m 各 4 根
18	卸扣	10t	4个	
19	卸扣	3t	4个	
20	白棕绳	Φ14mm	50m	

3）其他配置：详见表 5.4-4。

其他配置列表   表 5.4-4

序号	名 称	规 格	单位	数 量	备 注
1	安全带		条	8	
2	工具袋		个	2	
3	安全帽		个	14	
4	安全警戒绳		米	200	
5	绝缘手套		付	14	

5.5 施工准备

5.5.1 技术准备

1）施工前，向参施人员和作业人员做方案交底，明确作业中的技术质量要求、安装流程和施工方法。同时向作业人员做安全技术交底，告知作业过程中的危险点和预防措施。

2）熟悉已选定的起重、运输及其他机械设备的性能及使用要求；掌握待吊构件的长度、宽度、高度、重量、型号、数量及其连接方法等。

5.5.2 现场准备

1）吊装施工区域设立警戒线并设专人监护，与施工无关人员禁止进入；

2）汽车吊工作区域平整、坚实、无障碍物；

3）提供电源，保障施工时门机能正常调试运转；

4）夜间施工时，施工场所应保证足够的照明；

5）门机安装所需轨道铺设施工完毕，验收合格并且轨道梁达到养护期；

6）作业时无大雨、沙尘暴等恶劣天气，无 4 级及 4 级以上大风；

7）门机安装所需道路畅通，材料堆放区临时清空，场地平整；

8）门机轨道铺设，并设置轨道端头位置设立轨道限位。

5.5.3 机械、机具准备

1）根据施工进度计划，起重机械、运输车辆必须按照规定时间到达现场。

2）安装作业使用的工具、小型机具、测量仪器、仪表等准备齐全。测量仪器应在检测有效期内。

5.5.4 门机安装前的准备

1）在对门机安装前，对门机整体进行检查，确保所有部件齐全且没有结构缺陷；

2）打拖拉绳用的配重准备完毕；

3）门机桥架及支腿上必要的作业点，搭设符合规范要求的安全作业平台；

4）门机安装所需的吊机、千斤顶、扳手、钢丝绳等作业机具及仪器仪表需准备充分；

5）吊装前应进行演练，统一明确指挥口号、用语。

6 吊装工艺流程及步骤

6.1 施工流程图

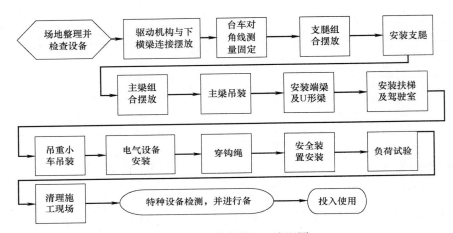

图 6.1 门吊安装施工流程图

6.2 吊装工艺

6.2.1 门机安装过程吊装工况

门机安装过程吊装状态表   表 6.2

序号	部件名称	单件重量(t)	起重设备	幅度(m)	起重臂长(m)	额定起重量(t)	负载率	吊索
1	导电架侧主梁	22	130t 汽车吊	9	25	48	23%	6×37-φ32-1770
			70t 汽车吊	9	25	18.5	59%	6×37-φ32-1770
2	非导电架侧主梁	20	130t 汽车吊	9	25	48	21%	6×37-φ32-1770
			70t 汽车吊	9	25	18.5	54%	6×37-φ32-1770
3	下横梁	8	70t 汽车吊	9	25.7	18.5	49%	6×37-φ22-1770

序号	部件名称	单件重量(t)	起重设备	幅度(m)	起重臂长(m)	额定起重量(t)	负载率	吊　索
4	刚性支腿	5	70t汽车吊	12	25.7	11	45%	6×37-φ22-1770
5	小车	23	130t汽车吊	12	33.3	30	77%	6×37-φ32-1770
6	U型梁	5	70t汽车吊	12	37.9	11.3	44%	6×37-φ22-1770

6.2.2　信号指挥方式

司机、指挥员、作业人员要相互明确并熟悉指挥信号。由信号统一指挥吊车和作业人员，联络方式采用对讲机，使用标准指挥语言。

6.2.3　吊、索、卡具的选用

依据门机各部件重量及吊点设置，选用直径 φ32（型号为 6×37-φ32-1770）和直径 φ22（型号为 6×37-φ22-1770）的钢丝绳吊索，吊装小车、主梁使用直径 φ32 的吊索，其余部件使用直径 φ22 的吊索；卸扣全部选用 35t。具体校核计算见 9.2。

6.2.4　缆风绳的设置

根据现场场地条件，采用"缆风绳＋缆风绳"的固定方式。其受力计算见 9.3。

6.2.5　地锚的设置

地锚采用预埋钢筋形式，预埋钢筋使用 Φ25 三级螺纹钢制作，预埋深度 30cm。具体位置如图 9.3-1 所示。地锚的受力计算详见 9.4。

6.2.6　试吊装

进行正式起吊前需进行试吊装作业。部件起吊离地 200mm 试吊，悬停 5 分钟，检查被吊物、吊点、吊索、履带起重机支撑面、起重机等完好无异常后方可继续吊装。

6.3　吊装步骤

6.3.1　安装前检查

清理作业场地，对门机各部件进行检查，确认所有部件齐全且完好，然后测量施工现场平面距离，在大车轨道两侧附近及轨距中心预埋好地锚，三个地锚中心在一条线上。

6.3.2　轨道基础验收要求

同一截面内，两平行轨道的标高相对差不应大于 5mm，两轨道水平间距相差不应大于 10mm；轨道沿长度方向上，在平面内弯曲，每 2m 检测长度不应大于 1mm；轨道接头处，轨道接头高低差及侧向错位不应大于 1mm，间隙不应大于 2mm。

6.3.3　安装台车下横梁组件

70t 汽车吊在地面将台车和下横梁组合，用 2 根 φ22（型号 6×37-φ22-1770）钢丝绳捆绑，然后汽车吊把下横梁台车组件吊放至轨道的基准线上，台车两端车轮木楔塞住，防止台车滑行；然后用 8 号槽钢焊接在两侧，同时用 8 号槽钢做一个横拉连接两侧槽钢，形成稳定的三角形结构进行固定，测量两台车对角线，调整距离使其对角线偏差不大于 4mm，固定下横梁台车组件，夹好夹轨器。

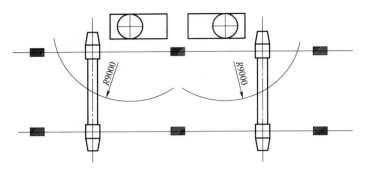

图 6.3-1　下横梁吊装示意图

6.3.4　安装支腿

1）将两侧的支腿预先摆放在起吊区域内，然后将远侧支腿用 2 根 φ22（型号 6×37-φ22-1770）钢丝绳捆绑吊装，用 70t 汽车吊（主臂长 25.7m，作业半径 12m，最大起重重量 11t，此时负荷率＝5/11＝45％）依次逐步将支腿立起调直，支腿在正式吊装前，须由横放转为直立状态即翻转 90°，钢丝绳捆绑在支腿上部，缓慢提升汽车吊吊钩，同时缓慢旋转吊车主臂，翻转时保持支腿底部相对地面不动，使支腿缓慢翻转直到直立状态，起吊至支腿安装位置就位，紧固连接螺栓。

2）采用 18♯槽钢作斜撑连接支腿与行走梁，形成稳定的三角形结构。拉好可调节的缆风绳，用 3t 手拉葫芦预紧使左右两边受力平衡，然后固定，拆除行走台车两侧的槽钢三角支撑。

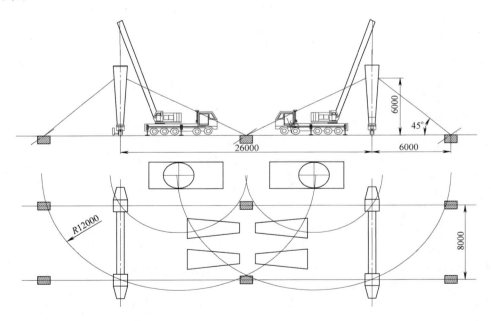

图 6.3-2　支腿吊装图

6.3.5　测量支腿垂直度

用经纬仪测定支腿的垂直度，并用绳进行调整，确保支腿垂直度在要求范围内。

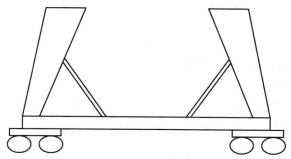

图 6.3-3　支腿斜撑图

6.3.6　主梁拼装和吊装

1）主梁拼装：将两列主梁分别在拼装区域地面上，用 70t 汽车吊机逐节拼装，拼装完成后将主梁放置于门吊安装区域两侧靠近支腿位置，用枕木垫好。

2）脚手架搭设：在 4 条支腿上方（距离支腿法兰面 1.2m）四周搭设脚手架，用于主梁就位时与支腿连接安装。

3）主梁吊装：

主梁采用 1 台 70t 汽车吊与 1 台 130t 汽车吊（如图 6.3-4 所示位置）抬吊，钢丝绳吊挂采用兜吊方式，注意在主梁菱角处垫好半圆管，绳头反挂到吊钩上（吊装钢丝绳型号为 2 条 6×37-φ32-1770）；2 台汽车吊同时起钩将主梁提升离地 100～200mm 静悬空中 5～8min，察看所有机具确认安全可靠后，方能慢速将主梁提升至超过支腿上口 50～100mm 高度，两台汽车吊配合使主梁移到支腿上面接法兰处对位。施工人员安装连接螺栓，全部预紧后方可摘钩。另外一侧主梁吊装同理。

此过程中 2 台汽车吊出杆长度均为 25m，主梁就位时作业半径 9m，70t 吊车额定起重量 18.5t，负荷率＝11/18.5＝59％；在吊装过程中设专人指挥，由一个指挥员同时指挥两个吊车同时抬吊，要保持两台吊车的同步性，在抬吊前必须确保现场指挥和两个吊车司机在指挥方式和指挥方法沟通好，明确各个手势之间的含义到位，做到保持一致，进行相应的手势演练，确保两汽车吊同步、匀速，主梁始终保持平衡。

6.3.7　吊装端梁及 U 形梁

主梁与支腿组合安装完毕后，用 70t 汽车吊吊装两端端梁及 U 形梁。

6.3.8　拆除缆风绳

端梁及 U 形梁安装完毕后检查各法兰口螺栓是否已全部按要求紧固完毕，确认无误后拆除缆风绳。

6.3.9　小车吊装

在拼装区域地面平台上将小车组拼好。选用直径 φ32（型号 6×37-φ32-1770）、长度为 14m 钢丝绳两根。用 130t 汽车吊将小车起吊至离地 100～200mm 静悬空中 5～8 分钟，察看所有机具确认安全可靠后，方能慢速将小车提升至主梁以上 1m，距地面 12m 高度，并在指挥下缓慢旋转使小车摆正至龙门吊两根主梁轨道的正上方（130t 汽车吊出杆 33.3m，起吊半径 12m，最大起重量是 30，起重负荷率 23/30＝76％）。下落小车，将小车安装就位于主梁轨道上。然后用木楔将走行轮塞好止动固定好。130t 汽车吊收杆。最后解开吊装钢丝绳，吊装完成。

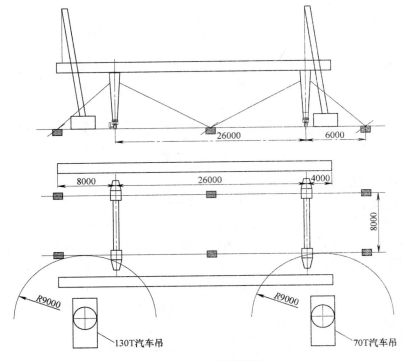

图 6.3-4　主梁吊装图

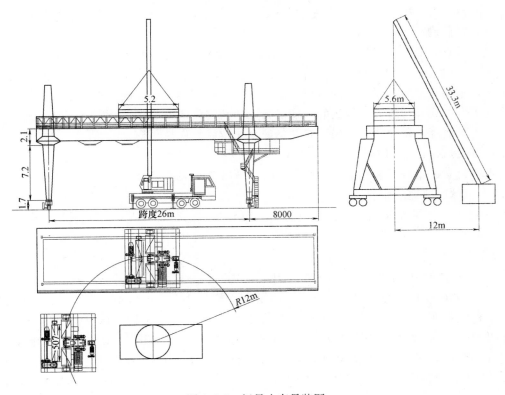

图 6.3-5　门吊小车吊装图

6.3.10 安装电缆卷筒

使用 70t 汽车吊安装电缆卷筒及电缆配重行走架。

6.3.11 安装电气系统

按照电气原理图、配线图、电气总图和有关技术文件，进行电气系统的安装；安装前应检查各电器元件是否完好，安装方法和位置符合相关规定。

6.3.12 安装限位

电工和司机配合安装各安全装置和限位。

6.3.13 检查

检查确实所有零部件是否已全部安装，无误后拆除支垫物，松开夹轨器。

6.3.14 调试

调试各电气设备和控制系统，准备进行负荷试验。

7 施工保证措施

7.1 危险源识别

门机安装过程各危险源及控制措施见表 7.1。

危险源识别及控制措施   表 7.1

序号	作业活动	危险源具体描述	采用的风险控制措施
1	门机组立	施工机械选择不合理，机械超负荷作业	禁止施工，根据施工要求合理选择配合机械，机械使用时，严禁超负荷作业
2	夜间施工	夜间施工照明不足	照明不足时禁止施工，夜间施工时装设足够的照明工具
3	门机组立	遇 5 级以上大风、雷雪等恶劣天气作业	遇 5 级以上大风、雷雨等恶劣天气停工禁止作业
4	门机组立	汽车吊站位场地不符合要求，场地不坚实	吊车站位区域须平整坚实
5	门机组立	钢丝绳通过棱角处未垫半圆管，钢丝绳断裂，设备损伤，人员伤亡	钢丝绳通过棱角处垫好半圆管或其他柔软物质
6	门机组立	施工前工具检查不到位，损坏设备	施工前全面检查工机具，检查合格后方可使用
7	门机组立	司机误操作、误动作	指挥人员应站在吊车司机能看清指挥信号的安全位置用哨子或对讲机明确指挥，司机严格按信号动作，信号不明不动作
8	门机组立	组立过程中起重作业指挥，无信号设施、信号选用不当、信号不清	施工前指定专人指挥，对讲机使用专用频道，吊车司机做到信号不清不动作

序号	作业活动	危险源具体描述	采用的风险控制措施
9	门机组立	员工群体安全意识不强	开展安全生产活动,禁止带病作业,施工期间禁止饮酒,醉酒后24小时内禁止参与施工
10	门机组立	人员无证上岗或证件过期仍继续作业	人员无证或证件过期禁止参与施工作业
11	门机组立	施工人员习惯性违章	由安全员对习惯性违章进行检查,对违章现象及时制止并严肃处理
12	门机组立	大锤脱手伤人	禁止抢大锤时戴手套,前方禁止站人
13	门机组立	人员高空坠落	高空作业时必须佩戴和正确使用安全带,必要时搭设作业平台
14	门机组立	人员受到伤害不能得到及时处理	为施工现场配备急救箱
15	缆风绳	固定缆风绳的配重选择不合理	按要求合理选择配重作为缆风绳的地锚
16	缆风绳	缆风绳与配重、支腿的连接不牢固	高空作业人员必须正确佩戴安全帽、安全带、防滑鞋等防护用品
17	吊装支腿	吊装支腿,缆风绳及倒链的使用不合理,坠物、倾覆伤人	正确选择缆风绳及倒链,使用对其进行前检查,合格后方可使用
18	吊装支腿、主梁	起吊主梁、支腿尺寸较大的部件,由于部件尺寸较大,部件起吊后会发生转动、晃动,磕碰、挤压施工人员	合理选择吊点,起吊前确认吊装系统无误
19	主梁的安装	起吊主梁的钢丝绳的安全系数小	使用前核实钢丝绳倍率,符合要求方可使用
20	主梁的安装	起吊主梁时吊点选择不合理,吊件失稳出现磕碰、冲击其他设备及构件,人员磕碰、挤压以及坠物伤人	吊装主梁时正确选择吊点,缓慢起钩,无异常后方可进行安装作业
21	主梁的安装	主梁负荷分配不合理或主梁在起吊过程中出现倾斜导致其中一侧的起重机械或卡索具超负荷,坠物伤人、设备倾翻伤人	合理分配负荷,起吊前仔细计算负荷率
22	主梁的安装	主梁时,吊车站位不合理,主梁无法就位,偏拉斜拽吊车超负荷	合理选择吊车站位
23	主梁的安装	安装主梁与支腿的连接螺栓,高空不便作业处未搭设安全防护设施,作业人员高处坠落	高空不便作业处搭设符合要求的临时平台
			高空作业人员须将安全带系在牢固可靠处
24	主梁、牵引小车的安装	高空作业人员不佩带安全防护用品或者不正确使用,作业人员高处坠落	高空作业人员须正确佩戴防护用品并正确使用
25	电气系统的安装	电气系统安装与调试,电气系统安装错误或无法正常运行	由专业电工对电气系统安装,做到以及一机一闸一保护

7.2　安全保证措施

7.2.1　一般措施

（1）施工现场的布置应按总平面布置图进行统一布置。

（2）组装前检查各所需工具及机具，确保其齐全、性能处于良好状态。

（3）在起重机开始组装之前制订周密的工作计划，向工作人员细致讲起重机组装和吊装方案并进行详细的安全、技术交底。

（4）起重机在组装过程中，各专业技术人员、技术工人，必须明确职责，要积极地配合开展工作。

（5）施工现场临时用电，严格按《施工现场临时用电安全技术规范》的有关规定执行。

（6）临时用电线路的安装、维修、拆除，均由经过培训并取得上岗证的电工完成，非电工不准进行电工作业。

（7）电缆线路应采用"三相五线"接线方式，电气设备和电气线路必须绝缘良好，架设的电力线路其悬挂高度及线距符合安全规定。

（8）氧气瓶不得沾染油脂，乙炔发生器必须有防止回火的安全装置，氧气瓶与乙炔发生器要隔离存放。

（9）存储气瓶时应和热源分开并避免阳光直接照射，现场用钢筋焊接储气瓶笼，单独存放，并挂有"严禁烟火"等警告标牌。

（10）各类电器开关和设备的金属外壳，均设接地或接零保护。

（11）防火、防雨配电箱，箱内不得存入杂物并设门加锁，专人管理。

（12）移动的电气设备供电使用橡胶电缆，穿过场内行车道时，穿管埋地敷设，破损电缆不得使用。

（13）检修电气设备时必须停电作业，电源箱或开关握柄上挂"有人操作、严禁合闸"的警示牌并设专人看管。

（14）现场架设的电力线路，不得使用裸导线。临时敷设的电线路，必须安设绝缘支承物。

7.2.2　施工机械的安全控制措施

（1）各种机械操作人员和车辆驾驶员，必须取得操作合格证，不准操作与操作证不相符的机械，严禁无证操作。

（2）操作人员必须按照本机说明书规定，严格执行工作前的检查制度和工作中注意观察及工作后的检查保养制度。

（3）驾驶室或操作室应保持整洁、严禁存放易燃、易爆物品，严禁酒后操作机械，严禁机械带病运转或超负荷运转。

（4）机械设备在施工现场停放时，应选择安全的停放地点，夜间应有专人看管。

（5）严禁对运转中的机械设备进行维修、保养、调整等作业。

（6）确定吊车距竖井边沿的安全距离，严禁私自调整。

（7）现场机械设备比较密集，现场布置及调动必须遵守管理人员的安排。

（8）指挥施工机械作业人员，必须站在可让人瞭望的安全地点并应明确规定指挥联络信号。

（9）使用钢丝绳的机械，在运行中严禁用手套或其他物件接触钢丝绳。用钢丝绳拖拉机械或重物时，人员远离钢丝绳。

（10）定期组织机电设备、车辆安全大检查，对检查中查出的安全问题，按照"三不放过"的原则进行调查处理，制定防范措施，防止机械事故的发生。

7.2.3　吊运作业安全技术措施

（1）作业人员的安全规章制度的学习，提高安全防范意识。

（2）严禁酒后作业，严格遵守项目部相关规定安全施工。

（3）吊装作业人员统一佩戴我项目部的安全帽，进入施工现场遵守我公司的规定。

（4）作业时必须执行安全技术交底，听从统一指挥。

（5）起重工、信号工必须经专门安全技术培训，持证上岗。

（6）信号工要穿有明显标识的衣服，两眼视力不得低于1.0，无色盲、听力障碍、高血压、心脏病等生理缺陷。

（7）信号工高空指挥时，需戴安全带，脚穿防滑鞋。

（8）吊车尾部为司机盲区，工作人员注意吊车尾部的旋转动态。

（9）司机作业时，严禁收听任何有声电器及电话，严禁和其他人员交谈。

（10）司机和信号工必须使用对讲机进行指令的接受和发出，确保对讲机的音质清晰，调频无干扰。

（11）作业前必须检查作业环境、吊索具、防护用品。吊装区域无闲散人员，障碍已排除。吊具无缺陷，捆绑正确牢固。在信号不明和作业现场光线阴暗时，严禁进行起吊作业。

（12）起重作业时，必须正确选择吊点的位置，合理穿挂索具，试吊。

（13）试吊：吊绳套挂牢固，起重机缓缓起升，将吊绳绷直稍停，试吊高度为200mm。试吊中，指挥信号工、挂钩工、司机必须协调配合。如发现吊物重心滑移或其他物件粘连等情况时，必须立即停止起吊，采取措施并确认安全后方可起吊。

（14）大雨、风力在4级以上等恶劣天气，必须停止露天起重吊装作业。严禁在带电的高压线或一侧作业。

（15）严格执行"十不吊"的原则。

（16）起重作业时，必须正确选择吊点的位置，合理穿挂索具，试吊。

7.2.4　高空作业具体安全技术措施

1）高空作业人员必须正确佩戴安全帽，必须系好安全带，并挂在牢固处（高挂低用）。

2）高处作业使用的吊架、平台、脚手板、梯子、护栏、索具（钢丝绳、麻绳、化学纤维绳）等料具和安全带、安全网等安全防护用品的质量都必须符合国家规范的要求。

3）高处施工作业前，应进行针对性的书面安全交底，要被交底人的签字，同时必须落实所有的安全技术措施和个人防护用品，未经落实时不得进行施工作业。

4）从事高处作业的人员，必须定期体检。凡患有高血压、心脏病、贫血、癫痫症、严重近视及患有其他不适应高处作业病症的人员，均不得登高作业。

5) 攀登和悬空高处作业人员以及搭设高处作业安全设施的人员，必须经过专业技术培训及专业考试合格，持证上岗。

6) 施工中，对高处作业的安全技术设施，使用中发生损坏，必须及时解决，危及人身安全的，必须立即停止作业，排除险情或隐患后，方准作业。

7) 施工作业场所有坠落可能的物体，应一律先行撤除或加以固定。高处作业中所用的物料，均应堆放平稳，不妨碍通行，并不得超重，在临时搭建的安装平台上载荷不得大于 $270kg/m^2$。工具用毕应随手放入工具袋内；作业中的走道，通道板和登高用具，应随时清扫干净；拆卸下的物件及余料和废料均应及时清理运走，不能任意乱扔或向下丢弃，传递物件禁止抛掷，小型工具、配件用工具包盛装或使用吊篮吊装。

8) 高处作业无法搭设严密的防护设施的，必须使用安全带。安全带必须系挂在施工作业上方牢固的物体上，并高挂低用，禁止低挂高用。

9) 高处作业人员不准骑坐临时搭建的安装平台上的护栏、未安装牢固的管道、设备上和躺在平台、孔洞边缘上休息。在没有安全防护设施的条件下，严禁在木桁架、挑梁，砌体及构架上行走或作业。

10) 雨、雪天进行高处作业时，必须采取可靠的防滑、防寒和防冻措施，凡水、雪、霜、冰均应及时清除干净。暴风雪及沙尘暴后，应及时对高处作业的安全防护设施逐一加以检查，发现有松动、变形、损坏或脱落等现象，应立即修复完善。

11) 因作业需要，临时拆除或变动安全防护设施的，必须经施工负责人同意，并采取相应的可靠措施，作业后立即恢复。

12) 高处作业人员应沿着斜道、梯子上下，严禁沿着绳索、立杆、井架或栏杆等攀登。

13) 人字梯的使用：

(1) 使用前检查该梯子是否安全，即检查梯子的铆钉是否松动，焊接是否开裂；

(2) 用结实的绳索将两边拉住、拴紧、绷直；

(3) 梯子须安放稳固，使用材料需经人传递或用小桶吊放，严禁上下抛物；

(4) 使用梯子时至少两人一组，有专人扶梯；

(5) 严禁使用梯子最上面两格；

(6) 严禁背对梯子作业；

(7) 超过2米以上的作业，且安全带无挂点时，除扶梯人外，须再设置一名监护人；

(8) 严禁交叉作业；

(9) 作业区域应用警示带围好、设置监护人，严禁非作业人员入内。

7.2.5 施工过程监测

施工期间主要进行地表沉降的监测，及时获取第一手数据，掌握吊装过程中地表沉降变化情况，通过对监测数据的分析，判断吊装过程中的安全，以便指导吊装进程和吊装的速度。监测仪器详见表7.2-1，监测内容及控制标准详见表7.2-2。

测量仪器统计表　　　　　　　　　　　　　　　　　　　　表7.2-1

仪器设备名称	仪器型号	仪器设备性能	数量
光学水准仪	天宝（DINI03）	精度：0.3mm	1台
钢瓦尺	2m 条码		2把

监测内容及控制标准表　　　　　　　　　　　　　　　　　表 7.2-2

序号	监测对象	监测项目	控制标准	
			累积变形	变形速率 m/次
1	导墙监测	导墙形变	10mm	1.5mm/次
2	地面监测	地表沉降	20mm	2mm/次

7.3　质量保证措施

（1）严格遵守操作规程和吊装工艺流程。

（2）详细审查施工方案和施工图纸，施工前向参施人员进行技术交底，了解施工过程的质量要求。

（3）加强教育和培训工作。对施工人员进行岗前培训、专业技术培训和操作培训，提高施工人员的整体施工素质。

7.4　文明施工与环境保护措施

7.4.1　文明施工保证措施

（1）施工场地出入口应设置洗车池，出场地的车辆必须冲洗干净。

（2）施工场地道路必须平整畅通，排水系统良好。材料、机具要求分类堆放整齐并设置标示牌。

（3）场地在干燥大风时应注意洒水降尘。

（4）夜间施工向环保部门办理夜间施工许可证，主动协调好周边关系，减少因施工造成不便而产生的各种纠纷。

（5）作业时尽量控制噪音影响，对噪声过大的设备尽可能不用或少用。在施工中采取防护等措施，把噪音降低到最低限度。

7.4.2　环境保护保证措施

（1）夜间施工信号指挥人员不使用口哨，机械设备不得鸣笛。

（2）汽车进入施工场地应减速行驶，避免扬尘。

（3）加强对施工机械的维修保养，防止机械使用的油类渗漏进入地下水中或市政下水道。

（4）对吊装作业的固体废弃物应分类定点堆放，分类处理。

（5）施工期间产生的废钢材、木材，塑料等固体废料应予回收利用。

7.5　现场消防、保卫措施

7.5.1　现场消防措施

（1）作业现场区域按照要求设置消防水源和消防设施，消防器材应有专人管理。

（2）作业现场严禁存放易燃易爆危险品，作业现场区域严禁吸烟。

（3）严格加强作业现场明火作业管理，严格用火审批制度，现场用火证必须统一由保卫部门负责人签发，并附有书面安全技术交底。电气焊工持证上岗，无证人员不得操作。明火作业必须有专人看火，并备有充足的灭火器材，严禁擅自明火作业。

7.5.2 现场保卫措施

（1）控制并监督进出工地的车辆和人员，执行工地内控制措施。对所有进入工地的车辆进行记录。

（2）在工地内按照要求进行巡逻，防止发生塔机相关部件丢失。

7.6 职业健康保证措施

（1）对吊装作业人员进行职业健康培训。

（2）加强井下通风，保证空气清洁。

（3）增加工间休息次数，缩短劳动持续时间。

（4）合理安排作息时间，休息时脱离噪声环境。

7.7 绿色施工保证措施

（1）对操作人员进行绿色施工培训。

（2）保护好施工周围的树木、绿化，防止损坏。

（3）落实《绿色施工保护措施》，实行"四节一环保"。

8 应 急 预 案

8.1 应急管理体系

8.1.1 应急管理机构

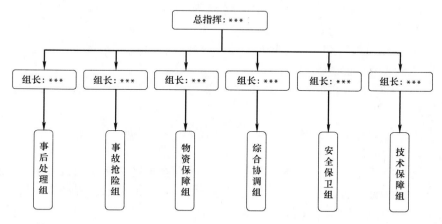

8.1.2 职责与分工

总指挥：＊＊＊，电话：＊＊＊＊＊＊＊＊＊＊＊

职责：发布启动和解除重大安全事故应急救援预案的命令，组织、协调、指挥安全事故应急救援预案的实施，指挥各部门有条不紊的进行抢险救灾工作。

（1）事后处理组：

组长：＊＊＊，电话：＊＊＊＊＊＊＊＊＊＊＊

职责：事故调查组和善后处理组主要负责事故发生后，对事故的原因进行调查，以及事后处理工作，安抚亲人，并将受伤人员送至医院急救。对其进行照顾，安排其与亲人的起居生活。

（2）事故抢险组：

组长：＊＊＊，电话：＊＊＊＊＊＊＊＊＊＊＊

职责：事故抢险组负责事故发生时，在第一线对事故进行抢修，使事故造成的损失最低，降低伤亡事故的发生。

（3）物资保障组：

组长：＊＊＊，电话：＊＊＊＊＊＊＊＊＊＊＊

职责：物资保障组负责应急物资的准备，以及在抢险过程中所需的各项应急物资。

（4）综合协调组：

组长：＊＊＊，电话：＊＊＊＊＊＊＊＊＊＊＊

职责：综合协调组负责事故发生过程中各部门的综合协调工作，以及事故发生后的向上级汇报、对外联系医院进行抢救，接待新闻媒体等工作。

（5）安全保卫组：

组长：＊＊＊，电话：＊＊＊＊＊＊＊＊＊＊＊

职责：安全保卫组负责抢险过程中的安全保卫工作，防止二次灾害事故的发生。

（6）技术保障组：

组长：＊＊＊，电话：＊＊＊＊＊＊＊＊＊＊＊

职责：技术保障组负责事故发生过程中的救援方案的制定。

8.2　应急响应程序

（1）紧急情况发生时，现场人员应积极采取应急自救措施，同时启动施工现场应急救援预案，实施现场抢险，防止事故的扩大。

（2）紧急情况发生后，应急响应指挥部各成员按各自分工布置工作，进行现场抢救、道路疏通、现场维护、情况通报工作。

（3）当有重伤人员出现时救援小组应拨打急救电话120呼叫医疗援助。其他相关部门应做好抢救配合工作。

（4）当发生重大安全事故时，事故单位或当事人必须用将所发生的重大安全事故情况报告事故相关监管部门。

（5）当发生事故时现场各方必须严格保护事故现场，并迅速采取必要措施，抢救人员和财产。因抢救伤员、防止事故扩大以及疏通交通等原因需要移动现场物件时，必须做出标志、拍照、详细记录和绘制事故现场图，并妥善保存现场重要痕迹、物证等。

8.3　应急抢险措施

（1）发生意外后现场负责人做好现场警戒，紧急拨打120急救电话、119火警电话。

（2）做好机械、零配件的储备，当机械设备出现故障时，应立即停止作业并及时抢修。

（3）由成立应急救援小组，项目经理为组长，现场施工总负责人为副组长，组员由安全员、班长及现场人员组成。

（4）发生意外后立即报告班长、主管及项目经理，应急响应小组人员接到报告后立即赶赴现场，由应急响应小组组织有关工作人员进行应急处理。

（5）吊装前详细了分析吊装过程中的细节情况，并在吊装过程中密切注意工人的不规范动作，发现异常隐患及时采取措施，制止不规范操作。

（6）对所用吊具进行细致的调查盘点，禁止不合格的吊具使用。

（7）密切关注天气的变化，每天专人听取天气预报，提前预知天气的变化，避免在恶劣天气中作业。

（8）加大对员工的安全培训和教育，告知员工工作中的危险源。

（9）与监理、业主、其他施工单位做好相关安全、施工管理的沟通与协调工作，如遇安全事故、天气、不可抗力等因素时立即启动应急措施，以保障人员、设备的安全。

8.4 应急物资

应急物资装备详见表8.4。

应急物资明细表 表8.4

序号	名称	规程	单位	数量
1	氧气袋		个	2
2	担架		副	2
3	急救箱		个	1
4	探照灯		个	3
5	LED小手电筒		个	10
6	安全警示带		卷	10
7	对讲机		个	5
8	灭火器		个	5
9	导链	3t	个	2
10	导链	6t	个	2
11	千斤顶	10t	个	2
12	千斤顶	30t	个	2
13	撬棍	1m	根	3
14	钢丝绳	3t 6m	根	2
15	钢丝绳	6t 6m	根	2

8.5 应急机构相关联系方式

（1）北京市消防队求援电话：119

（2）北京急救：120

（3）就近医院：北京＊＊＊医院：（路线图），电话：＊＊＊＊＊＊＊＊

9 计 算 书

9.1 选用的起重设备站位点承载力的计算

以130t汽车吊起吊小车（最重部件）为例，校核起重设备站位点承载力。

1）承载力计算

130t 汽车吊吊车自重为 54.7t，配重 45t，地基承载力按最大起重量 23t 时计算，若起吊 23t 重物地基承载力满足要求，则其余均满足。

承载力最大值可按下列公式计算

$$R_{MAX} = k_1 \times (P_1 + P_2 + Q)$$

其中 P_1 吊车自重，P_2 汽车吊配重，Q 为最大起重量，k_1 为动载系数，按 $k_1 = 1.1$ 计算，得

$$R_{MAX} = 1.1 \times (54.7 + 45 + 23) \times 10N/kg = 1349.7kN$$

按照极限平衡状态下，只有 1 个支腿受力计算吊车承力面积（支腿垫板长 2m、宽 1.5m）

$$S = 2 \times 1.5 = 3m^2$$

单位面积地基承载力 $P = R_{MAX}/S = 1349.7kN/3m^2 = 449.9kPa$

2）地基加固状况

吊装场地及运输路面采用 C25 混凝土厚度 30cm 并设置 Φ14 单层螺纹钢筋，混凝土受抗压承载力按以下公式计算：

$$F_{cb} = 0.7 \cdot \beta_h \cdot f_{td} \cdot U_M \cdot H$$

F_{cb}——混凝土最大集中反力；

β_h——厚度小于 300mm 时，取 1；

f_{td}——轴心抗拉应力；

U_M——高度换算比 $= 2 \cdot (a+b) + 4H$，（a、b 为受压长、宽）；

H——厚度

$$F_{cb} = 0.7 \times 1 \times 1.27 \times [2 \times (200 + 600) + 4 \times 300] = 746760Pa = 746.76kPa$$

经计算 30cm 厚 C25 混凝土的极限抗压承载力为 746.76kPa，吊车起吊对场地均布荷载为 449.9kPa，符合安全吊装及运输要求。

9.2　吊索具受力计算

1）吊装钢丝绳受力计算

进行门机主要大件的吊装使用 14m 长，直径 φ32（型号 6×37-φ32-1770）的 2 根钢丝绳进行吊装，门吊小车吊点大样图图 9.2 所示。

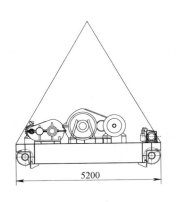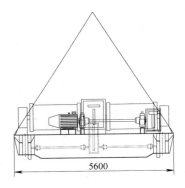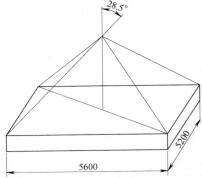

图 9.2　小车吊挂图

以最大起重量23t（门吊小车）进行计算：

通过计算得知钢丝绳与铅垂线之间的夹角为28.5°，取动载系数为1.1；

则单根钢丝绳受力最大值为：

$$P=k_1 \times G/(n\cos\alpha)=1.1 \times 23/(4 \times \cos28.5)=7.19t$$

根据《重要用途钢丝绳》，6×37-ϕ32-1770型钢丝绳破断拉力为59.8t，本次吊装作业的安全系数为：59.8t/7.19t=8.3。吊装用钢丝绳安全系数一般取6～8，故6×37-ϕ32-1770型钢丝绳满足使用要求。

2）卸扣受力计算

以吊装门机最重部件（小车）进行计算，4个吊点分别使用4个10t卸扣，四个卸扣所能承受的最大拉力为：4×10t=40t。大于小车重量23t，可以满足吊装安全需求。

9.3　缆风绳受力计算

1）地锚及缆风绳布置如图9.3-1所示。

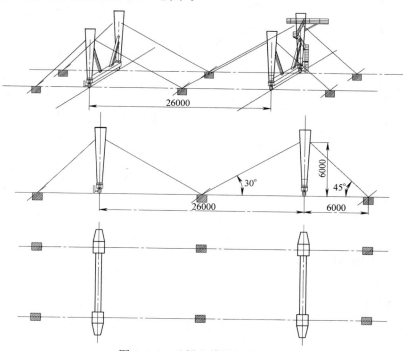

图9.3-1　地锚和缆风绳布置图

支腿与行走梁受力面可简化如图9.3-2所示。

2）缆风绳受力计算

根据《起重机设计规范》GB/T 3811，内陆地区起重机非工作状态风压最大取值为600N/m²。

风力对支腿及行走梁引起的倾覆力矩：

$$M_倾=2M_腿+M_梁=2F_腿 \, h_腿+F_梁 \, h_梁$$
$$=1.68 \times 7.2 \times 600 \times 5.4+5.5 \times 0.8 \times 600 \times 1.4=42887N \cdot m$$

其中：支腿中心高度 $h_腿=1+0.8+3.6=5.4m$，

行走梁中心高度 $h_梁 = 1 + 0.4 = 1.4\text{m}$。

缆风绳所需提供的抗倾覆力矩：

$$M_抗 = F_拉 \sin45° \times h_拉 = 42887\text{N} \cdot \text{m}$$

可得 $F_拉 = 10110\text{N} = 10.1\text{kN}$

缆风绳选用 $\phi12$（型号 $6 \times 37\text{-}\phi12\text{-}1770$）的钢丝绳，查表得钢丝绳破断拉力 84.1kN，考虑 6 倍的安全系数，钢丝绳最大承受 60.4kN＜84.1kN。

由计算结果可知，缆风绳拉力满足要求。

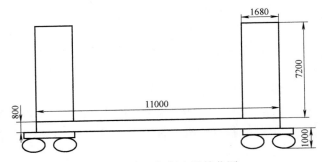

图 9.3-2　支腿与行走梁简化图

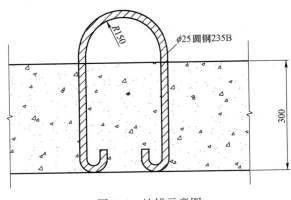

图 9.4　地锚示意图

9.4　地锚受力计算

地锚采用预埋钢筋形式，预埋钢筋使用 $\phi25$、圆钢 235B 制作，预埋深度 30cm。预埋钢筋示意图如图 9.4 所示。

（1）由风缆受力分析计算可知：单根风缆最大反力为 1t；

（2）按悬臂侧地锚承载 1 根风缆计算地锚承受最大反力：

悬臂侧地锚竖向拉力为 $F = F_缆 \cdot \sin45° = 6 \times 1.414/2 = 4.24\text{t}$

（3）钢板下钢筋锚固力计算；

$$F = n \cdot 3.14 \cdot d \cdot l \cdot \mu$$

式中　n——锚固钢筋数量；

　　　d——锚固钢筋直径；

　　　l——锚固钢筋长度；

　　　μ——水泥浆对钢筋的平均握裹力，取 $\mu = 4.17\text{N/mm}^2$；

$$F = 2 \times 3.14 \times 25 \times 300 \times 4.17 = 196407\text{N} = 196.407\text{kN} = 19.64\text{t}$$

考虑到 2 根钢筋受力不均匀，取 0.7 的不均匀系数。

$$F_o = 0.7F = 0.7 \times 196.407 = 137.45 = 13.74\text{t}$$

由计算结果可知，地锚结构满足要求。

9.5　双机抬吊的吊装载荷计算

主梁采用 1 台 70t 汽车吊与 1 台 130t 汽车吊抬吊安装，主梁就位时，2 台汽车吊出杆长度均为 25m，作业半径 9m，70t 汽车吊额定起重量 18.5t，130t 汽车吊额定起重量 48t。主梁重量为 22t。

被吊物重量：$G_主梁 = k_1 \times k_2 \times 22 = 1.1 \times 1.1 \times 22 = 26.62\text{t}$

其中：k_1 为动载系数，取 1.1；k_2 为不均匀载荷系数，取 1.1。

70t 汽车吊抬吊时允许的吊装重量：

$Q_{70t} = (Q_表 - Q_钩 - Q_{吊索}) \times 80\% = (18.5-1.5) \times 80\% = 13.6t > G_{主梁}/2 = 26.62 \div 2 = 13.31t$，满足吊装要求。

其中：70t 汽车吊吊钩和吊索具重 1.5t。

130t 汽车吊抬吊时允许的吊装重量：

$Q_{130t} = (Q_表 - Q_钩 - Q_{吊索}) \times 80\% = (48-2.5) \times 80\% = 36.4t > G_{主梁}/2 = 26.62 \div 2 = 13.31t$，满足吊装要求。

其中：130t 汽车吊吊钩和吊索具重 2.5t。

9.6 吊装高度计算

以小车吊装为例，130t 吊车出杆长度 33.3m，吊装半径 12m，此时钢丝绳与吊臂夹角 $\alpha = \arcsin 33.3/12 = 21.1°$，吊臂顶点距地面高度为 33.3cos21.1=31m。小车吊至 12m 高度时，小车中心距吊臂水平距离 S 为（取小车吊耳相对小车轮底面的高度为 0.8m）：

$S = (31-12-0.8) \tan 21.1° = 7m > 5.2/2$；

故小车吊装高度满足 130t 汽车吊出杆高度及吊装半径要求。

范例 5　门式起重机拆卸工程

左建涛　杨　杰　董海亮　编写

左建涛：中国新兴建设开发总公司、主要从事建筑机械技术与管理

杨　杰：中国新兴建设开发总公司、高级工程师、北京城建科技促进会起重吊装与拆卸工程专业技术委员会委员、北京市危大工程吊装及拆卸工程专家组组长、北京市轨道交通建设工程专家组组长、中国施工机械专家

董海亮：中建一局集团有限公司、高级工程师、北京城建科技促进会起重吊装与拆卸工程专业技术委员会副主任、北京市危大工程吊装及拆卸工程专家组组长、北京市轨道交通建设工程专家组组长、中国施工机械专家

MG50/15 门式起重机拆卸安全专项方案

编制：＿＿＿＿＿＿＿＿

审核：＿＿＿＿＿＿＿

审批：＿＿＿＿＿＿＿

施工单位：＊＊＊＊＊＊

编制时间：＊＊＊＊＊＊

目　　录

1　编　制　依　据

1.1　勘察设计文件

1.1.1　施工设计图

＊＊＊线＊＊＊标＊＊＊站＊＊＊站区间＊＊＊线工程施工设计图。

1.1.2　吊装拆卸工程相关勘察报告

（1）＊＊＊线＊＊＊标＊＊＊站——＊＊＊站区间＊＊＊线汽车吊进场线路和站位点区域勘察报告（地基承载能力等等）；

（2）＊＊＊线＊＊＊标＊＊＊站——＊＊＊站区间＊＊＊线门式起重机吊装作业区域勘察报告。

1.2　合同类文件

（1）＊＊＊招投标文件；

（2）《MG50/15 门式起重机安装/拆除合同》。

1.3　法律、法规及规范性文件

（1）《危险性较大的分部分项工程安全管理办法》（建质［2009］87 号）；

（2）《北京市实施〈危险性较大的分部分项工程安全管理办法〉规定》（京建施［2009］841 号）；

（3）《北京市建设工程施工现场管理方法》政府令 247 号令；

（4）《建设工程安全生产管理条例》国务院 393 号令；

（5）《绿色施工管理规程》DB11/ 513—2015；

（6）《建设工程施工现场安全防护、场容卫生及消防保卫标准》DB11/ 945—2012。

1.4　技术标准

（1）《起重机械安全规程　第 1 部分：总则》GB 6067.1—2010；

（2）《工程建设安装工程起重施工规范》HG 20201—2000；

（3）《重要用途钢丝绳》GB 8918—2006；

（4）《起重机 钢丝绳　保养、维护、安装、检验和报废》GB/T 5972—2009；

（5）《起重设备安装工程施工及验收规范》GB 50278—2010；

（6）《机械设备安装工程施工及验收通用规范》GB 50231—2009；

（7）《电气装置安装工程 低压电器施工及验收规范》GB 50254—2014；

（8）《起重机　试验规范和程序》GB/T 5905—2011；

（9）《起重机　分级　第 5 部分：桥式和门式起重机》GB/T 20863.5—2007；

（10）《施工现场临时用电安全技术规范》JGJ46—2014；

（11）《大型设备吊装工程施工工艺标准》SH/T3515—2003；

（12）《建筑施工高处作业安全技术规范》JGJ80—1991；

　（13）《汽车起重机和轮胎起重机　安全规程》JB8716—1998。

1.5　门式起重机、起重设备说明书

　（1）《MG50/15门式起重机安装使用说明书》；
　（2）MG50/15门式起重机图纸；
　（3）《QAY160t汽车起重机使用说明书》。

1.6　管理体系文件

　（1）＊＊公司技术质量管理体系；
　（2）＊＊公司安全管理体系。

2　工　程　概　况

2.1　工程简介

2.1.1　工程概述

　（1）工程名称：＊＊＊线＊＊＊标＊＊＊站至＊＊＊站区间工程；
　（2）工程地理位置：＊＊＊。

2.1.2　参建各方列表

　（1）建设单位：＊＊＊＊公司；
　（2）勘察单位：＊＊＊＊公司；
　（3）设计单位：＊＊＊＊公司；
　（4）总包单位：＊＊＊＊公司；
　（5）分包单位：＊＊＊＊公司；
　（6）监理单位：＊＊＊＊公司。

2.1.3　专业工作内容、工程量概述

　　由于工程需要，在盾构始发井施工现场东西向安装了一台通用门式起重机（以下简称"门机"），用于盾构施工中吊装渣斗、管片及其他施工所需物料，以满足盾构施工需要。门机型号为MG50/15t，跨度18m，轨道长度约为50m，其中主钩核定载荷50t，小钩额定载荷15t，起升高度轨上10m，轨下－30m，有效悬臂5m；大车运行速度3～34.4m/min。现施工任务完成，需拆除门机。本次拆除作业需要利用两台QAY160t汽车吊完成。MG50/15t通用门式起重机外形结构详见图2.1-1和图2.1-2。

　　MG50/15t通用门式起重机各部件外形尺寸及重量参数详见表2.1。

MG50/15t通用门式起重机主要部件重量及外形尺寸表　　　　表2.1

序号	部件名称	外形尺寸（mm） 长×宽×高	重量（t）	备注
1	主梁	27000×1500×2100	34.26	
2	端梁	3000×1500×1000	1.5	
3	U形梁	6000×800×2800	3	

续表

序号	部件名称	外形尺寸(mm) 长×宽×高	重量(t)	备注
4	下部支腿	10398×2000×1000	2.765	
5	下部支腿 B	14398×2000×1000	4.48	
6	下横梁	10000×860×1000	2.18	
7	配重下横梁	10000×860×1000	12.236	
8	小车	6000×6000×3100	36.4	

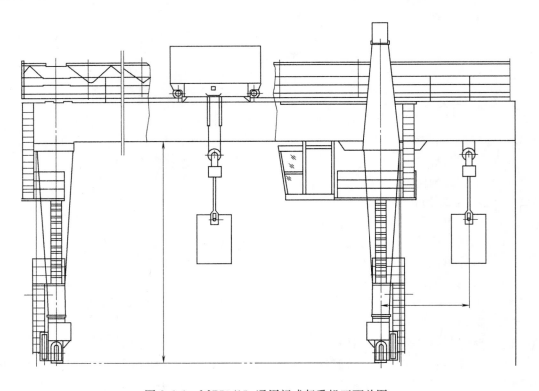

图 2.1-1　MG50/15t 通用门式起重机正面总图

2.2　专业施工关键节点

1）地锚、缆风绳的设置
2）双机抬吊拆卸主梁过程

3　施工场地周边环境条件

3.1　吊装作业区域上空情况

吊装作业区域上空无妨碍作业的建（构）筑物、架空输电线路、信号线等障碍物。

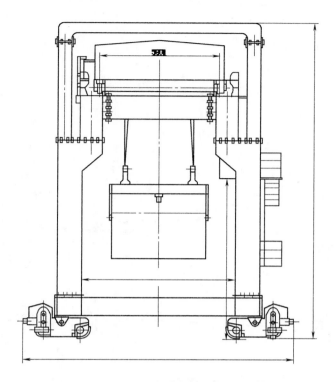

图 2.1-2 MG50/15t 通用门式起重机侧面总图

3.2 吊装作业区域地下情况

吊装作业区域地下无无妨碍作业的水管、电缆管线、暗井及松填土等。

3.3 吊装作业场地情况

吊装作业现场平整宽阔，地面上无障碍物。现场满足汽车吊支车作业所需空间、满足运输车辆进出现场的空间；满足门式起重机各结构部件现场摆放、临时固定所需场地及主梁地面拆解所需空间。现场平面图如图 3.3 所示。

3.4 气候条件

本拆除工程施工时间为 7 月，根据北京市历年同期气象资料，此时一般气温较高。根据气象部门发布的天气预报，作业期间的气象条件满足吊装要求。

4 起重设备、设施参数

4.1 起重设备、设施的选用

根据 MG50/15t 门式起重机主要零部件的外形尺寸和重量选用二台 QAY160t 汽车吊进行拆除。考虑最不利工况，现场吊装作业区域地基承载力的可以满足本次吊装需求。具

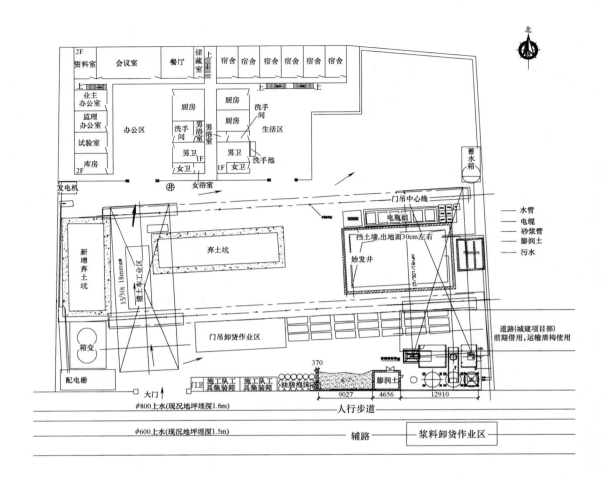

图 3.3　现场平面图

体计算过程详见 9.1。

4.2　起重设备、设施的性能参数

（1）表 4.2 为 QAY160t 汽车吊相关参数表；

（2）图 4.2-1 为 QAY160t 汽车吊起重性能表；

（3）图 4.2-2 为 QAY160t 汽车吊起升高度曲线。

为 QAY160t 汽车吊相关参数表　　　　　　　　　表 4.2

序号	名称	数值	备　注
1	外形尺寸(长×宽×高)(mm)	15900×3000×4000	
2	支腿跨距(m)	9.625/8.7(6.5)	
3	主机重量(t)	70.9	
4	配重重量(t)	45	

45t平衡重，支腿全伸 (8.7m)

幅度	13.6	17.87	22.14	26.41	30.68	34.94	39.21	43.48	47.75	52.02	56.29	60
3	160.0											
3.5	124.0	116.0										
4	115.0	108.0	98.0	83.0								
4.5	105.0	100.0	92.0	79.0	65.5							
5	98.0	96.0	85.0	75.0	62.5	53.8						
6	88.0	84.0	78.0	68.0	57.5	49.6	42.6					
7	77.0	74.0	70.0	62.0	52.5	45.7	39.8	33.3				
8	67.0	66.0	64.0	56.0	48.5	42.3	37.0	31.4	27.5			
9	59.0	58.0	56.0	51.0	45.0	39.4	34.5	29.4	26.1	22.6		
10	50.0	52.0	50.0	48.0	41.5	36.8	32.2	27.6	24.7	21.5	18.8	15.0
12		42.0	40.0	40.0	36.5	32.3	28.6	24.5	22.1	19.6	17.2	14.3
14		34.0	33.0	33.0	32.0	28.7	25.4	22.0	19.9	17.8	15.9	13.3
16			27.0	27.0	27.5	25.7	22.9	19.8	18.1	16.2	14.6	12.3
18			22.0	22.6	22.7	23.0	20.7	18.0	16.5	14.9	13.5	11.5
20				19.2	19.3	19.7	18.8	16.4	15.1	13.7	12.5	10.5
22				16.2	16.3	16.8	17.0	15.0	13.9	12.6	11.6	9.8
24					14.0	14.5	15.0	13.8	12.8	11.7	10.7	9.1
26					12.0	12.5	13.1	12.8	11.8	10.8	10.0	8.4
28						10.9	11.3	11.6	11.0	10.1	9.3	7.8
30						9.4	9.8	10.2	10.2	9.4	8.7	7.3
32							8.5	9.0	9.5	8.8	8.2	6.8
34								7.9	8.4	8.2	7.7	6.3
36								7.2	7.5	7.5	7.2	5.9
38									6.5	6.6	6.8	5.5
40									6.0	6.2	6.0	5.0
42										5.6	5.6	4.6
44										5.0	5.2	4.3
46											4.7	3.9
48											4.2	3.6
50												3.4
52												3.1
仰角	71～28	74～27	76～25	78～24	79～24	79～24	79～29	79～29	79～28	78～28	79～27	79～26
倍率	14	10	8	7	6	5	4	3	3	2	2	2
吊钩	160T(钩) (2079kg)		100T(钩) (1520kg)		65T 钩(990kg)							
II %	0	0/46	46/92	46/46/92	46/46/92	92/92/92	92/92/92	92/92/92	92/92	92	92	100
III %	0	46/0	46/0	46/92/46	46/92/92	46/46/92	92/92/92	92/46/92	92/92	92	92	100
IV %	0	0/0	0/0	46/0/0	46/46/0	46/46/46	46/92/92	92/92/92	92/92	92	92	100
V %	0	0/0	0/0	0/0/0	46/0/0	0/46/0	46/46/0	46/46/46	46/92	92	92	100
VI %	0	0/0	0/0	0/0/0	0/0/0	46/0/0	0/46/0	46/46/0	46/0	46	92	100

图 4.2-1　为 QAY160t 汽车吊起重性能表

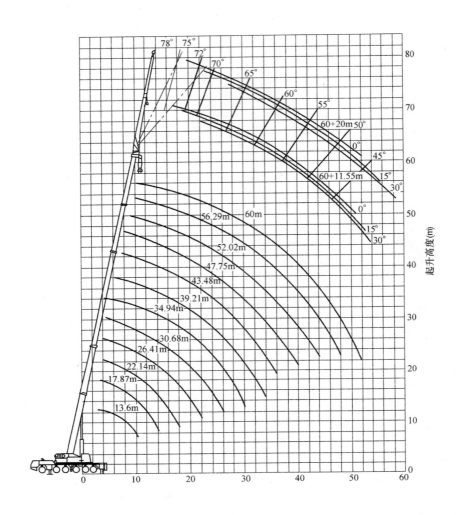

图 4.2-2　为 QAY160t 汽车吊起升高度曲线

5　施　工　计　划

5.1　工程总体目标

5.1.1　安全管理目标

杜绝一般等级（含）以上安全生产责任事故。

5.1.2　质量管理目标

消除质量隐患，杜绝质量事故；保证门机完好拆除。

5.1.3　文明施工及环境保护目标

有效防范和降低环境污染，杜绝违法违规事件。

5.2 施工生产管理机构设置及职责

5.2.1 管理机构

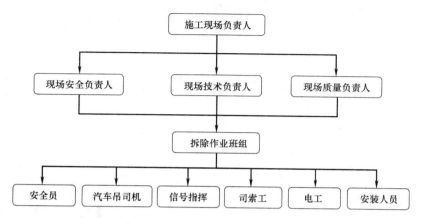

5.2.2 人员分工及管理职责（职责列表）

1）施工现场负责人：＊＊＊

职责：对本次门机安装工程全面负责，保证工期、质量、安全处于受控状态。

2）现场安全负责人：＊＊＊

职责：落实安全责任制度，负责检查，监督现场人、机、物安全性、可靠性，制止违章作业，消除可能存在的安全隐患。

3）现场技术负责人：＊＊＊

职责：负责技术方案审批，确保方案的正确性，科学性和可行性。

4）现场质量负责人：＊＊＊

职责：对门机的安装质量负责，负责拆除过程的质量检查。

5）拆除作业班组：

职责：包括安全员、汽车吊司机、信号指挥、司索工、安装工和电工。负责门机的拆除。

5.3 施工进度计划

通用门式起重机计划拆除工期为6天，时间：＊＊＊＊年7月＊＊日至＊＊＊＊年7月＊＊日。具体作业安排见表5.3。

施工作业进度计划 表5.3

序号	拆除部件	门吊拆除工期	所需天数	备注
1	拆除司机室、梯子、电气箱等其他零部件	7月＊＊日至7月＊＊日	2	
2	U形梁，起重小车拆除	7月＊＊日	1	
3	支腿A、支腿B、主梁A、主梁B拆除、端梁	7月＊＊日至7月＊＊日	2	
4	地梁A、地梁B拆除	7月＊＊日	1	

5.4　施工资源配置

5.4.1　用电配置

项目部按照施工需要配置门式起重机拆除时所需的配电箱、电缆等材料。

5.4.2　劳动力配置

根据现场作业需要，门机拆除人员组成如表5.4-1所示。

拆卸作业劳动力配置表　　　　　　　　　　　　表 5.4-1

序号	岗位	人数	条件
1	汽车吊司机	3	持有效操作证
2	信号指挥人员	2	持有效操作证
3	司索工	2	持有效操作证
4	安装拆卸工	5	持有效操作证
5	电工	1	持有效操作证
6	安全员	1	
7	辅助人员	1	
合计		15 人	

5.4.3　吊装机具配置

拆除过程中需要配置相应机具，如表5.4-2所示。

施工机具配置表　　　　　　　　　　　　表 5.4-2

序号	名称	规格	单位	数量	用途
1	汽车式起重机	QAY160	台	2	起重机械
2	钢丝绳	$6 \times 37 + 1$ ϕ52-1770	条	4	吊小车、主梁
3	钢丝绳	$6 \times 37 + 1$ ϕ32.5-1770	条	4	吊下横梁
4	钢丝绳	$6 \times 37 + 1$ ϕ21.5-1770	条	8	吊装U形梁、下部支腿
5	卡环	35t 马蹄型	个	10	

5.4.4　其他配置

门机拆除作业所需的其他配置详见表5.4-3。

其他配置列表　　　　　　　　　　　　表 5.4-3

序号	名　称	规格/型号	数　量	备　注
1	套筒扳手		1套	
2	大锤	20 磅	2把	
3	手锤	2.5 磅	1把	
4	套筒	30mm×36mm×46mm	各1个	
5	撬杠		2个	
6	施工接电箱		1个	带漏电保护功能

序号	名 称	规格/型号	数 量	备 注
7	开口扳手	30×36	2把	
8	梅花扳手	30×36	2把	
9	扭矩扳手	2000N·m 750N·m	各1件	
10	钢卷尺	5m	各1件	
11	撬棍	长、短	各两根	
12	脚手架板	3.5m	12块	
13	手拉葫芦	3t	8只	
14	手拉葫芦	10t	1只	
15	缆风绳	6×37-φ15-1770	8根	18m长
16	白棕绳	φ14mm	50m	
17	槽钢	20号	8根	
18	安全带		条	8
19	工具袋		个	2
20	安全帽		个	14
21	安全警戒绳		米	200
22	绝缘手套		付	14

5.5 施工准备

5.5.1 技术准备

1）施工前，向参施人员和作业人员做方案交底，明确作业中的技术质量要求、拆卸流程和施工方法。同时向作业人员做安全技术交底，告知作业过程中的危险点和预防措施。

2）熟悉已选定的起重、运输及其他机械设备的性能及使用要求；掌握待吊构件的长度、宽度、高度、重量、型号、数量及其连接方法等。

5.5.2 现场准备

1）吊装拆除区域设立警戒线并设专人监护，与施工无关人员禁止进入；

2）汽车吊工作区域平整、坚实、无障碍物；

3）提供拆除作业所需要电源；

4）夜间施工时，施工场所应保证足够的照明；

5）作业时无大雨、沙尘暴等恶劣天气，无4级及4级以上大风；

6）门机拆除所需道路畅通，材料堆放区临时清空，场地平整。

5.5.3 机械、机具准备

1）根据施工进度计划，起重机械、运输车辆必须按照规定时间到达现场。

2）安装作业使用的工具、小型机具、测量仪器、仪表等准备齐全。测量仪器应在检测有效期内。

5.5.4 门式起重机拆除前的准备

1）在对门机拆除前，对门机整体进行检查，确保所有部件齐全且没有结构缺陷；

2）打拖拉绳用的配重准备完毕；

3）门机桥架及支腿上必要的作业点，搭设符合规范要求的安全作业平台；

4）门机拆除所需的吊机、千斤顶、扳手、钢丝绳等作业机具及仪器仪表需准备充分；

5）吊装拆除前应进行演练，统一明确指挥口号、用语。

6 吊装工艺流程及步骤

6.1 施工流程图

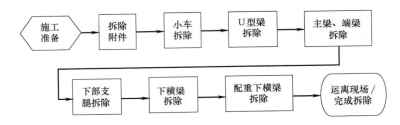

6.2 吊装工艺

6.2.1 门式起重机拆卸过程吊装工况

QAY160t 汽车吊拆卸门式起重机吊装状态表 表 6.2

序号	名称	吊索、卡环规格	吊装幅度（m）	吊重（t）	重量（t）	负载率
1	小车	$\phi52mm$、35t	8	48.5	36.4	75%
2	U型梁	$\phi21.5mm$、35t	14	28.7	3	10%
3	主梁和端梁	$\phi52mm$、35t	12（左侧）	32.3	37.26/2	58%
		$\phi52mm$、35t	12（右侧）	32.3	37.26/2	58%
4	支腿	$\phi21.5mm$、35t	14	28.7	4.48	16%
5	下横梁	$\phi32.5mm$、35t	12	32.3	12.236	38%

6.2.2 信号指挥方式

司机、指挥员、作业人员要相互明确并熟悉指挥信号。由信号统一指挥吊车和作业人员，联络方式采用对讲机，使用标准指挥语言。

6.2.3 吊、索、卡具的选用

依据门式起重机各部件重量及吊点设置，选用 $\phi52mm$（型号为 $6\times37+1\phi52\text{-}1770$）、$\phi32mm$（型号为 $6\times37+1\phi32\text{-}1770$）、$\phi21.5mm$（型号为 $6\times37+1\phi21.5-1770$）的钢丝绳吊索；卸扣全部选用 35t，具体计算见 9.2。

6.2.4 缆风绳的设置

根据现场场地条件，采用"缆风绳＋缆风绳"的固定方式，其受力计算见 9.3。

6.2.5　地锚的设置

地锚的设置为现浇混凝土结构，外形尺寸 1.5m×1.5m×1.8m，具体位置如图 6.2 所示，地锚的受力计算详见 9.4。

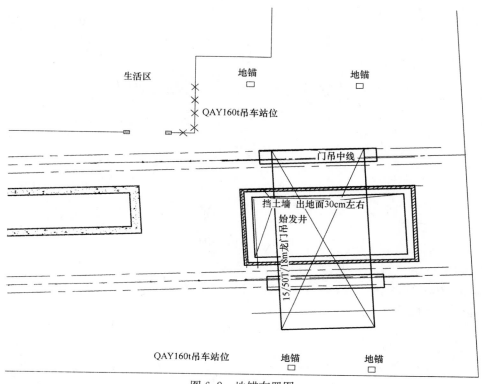

图 6.2　地锚布置图

6.3　拆除步骤

6.3.1　将龙门吊停放在指定的拆卸地点

切断整车电源；将龙门吊夹轨器夹持牢固可靠；用 8 根方木将 4 个台车支撑牢固；连接地锚并将四个支腿分别用钢丝绳做缆风绳将支腿拉接住，如图 6.3-1 所示。

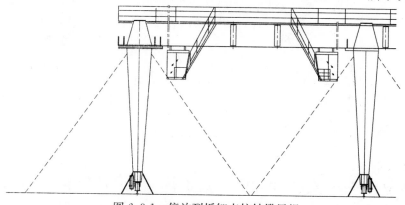

图 6.3-1　停放到拆卸点拉结缆风绳

6.3.2 拆除各种附件

拆除大、小车电缆线、电缆卷筒和电器，并把拆下电缆和电器做好防护保存以避免运输过程中损坏；拆除平台、爬梯、栏杆、小车滑线支架轨道等，如图 6.3-2 所示。

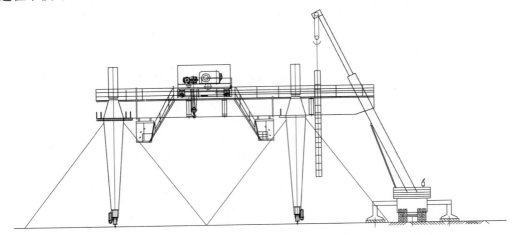

图 6.3-2 拆除附件

6.3.3 拆除小车

将小车停放到指定位置。使用 4 根吊索和 4 个卸扣，分别系挂在小车的四个吊点上，吊下拆除至地面，装车运离现场。

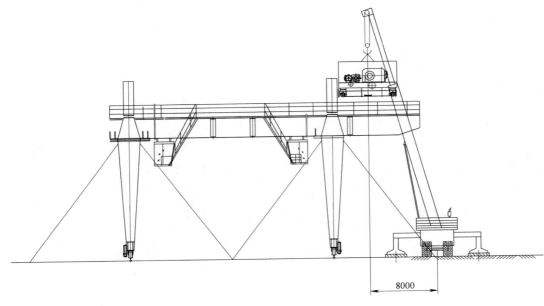

图 6.3-3 拆除小车

6.3.4 拆除 U 形梁

用 4 根吊索和 2 个卸扣按说明书中的吊点位置系挂好，用汽车吊先将 U 形梁预吊紧，拆除 U 形梁与支腿连接螺栓，吊起 U 形梁拆除至地面，装车运离现场。

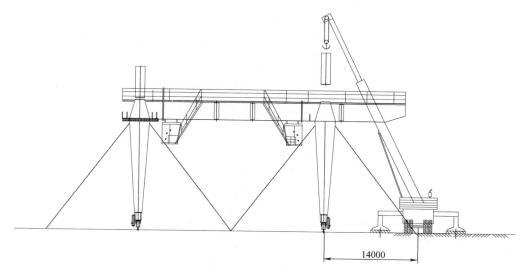

图 6.3-4　U形梁拆卸

6.3.5　拆除大梁及端梁

两台 QAY160t 汽车吊分别使用 2 根吊索系挂在主梁（含端梁）两端，拆除支腿和主梁上的连接螺栓，并且每个连拉面都留有四个螺栓连接，待用汽车吊吊拆时再拆除。双机配合，抬吊拆下主梁（含端梁）。吊装拆下时，驾驶室先落地，拆除驾驶室后吊车转臂，放下主梁并分解，装车运离现场。

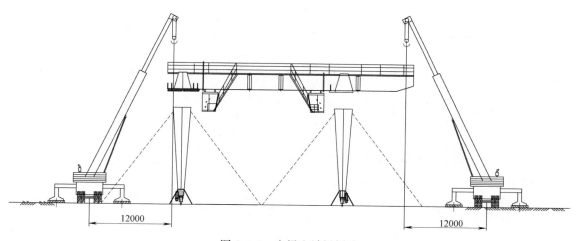

图 6.3-5　主梁和端梁拆除

6.3.6　拆除支腿

使用 2 根吊索系挂在支腿吊点上，起升张紧吊索，拆除下横梁与支腿连接螺栓，起吊并慢慢转动支腿待支腿能放置地面时即将支腿放置于地面，并调整支腿放置位置，装车运离现场。

6.3.7　拆除下横梁

使用 4 根吊索系挂在下横梁吊点上，试吊装后起吊拆除下横梁，起吊地梁并慢慢转动下横梁放置于地面，并调整地梁放置位置，以便装车运离现场。

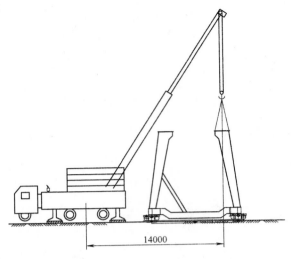

图 6.3-6　拆除支腿

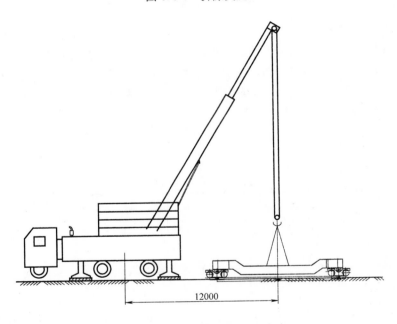

图 6.3-7　下横梁拆除

7　施工保证措施

7.1　危险源识别

7.1.1　起重机械失稳

在吊装过程中，可能发生的超载；支腿不稳；地基承载力不够；机械故障等都可能造成起重机械失稳。

7.1.2 吊装系统失稳

抬吊过程中双机不同步、载荷分布不均；多动作、多岗位指挥协调失误；缆风绳、地锚失稳等都可造成整个吊装系统失稳。

7.1.3 吊装设备或构件失稳

设计时与吊装时受力不一致；设备或构件刚度偏小；未按照指定的吊点起吊设备等都可能造成设备或构件失稳。

7.1.4 高处坠落、物体打击、触电、机械伤害、火灾等

吊装过程涉及大量高空作业，易发生高处坠落；电动工具使用、门式起重机电气安装调试等易发生触电事故和火灾事故；各类工具、零部件的安装、搬运等易发生物体打击和机械伤害事故。

7.2 安全保证措施

7.2.1 具体保证措施

1）合理选定起重机械，经过充分论证、计算；地基承载力满足要求，作业过程中定时检测地基变化。严禁超载使用。

2）作业过程统一指挥，协同作业，抬吊过程做到双机同步，载荷分布均匀。缆风绳、地锚必须经验算校核后，按要求设置。

3）按指定的吊点起吊各部件。

4）划定作业区域，防止交叉作业；施工人员佩戴安全帽、安全带，穿绝缘防滑鞋；拆装工、起重工、电工持证上岗等。

5）遇有大风、大雨等恶劣天气，必须停止作业。

7.2.2 施工过程监测

1）测点布设。监测点根据吊车站位和影响区域布设，共设20个点位，如图7.2所示。

2）测点埋设、测量方法及监测频率

（1）测点埋设方法

① 监测基准点：设在自然地面中，基准点埋设要牢固可靠，深度达到原状土层。混凝土浇筑养护稳定后方能开始引测基准点标高，并进行首次联测。

② 沉降测点：沉降测点成孔后放入套筒以防塌孔，孔中埋设直径 $\phi18mm$ 的钢筋，测点上部盖钢板。

（2）测量方法。观测时各项限差宜严格控制，每测点读数高差不宜超过0.3mm，对不在水准路线上的观测点，一个测站不宜超过3个，如超过时，应重读后视点读数，以作核对。首次观测应对测点进行连续三次观测，每次高程之差应小于±1.0mm，取平均值作为初始值。

（3）监测频率。吊装施工作业时，测量频率2次/天。当沉降速度过大，加密监测频率，必要时停工由有关各方共同分析原因制定措施保证施工安全。

3）数据处理及信息反馈

（1）数据处理。各项监测数据收集后及时整理、绘制位移-时间曲线、应变应力等随施工作业面的推进时间变化规律曲线。

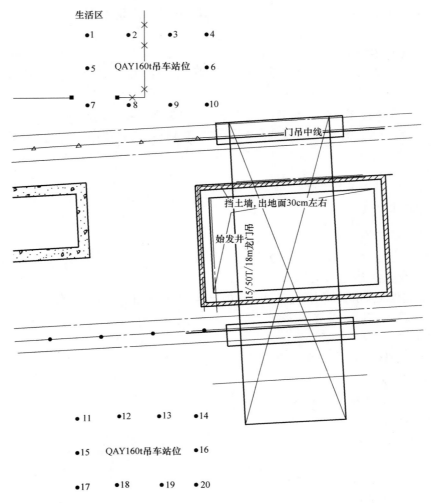

图 7.2　监测点位布设图

当位移—时间曲线趋于平缓时，对初期时态曲线进行回归分析以预测可能出现的最大变形值、应力值和掌握位移变化规律。

变形管理等级表　　　　　　　　　　　　　　　　　　　　　　　　　　　表 7.2

管理等级	控制指标	管理责任	控制指标
Ⅲ	F＜0.6	安全,正常施工	1. 沉降量要求:30mm; 2. 沉降速率控制值不大于 5mm/d
Ⅱ	0.8＞F≥0.6	预警,暂停施工,分析原因,加强监测,准备补救措施	
Ⅰ	F≥0.8	警戒,停工检查,采取补救措施,避免位移值进一步增加	

（2）监测反馈。对监测结果采用反分析法和正分析法进行预测和评价，以预测该结构或地面可能出现的最大位移或沉降值，进行位移、数率综合分析判断，预测安全状况，并将有关信息反馈给监理工程师。

4）监测控制指标及监控管理等级

量测数据的控制指标值主要根据运营安全要求和相关规范规程的要求，结合具体实际情况进行确定。

7.3 质量保证措施

（1）严格遵守操作规程和吊装工艺流程。

（2）详细审查施工方案和施工图纸，施工前向参施人员进行技术交底，了解施工过程的质量要求。

（3）加强教育和培训工作。对施工人员进行岗前培训、专业技术培训和操作培训，提高施工人员的整体施工素质。

7.4 文明施工与环境保护措施

7.4.1 文明施工保证措施

（1）施工场地出入口应设置洗车池，出场地的车辆必须冲洗干净。

（2）施工场地道路必须平整畅通，排水系统良好。材料、机具要求分类堆放整齐并设置标示牌。

（3）场地在干燥大风时应注意洒水降尘。

（4）夜间施工向环保部门办理夜间施工许可证，主动协调好周边关系，减少因施工造成不便而产生的各种纠纷。

（5）作业时尽量控制噪声影响，对噪声过大的设备尽可能不用或少用。在施工中采取防护等措施，把噪声降低到最低限度。

7.4.2 环境保护保证措施

（1）夜间施工信号指挥人员不使用口哨，机械设备不得鸣笛。

（2）汽车进入施工场地应减速行驶，避免扬尘。

（3）加强对施工机械的维修保养，防止机械使用的油类渗漏进入地下水中或市政下水道。

（4）对吊装作业的固体废弃物应分类定点堆放，分类处理。

（5）施工期间产生的废钢材、木材，塑料等固体废料应予回收利用。

7.5 现场消防、保卫措施

7.5.1 现场消防措施

（1）作业现场区域按照要求设置消防水源和消防设施，消防器材应有专人管理。

（2）作业现场严禁存放易燃易爆危险品，作业现场区域严禁吸烟。

（3）严格加强作业现场明火作业管理，严格用火审批制度，现场用火证必须统一由保卫部门负责人签发，并附有书面安全技术交底。电气焊工持证上岗，无证人员不得操作。明火作业必须有专人看火，并备有充足的灭火器材，严禁擅自明火作业。

7.5.2　现场保卫措施

（1）控制并监督进出工地的车辆和人员，执行工地内控制措施。对所有进入工地的车辆进行记录。

（2）在工地内按照要求进行巡逻，防止发生塔机相关部件丢失。

7.6　职业健康保证措施

（1）对吊装作业人员进行职业健康培训。

（2）加强井下通风，保证空气清洁。

（3）增加工间休息次数，缩短劳动持续时间。

（4）合理安排作息时间，休息时脱离噪声环境。

7.7　绿色施工保证措施

（1）对操作人员进行绿色施工培训。

（2）保护好施工周围的树木、绿化，防止损坏。

（3）落实《绿色施工保护措施》，实行"四节一环保"。

8　应　急　预　案

8.1　应急管理体系

8.1.1　应急管理机构

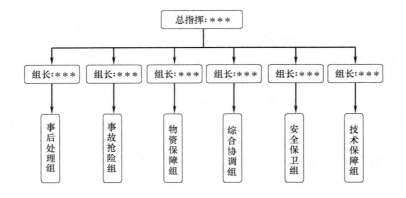

8.1.2　职责与分工

总指挥：＊＊＊，电话：＊＊＊＊＊＊＊＊＊＊＊

职责：发布启动和解除重大安全事故应急救援预案的命令，组织、协调、指挥安全事故应急救援预案的实施，指挥各部门有条不紊的进行抢险救灾工作。

1）事后处理组：

组长：＊＊＊，电话：＊＊＊＊＊＊＊＊＊＊＊

职责：事故调查组和善后处理组主要负责事故发生后，对事故的原因进行调查，以及事后处理工作，安抚亲人，并将受伤人员送至医院急救。对其进行照顾，安排其与亲人的起居生活。

2）事故抢险组：

组长：＊＊＊，电话：＊＊＊＊＊＊＊＊＊＊＊

职责：事故抢险组负责事故发生时，在第一线对事故进行抢修，使事故造成的损失最低，降低伤亡事故的发生。

3）物资保障组：

组长：＊＊＊，电话：＊＊＊＊＊＊＊＊＊＊＊

职责：物资保障组负责应急物资的准备，以及在抢险过程中所需的各项应急物资。

4）综合协调组：

组长：＊＊＊，电话：＊＊＊＊＊＊＊＊＊＊＊

职责：综合协调组负责事故发生过程中各部门的综合协调工作，以及事故发生后的向上级汇报、对外联系医院进行抢救，接待新闻媒体等工作。

5）安全保卫组：

组长：＊＊＊，电话：＊＊＊＊＊＊＊＊＊＊＊

职责：安全保卫组负责抢险过程中的安全保卫工作，防止二次灾害事故的发生。

6）技术保障组：

组长：＊＊＊，电话：＊＊＊＊＊＊＊＊＊＊＊

职责：技术保障组负责事故发生过程中的救援方案的制定。

8.2　应急响应程序

1）紧急情况发生时，现场人员应积极采取应急自救措施，同时启动施工现场应急救援预案，实施现场抢险，防止事故的扩大。

2）紧急情况发生后，应急响应指挥部各成员按各自分工布置工作，进行现场抢救、道路疏通、现场维护、情况通报工作。

3）当有重伤人员出现时救援小组应拨打急救电话120呼叫医疗援助。其他相关部门应做好抢救配合工作。

4）当发生重大安全事故时，事故单位或当事人必须用将所发生的重大安全事故情况报告事故相关监管部门。

5）当发生事故时现场各方必须严格保护事故现场，并迅速采取必要措施，抢救人员和财产。因抢救伤员、防止事故扩大以及疏通交通等原因需要移动现场物件时，必须做出标志、拍照、详细记录和绘制事故现场图，并妥善保存现场重要痕迹、物证等。

8.3　应急抢险措施

1）发生意外后现场负责人做好现场警戒，紧急拨打120急救电话、119火警电话。

2）做好机械、零配件的储备，当机械设备出现故障时，应立即停止作业并及时抢修。

3）由成立应急救援小组，项目经理为组长，现场施工总负责人为副组长，组员由安全员、班长及现场人员组成。

4）发生意外后立即报告班长、主管及项目经理，应急响应小组人员接到报告后立即赶赴现场，由应急响应小组组织有关工作人员进行应急处理。

5）吊装前详细了分析吊装过程中的细节情况，并在吊装过程中密切注意工人的不规范动作，发现异常隐患及时采取措施，制止不规范操作。

6）对所用吊具进行细致的调查盘点，禁止不合格的吊具使用。

7）密切关注天气的变化，每天专人听取天气预报，提前预知天气的变化，避免在恶劣天气中作业。

8）加大对员工的安全培训和教育，告知员工工作中的危险源。

9）与监理、业主、其他施工单位做好相关安全、施工管理的沟通与协调工作，如遇安全事故、天气、不可抗力等因素时立即启动应急措施，以保障人员、设备的安全。

8.4　应急物资装备

应急物资装备　　　　　　　　　　　　　　　　　表8.4

序号	名称	规程	单位	数量
1	氧气袋		个	2
2	担架		副	2
3	急救箱		个	1
4	探照灯		个	3
5	LED小手电筒		个	10
6	安全警示带		卷	10
7	对讲机		个	5
8	灭火器		个	5
9	导链	3t	个	2
10	导链	6t	个	2
11	千斤顶	10t	个	2
12	千斤顶	30t	个	2
13	撬棍	1m	根	3
14	钢丝绳	3t　6m	根	2
15	钢丝绳	6t　6m	根	2

8.5　应急机构相关联系方式

1）北京市消防队求援电话：119

2）北京急救：120

3）就近医院：北京＊＊＊医院：（路线图），电话：＊＊＊＊＊＊＊＊

9　计　算　书

9.1　QAY160t汽车吊站位点地基承载力的计算

1）QAY160t汽车吊对地面需要的最大地基承载力计算。

考虑最不利工况，即160t汽车吊吊装小车时的情况。小车重量36.4t，QAY160t汽车吊的自重为 70.9t，配重 45t。起重量按 36.4t 计算。汽车吊在幅度 8 米位置起吊的最大起重能力（依据性能表）为 49.5t，四支腿下铺设 20mm 钢板，受力面积按照 4×6.25＝25m2 的钢板计算，能保证安全拆除。计算如下：

$$G_{总重}＝(70.9＋45＋36.4)×1.1＝167.53t$$

$(G_{总重}/S)×2＝(167.53×10÷25)×2＝134.02kPa$，即吊装小车所需承载力为 134.02kPa。

2）施工现场汽车吊站位点实际地基承载力。

施工现场汽车吊站位点为 C20 混凝土，厚 300mm ϕ22 单层钢筋网片，经试验测定，地基抗压承载力为 324kPa。

3）由于最不利工况汽车吊所需地基承载力为 134.02kPa，小于施工现场汽车吊站位点实际地基承载力 324kPa，故满足施工要求。

9.2 吊索具受力计算

钢丝绳破断拉力表

表 9.2

系数 0.82

序号	直径		钢丝总截面面积（mm²）	质量系数（kg/100m）	钢丝绳公称抗拉强度（N/mm²）				
	钢丝绳	钢丝			1400	1550	1700	1850	2000
	（mm）				钢丝绳破断拉力总和不小于（kN）				
1	8.7	0.4	27.88	26.21	39	43.2	47.3	51.5	55.7
2	11	0.5	43.57	40.96	60.9	67.5	74	80.5	87.1
3	13	0.69	62.74	58.98	87.8	97.2	106.5	116	125
4	15	0.7	85.39	80.27	119.5	132	145	157.5	170.5
5	17.5	0.8	111.53	104.8	156	172.5	189.5	206	223
6	19.5	0.9	141.16	132.7	197.5	218.5	239.5	261	282
7	21.5	1	174.27	163.8	243.5	270	296	322	348.5
8	24	1.1	210.87	198.2	295	326.5	358	390	421.5
9	26	1.2	250.95	235.9	351	388.5	426.5	464	501.5
10	28	1.3	294.52	276.8	412	456.5	500.5	544.5	589
11	30	1.4	341.57	321.1	478	529	580.5	631.5	683
12	32.5	1.5	392.11	368.6	548.5	607.5	666.5	725	784
13	34.5	1.6	446.13	419.4	624.5	691.5	758	825	892
14	36.5	1.7	503.64	473.4	705	780.5	856	931.5	1005
15	39	1.8	564.63	530.8	790	875	959.5	1040	1125
16	43	2	697.08	655.3	975.5	1080	1185	1285	1390
17	47.5	2.2	843.47	792.9	1180	1305	1430	1560	
18	52	2.4	1003.8	943.6	1405	1555	1705	1855	
19	56	2.6	1178.07	1107.4	1645	1825	2000	2175	
20	60.5	2.8	1366.28	1284.3	1910	2115	2320	2525	
21	65	3	1568.43	1474.3	2195	2430	2665	2900	

1）吊装钢丝绳受力计算：以吊装小车为例。

吊装小车吊索选用直径为 $6 \times 37 - \phi 52\text{-}1770$ 的钢丝绳，查表 9.2 知破断拉力总和为 1705kN，换算系数 0.82。

单根钢丝绳的破断拉力：$S_p = \phi \sum S_0 = 0.82 \times 1705 = 1398.1$ kN；

小车重力为 $G_{小车} = 36.4 \times 9.8 = 356.72$kN；

起重时单根钢丝绳受力：

$$N = k_1 \times G_{小车} / 4\sin77° = 1.1 \times 356.72 / (4 \times 0.9743) = 100.68\text{kN}$$

式中，动载系数 k_1 取 1.1。

因此，本次吊装作业的安全系数为：$S_p / N = 1398.1/100.68 = 13.89$；吊装用钢丝绳安全系数一般取 6～8，所以钢丝绳的承载力满足使用要求。

2）卸扣受力计算

本次主要部件的吊装全部使用 35t 卡环。龙门吊吊装的选用按吊装小车计算，小车重 36.4t，吊钩重 1.5t，采用四个吊点，每吊点为 9.475t，卸扣的安全负荷为 35t，满足施工要求。

9.3　缆风绳受力计算

缆风绳选用 $6 \times 37 + 1$ 的钢丝绳，直径 15mm，钢丝绳的破断拉力总和为 145kN，换算系数 0.82。安全系数取为 3.5，容许拉力为 33.97kN。

支腿缆风绳受力情况：根据门式起重机生产厂家使用说明书提供数据，支腿受风面积为 $S = 10.5\text{m}^2$，《建筑结构荷载规范》GB 50009—2001 提供数据，在该门式起重机支腿拆除高度处的风压值为 $F = 0.5\text{kN/m}^2$，风振系数 $k = 1.2$，地貌系数取 $\lambda = 1.5$。

地梁台车高 $L_1 = 2\text{m}$，支腿高度 $L_2 = 14\text{m}$。拆除支腿时，用两根缆风钢丝绳分别拉结在 A、B 两个地锚上，缆风绳与大车轨道相平行，缆风绳与地面的夹角 $\alpha = 45°$，$h_1 = h_2 = L_1 + L_2 = 2 + 14 = 16\text{m}$。

维持拆除时支腿的平稳初始拉力 $N_1 = N_2$ 不大于 1.5kN，当拆除完支腿汽车吊摘钩后，风力达到 $F = 0.5\text{kN/m}^2$ 时，缆风绳受力为：

$$\sum M_0 = 0; 即 N_1 \times r_1 - P \times L_3 - N_2 \times r_2 = 0 式中：$$

$$P = S \times q \times (\lambda + k) = 10.5 \times 0.5 \times (1.5 + 1.2) = 14.2 \text{ kN}$$

$$r_1 = r_2 = (L_1 + L_2) \times \sin\alpha = (2 + 14) \times 0.707 = 11.312\text{m}$$

$$L_3 = L_1 + L_2 / 2 = 2 + 7 = 9\text{m}$$

$$N_1 \times 11.312 - 14.2 \times 9 - 1.5 \times 11.312 = 0$$

$$N_1 = 12.8 \text{ kN} < 33.97\text{kN}（钢丝绳许用拉力）$$

因此，缆风绳受力小于钢丝绳的许用破断拉力，满足要求。

9.4　地锚受力计算

单个地锚的受力简图如图 9.4 所示：

缆风绳对地锚的拉力为 $N = 12.8\text{kN}$，地锚体积为 $1.5\text{m} \times 1.5\text{m} \times 1.8\text{m}$ 的钢筋混凝土浇筑于无扰动的原状土地锚坑中而成，混凝土密度为 2400kg/m^3，地锚自重 $G = 9700\text{kg} \times 9.8\text{N/kg}/1000 = 95.1\text{kN}$。

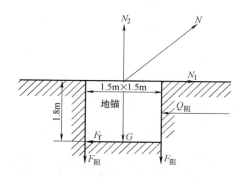

图 9.4　地锚受力简图

由 N 产生的水平分力 N_1 对地锚坑产生的横向挤压作用，产生的垂直分力 N_2 对地锚产生的向上拉拔作用，缆风绳与地面夹角为 45°。

水平拉力：$N_1 = N \times \cos 45° = 12.8 \times 0.707 = 9.05 \text{kN}$

N_2 承受的阻力为地锚的重力 G 以及地锚和锚坑四个侧壁之间的摩擦力 F 阻，在不计与地锚和四个侧壁之间的摩擦力的情况下，仅地锚的重力即可满足缆风绳对地锚的拉拔作用：

$$N_2 = 9.05 \text{kN} < G = 95.1 \text{kN}$$

垂直拉力：$N_2 = N \times \cos 45° = 12.8 \times 0.707 = 9.05 \text{kN}$

N_1 承受的阻力为地锚底石与锚坑接触石之间的摩擦力 F_r 及锚坑侧壁对地锚的阻力 $Q_阻$，根据锚坑地面碾压情况，锚坑侧壁的单位石承压能力按 100 kN/m^2 计算，则该锚坑受 N_2 作用的侧石总承载力为：

$$Q_{阻max} = 1.5 \text{m} \times 1.8 \text{m} \times 100 \text{ kN/m}^2 = 270 \text{kN}$$

在不计锚坑与地锚底石间的摩擦力情况下，$Q_{阻max}$ 即可满足缆风绳对地锚的水平挤压强度要求：

$$N_1 = 9.05 \text{kN} < Q_{阻max} = 270 \text{kN}$$

由上述计算可知，地锚完全满足需要且有很大的安全裕度。

9.5　双机抬吊的吊装载荷计算

拆卸大梁及端梁时使用 2 台 QAY160t 汽车吊进行抬吊。拆卸时 2 台汽车吊作业半径均为 12m，出杆长度 34.94m，此时汽车吊额定起重量为 32.3t。大梁重 34.26t，两端梁重 3t，总重量 37.26t。

被吊物总重量：$G_总 = k_1 \times k_2 \times 37.26 = 1.1 \times 1.1 \times 37.26 = 45.08 \text{t}$

其中：k_1 为动载系数，取 1.1；k_2 为不均匀载荷系数，取 1.1。

汽车吊抬吊时允许的吊装重量：

$Q = (Q_表 - Q_钩 - Q_{吊索}) \times 80\% = (32.3-2.5) \times 80\% = 23.84 \text{t} > F/2 = 45.08 \div 2 = 22.54 \text{t}$，满足吊装要求。

其中，吊钩和吊索具重 2.5t。

范例 6 地下连续墙钢筋笼吊装工程

李红宇　孙日增　朱凤昌　编写

李红宇：北京城建建设工程有限公司、高级工程师、北京城建科技促进会起重吊装及拆卸工程专业技术
委员会秘书长、北京市危大工程吊装及拆卸工程专家组组长、北京市轨道交通建设工程专家组
组长、中国施工机械专家
孙日增：北京城建科技促进会起重吊装与拆卸专业技术委员会主任、北京市危大工程领导小组办公室副
主任，北京市危大工程吊装及拆卸工程专家组组长、北京市轨道交通建设工程专家组组长、中
国施工机械资深专家
朱凤昌：北京运双达重型机械运输有限公司、北京市交通委专家库专家，北京市危大工程吊装及拆卸工
程专家

地铁＊＊线＊＊合同段地下连续墙钢筋笼吊装安全专项施工方案

编制：＿＿＿＿＿＿＿＿

审核：＿＿＿＿＿＿＿＿

审批：＿＿＿＿＿＿＿＿

施工单位：＊＊＊＊＊＊

编制时间：＊＊＊＊＊＊

目　　录

1　编　制　依　据

1.1　勘察设计文件

（1）＊＊市地铁＊＊＊线某合同段施工组织设计；

（2）地铁某线某合同段岩土工程勘察报告（勘察编号：＊＊＊—＊＊＊—＊＊＊）；

（3）地铁某线某合同段施工图纸；

（4）本工程区间现场调查资料；

（5）施工场地硬化处理技术资料。

1.2　合同类文件

（1）地铁某线某合同段施工合同；

（2）地铁某线某合同段吊装合同。

1.3　法律、法规及规范性文件

（1）《特种设备安全法》（中华人民共和国主席令第 4 号）；

（2）《危险性较大的分部分项工程安全管理办法》（建质［2009］87 号）；

（3）《建设工程安全生产管理条例》（国务院第 393 号令）；

（4）《建设工程施工现场安全防护、场容卫生及消防保卫标准》DB11/ 945—2012；

（5）《北京市实施〈危险性较大的分部分项工程安全管理办法〉规定》（京建施［2009］841 号）；

（6）《北京市建设工程施工现场管理办法》（政府令第 247 条）。

1.4　技术标准

（1）《起重机械安全规程　第 1 部分：总则》GB 6067.1—2010；

（2）《起重机　钢丝绳　保养、维护、安装、检验和报废》GB/T 5972—2009；

（3）《重要用途钢丝绳》GB 8918—2006；

（4）《建筑施工起重吊装工程安全技术规范》JGJ 276—2012；

（5）《起重吊运指挥信号》GB 5082—1986；

（6）《履带起重机安全操作规程》DLT 5248—2010；

（7）《工程建设安装起重施工规范》HG 20201—2000；

（8）《施工现场临时用电安全技术规范》GJG 46—2005；

（9）《建筑机械使用安全技术规程》JGJ 33—2012。

1.5　起重设备说明书

《＊＊＊品牌＊＊＊100 履带式起重机使用说明书》

1.6　管理体系

（1）＊＊＊公司质量、职业安全健康、绿色施工管理手册；

（2）＊＊＊公司质量、职业安全健康、绿色施工管理体系文件；

（3）＊＊＊公司地铁＊＊＊线＊＊＊合同段项目管理文件。

1.7　参考文献

起重手册（＊＊＊出版社＊＊＊年第＊版）。

2　工　程　概　况

2.1　工程简介

2.1.1　工程概述

＊＊＊站盾构区间左线设计里程为 BK19＋694.200～BK21＋323.007，设计全长 1702.811m，右线设计里程为 BK19＋694.200～BK21＋346.514，设计全长 1707.652m。区间线路呈"V"型坡，覆土在 18.90～25.50m，线路最大坡度 25‰，最小平面曲线半径为 333.5m，区间包含一座中间风井及两座联络通道。

拟建区间风井位于＊＊＊公园内，风井大部分主体结构位于公园人造湖正下方，所以需对人造湖进行部分回填及围堰施工后才进行风井施工。

区间风井为地下三层钢筋混凝土框架箱型结构，长 31.8m，宽 22.3m，结构高 21.3m，覆土约 8.0m，采用明挖法施工，地下连续墙＋预应力锚索支护体系。

区间风井围护结构采用 800mm 厚地下连续墙形式，共 20 幅。

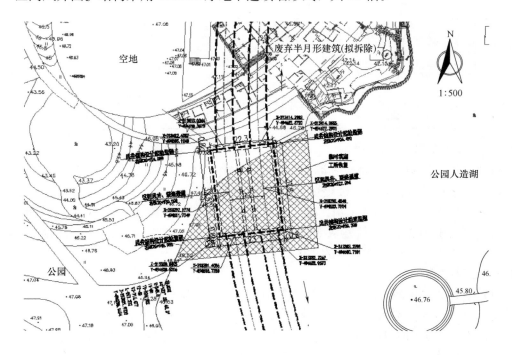

图 2.1　＊＊＊区间风井平面图

2.1.2　参建各方列表

（略）

2.2　专业工程简介

2.2.1　工作内容、工作量概述

风井围护结构的 20 幅地下连续墙钢筋笼的吊装就位，是本方案主要论述内容。

地下连续墙钢筋笼，其中"一"字形 16 幅，深度 37.76m，钢筋笼长 36.51m；"L"字形 4 幅，深度 37.76m，钢筋笼长 36.51m；最重的钢筋笼为 YQ1，长度为 36.51m，重约 19.208t，如表 2.2 所示。

钢筋笼一览表　　　　　　　　　　　　　　　　　　　　　表 2.2

钢筋笼	截面形状	尺寸(m)	数量(副)	重量(t)	备注
YQ₁		6.00	10	19.007	
YQ₂		7.20	4	19.208	
YQ₃		5.50	1	14.673	
YQ₄		5.65	1	15.073	
LQ₁		1.65×2.65	1	11.471	
LQ₂		1.65×2.50	1	11.071	
LQ₃		1.65×2.95	1	12.272	
LQ₄		1.65×2.95	1	12.272	

2.2.2　专业施工重点、难点

风井围护结构的 20 幅地下连续墙钢筋笼在制作时，为平铺状态。需要将钢筋笼竖立起来，并吊运至已经做好的连续墙坑槽内。

钢筋笼尺寸较大，特点是扁、平、长，厚度 0.73m，宽度 4～7.2m，高度 36.51m。最重的钢筋笼重约 20t。钢筋笼从平铺状态转为竖立状态时，必须考虑钢筋笼的变形，采取合理的工法工艺，保证钢筋笼的整体稳定性。

2.2.3　主要方法

（1）本方案采用两台起重机完成钢筋笼的竖立，主吊负责提升钢筋笼端部，副吊负责吊起尾部进行溜尾。然后，主吊吊住钢筋笼带载行走，行进至就位位置进行就位。

（2）本方案采用纵向 5 吊点吊装，横向 2 个吊点，吊点按照等弯矩原则分配。

（3）钢筋笼下降入槽过程中，主吊的吊索具需要倒换一次吊点。在钢筋笼入槽 2/3 高度时，用担杆临时固定，倒换上端吊点，然后撤掉担杆，继续下降入槽，直至就位。

3　施工场地周边环境条件

本次钢筋笼吊装施工场地位于＊＊公园人造湖处，施工不影响市政交通和市政管线，施工场地开阔，吊装作业区域内无地下管线及架空管线。场地已经硬化处理，无坡度。根据北京市历年同期相关气象资料和气象部门发布的天气预报，作业期间的气象条件满足吊装要求。

4　起重设备、设施参数

4.1　起重设备、设施的选用

根据被吊物重量和吊装作业场地的情况，本次吊装采用两台＊＊＊公司起重机＊＊＊100型起重机，其履带长度为7.882m，整机宽度为6.1m，吊装时主臂长度分别为36m和54m，自重110t。

4.2　起重设备、设施的性能参数

起重机性能表如表4.2所示，外形结构尺寸如图4.2所示。

＊＊＊100起重机起重性能表　　　　　　　表4.2

幅度	主臂长度(m)																		
	18	21	24	27	30	33	36	39	42	45	48	51	54	57	60	63	66	69	72
5	105																		
5.5	100	91																	
6	93	90	81	71															
7	80	79	78	70	61	57													
8	64	66	66	65	60	57	51	47											
9	55	55	55	55	55	54	50	46	44	41									
10	48	47	47	47	47	47	47	45	42	40	36	33	31	26					
12	37	37	37	36	36	36	36	36	36	36	34	30	28	26	25	23	19		
14	30	30	30	30	29	30	29	29	29	29	29	29	27	25	24	22	19	18	16
16	25	25	25	25	25	24	24	24	24	24	24	24	23	23	22	20	18	17	15
18	22	22	21	21	21	21	21	21	20	20	20	20	20	20	20	19	18	16	15
20		19	18	18	18	18	18	18	18	17	17	17	17	17	17	17	16	15	14
22		17	17	16	16	16	16	16	16	15	15	15	15	15	15	14	14	14	13
24			15	15	14	14	14	14	14	13	13	13	13	13	13	12	12	12	
26				13	13	13	13	12	12	12	12	12	12	11	11	11	11	11	11
28						11	11	11	11	11	11	11	10	10	10	9.9	9.7	9.5	9.3
30						11	10	10	9.9	9.7	9.6	9.4	9.3	9	8.9	8.8	8.6	8.4	8.2
32						9.7	9.4	9.1	9	8.8	8.7	8.6	8.4	8.1	8	7.9	7.7	7.5	7.3
34							8.6	8.4	8.2	8.1	7.9	7.7	7.6	7.3	7.2	7.1	6.9	6.7	6.5

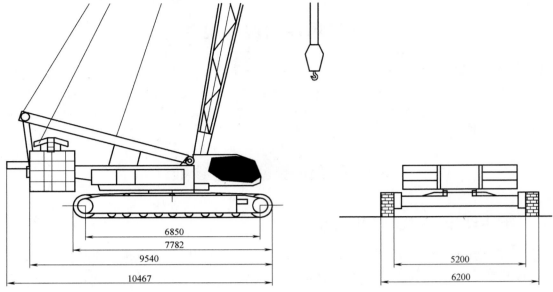

图 4.2　QUY100 起重机结构尺寸图

5　施　工　计　划

5.1　工程总体目标

5.1.1　吊装工程安全管理目标

杜绝一般等级（含）以上安全生产责任事故。

5.1.2　吊装工程质量管理目标

消除质量隐患，杜绝质量事故。

5.1.3　吊装工程文明施工及环境保护目标

有效防范和降低环境污染，杜绝环境违法违规事件。

5.2　工程管理机构设置及职责

5.2.1　管理机构

5.2.2　人员分工及管理职责

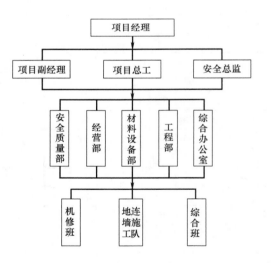

图 5.2　管理组织机构

管理人员配置表　　　　　　　　　　　　　　　　　　　　表 5.2

序号	岗位	姓名	职　责
1	项目经理	＊＊＊	认真贯彻国家和上级有关方针、政策、法律法规以及公司制定实施的各项规章制度,负责工程项目施工管理全面工作,对项目管理内的各分项工程的工作进度、质量、安全和文明施工等进行全面监督管理。组织制定工程项目的施工组织设计,包括工程进度计划和技术方案,制定安全生产和质量保证措施,并组织实施。解决施工中出现的问题。组建项目经理部组织机构,组织制定项目经理部各类岗位人员的岗位职责、权限并监督实施

序号	岗位	姓名	职　责
2	项目副经理	＊＊＊	在项目经理领导下,主持项目日常施工管理工作,贯彻执行公司质量、环境、职业健康安全方针,组织实施项目目标及管理方案,对各分部、分项工程的施工质量、工期、安全负直接领导责任
3	项目总工	＊＊＊	在项目经理的直接领导下做好全标段的技术管理、质量管理工作,组织编制详细的《施工组织设计》,组织《施工图设计》的复核,组织施工中重要工序的自检转序工作,组织施工中的技术、质量控制,做好开工前及施工中技术交底工作,做好工程计量的复核工作和工程内业组织检查
4	安全总监	＊＊＊	贯彻落实国家行业和地方有关法律法规,贯彻本单位安全生产规章制度。协助项目经理开展安全管理工作,建立健全安全保证体系。督促班子成员和职能部门履行安全生产职责,监督安全生产责任制和安全管理制度的执行和落实。分析总结本单位安全生产情况,对生产经营活动中的安全隐患组织进行排查和控制,监督应急响应体系的有效运行
5	安全质量部长	＊＊＊	贯彻执行国家及行业主管部门的有关法律、法规。负责并组织公司各项工程的设计、会审、建设与竣工验收工作。制定并组织实施施工工艺操作规程、技术标准,并在施工过程中对有关人员进行技术培训、技术指导和检查。负责工程质量和施工安全的监督检查和验证工作。拟定、审核设备及购料采购计划。负责组织对不合格的控制,对质量问题的调查、分析和处理以及纠正和预防措施的检查落实
6	材料设备部长	＊＊＊	负责设备、材料全面工作。协调、安排各岗位的工作,保证各项工作的正常进行。负责制定设备材料管理工作的各项规章制定。负责工程设备的前期调研工作。参与工程项目所需设备材料的招标工作和商务谈判。负责对外签订合同的初审。负责编制设备费的分配方案,编制设备的采购计划
7	财务部长	＊＊＊	参与本公司的工程项目评估中的财务分析工作,对总经理所需的财务数据资料的整理编报,负责资金管理、调度。编制月、季、年度财务情况说明分析,按照财务制度履行资金保障和管理工作。负责公司员工工资的发放工作,现金收付工作
8	工程部长	＊＊＊	协助项目副经理进行进度和质量管理工作。贯彻执行国家、有关部门颁发的工程技术标准、规范、规程。执行公司各项管理办法及有关规章制度,完美并实施项目施工技术管理办法。负责组织编制项目策划书和项目实施性施工组织设计,重点、难点工程专项施工方案。参与工程项目调度管理,参与工程进度及现场施工的有关技术管理工作。定期召开工程技术分析评审会议,完善技术方案措施,及时调整下达施工队实施
9	办公室主任	＊＊＊	负责公司办公室对内、对外发函、申请、通知等文件的起草。负责安排公司日常后勤工作,包括车辆、绿化、环境卫生、会务、接待、办公用品等,为各部门做好服务工作。协助公司各种管理规章制度的建立、修订及执行监督。协助建立公司行政办公费用的预算并控制行政办公费用在预算内执行。督促有关部门及时完成公司各项工作,并将监督情况及时反馈给领导
10	专职安全员	＊＊＊	明确本部门安全防范职责,认真落实公司各项安全规章管理制度,确保本单位顺利实行安全生产工作。负责日常安全管理,建立、完善公司突安全制度,参与编制事故应急救援和演练工作。检查、消除安全隐患,做到责任、组织、制度、防范措施四落实。加强对部门人员有关安全教育,全面履行安全职责,确保员工无违法犯罪。积极开展创建"文明施工"活动的宣传,使人人知晓创建活动和积极参加。对由于安全防范工作不重视、不及时报告发生事故的部门和个人,有权越权上报有关主管部门。负责跟班中的安全生产隐患的排查治理,落实现场管理中存在各项不安全因素的及时整改。带动全员参与安全工作,充分发挥群众安全员(群安员)的作用,积极开展群安员活动

5.3　施工进度计划

　　＊＊＊区间风井计划于＊＊＊年4月3日开始施工地下连续墙，于同年5月2日施工完成。

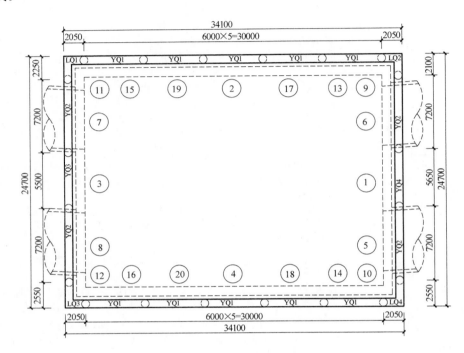

图5.3　地连墙分幅示意图

地连墙施工工期计划表

表5.3

序号	施工部位	开始时间	结束时间	工期
1	①、②、③、④	＊＊＊＊年4月3日	＊＊＊＊年4月6日	4
2	⑤、⑥	＊＊＊＊年4月7日	＊＊＊＊年4月9日	3
3	⑦、⑧	＊＊＊＊年4月10日	＊＊＊＊年4月12日	3
4	⑨、⑩	＊＊＊＊年4月13日	＊＊＊＊年4月15日	3
5	⑪、⑫	＊＊＊＊年4月16日	＊＊＊＊年4月18日	3
6	⑬、⑭	＊＊＊＊年4月19日	＊＊＊＊年4月21日	3
7	⑮、⑯	＊＊＊＊年4月22日	＊＊＊＊年4月24日	3
8	⑰、⑱	＊＊＊＊年4月25日	＊＊＊＊年4月28日	4
9	⑲、⑳	＊＊＊＊年4月29日	＊＊＊年5月2日	4

5.4　施工资源配置

5.4.1　用电配置

　　在风井西侧距离坑槽15m处设置开关箱备用。

5.4.2　劳动力配置

　　根据现场施工需要，配置起重指挥信号工指导吊装作业；起重机司机、司索工等相关人员具体实施。吊装作业过程中起重工配备对讲机以及口哨，作为指挥器具。

吊装作业施工人员配置表 表 5.4-1

序号	岗 位	配备人员	条 件
1	现场指挥	1人	
2	起重机司机	4人	持有效操作证
4	指挥信号工	2人	持有效操作证
5	司索工	4人	持有效操作证
6	配合人员	8人	
合计		19人	

5.4.3 施工机具配置

钢筋笼吊装过程中需要大量的机械、工具和材料，其清单如表 5.4-2 所示。

吊装机具清单 表 5.4-2

序号	名 称	规格（型号）	单位	数量	用途
1	履带式起重机	QUY100(55m 主臂)	台	1	主吊
2	履带式起重机	QUY100(36m 主臂)	台	1	副吊
3	扁担梁	长 5.5m×宽 64cm×厚 3cm 的实心钢板	个	2	吊装
4	卸扣	32t	只	8	主吊
5		25t	只	10	副吊
6	滑轮组	30t,侧开门,φ600mm	个	2	主吊
7		25t,侧开门,φ560mm	个	6	副吊
8	钢丝绳	40NAT6×37W+11770,长 4m,两端设编插绳套	条	5	用于扁担与吊钩的连接
9	钢丝绳	32NAT6×37W+11770,长 17m,两端设编插绳套	条	6	主吊扁担的吊装绳
10	钢丝绳	32NAT6×37W+11770,长 56m,两端设编插绳套	条	6	副吊扁担的吊装绳
11	钢丝绳	32NAT6×37W+11770,长 5m,两端设编插绳套	条	2	用于独立滑轮与钢筋笼的连接

5.5 施工准备

5.5.1 技术准备

施工前进行方案交底。

所有施工人员接受安全技术交底后可上岗作业；所有特殊工种持证上岗率 100％。

在钢筋笼制作完成后，经过验收。吊装前检查，按照设计图纸要求，在主吊环位置焊接加强筋。重点检查吊点位置处，加强筋采用 32 圆钢与钢筋笼水平筋进行焊接，并且在吊点位置两侧 1m 范围满焊，其余位置采用间断焊。

5.5.2 施工机械和物资材料准备

起重机进场须履行进场检验手续，填写《机械设备进场自检记录》，查验起重设备年检记录和行驶证，并备案。

施工前，对起重机械、吊装场地和吊索具等进行检查。

每班作业前，对起重机械和吊索具等进行班前检查。

5.5.3 吊装准备

起重安装作业前，先对场地进行规划，清除工地起吊过程所经道路的障碍物，保证道路的平整度。

吊装协助人员应将成品钢筋笼里面夹杂的短钢筋头、遗留焊条等清理，避免钢筋笼在吊起后落下硬质物件伤人。

5.5.4　施工监测的组织及信息反馈

施工期间主要进行地表沉降的监测，及时获取第一手数据，掌握吊装过程中地表沉降变化情况，通过对监测数据的分析，判断吊装过程中的安全，以便指导吊装进程和吊装的速度。

测量仪器统计表　　　　　　表 5.5-1

仪器设备名称	仪器型号	仪器设备性能	数量
光学水准仪	天宝（DINI03）	精度：0.3mm	1 台
钢瓦尺	2m 条码		2 把

监测内容及控制标准表　　　　　　表 5.5-2

序号	监测对象	监测项目	控制标准	
			累积变形	变形速率 m/次
1	导墙监测	导墙形变	10mm	1.5mm/次
2	地面监测	地表沉降	20mm	2mm/次

6　吊装工艺流程及步骤

6.1　吊装工序流程图

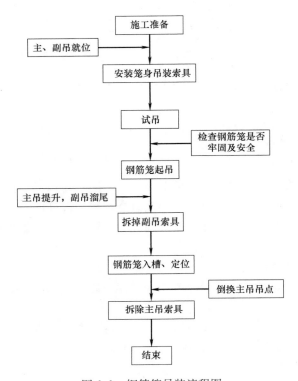

图 6.1　钢筋笼吊装流程图

6.2　吊装工艺

6.2.1　吊装工况表

钢筋笼吊装工况表　　　　　　　　表 6.2-1

被吊物			YQ1	YQ2	YQ3	YQ4	LQ1	LQ2	LQ3	LQ4
被吊物重量(t)			19.007	19.208	14.673	15.073	11.471	11.071	12.272	12.272
竖立工况	主吊	幅度(m)	14							
		额定起重量(t)	27							
		起重量(t)	19.007	19.208	14.673	15.073	11.471	11.071	12.272	12.272
		负载率	77.8%	78.5%	61.8%	63.2%	49.9%	48.5%	52.9%	52.9%
	副吊	幅度(m)	10							
		额定起重量(t)	47							
		起重量(t)	12.9	13.0	10.0	10.2	7.8	7.5	8.3	8.3
		负载率	38.7%	39%	31%	31.79%	25.4%	24.7%	26.8%	26.8%
行走工况	主吊	幅度(m)	10							
		额定起重量(t)	31							
		负载率	69.6%	70.0%	55.7%	56.7%	45.1%	43.2%	47.0%	47.0%

注：1. 上表中的"起重量"、"被吊物重量"均不包括吊索具的重量，在计算负载率的时候包含了吊索具重量2t。

2. 主吊的竖立工况，是指在14m幅度下完成竖立时，主吊独立吊住钢筋笼的工况。

3. 副吊的竖立工况，是指在10m幅度下进行竖立过程中，行走和抬吊工况下分担的重量。

从上表中可以看出，主吊的双机抬吊工况下负载率未超过80%，副吊在抬吊行走工况下负载率未超过56%，主吊的带载行走工况下负载率未超过70%。

6.2.2　吊装过程的场地布置

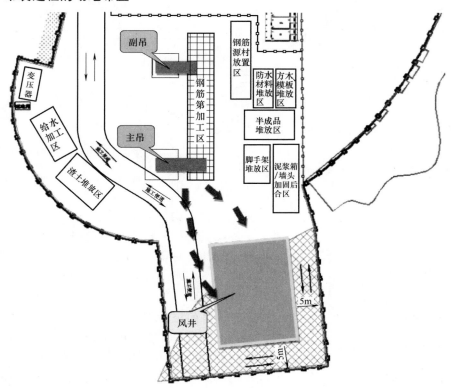

图 6.2-1　起重机平面位置及带载行走示意图

6.2.3　信号指挥方式

采用对讲机进行指挥，分别约定两台起重机为"主吊"和"副吊"，使用标准指挥语言，并进行模拟演练之后才能正式施工。

6.2.4　吊耳设置

以 YQ2 为例说明。钢筋笼身共设置五排 10 个吊点。主吊吊点设置共 2 排，纵向布设在笼身上部，距笼口 0.7m 和 8.7m 处，横向距两侧边缘 1.50m 设置 2 列，共 4 个吊点。副吊吊点设置共 3 排，纵向布设在笼身下部距笼底 3.61m、12.11m、20.61m 处布设 3 排，横向距两侧边缘 1.50m 设置 2 列，共 6 个吊点。

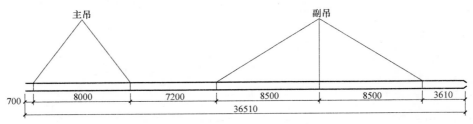

图 6.2-2　吊点纵向吊点布置图

吊点处加设 32 圆钢水平筋，加密布设，采用焊接满焊，焊接长度与质量符合设计规范要求。32 圆钢抗拉强度为 400MPa，大于起吊过程中钢筋笼重量，满足吊装安全。吊点加强筋如图 6.2-3 所示。

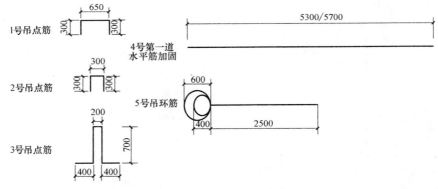

图 6.2-3　吊点加强筋

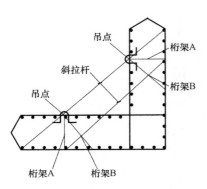

图 6.2-4　L 型幅吊点及加强措施

对于 L 型幅钢筋笼除设置纵横向起吊桁架和吊点外，另增设"人"字桁架和斜拉杆进行加强，以防钢筋笼在空中翻转时角度发生变形，两吊点成 45°斜穿，见图 6.2-4。

6.2.5　试吊装

正式吊装前进行起重机试吊，空载试验在极限位置内，做吊钩升降动作，检查限位器是否灵敏可靠，起升机构各运动部件是否灵活，钢丝绳在卷筒的排列情况；机体向左右转 360°，前进后退各 15m，确认合格后，方可进行下一步试验。

载荷试验：吊重 20t（钢板 8 块），带载离地面 200mm 静止约 5min，重物与地面应保持不变。带载（20t）后离地 500mm，做以下动作：吊钩起落各三次，在预定全部行程内来回行走各 1 次，全程回转各 2 次，制动时检查吊钩是否溜钩现象，验证制动时整机的稳定性和被吊物的平稳性。

6.3 吊装步骤

吊机就位前，将扁担挂在相应的主、副吊机吊钩上。待主吊机与副吊机就位后，将扁担上钢丝绳用卸扣与吊环连接锁紧。

现以标准段钢筋笼为例，说明钢筋笼的吊装程序。

本工程钢筋笼吊装具体分七步：

第一步

两台吊机移位至指定起吊位置，起重工开始安装笼身的吊装索具。上下吊点必须对应，采用设计确定的位置或经过计算确定的位置（详见表 9.2-2），不得随意绑扎起吊或缺点起吊。主吊幅度为 14m，副吊幅度为 10m，见图 6.3-1。

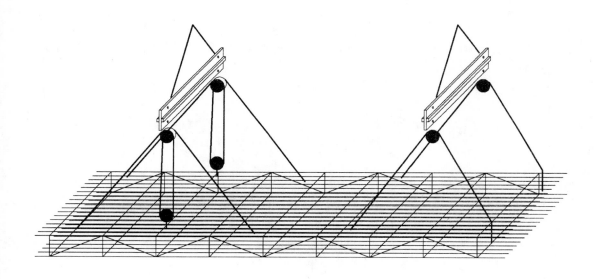

图 6.3-1 钢筋笼吊具安装示意图

第二步

吊钩缓慢上升，张紧钢丝绳。严格检查并排除起吊作业前的种种安全隐患，检查无误后，主副吊同时起升。

第三步

钢筋笼平吊离开地面 200mm 时，停止。检查钢筋笼稳定性，复检起重机的稳定性、制动器的可靠性、吊点、吊钩、钢丝绳和安全装置，待确认无误后两台吊机开始进行钢筋笼的竖立，如图 6.3-2 所示。

图 6.3-2　钢筋笼试吊示意图

第四步

钢筋笼平吊至离地面 2000mm 时，主吊在原位低速起升，信号指挥人员随时观察钢筋笼尾部距地面距离（2000mm）；副吊配合，始终保持起升钢丝绳的竖直。直至钢筋笼处于竖直状态，如图 6.3-3 所示。

图 6.3-3　钢筋笼起吊示意图

第五步

卸除钢筋笼上副吊机起吊点的索具（不便拆卸的可以暂时留在钢筋笼上，等入槽时再拆卸），将副吊机远离吊装作业区域。主吊将幅度从 14m 调整至 10m，如图 6.3-4 所示。

图 6.3-4　钢筋笼垂直状态示意图

第六步

主吊机带载行走,将钢筋笼吊至就位点。行走时,钢筋笼距地面不得超过 500mm。钢筋笼上拉牵引绳,控制空中姿态。

图 6.3-5　钢筋笼就位示意图

第七步

吊笼转向、定位、入槽等操作应平稳进行,下放时不得强行入槽。待钢筋笼下放到副吊吊点位置拆除副吊卡环和剩余的吊索具。

钢筋笼下放时,在每层吊点或支撑下降到距离地面 0.5m 处停止,用气割设备切掉吊点和斜支撑后,继续下放。

第八步

主吊机吊笼入槽到主吊第二点时,采用槽钢担杆将钢筋笼担置于导墙顶面上,将主吊点卡扣卸掉,倒换安装于笼口吊点,提升钢筋笼,卸除扁担,继续入槽,直至就位。

7 施工保证措施

根据现场的实际条件和施工步骤排查了整个施工过程的危害危险因素，制定出相应的措施如表7.0所示。

吊装作业危害危险因素及控制措施表 表 7.0

序号	施工活动	潜在危险	具体控制措施
1	作业人员进场	未进行入场培训，安全防护意识差	严格执行入场培训程序
2	机具运输进场	未进行检验，设备处于不安全状态，票证不全、无证进入	严格遵守北京市建委的安全管理规定，办理入场证及使用证严格执行入场检验程序
		钢丝绳、滑轮组、卷扬机、吊钩等违反国家强制报废标准	按规范统一用表要求，做好起重机械运行记录、设备检修记录，达到报废标准的必须更换，所使用的钢丝绳必须每日检查，发现达到报废标准的立即更换
		道路不符合要求，车辆倾覆、凹陷	对进入现场的道路进行勘察，硬化处理，软土处采取换填、夯实措施
		设备装卸方法不当，物件吊落损坏、人员伤害	作业人员持证上岗，装卸车时有专人指挥协调，正确佩戴劳保用品
		材料设备封车不牢固，物件吊落损坏、人员伤害	按照要求正确封车、限速行驶
		车辆超载、超速，车辆倾覆及其他交通事故	严禁超载、超速行驶，加强驾驶员的日常管理、教育
		材料现场摆放不当，材料滑落、阻塞通道	材料设备按照要求摆放整齐，设置标识，外侧设置立杆
3	工具准备	人力搬运中的伤害	执行人力搬运的作业要求
4	夜间施工	夜间作业内容不明确，现场无管理人员，照度不够	夜班施工开始之前，现场主管应召开短会，对施工方案进行交底，检查是否正确使用人身防护设备。夜间作业配备必要的管理人员。明确夜间照明措施，确保施工部位的照度符合要求
5	起重机站位	道路不符合要求，车辆倾覆、凹陷	对进入现场的道路进行勘察，硬化处理，采取换填、夯实措施，垫钢板
		作业场所地基承载力不足，起重设备距基坑、岸、坡的边缘安全距离不足	起重吊装前，工程部、物资部、安质部和起重司机以及起重指挥信号工等应进行现场场地的勘察，具体落实各项安全措施和明确吊装要求
		未按要求站位	按照指挥要求正确站位
6	吊装作业	起重司机及指挥人员未持证上岗，指挥信号不明确、不规范，起重司机违反起重作业禁吊原则	起吊大型物件必须有起重工、司索工、信号工指挥并保证持证上岗，指挥应使用国标中规定的声音信号和手势信号、旗语等；加强对起重作业禁吊原则的监督落实，发现违章进行严肃处理

续表

序号	施工活动	潜在危险	具体控制措施
6	吊装作业	在变幅或旋转过程中,起重力矩超过额定负载,起重设备力矩限制器、限高装置失灵	钢丝绳头固结必须满足规范要求,加强日常检查,起重设备必须取得安全检验合格证,司机严格按设备安全操作规程操作;在吊重物旋转臂杆前,禁止边起臂边旋转
		卡环、吊点有缺陷或使用不规范;被吊物绑挂不牢固或偏心	自制吊具应经受力计算,并符合安全使用标准要求,相关验证资料应备案。加强起重安全知识宣传和教育,加强现场监督和检查;起重司机发现捆绑不合格应拒绝起吊
		转运过程中钢筋笼摇晃,造成吊机失稳	便道硬化及平整度应满足要求,吊机禁止急停急起,钢筋笼上拉绳索派人控制以防钢筋笼的过度摆动,起吊是物的正前方40米范围内除必要的参与作业人员外,不得有他人继续作业或停留、通过
		意外脱钩,绳索坠落伤人	作业前检查防脱钩装置和吊索具的系挂是否完好
		信号不通畅,造成操作手的误操作,伤害人员损坏设备	充分演练,确保信号的传递安全可靠,一旦出现歧义或疑义,立刻停止
		钢丝绳断裂	选取新度系数90%以上的钢丝绳,使用中安全系数不小于6
		超负荷或超作业半径强行作业,起重机倾覆	执行起重吊装作业的管理规定,依据吊装方案进行
		非本岗位作业人员的意外伤害	吊装作业范围内设置警戒区域,有明显的警戒标志
		就位过程中产生的挤伤等伤害	人员在扶吊装本体就位时应选择有利位置,防止强大惯性力伤害作业人员
		需人员进行高处摘钩时发生的意外伤害,人员坠落	执行起重吊装作业的管理规定,采用高空自动脱钩或在搭设好脚手架后方可登高摘钩

8　应　急　预　案

　　本工程涉及大型设备的吊装运输,点多面广,可能存在的危险源多,不可预见性大。为保证正常施工、预防突发事件的发生,事前必须对可能出现的突发情况做好风险分析并做好充分的技术措施准备。在施工现场配备充分的抢险物资,施工事故应急救援工作都应当坚持"预防为主、常备不懈、救人第一"的方针,统一指挥、分级负责、冷静有序、团结协作,遵循快速有效处置、防止事故扩大的原则,启动安全事故应急预案一旦发生险情争取最大程度的减少人员伤亡和财产损失。

8.1　应急管理体系

8.1.1　应急管理机构

事故应急救援工作实行施工第一责任人负责制和分级分部门负责制，由安全事故应急救援小组统一指挥抢险救灾工作。当重大安全事故发生后，各有关职能部门要在安全事故应急救援小组的统一领导下，按要求，履行各自的职责，做到分工协作、密切配合，快速、高效、有序地开展应急救援工作。

安全事故应急救援小组成员如下：

组长：　　　＊＊＊（职务，电话）

常务组长：＊＊＊（职务，电话）

副组长：　＊＊＊（职务，电话），＊＊＊（职务，电话），＊＊＊（职务，电话）

组员：＊＊＊，＊＊＊，＊＊＊，＊＊＊，＊＊＊，＊＊＊，＊＊＊，＊＊＊

8.1.2　职责与分工

1）应急救援小组的主要职责

（1）发布启动和解除重大安全事故应急救援预案的命令；

（2）按照程序的规定，组织、协调、指挥重大安全事故应急救援预案的实施，尽全力减少人员伤亡和财产损失；

（3）根据事故发生状态，统一部署应急预案的实施工作，指挥各部门有条不紊的进行抢险救灾工作；

（4）在救灾过程中随时掌握现场情况，并对现场出现的问题采取适当的处理措施；

（5）在负责区域内为事故现场紧急调用各类物资、设备、人员、防火用具并提供场地，抢险救灾结束后要负责督促事故单位及时归还或给予补偿；

（6）事故发生后，应急救援小组要及时向上级有关部门汇报。对于超出自身处理能力的事故，要及时请示；

（7）对于在重大安全事故应急救援、抢险救灾工作中成绩卓著的部门和个人，安全事故应急小组应给予其适当的表彰和奖励。对不履行救援职责的，延误隐瞒安全事故的，依照有关规定给予处罚。构成安全事故责任罪的，移交司法机关追究刑事责任。

2）应急救援小组组长、副组长及成员的职责与分工

（1）组长（＊＊＊）：负责事故现场应急救援的指挥工作，复查和评估突发事故（事件）可能发展的方向，判断其可能的发展过程；进行应急任务分配和人员调动，有效利用各种应急资源，保证在最短时间内完成对事故现场的应急行动；组织人员进行事故的分析和处理，协助上级部门开展事故调查，接受上级及政府有关部门对事故的调查处理；紧急状态结束后，在切实做好预防措施和确保安全的情况下，上报有关上级部门，争取尽快批准恢复工地的正常生产。

（2）常务组长（＊＊＊）：协助组长进行事故现场应急救援指挥，对收集的现场资料进行及时的处理、评估，为组长对突发事故（事件）可能发展的方向提供最准确的信息指引，在事故紧急状态结束后做好后续工作，为组长上报有关上级部门，争取尽快批准恢复工地的正常生产做好保障工作。

（3）副组长（＊＊＊）：协助组长进行事故现场应急救援指挥，对收集的现场资料进

行及时的处理、评估。

（4）副组长（＊＊＊）技术组负责人：负责现场方案的制定、监控数据分析，及时了解现场情况，提供最佳抢险技术方案。

（5）副组长（＊＊＊）：配合组长进行应急所需资源（物资、材料、人员、设备等）的组织、协调。

（6）成员职责：

① 现场办公室（＊＊＊）：

保持与各小组联络，统一制作现场抢险人员、抢险车辆所用标识；

配合做好现场媒体活动管理工作；

对现场各类会议纪要进行汇总，对各类稿件、专家意见进行签收；起草事故快报和新闻发言稿，摄录现场音像资料等；在重大事件中配合上级部门工作。

② 监测组（＊＊＊）：

负责组织对现场出险范围进行地质条件的探测和勘察；

负责组织抢险过程中，周边环境及抢险工程自身变形监测；

充分利用视频监控系统的作用，及时向应急救援小组传达事故现场信息；

负责组织处理后的效果监测，以确保险情得到控制；

重大突发事故中配合其他相关政府部门工作。

③ 技术组（＊＊＊）：

负责参与制定抢险方案、分析监测数据事宜；

及时了解现场情况，为总指挥重大决策提供最佳抢险技术方案；

在重大突发事故中配合上级部门组织专家进行抢险方案的定制优化。

④ 现场抢险组（＊＊＊）：

负责组织专业抢险队、人员、物资、设备、根据各自职责，分工负责；

按照指挥部确定的抢险方案实施抢险；尽快落实抢险物资、营救被困和受伤人员，控制并消除事故影响；

及时向指挥部报告抢险进展情况。

⑤ 现场治安组（＊＊＊）：

根据需要指挥自有治安人员或配合属地公安部门维护事故现场秩序；

有序的疏散事故区域人员和围观群众，防止意外；

划定事故现场隔离区，现场警戒；

对需要取证的事故现场进行保护等；

对重要目标实施保护，维护社会治安；

重大突发事件中配合上级相关部门工作。

⑥ 交通保障组（＊＊＊）：

对危害区域外的交通路口实施定向、定时封锁，阻止事故危害区外的公众进入；

对事故现场周围的交通秩序进行重新组织安排，防止交通拥挤；

指挥、调度撤出危害区的人员并使车辆顺利通过通道，并保障事故应急救援队伍、技术专家和设备、物资能及时赶往现场。

⑦ 紧急疏散组（＊＊＊）负责对危险区域人员和重要物资有次序疏散；负责对撤离

时的各方财产进行登记、确认并汇总。

⑧ 医疗救护组（＊＊＊）：

负责开展医疗救护组工作，负责现场医疗救助；

将受伤害人员及时送至医院救治；

负责在现场附近的安全区域内配合医疗部门设立临时医疗救护点；

对受伤人员进行紧急救治并护送受伤人员至医院进一步治疗。

⑨ 综合协调组（＊＊＊）：

综合协调各方工作，负责对外联系如：公安、人防、卫生、各管线单位、保险公司等应急联动单位；

落实抢险物资、人员；

参与或组织事故调查工作。组织事故发生后保障理赔工作等；

重大突发事件中配合其他上级相关部门工作；

在重大事件中配合上级部门工作。

⑩其他工作组：后勤保障组、善后保障组（＊＊＊）：

负责为应急处置人员提供生活、办公条件和生活后勤保障，保证通讯畅通；

负责处理撤离后的群众和受伤人员及其家属善后工作事宜，做好社会稳定工作。

8.2 应急响应程序

一旦发生事故，达到预案触发条件，所有应急人员立刻按照预案编制在现场就位。按照既定响应程序开展抢险工作，见图8.2。

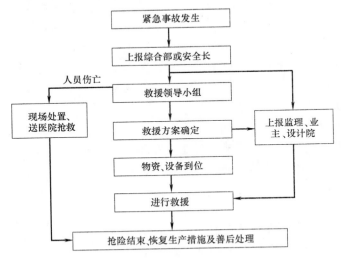

图8.2 应急响应程序

8.3 应急抢险措施

（1）事故发生初期，事故现场人员应积极采取应急自救措施，同时启动施工现场应急救援预案，实施现场抢险，防止事故的扩大。前期部等部门应尽快恢复被损坏的道路、水电、通信等有关设施，确保应急救援工作顺利开展。

（2）安全事故应急救援预案启动后，应急救援小组立即投入运作，组长及各成员应迅速到位履行职责，及时组织实施相应事故应急救援预案，并随时将事故抢险情况报告上级。

（3）事故发生后，在第一时间抢救受伤人员，这是抢险救援的重中之重。保卫部门应加强事故现场安全保卫、治安管理和交通疏导工作，预防和制止各种破坏活动，维护社会治安。

（4）当有重伤人员出现时救援小组应及时提供救护所需药品，利用现有医疗设施抢救伤员。同时拨打急救电话120呼叫医疗援助。其他相关部门应做好抢救配合工作。

（5）事故报告：重大安全事故发生后，事故单位或当事人必须用将所发生的重大安全事故情况报告事故相关监管部门：

① 发生事故的单位、时间、地点、位置；

② 事故类型（倒塌、触电、机械伤害等）；

③ 伤亡情况及事故直接经济损失的初步评估；

④ 事故涉及的危险材料性质、数量；

⑤ 事故发展趋势，可能影响的范围，现场人员；

⑥ 事故的初步原因判断；

⑦ 采取的应急抢救措施；

⑧ 需要有关部门和单位协助救援抢险的事宜；

⑨ 事故的报告时间、报告单位、报告人及电话联络方式。

（6）事故现场保护：重特大安全事故发生后，事故发生地和有关单位必须严格保护事故现场，并迅速采取必要措施，抢救人员和财产。因抢救伤员、防止事故扩大以及疏通交通等原因需要移动现场物件时，必须做出标志、拍照、详细记录和绘制事故现场图，并妥善保存现场重要痕迹、物证等。

8.4　应急物资装备

应急资源的准备是应急救援工作的重要保障，根据现场条件和可能发生的安全事故准备应急物资如表8.4所示。

应急物资表

表8.4

序号	物品名称	规格	数量
1	液压千斤顶	50t	2个
		5t	2个
2	槽钢	10cm×9m	10根
3	手拉葫芦	5t	2个
		1.5t	2个
4	手提电焊机		1台
5	气割设备		1套
6	钢管	48mm×6m	30根
7	扣件		40个
8	电缆	$10mm^2$，三相五芯	100m

续表

序号	物品名称	规格	数量
9	木板	30cm×5cm×4m	10块
10	污水泵(含电线)	7.5kW	4台
11	高压水泵	1MPa	1台
12	应急配电箱		1套
13	应急灯		10个
14	担架		3付
15	医用急救箱		2个
16	医用绷带		5卷
17	呼吸氧		5袋

文明施工的有关管理制度遵照《地铁工程安全生产文明施工管理办法》，必须严格遵守国家、部和北京市颁布有关文明施工的规定。

8.5　应急机构相关联系方式

（略）

9　计　算　书

9.1　起重设备站位点地基承载力校核

起重机自重加吊重为 131t，乘以动载系数，即 1440kN。

吊装场地路面采用 C25 混凝土厚度 30cm 并设置 Φ12 单层螺纹钢筋，路面下方为粉质黏土，承载力 180kPa。

起重机投影面积为 48m²，对该土层的压强为

$$P=\frac{F+G}{A}=\frac{1440+374}{48}=37.7\text{kPa}<[P]=180\text{kPa}$$

其中：F——起重机对地面的压力；

G——起重机投影面积下混凝体的重力。

不考虑钢筋因素，素混凝土受压状态下，抗压承载力按以下公式计算：

$$F_{cb}=0.7 \cdot \beta_h \cdot f_{td} \cdot U_M \cdot H$$

其中：F_{cb}——混凝土最大集中反力，单位为 kPa；

β_h——厚度小于 300mm 时，取 1；

f_{td}——轴心抗拉应力，单位为 N/mm²，查表，取 1.27；

U_M——高度换算比 $=2 \cdot (a+b)+4H$，(a 为受压长，6850；b 为宽 2×500)；

U_M——厚度，单位为 mm。

$$F_{cb}=0.7×1×1.27×16900×300=4.5×10^6\text{N}=4500\text{kN}$$

经计算 30cm 厚 C25 混凝土的在履带面积上，极限抗压承载力为 4500kN，起重机起

吊重力为 1440kN，符合安全吊装要求。

9.2　起重设备的起重性能校核

9.2.1　钢筋笼与起重臂的安全距离

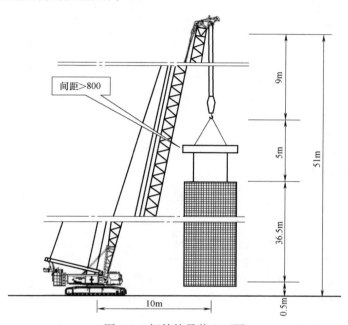

图 9.2　钢筋笼吊装立面图

9.2.2　起重机基本性能

本工程地下连续墙钢筋笼的吊装选两台＊＊＊公司＊＊＊100 型履带式起重机共同完成。钢筋笼高 36.51m，主吊采用 54m 臂长，副吊采用 36m 臂长。

100t 起重机参数表　　　　　　　　　　　表 9.2-1

幅度 r(m)	额定起重量 T(t)	
	54m 臂长	36m 臂长
10	31	47
12	28	36
14	27	29
16	23	24

9.2.3　被吊物参数

被吊物重量和吊点　　　　　　　　　　　表 9.2-2

钢筋笼	截面形状	尺寸(m)	吊点横向距离(m)	重量(t)	备注
YQ₁		6.00	3.1	19.007	
YQ₂		7.20	4.2	19.208	
YQ₃		5.50	2.8	14.673	

钢筋笼	截面形状	尺寸(m)	吊点横向距离(m)	重量(t)	备注
YQ$_4$		5.65	2.8	15.073	
LQ$_1$		1.65×2.65	0.8	11.471	
LQ$_2$		1.65×2.50	0.8	11.071	
LQ$_3$		1.65×2.95	1	12.272	
LQ$_4$		1.65×2.95	1	12.272	

9.2.4　起重性能校核

本工程中地连墙最重的钢筋笼重 19.208t，现以最重钢筋笼吊装为例进行计算。基本计算原则为：平吊状态校核副吊，竖直状态和带载行走状态校核主吊。主吊和副吊的扁担梁和吊具，重量均按 2t 计算。

1）校核副吊"抬吊＋行走"工况的起重性能

平吊时，吊点分配如图 9.4-2 所示。根据图示尺寸，可知副吊负担的钢筋笼重量为 13.026 t（吊索具重量按 2t 计算，详见 9.2.2）。此时，副吊负载最大，随着钢筋笼的反转竖立，载荷分配将逐渐过渡到主吊，当平吊时副吊满足吊装条件，即满足整个吊装过程。副吊实际受力为：

$$T_{副}=k_1k_2(13.026+2)×9.8=178.2kN$$

其中，k_1 为动载荷系数，取 1.1，k_2 为偏载系数，取 1.1。

根据多机联合作业要求，起重机荷载需在起重机额定承载力 80％内方可进行吊装；根据履带式起重机带载行走的要求，起重机荷载需在起重机额定承载力 70％内方可进行带载行走。起重机臂长为 36m 时，在 10m 幅度，起重机额定起重量为 47t。在双机抬吊和带载行走符合工况下，起重机的额定起重量降至：

$$[T_{副}]=47×80％×70％×9.8=257.9kN$$

$T_{副}<[T_{副}]$　符合安全要求

当钢筋笼处于竖直状态时，主吊所受力最大，当满足这一条件时，整个过程中主吊均符合要求。

2）校核主吊起重性能

（1）双机抬吊工况时，起重机荷载需在起重机额定承载力 80％内方可进行吊装。根据图示尺寸，可知主吊负担的钢筋笼重量为 6.182t。

$$T_{主}=k_1k_2(6.182+2)×9.8=97.0kN$$

起重机 54m 臂长，14m 幅度，起重机额定起重量为 $[T_{主}]=27t$。

$$[T_{主}]=27×80％×9.8=211.7kN$$

$T_主 < [T_主]$　符合安全要求

（2）当钢筋笼处于竖直状态时，主吊所受力最大，当满足这一条件时，整个过程中主吊均符合要求。

钢筋笼竖直状态时，副吊承受的重量减小到0，主吊承受全部重量。主吊机承受的最大重量为：

$$T_主 = k_1(19.208 + 2) \times 9.8 = 218.2kN$$

其中 k_1 为动载荷系数，取1.05

起重机54m臂长，14m幅度，起重机额定起重量为 $[T_主] = 27t$。

$$[T_主] = 27 \times 9.8 = 264.6kN$$

$T_主 < [T_主]$　符合安全要求

（3）带载行走

当钢筋笼处于竖直状态平移时，主吊工况为带载行走，幅度10m，根据要求起重机带载行走需在起重机额定起重量70%内方可进行吊装，所以主吊按照带载行走校核起重性能。其实际受力为：

$$T_主 = (19.208 + 2) \times 9.8 = 208.8kN$$

起重机臂长为54m时，在10m幅度下，起重机额定起重量为31t。

$$[T_主] = 31 \times 70\% \times 9.8 = 212.6kN$$

$T_主 < [T_主]$　符合安全要求

9.3　吊、索具校核

9.3.1　运动轨迹与钢丝绳长度

主吊扁担下钢丝绳的长度为17m，可以确保起吊状态钢丝绳夹角小于60°，而且随着钢筋笼的竖立，夹角越来越小，受力趋于合理。

副吊扁担下钢丝绳的长度为56m，可以确保起吊状态钢丝绳夹角小于60°，随着钢筋笼的竖立，其扁担相对于钢筋笼的运动轨迹比较复杂，经模拟（图9.3-1）可以看到，其夹角越来越小，受力趋于合理。而且整个过程中没有干涉现象。

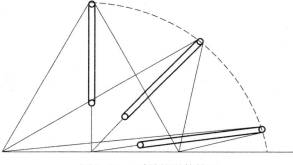

图9.3-1　副吊的滑轮轨迹

9.3.2　吊索具校核

地连墙钢筋笼吊装吊具2套，每套总重约为2t。

1）扁担梁：

钢扁担采用45号钢板加工制作而成，中间用2根20b槽钢加强（槽口向内，目的是加强扁担梁的横向稳定性）。GB/T 699—1999标准规定45号钢抗拉强度为600MPa，屈服强度为355MPa，抗剪强度为410MPa，挤压强度为拉伸强度的2～2.5倍；本工程吊装采用两副吊担，1号吊担主吊使用，2号吊担副吊使用，吊担具体尺寸如下图（图9.3-2中标注孔间距为吊装使用孔，孔直径7cm，根据钢筋笼吊点尺寸选用适合的吊点）。

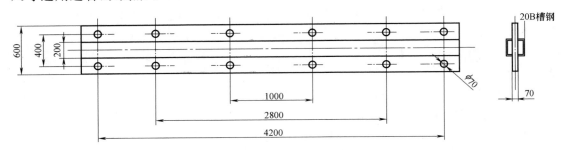

图 9.3-2　钢扁担梁尺寸图

由上图知，钢扁担体积为 $G = \rho_钢 V_板 + 2L_槽 \times G_延米$

计算，得 $G_梁 = 0.64 \times 2.5 \times 0.03 + 2 \times 5.5 \times 31.069 = 0.71t$

加上焊缝和卸扣、滑轮、钢丝绳等，整个吊具按照 2t 计算。

2）担梁以上钢丝绳：

担梁以上绳索选用 $6 \times 37 + 1$，$\phi 40mm$，长度 4m，抗拉强度为 1779MPa，单根使用。查《重要用途钢丝绳》GB 8918—2006 中"表 11"，绳索破断拉力为 935kN。

安全系数取 6，则钢丝绳允许最大拉力 $[P] = 935/6 = 155.8kN$。

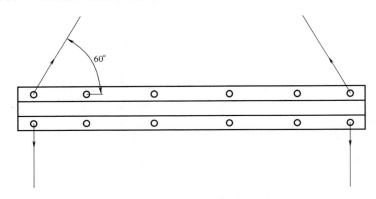

图 9.3-3　钢扁担梁以上钢丝绳夹角

钢丝绳最大受力，出现在钢筋笼完全竖立起来，主吊承受全部重量的工况。总重量为

$$T_主 = 2272.3kN$$

每根钢丝绳拉力为

$$P = \frac{T_主}{2\sin 60°} = 126.0kN < [P] = 155.8kN \quad 符合安全要求$$

3）担梁以下绳索

担梁以下绳索选用 $6 \times 37 + 1$，$\phi 32mm$，抗拉强度为 1770MPa，传绕滑轮组用。查 GB 8918—2006《重要用途钢丝绳》中"表 11"，绳索破断拉力为 598kN。

安全系数取 6，则钢丝绳允许最大拉力 $[P] = 598/6 = 99.66kN$。

分析钢丝绳的受力，有以下三种情况

（1）主吊在平吊状态下四倍率钢丝绳吊起 6.1826t，水平夹角为 60°；

（2）主吊在竖直状态下负担全部 19.208t，水平夹角为 90°；

（3）副吊在平吊状态下 8 倍率钢丝绳吊起 13.026，水平夹角为 60°。

可知（2）工况为最不利工况，钢丝绳最大受力，出现在钢筋笼完全竖立起来，主吊承受全部重量的时候。

总重量为 $G_笼 = 1.05 \times 19.208 = 22.27t$。

每根钢丝绳拉力为

$$P = G_笼 \times 9.8/4 = 55.7 \text{kN} < [P] = 99.66 \text{kN} \quad 符合安全要求$$

4）担梁强度

扁担梁上下吊点基本在同一水平位置，不再计算弯矩。由于两侧用槽钢固定，轴向挤压力造成的横向稳定性，也不用计算。只需计算空周部位的剪切应力即可。

$$A = 0.03 \times 0.10 = 3.0 \times 10^{-3} \text{m}^2$$

单孔承受最大剪力为：$Q = \tau A = 410 \times 10^6 \times 3.0 \times 10^{-3} = 1230 \text{kN}$

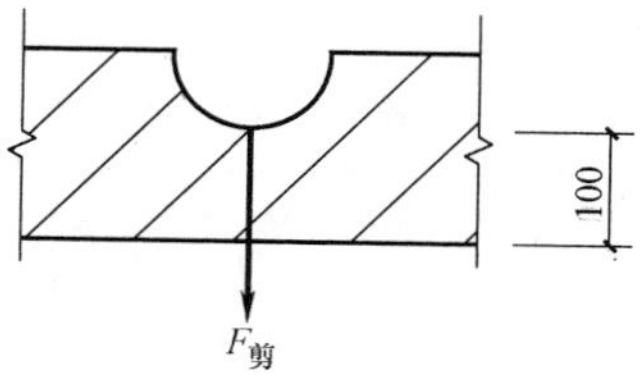

根据以上计算结果可知，钢担梁可以承受最大荷载为 1230kN，本次钢筋笼重力不超过 218.2kN，满足吊装要求。

图 9.3-4　担梁孔周受剪受力

5）扁担梁侧向稳定性

扁担梁所受轴向挤压力为 $F = \frac{\sqrt{3}}{2} \times 1.1 \times 19.208 = 18.3t$，即 179.34kN。查型钢表，20b 槽钢截面积 $A_1 = 32.83 \text{cm}^2$，$I_y = 143.6 \text{cm}^4$，$W_y = 25.9 \text{cm}^3$，$i_y = 2.09 \text{cm}$，$z_0 = 1.95 \text{cm}$。

根据图 9.3-2 的截面尺寸，整个扁担梁的截面参数为，$A = 485.66 \text{cm}^2$，$I_侧 = 3952.47 \text{cm}^4$。

临界压力 $F_{cr} = \frac{\pi^2 EI}{l^2} = \frac{\pi^2 \times 2.06 \times 10^4 \times 3952.47}{420^2} = 4555.5 \text{kN}$

$F = 179.34 \text{kN} < F_{cr} = 4555.5 \text{kN} \quad 合格$

扁担梁侧向稳定，满足吊装要求。

6）卸扣

卡环选择宁强勿弱，种类不宜过多，以免现场用错。钢筋笼主吊吊点处配备 8 个 32 吨的卡环，副吊吊点处配备 10 个 25t 的卡环，完全可以满足本工程安全吊装的需求。

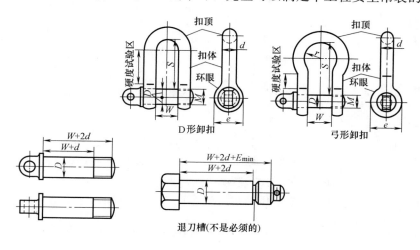

图 9.3-5　卸扣选择（一）

额定起重量/t			尺寸/mm					推荐销轴螺纹
$M(4)$	$S(6)$	$T(8)$	$d^{①}_{max}$	$D^{②}_{max}$	e_{max}	$S^{③}_{min}$	$W^{②}_{min}$	
—		0.63	8	9		18	9	M9
—	0.63	0.8	9	10		20	10	M10
—	0.8	1	10	11.2		22.4	11.2	M11
0.63	1	1.25	11.2	12.5		25	12.5	M12
0.8	1.25	1.6	12.5	14		28	14	M14
1	1.6	2	14	16		31.5	16	M16
1.25	2	2.5	16	18		35.5	18	M18
1.6	2.5	3.2	18	20		40	20	M20
2	3.2	4	20	22.4		45	22.4	M22
2.5	4	5	22.4	25	$2.2D_{max}$	50	25	M25
3.2	5	6.3	25	28		56	28	M28
4	6.3	8	28	31.5		63	31.5	M30
5	8	10	31.5	35.5		71	35.5	M35
6.3	10	12.5	35.5	40		80	40	M40
8	12.5	16	40	45		90	45	M45
10	16	20	45	50		100	50	M50
12.5	20	25	50	56		112	56	M56
16	25	32	56	63		125	63	M62
20	32	40	63	71		140	71	M70
25	40	50	71	80		160	80	M80

图 9.3-5　卸扣选择（二）

7）滑轮

主、副起重机均采用担梁穿滑轮组进行工作，滑轮组的选择按主副吊最大受力选择。主吊最大受力在钢筋笼完全竖起时，副吊最大受力在钢筋笼平放吊起时，滑轮组选择时考虑与之配套的卡环吨位。主吊担梁下选用 30t 的滑轮 2 个。副吊担梁下选用 25t 的滑轮 6 个。对吊装所用的滑轮进场后检查、验收，必须具有合格证，且滑轮的轮槽要与所使用的钢丝绳匹配。

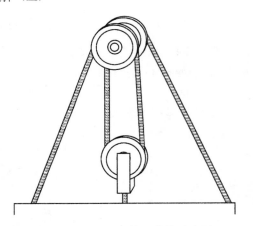

图 9.3-6　副吊滑轮组传绕示意图

9.4　吊点校核

9.4.1　长度方向吊点确定

如果吊点位置计算不准确，对钢筋笼会产生较大挠曲变形，使焊缝开裂，整体结构散架，无法起吊，因此吊点位置的确定是吊装过程的一个关键步骤；

YQ1 钢筋笼为 20 副墙中最难吊装的，现计算如下：

根据弯矩平衡定律，正负弯矩相等时所受弯矩最小的原理，计算如下图：

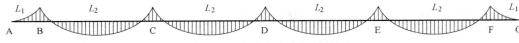

图 9.4-1　长度方向弯矩计算图

$+M=-M$

其中：$+M=1/2qL_1^2$ q—均布载荷

$-M=1/8qL_2^2-1/2qL_1^2$ M—弯矩

故：$L_2=2\sqrt{2}L_1$

又：$2L_1+4L_2=36.51$

$L_1=36.51/(2+8\sqrt{2})=2.74\text{m}$

$L_2=2\sqrt{2}\ L_1=7.75\text{m}$

因此选取 B、C、D、E、F 五点起吊时弯矩最小，由于钢筋笼上部钢筋分布较密，预埋件较多，均布荷载较大，实际吊装过程中 B、C 中心是主吊位置。根据吊装需要和施工经验，以及钢筋分布预埋件特点，各点位置进行调整如下。

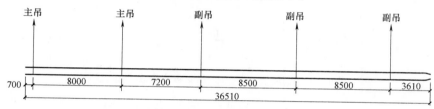

图9.4-2 钢筋笼（36.51m）沿长度方向吊点布置图

由吊装工况可知，图 9.4-1 中 E 点处的支撑反力实际上并不是该图中所标示的和其他支座反力一致，如图 9.4-3。

为避免该位置在吊装开始的平吊阶段有较大变形，在 E 吊点下方设置了长 3m 的 18a 槽钢，分别和吊点加强筋、纵向钢筋满焊，如图 9.4-4 所示。

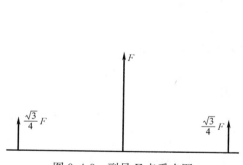

图9.4-3 副吊 E 点受力图

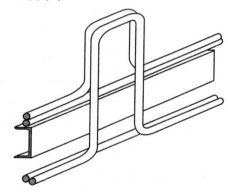

图9.4-4 E 点补强图

9.4.2 钢筋笼沿宽度方向吊点计算

区间风井连续墙中最宽幅为 7.2m，现计算如下：

在 A1、B1 点起吊

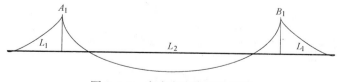

图9.4-5 宽度方向弯矩计算图

$+M=-M$

其中：$+M=1/2qL_1^2$　　　　q—均布载荷

　　　$-M=1/8qL_2^2-1/2qL_1^2$　　M—弯矩

　　　故：$L_2=2\sqrt{2}L_1$

又：$2L_1+L_2=7.2$

　　　$L_1=7.2/(2+2\sqrt{2})=1.50\text{m}$

　　　$L_2=2\sqrt{2}$　$L_1=4.20\text{m}$

根据实际情况钢筋笼沿宽度方向吊点布置图如下

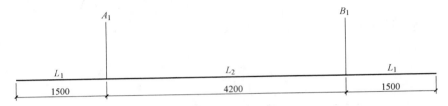

图 9.4-6　钢筋笼（7.2m）沿宽度方向吊点布置图

其他墙幅可根据以上原则和施工经验进行调整，由于尺寸更小，相对刚度增加，可按照相同比例设定。

9.4.3　吊点布置

钢筋笼身共设置五排 10 个吊点。详见 6.2.4 吊耳设置。

9.4.4　吊点强度校核

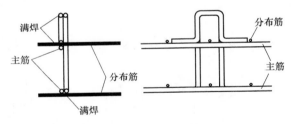

图 9.4-7　吊点钢筋加固意图

以最重的钢筋笼 19.208 为例，计算吊点承载力。当钢筋笼处于竖直状态时，主吊上四个吊点受力最大，则每个受力点受力

$$F=k\times19.208\times10\div4=63.43\text{kN}$$

其中 k 为不均匀载荷系数，考虑到翻转和行走状态的不确定性，加大取值，取 1.3。

平吊时，作用力与焊缝垂直，验算焊缝抗拉即可。

焊缝高度 10mm，长度 320mm，焊缝承受最大应力

$$[\sigma]=0.7|f_t^w|=0.7\times175=122.5\text{N/mm}^2$$

$$\sigma=\frac{F}{0.7\text{t}\sum l_w}=\frac{63.43\times10^3}{0.7\times10\times320}=27.87\text{N/mm}^2\leqslant[\sigma]=122.5\text{N/mm}^2$$

32 号圆钢抗剪和抗拉，显然满足要求，免于校核。

9.5　担杠验算

9.5.1　担杠承载力验算

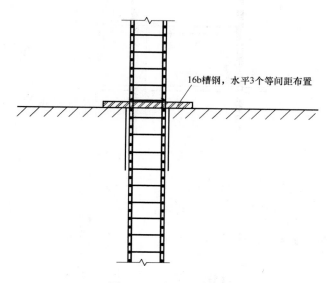

图 9.5-1　担杆示意图

以最重的钢筋笼 19.208 为算例，计算 16b 槽钢承载力。每幅钢筋笼 3 根槽钢担杠，每根担杠上有两个受力点，取不均匀载荷系数 1.3，则每个受力点受力

$$F=1.3\times19.208\times9.8\div6=32.01\text{kN}$$

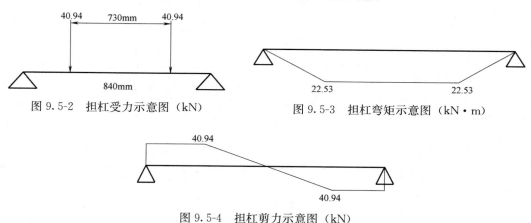

图 9.5-2　担杠受力示意图（kN）

图 9.5-3　担杠弯矩示意图（kN·m）

图 9.5-4　担杠剪力示意图（kN）

① 16b 槽钢抗弯强度验算

$$\sigma=\frac{M}{\gamma_{\text{x}}\cdot W_{\text{x}}}=\frac{22.53\times10^{6}}{1.05\times116.8\times10^{3}}=188.36\text{N/mm}^{2}<[\sigma]=205\text{N/mm}^{2}$$

② 16b 槽钢抗剪强度验算

$$\tau=\frac{V\cdot S}{I_{\text{x}}\cdot t_{\text{w}}}=\frac{40.94\times10^{3}\times25.15\times10^{2}}{935\times10^{4}\times8.5}=1.33\text{N/mm}^{2}<[\tau]=125\text{N/mm}^{2}$$

由计算结构可知，担杆满足要求。

247

9.5.2　担杠钢筋加固验算

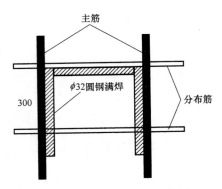

图 9.5-5　担杠钢筋加固意图

作用力与焊缝平行，验算焊缝抗剪即可；

$$\tau = \frac{F}{0.7t\sum l_w} = \frac{30.21 \times 10^3}{0.7 \times 10 \times 600} = 7.19 \text{N/mm}^2 \leqslant [f_f^{\text{v}}] = 160 \text{N/mm}^2$$

由计算结构可知，担杆加固钢筋满足要求。

10　附　　件

附件一：＊＊＊100 型起重机主要性能参数

项目		单位	数值	备注
最大起重量×幅度		t×m	100/5	
基本臂时自重		t	106	
主臂长度		m	19～73	
固定副臂长度		m	13～31	
固定副臂最大起重量		t	12	
固定副臂安装角度		o	10.3	
主臂＋固定副臂最大长度		m	55＋31,58＋25,26＋19	
塔式副臂长度		m	24～25	
塔式副臂最大起重量		t	24	
塔式工况主臂工作角度		o	65、75、85	
主臂＋塔式副臂最大长度		m	46＋45,49＋42	
卷筒单绳速度	主起升	m/min	110	卷筒第四层
	副起升	m/min	110	卷筒第四层
	变幅	m/min	45	卷筒第四层
回转速度		rpm	0～2.2	
行走速度		km/h	0～1.3	
爬坡能力		%	30	
接地比压		Mpa	0.1	

续表

项目		单位	数值	备注
总外形尺寸长×宽×高		mm	9550×3300×3200	不含桅杆臂架
发动机	额定功率/转速	kw/rpm	209/2100	
	最大输出扭矩转速	Nm/rpm	1425/1400	
	排放标准		U.S.EPA tier4	
履带轨距×接地长度×履带板宽度		mm	5200×6450×900	

附件二：＊＊＊100型起重机起升高度范围曲线图

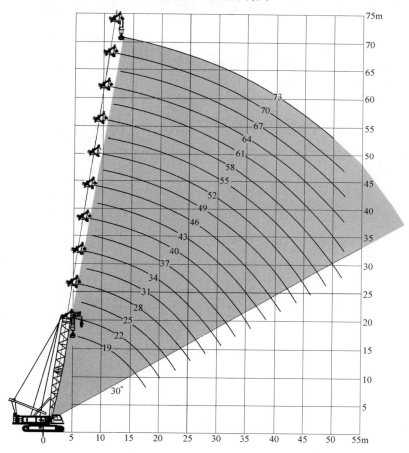

范例 7　钢结构桁架滑移工程

赵　娜　董海亮　庞京辉　编写

赵　娜：中建一局集团有限公司、高级工程师、北京市危大工程吊装及拆卸工程专家、中国施工机械专家、主要从事钢结构施工技术

董海亮：中建一局集团有限公司、高级工程师、北京城建科技促进会起重吊装与拆卸工程专业技术委员会副主任、北京市危大工程吊装及拆卸工程专家组组长、北京市轨道交通建设工程专家组组长、中国施工机械专家

庞京辉：中建一局集团有限公司、高级工程师、北京市危大工程吊装及拆卸工程专家组组长、北京市轨道交通建设工程专家组组长、中国施工机械专家

某体育馆钢结构滑移工程专项施工方案

编制：＿＿＿＿＿＿＿＿

审核：＿＿＿＿＿＿＿＿

审批：＿＿＿＿＿＿＿＿

施工单位：＊＊＊＊＊＊

编制时间：＊＊＊＊＊＊

目　　录

1 编 制 依 据

1.1 施工图纸

表 1.1-1

图纸名称	图纸内容	图号	设计单位
结构图	＊＊＊钢结构施工图	01～20	＊＊＊

1.2 合同类文件

《＊＊＊施工合同》。

1.3 法律、法规及规范性文件

1.3.1 国家法律、法规及规范性文件

规范文件 表 1.3-1

序号	标准名称	编 号
1	《中华人民共和国安全生产法》	（中华人民共和国主席令第十三号）
2	《安全生产许可证条例》	（中华人民共和国国务院令第 397 号）
3	《中华人民共和国特种设备安全法》	（中华人民共和国主席令第四号）
4	《建设工程安全生产管理条例》	（国务院第 393 号令）

1.3.2 行业法律、法规及规范性文件

规范文件 表 1.3-2

序号	标 准 名 称	编 号
1	《危险性较大的分部分项工程安全管理办法》	（建质[2009]87 号）
2	《建筑施工特种作业人员管理规定》	（建质[2008]75 号）
3	《关于建筑施工特种作业人员考核工作的实施意见》	（建办质[2008]41 号）

1.3.3 地方法律、法规及规范性文件

规范文件 表 1.3-3

序号	标 准 名 称	编 号
1	《北京市建筑施工特种作业人员考核及管理实施细则》	（京建科教[2008]727 号）
2	《建设工程施工现场安全防护、场容卫生及消防保卫标准》	（北京市地方标准 DB11/T 945—2012）
3	《北京市建设工程施工现场管理办法》	（政府令第 247 号）
4	《北京市实施〈危险性较大的分部分项工程安全管理办法〉规定》	（京建施[2009]841 号）

续表

序号	标准名称	编　号
5	《北京市建设工程施工现场安全资料管理规程》	(DB11/383—2016)
6	《北京市危险性较大的分部分项工程安全动态管理办法》	(京建法(2012)1 号)

1.4　技术标准

规范文件　　　　　　　　　　　　　　　　表 1.4

类别	名　称	编号和文号
国标	《建筑设计荷载规范》	GB 50009—2012
国标	《钢结构设计规范》	GB 50017—2003
国标	《钢结构焊接规范》	GB 50661—2011
国标	《钢结构工程施工规范》	GB 50755—2012
国标	《钢结构工程施工质量验收规范》	GB 50205—2001
国标	《冷弯型钢技术条件》	GB 50026—2007
国标	《结构用无缝钢管》	GB/T 8162—2008
国标	《低合金钢焊条》	GB/T 5118—1995
国标	《气体保护电弧焊用碳钢、低合金钢焊丝》	GB/T 8110—2008
国标	《钢焊缝手工超声波探伤方法和探伤结果分级》	GB 11345—2007
国标	《工程测量规范》	GB 50026—2007
行标	《施工现场临时用电安全技术规范》	JGJ 46—2005
行标	《建筑施工扣件式钢管脚手架安全技术规范》	JGJ 130—2011
行标	《建筑机械使用安全技术规程》	JGJ/T 33—2001
行标	《建筑施工高空作业安全技术规范》	JGJ 80—91

1.5　其他

北京市危险性较大分部分项工程安全专项施工方案专家论证细则。

本公司《质量保证手册》及相关标准工作程序、本公司管理制度汇编、本工程《施工组织设计》及业主对施工的要求，结合本公司的实力与施工经验。

2　工　程　概　况

2.1　工程简介

2.1.1　工程概述

某体育场工程建筑面积为 24570m²，独立基础，主体结构形式为钢筋混凝土框架结构，屋面采用钢结构，建筑高度为 29.5m。

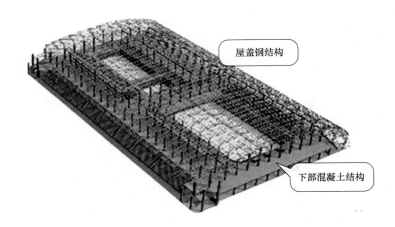

图 2.1-1 体育馆结构三维图

2.1.2 专业工作内容、工作量概述

钢结构施工的内容为该体育场屋面。屋面钢结构由 20 榀倒三角形主桁架组成，主桁架之间连接次桁架为倒三角形桁架和平面桁架。顶标高 29.5m（钢桁架上弦杆件中心线），支座底标高 2.895m。杆件截面为 $\phi114\times5\sim\phi450\times25$，材质为 Q345B。桁架通过支座与混凝土连接。

钢结构布置如下图所示：

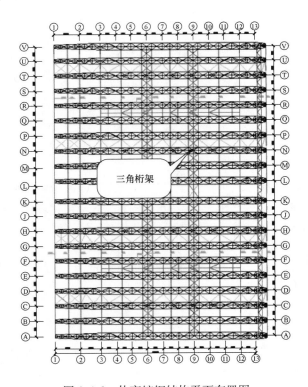

图 2.1-2 体育馆钢结构平面布置图

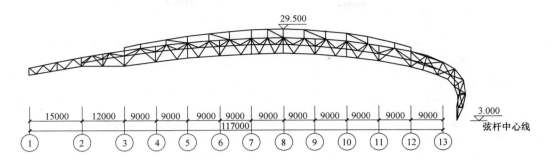

图 2.1-3　体育馆钢结构立面图

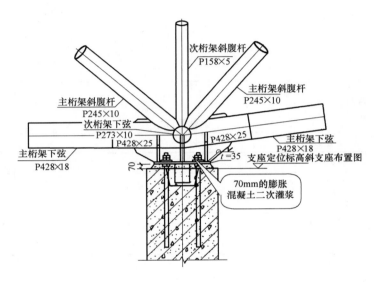

图 2.1-4　支座节点一

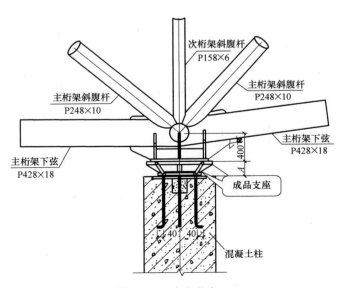

图 2.1-5　支座节点二

257

钢桁架结构形式如下：

钢桁架结构形式 表 2.1-1

序号	桁架分类	图 示
1	三角形主桁架	
2	三角形次桁架	
3	平面次桁架	

2.1.3 参建各方列表

参见各方 表 2.1-2

参建方	单位名称
建设单位	＊＊＊
设计单位	＊＊＊
总包单位	＊＊＊
钢结构施工单位	＊＊＊
监理单位	＊＊＊

2.2 施工关键节点

本工程桁架跨度大，桁架数量多，根据现场情况和图纸分析，体育馆屋面桁架采用"结构累积滑移"的方法进行安装。累计滑移的工况分析、滑道的设置、滑移设备的选用及滑移施工控制是本工程施工的重点。

3 施工场地周边环境条件

体育馆下部混凝土结构为框架结构，左侧其他建筑，已施工完成。下部土建结构较为复杂。

4 施 工 计 划

4.1 工程总体目标

4.1.1 安全管理目标

无人员死亡重伤事故，无重大机械事故，无火灾事故，轻伤频率控制在 0.6‰以内。

4.1.2 质量管理目标

符合国家现行的验收规范和标准，达到"合格"。

4.1.3 文明施工及环境保护目标

突出企业 CI 管理形象，施工不扰民。施工现场拆、装、卸、搬运、切割、焊接噪声控制在 70 分贝以下，现场作业区域保持整洁，废料、焊渣及时清理，分类存放，创造一个和谐的工作环境。

4.2 工程管理机构设置及职责

4.2.1 管理机构

管理机构见 4.2 组织机构图：

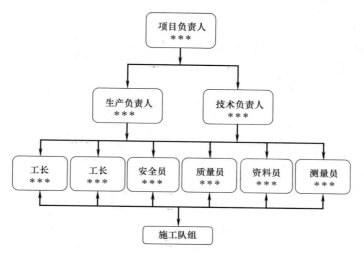

图 4.2 组织机构图

4.2.2 人员分工及管理职责

人员分工及管理职责见表 4.2。

人员分工及职责 表 4.2

编号	名称	职 责
1	项目负责人	对桁架加工制作、运输、安装进度及质量全面控制；与各专业队协调、配合；对项目的成本目标、进度目标、质量目标及安全负总责任
2	项目技术负责人	编制施工组织设计、施工方案；负责施工全过程的施工质量；主持深化设计会签、图纸资料的发放和交工资料整理
3	项目生产负责人	负责组织桁架安装的现场管理、安装的工期协调及施工现场的安全管理
4	各部门	在项目负责人领导下在其职责范围内做好本职工作
5	施工班组	熟悉图纸，严格按照施工方案、施工技术交底，安全、文明作业

4.3 施工进度计划

桁架从支撑搭设到桁架滑移到位，卸荷完成计划用 180 天。计划于＊＊＊年 03 月 1 日至＊＊＊年 8 月 27 日。

施工进度　　　　　　　　　　　　　　表 4.3

实施阶段	开始时间	结束时间	工期(天)
操作平台、支撑架及拼装胎架搭设	＊＊＊年3月1日	＊＊＊年3月20日	20天
主桁架拼装	＊＊＊年3月10日	＊＊＊年6月20日	103天
找平钢梁和滑移轨道安装	＊＊＊年4月1日	＊＊＊年4月15日	15天
主桁架分段及次杆件安装组装焊接、滑移	＊＊＊年5月1日	＊＊＊年8月20日	112天
卸荷	＊＊＊年8月21日	＊＊＊年8月25日	5天
验收	＊＊＊年8月26日	＊＊＊年8月27日	2天

4.4　施工资源配置

4.4.1　用电配置

现场钢结构施工过程中，用电量需 400kW 即可满足钢结构施工。

4.4.2　劳动力配置

本工程劳动力配置见表 4.4-1。

劳动力计划表　　　　　　　　　　　表 4.4-1

工种	人数	工种	人数
起重工	10	测量工	2
铆工	10	电工	1
焊工	20	滑移人员	8
除锈	2	涂装	4

合计:57 人

说明:本劳动力计划为施工现场高峰期人数,根据现场实际进度进行调整

4.4.3　施工机械、机具配置

桁架拼装用大型设备（表 4.4-2）。

拼装用大型设备　　　　　　　　　　表 4.4-2

施工机械	数量(台)	备注
150t 履带吊	1	吊装分段主桁架组装成整榀桁架
50t 汽车吊	1	辅助吊装次杆件

主要液压滑移设备表（表 4.4-3）。

主要液压滑移设备　　　　　　　　　表 4.4-3

序号	名称	规格	型号	设备单重	数量
1	液压泵源系统	15kW	YS-PP-15	2.5t	4台
2	液压顶推器	50t	YS-PJ-50	0.5t	8台
3	高压油管	31.5MPa	标准油管箱	/	80箱
4	计算机控制系统	32通道	YS-CS-01	/	1套

测量设备

测量设备   表 4.4-4

序号	机械或设备名称	型号规格	数量	额定功率 kW	备注
1	钢卷尺	5m、30m	若干	/	/
2	激光经纬仪	JP-1A	2	/	/
3	莱卡全站仪	LEICA-TCA2003	1	/	/
4	水准仪	S2	2	/	/

其他配置

其他配置表   表 4.4-5

序号	机械或设备名称	型号规格	数量	额定功率 kW	备注
1	平板车	10t	1	/	/
2	直流电焊机	ZX7-400	10	26	/
3	CO_2 焊机	CPXS-500	15	30	/
4	碳弧气刨	ZX5-630	2	5	/
5	角向砂轮机	JB1193-71	10	2	/
6	电焊条烘箱	YGCH-X-400	6	/	/
7	手提焊条保温箱	TRB 系列	20	/	/
8	空气压缩机	XF200	2	/	/
9	千斤顶	—	若干	/	/
10	手拉葫芦	1～10T	若干	/	/

4.4.4 辅材配置

滑移施工需要配置如下主要材料（表 4.4-6）。

主要材料   表 4.4-6

序号	设备名称	规格型号	数量	备注
1	临时支撑	$\phi 219 \times 8$	约 1000m	
2	拼装支架	型钢、角钢	约 40t	
3	脚手架管	$\phi 48 \times 3.5$	约 150t	
4	轨道	槽 16a	400m	
5	找平钢梁	□ 200×150×12	200m	

4.5 施工准备

4.5.1 技术准备

（1）必须进行详细的工况分析，确定轨道的设置、顶推点的设置及整体顶推系统的设置。

（2）与总包进行现场交底，如原材料、零部件及设备的堆放场地，行车通道、水、电、食宿，办理好施工许可手续，协调并确定施工日期和各工序施工计划，与其他施工单位交叉作业协调计划。

（3）对现场作业人员进行相应的培训，进行详细、有针对性的技术交底、安全交底。

（4）了解已选定的设备的性能及使用要求。

4.5.2 场地准备

（1）对提供的定位轴线，会同建设单位、监理单位及其他有关单位一起对定位轴线进行交接验线，做好记录，对定位轴线进行标记，并做好保护。

（2）滑移措施埋件的安装、复测完成，埋件符合要求。

（3）现场混凝土梁的加固处理完成，满足桁架滑移要求。

（4）清除滑移空间范围杂物、设备。

（5）搭设施工通道。

（6）拼装平台搭设完成，且验收合格。

4.5.3　材料准备

（1）滑道、滑靴的制作、滑移临时支座的制作完成。

（2）焊接用材料已经准备齐全。

（3）构件验收合格。

（4）支撑架和操作架采用已经准备齐全并验收合格。

4.6　平面布置

钢结构划分为直接吊装区域（拼装平台区域）和累积滑移区域，如图 4.6。

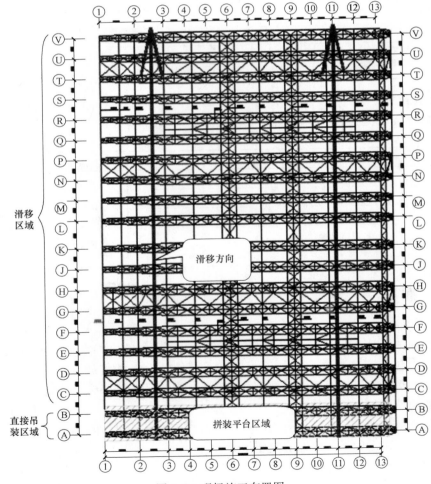

图 4.6　现场施工布置图

5　液压同步顶推滑移关键技术及设备

5.1　液压同步顶推原理

"液压同步顶推滑移技术"采用液压顶推器作为滑移驱动设备。液压顶推器采用组合式设计，后部以顶紧装置与滑道连接，前部通过销轴及连接耳板与被推移结构连接，中间利用主液压缸产生驱动顶推力。

液压顶推器的顶紧装置具有单向锁定功能。当主液压缸伸出时，顶紧装置工作，自动顶紧滑道侧面；主液压缸缩回时，顶紧装置不工作，与主液压缸同方向移动。液压顶推器工作流程示意图如图 5.1 所示。

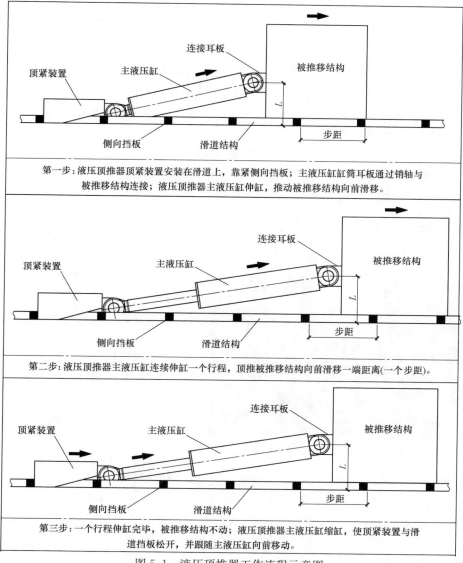

第一步：液压顶推器顶紧装置安装在滑道上，靠紧侧向挡板；主液压缸缸筒耳板通过销轴与被推移结构连接；液压顶推器主液压缸伸缸，推动被推移结构向前滑移。

第二步：液压顶推器主液压缸连续伸缸一个行程，顶推被推移结构向前滑移一端距离（一个步距）。

第三步：一个行程伸缸完毕，被推移结构不动；液压顶推器主液压缸缩缸，使顶紧装置与滑道挡板松开，并跟随主液压缸向前移动。

图 5.1　液压顶推器工作流程示意图

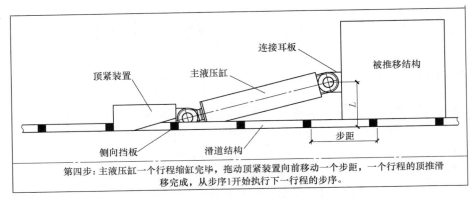

第四步：主液压缸一个行程缩缸完毕，拖动顶紧装置向前移动一个步距，一个行程的顶推滑移完成，从步序1开始执行下一行程的步序。

图5.1 液压顶推器工作流程示意图（续）

5.2 液压同步顶推技术特点

本工程中屋面钢结构采用液压累计滑移施工技术，具有以下的优点：

（1）采用"液压同步顶推滑移施工技术"施工大跨度钢结构，技术成熟，有大量类似工程成功经验可供借鉴，安装过程的安全性有保证。

（2）滑移过程中采用计算机同步控制，液压系统传动加速度极小、且可控，能够有效保证整个安装过程的稳定性和安全性。

（3）液压同步顶推设备、设施体积和重量较小，机动能力强，倒运和安装方便。

（4）滑移顶推、反力点等与其他临时结构合并设置，加之液压同步滑移动荷载极小的优点，可使滑移临时设施用量降至最小。

5.3 液压顶推同步滑移主要设备

液压顶推同步滑移主要设备有液压顶推器（图5.3-1）、液压泵源系统及计算机控制系统。

图5.3-1 液压顶推器

（1）液压顶推器作为滑移驱动设备。

（2）液压泵源系统为液压顶推器提供动力，并通过控制器对多台或单台液压顶推器进行控制和调整，执行液压同步顶推滑移计算机控制系统的指令并反馈数据。

（3）计算机同步控制及传感检测系统

液压同步顶推滑移施工技术采用传感监测和计算机集中控制，通过数据反馈和控制指令传递，可全自动实现同步动作、负载均衡、姿态矫正、应力控制、操作闭锁、过程显示和故障报警等多种功能。

液压同步顶推滑移系统设备采用CAN总线控制以及从主控制器到液压顶推器的三级控制，实现了对系统中每一个液压顶推器的独立实时监控和调整，从而使得液压同步滑移过程的同步控制精度更高，更加及时、可控和安全。

操作人员可在中央控制室通过液压同步计算机控制系统人机界面进行液压顶推过程及相关数据的观察和控制指令的发布。

通过计算机人机界面的操作，可以实现自动控制、顺控（单行程动作）、手动控制以及单台顶推器的点动操作，从而达到钢结构整体滑移安装工艺中所需的同步滑移、安装就位调整、单点毫米级微调等特殊要求（图5.3-2）。

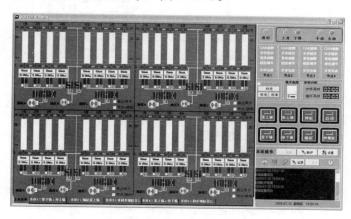

图5.3-2　液压同步滑移计算机控制系统人机界面

5.4　主要设备的选型

5.4.1　液压顶推系统配置

在滑移过程中，顶推器所施加的推力和所有滑靴和滑轨间的摩擦力 F 达到平衡。根据计算，为保证滑移过程中推力均匀分布，本工程中滑移设置8台YS-PJ-50型液压顶推器，在每条轨道上平均布置。单台YS-PJ-50型液压顶推器的额定顶推驱动力为50t，满足本工程284t顶推力需求。本工程液压顶推器分别布置在3、12轴与E、J、Q、V轴的支座节点上。本工程中，拟配置4台YS-PP-15型液压泵源系统。

5.4.2　滑移临时措施设计

1）滑移轨道及顶推点设置

（1）滑移轨道及顶推点布置

钢结构滑移设置2条轨道，分别在3轴和12轴上。在3、12轴的混凝土柱和连系梁上铺设滑移轨道（轨道设置区域A轴~V轴，长度180m），如图5.4-1所示。

液压顶推器分别布置在3、12轴与E、J、Q、V轴的支座节点上，共8台。

（2）滑移轨道设计

滑移轨道结构在屋面钢结构滑移过程中，起到承重、导向和横向限制支座水平位移的作用。滑移轨道中心线应尽量与网架支座中心线重合，以减小滑移过程中支座因受到偏心力而产生不利影响。

滑移轨道选用16a热轧槽钢，材质为Q235B，利用滑移轨道的侧挡板与预埋件固定。因滑移轨道的混凝土联系梁不等标高，采用方管找平，方管选用200×150×12制作，材质为Q345B。

轨道的侧挡板采用规格为20mm×40mm×150mm的钢板，在滑移轨道两侧对称设

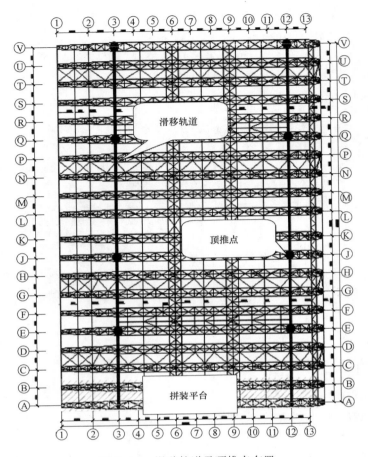

图 5.4-1 滑移轨道及顶推点布置

置，间距为 450mm，起到对槽钢翼缘加固及抵抗滑移支座处可能侧向推力的作用。滑道侧挡板如图 5.4-2 所示。

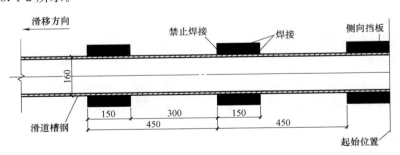

图 5.4-2 滑道侧挡板平面布置图

侧挡板与槽钢轨道及预埋件连接采用焊接连接，焊缝设计高度 $h_f = 10mm$。

2）滑移临时支座设置

本工程在支座位置设置液压顶推器，在钢结构支座底部设置临时滑移支座，临时支座的高度与钢结构正式支座高度相同，待钢结构滑移到位后，将临时滑移底座拆除，再将正

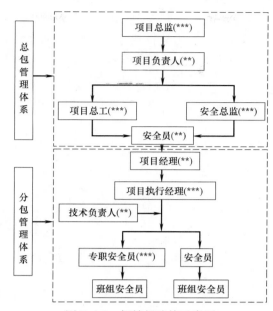

图 5.4-3 侧挡板连接示意图

式支座安装到位，顶推滑移节点如图 5.4-4 所示。

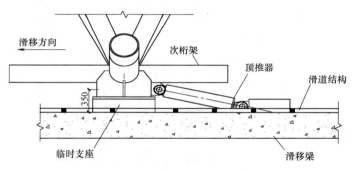

图 5.4-4 支座顶推滑移示意图

滑移轨道设置在 3、12 轴，此位置支座共有两种形式，分别为 ZZ2 及 ZZ4。针对此两种支座设计临时支座。临时支座的高度与结构原支座同高，待滑移到位后用千斤顶将支座节点顶起约 50mm 即可置换成永久支座。

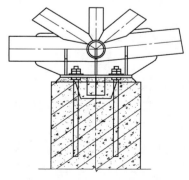

图 5.4-5 原 ZZ2 支座大样图

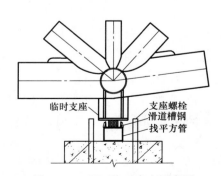

图 5.4-6 ZZ2 临时支座示意图

（1）ZZ2 支座替换

由于 ZZ2 支座处有 70mm 厚二次灌浆混凝土，为保证滑道槽钢水平铺设，二次灌浆混凝土需待桁架滑移到位拆除临时支座后再进行施工。临时支座详图如图 5.4-7 所示。

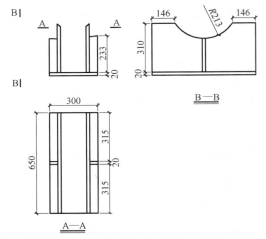

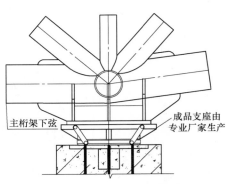

图 5.4-7　ZZ2 临时支座详图（图中板厚皆为 20mm）

图 5.4-8　原 ZZ4 支座大样图

（2）ZZ4 支座替换

ZZ4 支座下方为成品支座，临时支座高度与成品支座等高，待滑移到位后割除临时支座将成品支座替换即可。临时支座详图如图 5.4-10 所示。

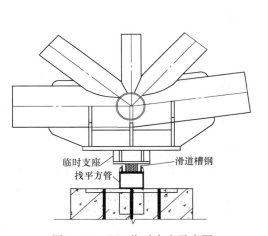

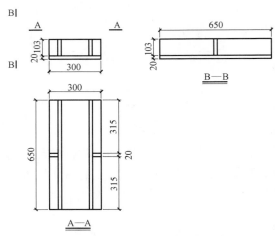

图 5.4-9　ZZ4 临时支座示意图

图 5.4-10　ZZ4 临时支座详图（图中板厚皆为 20mm）

3）滑块、防卡轨设计

滑块焊接在临时支座底部，每个支座下方各一块，示意图如下：

水平滑移过程中，应严格防止出现"卡轨"和"啃轨"现象的发生。在滑道和滑移支座设计时，应充分考虑预防措施。将滑移支座前端（滑移方向）设计为"雪橇"式，并将其两侧制作成带一定弧度的形式。通过以上设计，可以有效防止滑移支座与两侧滑道侧壁顶死——"卡轨"，以及滑移支座因滑道不平整卡住——"啃轨"的情况出现。滑块采用规格为 70mm×100mm×650mm 的钢垫块。滑块的具体尺寸如图 5.4-12 所示。

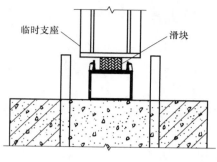

图 5.4-11　滑块示意图

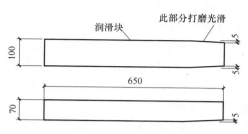

图 5.4-12　钢滑块详图

另外，滑移轨道安装的顺直度、滑道中心距的控制等都是防止"卡轨"和"啃轨"现象发生的关键。现场施工过程中应严格进行工序检查。

4) 顶推位置处耳板设计

液压顶推器前端通过销轴与被推移构件上的耳板进行连接固定，用以传递水平滑移顶推力。连接耳板厚度为 20mm，材质 Q345B。连接耳板详图见图 5.4-13。

本工程中，耳板分别布置在 3、12 轴与 E、J、Q、V 轴支座节点上。每个节点设置两块连接耳板，连接耳板分别与钢结构支座焊接连接，焊缝高度为 8mm，如图 5.4-14 所示。

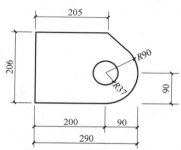

图 5.4-13　连接耳板详图

6　滑移工艺流程及步骤

6.1　施工流程

桁架滑移施工流程如下：

搭设拼装平台→铺设轨道→拼装第一滑移单元（V、U 轴桁架）→试滑移→正式滑移→第一滑移单元（V、U 轴桁架）滑移一个轴距→继续拼好第二滑移单元（T 轴桁架）及中间次桁架→第一、二滑移单元同时滑移一个轴距→反复进行滑移→全部滑移完毕→更换支座、落支座→桁架验收

6.2　滑移设备安装与调试

6.2.1　滑移轨道安装

1) 轨道及挡板安装：轨道铺设时需在滑移梁上弹出轴线，然后根据此轴线分开两根分轴线，以控制滑道安装精度。将滑道放好，调整滑道的顶面标高，将滑移轨道的侧

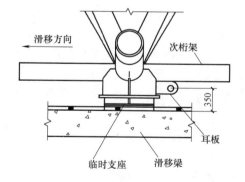

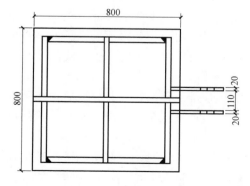

图 5.4-14　顶推点连接耳板设置

挡板与预埋件及轨道焊接固定。对因滑移轨道的混凝土联系梁不等标高，先采用方管找平，焊接方管与埋件，然后在焊接轨道及侧挡板。

2）轨道安装要求

本工程中单条滑移轨道的长度为 12m，为保证滑道内表面的水平度，减少滑移过程中的阻碍、降低滑动摩擦系数，滑移轨道在铺设时，应做到：

（1）滑移轨道在安装时，其下表面与预埋件及滑移混凝土联系梁上表面间的间隙应尽量用薄钢板垫实；

（2）滑移轨道中线与滑移混凝土联系梁中心线偏移度控制在 ±3mm 以内；

（3）滑移轨道两端标高偏差控制在 2mm 以内；

（4）滑移轨道槽钢在滑移之前进行全面清理，并涂抹黄油润滑，减少滑移过程所产生的阻力。

3）挡板安装要求

滑移轨道侧挡板起着直接抵抗顶推反力及滑移精度控制的作用，因此在安装过程中应注意以下几个方面：

（1）为保证滑移轨道侧挡板与顶推支座之间有足够的接触面，滑移轨道侧挡板的设置形式应严格按照图纸设计形式安装；

（2）滑移轨道侧挡板与滑移轨道槽钢、找平方管及混凝土联系梁的焊缝高度应满足设计要求，以满足抵抗顶推反力的使用要求；

（3）所有滑道上的侧挡板的起始安装位置应在同一轴线位置处，并在每条轴线位置处重新设置起始点，以减小累积误差，满足滑移同步性的要求；

（4）同一滑道两侧的侧挡板安装误差应小于 1mm，相邻滑道侧挡板的间距误差应小于 3mm；

（5）侧挡板前方（滑移前进方向）严禁焊接。

6.2.2　液压顶推滑移系统安装

根据布置，安装液压泵站，连接液压油管；检查液压油，并准备备用油，安装顶推器。

6.2.3　液压顶推滑移系统调试

1）调试前的检查工作

（1）顶推点及临时措施结构状态检查；

（2）钢结构施工节点质量检查；

（3）滑道内杂物是否清理、黄油是否全面涂抹；

（4）对滑移过程可能产生影响的障碍物检查、清除。

2）系统调试

液压顶推滑移系统安装完成后，按下列步骤进行调试：

（1）检查液压泵站上所有阀或油管的接头是否有松动，检查溢流阀的调压弹簧处于是否完全放松状态。

（2）检查液压泵站控制柜与液压顶推器之间电源线、通信电缆的连接是否正确。

（3）检查液压泵站与液压顶推器主油缸之间的油管连接是否正确。

（4）系统送电，检查液压泵主轴转动方向是否正确。

（5）在液压泵站不启动的情况下，手动操作控制柜中相应按钮，检查电磁阀和截止阀的动作是否正常，截止阀编号和液压顶推器编号是否对应。

（6）检查行程传感器，使就地控制盒中相应的信号灯发讯。

（7）移前检查：启动液压泵站，调节一定的压力，伸缩液压顶推器主油缸；检查 A 腔、B 腔的油管连接是否正确；检查截止阀能否截止对应的油缸。

6.3　滑移施工

6.3.1　滑移步骤

整个桁架的滑移过程如下：

1）搭设拼装平台。在场馆南侧的 A～B 轴区域搭设一个 15m 宽的脚手架上人操作平台，用于桁架拼装过程中的上人操作，操作平台见脚手架专项方案。

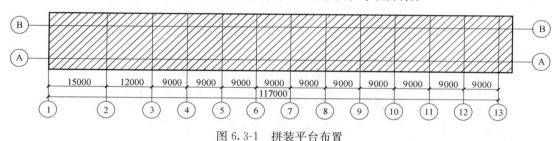

图 6.3-1　拼装平台布置

2）铺设滑移轨道。在 3、12/A-V 轴的混凝土柱和连系梁上铺设滑移轨道。

3）拼装第一滑移单元。

桁架对接拼装位置设置临时支撑，用 150 吨履带吊吊装到在 A-B 轴区域搭设的脚手架上人操作平台上进行对接拼装。

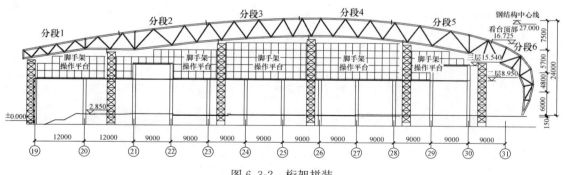

图 6.3-2　桁架拼装

在滑移拼装平台上拼装 V、U 轴主桁架及次桁架、联系杆及临时滑移支座，并在 V 轴桁架支座节点处安装顶推器。

4）试滑移。

（1）待液压顶推系统设备检测无误后开始试滑移。

（2）开始试滑移时，液压顶推器伸缸压力逐渐上调，依次为所需压力的 20%，40%，在一切都正常的情况下，可继续加载到 60%，80%，90%，95%，100%。

（3）钢结构滑移单元刚开始有移动时暂停顶推作业，保持液压顶推设备系统压力。对

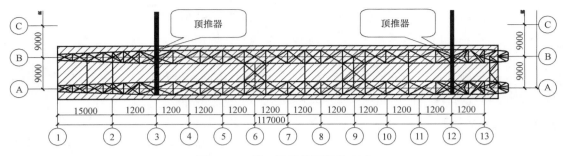

图 6.3-3　第一滑移单元拼装完成

液压顶推器及设备系统、结构系统进行全面检查，在确认整体结构的稳定性及安全性绝无问题的情况下，才能开始正式顶推滑移。

图 6.3-4　滑移支座设置示意图

5）正式滑移。

在一切准备工作做完之后，且经过系统的、全面的检查无误后，现场滑移作业总指挥检查并发令后，才能进行正式进行滑移作业。

6）第一滑移单元（V、U 轴桁架）滑移一个轴距。

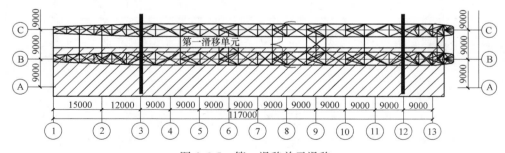

图 6.3-5　第一滑移单元滑移

7）继续拼好第二滑移单元（T 轴桁架）及中间次桁架。

8）第一、二滑移单元同时滑移一个轴距。

9）反复进行滑移，直至全部滑移就位。

10）更换支座、落支座。

结构累积滑移到位后替换临时支座，安装成品支座，利用千斤顶进行落位。先利用千

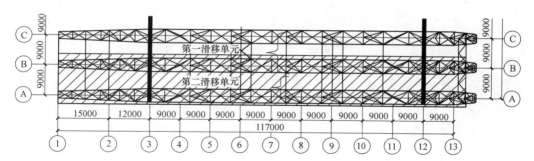

图 6.3-6　第二滑移单元拼装完成

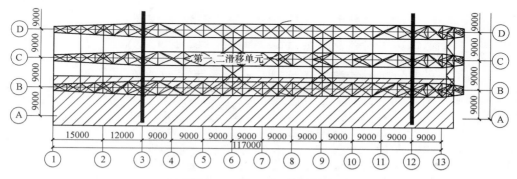

图 6.3-7　第一、二单元滑移

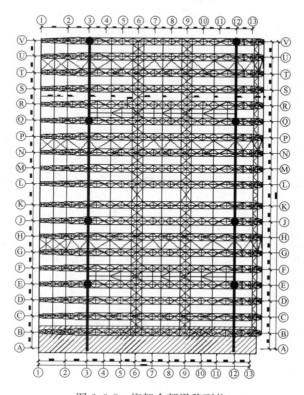

图 6.3-8　桁架全部滑移到位

斤顶代替支座支承上部结构累积滑移桁架，接着拆除滑移轨道及临时支座并放置下部成品支座，千斤顶卸载完成成品支座安装（采用 50t 千斤顶）。成品支座安装如图 6.3-9 所示。

11）原位拼装 A 轴桁架，完成所有桁架的安装，对桁架进行验收。

图 6.3-9　支座更换

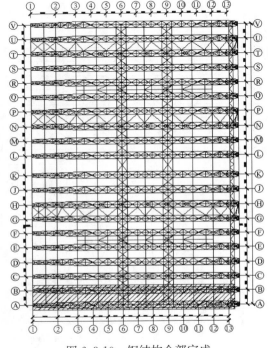

图 6.3-10　钢结构全部完成

6.3.2　滑移过程监控

1）在液压滑移过程中，注意观测设备系统的压力、荷载变化情况等，并认真做好记录工作。

2）在滑移过程中，测量人员应通过钢卷尺配合测量各牵引点位移的准确数值，以辅助监控滑移单元滑移过程的同步性。

3）滑移过程中应密切注意滑道、液压顶推器、液压泵源系统、计算机控制系统、传感检测系统等的工作状态。

7　施工保证措施

7.1　风险因素识别

本工程主要危险因素如下：

1. 液压顶推器故障
2. 泵站故障
3. 油管损坏
4. 控制系统故障
5. 拼装平台倾倒
6. 高处坠落
7. 物体打击

7.2　安全保证措施

7.2.1　高空作业和高空落物防护措施

高空作业和高空落物防护措施　　　　　　　　　　表 7.2-1

序号	安全保证措施	示意图片
1	高处作业时,工具应装入工具袋中,随取随用	
2	高处作业时,拆下的小件材料不得随意往下抛掷	
3	预防高空坠落措施,系好安全带在危险区域设置安全警示标志	
4	施工区域拉好警示线,布置安全标志,非施工人员不得擅自入内	

7.2.2　施工机械的使用安全

（1）大型吊装机械安全施工

大型吊装机械安全施工 表 7.2-2

序号	安全保证措施	示意图片
1	起吊重物时,人不能站、坐在任何起吊物上	
2	起重臂下严禁站人	
3	吊装危险区域必须专人监护,非施工人员不得进入危险区,并应划分警示区域,用警示绳围护	
4	起吊重物,吊钩应与地面成 90°,严禁斜拉斜吊。严禁横向起吊	
5	吊机站位处,应确保地基有足够的承载力; 吊机旋转部分应与周围建筑物有不小于 1m 的安全距离,避免吊机转身碰到周围建筑物	

（2）中小型机械安全施工

中小型机械安全施工

表 7.2-3

机械种类	安全施工措施
千斤顶	千斤顶底部应有足够的支承面积，并使作用力通过承压中心，以防受力后千斤顶发生倾斜，顶部应有足够的工作面积，以防工件受损
	使用千斤顶时，应随着工件的升降，随时调整保险垫块的高度
	用多台千斤顶同时工作时，宜采用规格型号一致的千斤顶，且载荷应合理分布，每台千斤顶的额定起重量不得小于其计算荷载的 1.2 倍。千斤顶的动作应相互协调，以保证升降平稳，无倾斜及局部过载现象
电焊机	电焊机必须采取保护接地或接零装置
	防护隔离，电焊机外露的带电部分应设有完好的防护罩，裸露的接地柱必须设有防护罩
	电焊机必须设单独的电源开关、自动断电装置
	电焊机必须安放在通风良好、干燥、无腐蚀介质、远离高温高湿和多粉尘的地方
气焊与气割设备	乙炔最高工作压力禁止超过 147kPa（1.5kgf/cm²）表压
	禁止使用紫铜、银或含铜量超过 70% 的铜合金制造与乙炔接触的仪表、管子等零件
	乙炔发生器、回火防止器、氧气和液化石油气瓶等、减压器等均应采取防止冻结措施，一旦冻结，应用热水解冻，禁止采用明火烘烤或用棍棒敲打解冻
气焊与气割设备	气瓶、熔解乙炔瓶等，均应避免放在受阳光暴晒或受热源直接辐射及易受电击的地方
	乙炔瓶和氧气瓶应隔离存放，施工时两者间距应在 10m 以上
碳弧气刨	碳弧气刨工必须经过培训，合格后方可操作。气刨时的电流较大，要防止焊机过载发热
	露天操作时，应沿顺风方向操作，在封闭环境操作时，要有通风措施

7.2.3　滑移安全管理措施

1）在顶推滑移前必须对顶推结构进行工况分析计算，确保结构安全。合理设置顶推轨道、顶推点，选择顶推系统。

2）由于滑移工作专业技术性要求较高，故在施工前一定要做好技术、安全作业的交底工作。

3）对拼装平台、支撑架组织一次验收。

4）顶推器在安装时，在脚手架平台上进行铺设安装，地面应划定安全区，应避免重物坠落，造成人员伤亡。

5）顶推前拼装的结构需经检查合格后方可进行顶推作业。

6）滑移过程中，应指定专人观察滑移梁、滑移轨道、顶推点、顶推器及桁架的受力情况，及若有异常现象，直接通知现场指挥。

7）顶推作业时应划定危险区域，挂设安全标记，加强安全警戒。

8）在钢结构整体液压同步滑移过程中，注意观测设备系统的压力、荷载变化情况等，并认真做好记录工作。

9）在液压滑移过程中，测量人员应通过测量仪器配合测量各监测点位移的准确数值。

10）液压滑移过程中应密切注意液压顶推器、液压泵源系统、计算机同步控制系统、传感检测系统等的工作状态。

11）现场无线对讲机在使用前，必须向工程指挥部申报，明确回复后方可作用。通信工具专人保管，确保信号畅通。

7.3 质量保证措施

7.3.1 采购物资质量保证

（1）采购物资时，须在确定合格的分供方厂家或有信誉的商店中采购，所采购的材料或设备必须有出厂合格证、材质证明和使用说明书，对材料、设备有疑问的禁止进货。

（2）公司委托分供方供货，事先已对分供方进行了认可和评价，建立了合格的分供方档案，材料的供应在合格的分供方中选择。

（3）实行动态管理。主管部门定期对分供方的业绩进行评审、考核，并作记录，不合格的分供方从档案中予以除名。

（4）加强计量检测。采购物资（包括分供方采购的物资），根据国家、地方政府主管部门规定、标准、规范或合同规定要求及按经批准的质量计划要求抽样检验和试验，并做好标记。当对其质量有怀疑时，就加倍抽样或全数检验。

7.3.2 现场安装的质量控制

（1）严格按照安装施工方案和技术交底实施。

（2）严格按图纸核对构件编号、方向，确保准确无误。

（3）安装过程中严格工序管理，做到检查上工序，保证本工序，服务下工序。

7.3.3 焊接质量保证措施

选用合格的焊接人员从事焊接操作。焊接材料、工具、机械及其他辅助材料必须有产品合格证，并按技术要求使用。焊接前必须清理焊口。

7.3.4 测量质量保证措施

现场使用的测量仪器、钢尺必须定期检定。现场使用的钢尺必须与基础施工及构件加工时使用的钢尺进行校核。

7.3.5 成品保护

（1）焊接材料应放在室温在正温以上的干燥仓库中严禁受潮后使用。

（2）构件在安装前、后，无关人员均严禁在其上面走动或放置物品。

7.4 文明施工与环境保护措施

7.4.1 文明施工保证措施

钢结构施工中各种施工材料要分类有序堆放整齐，对余料注意定期回收，对废料及时清理，定点设垃圾箱，保持施工现场的清洁整齐，确保做到工完料清场地洁。施工区域、办公区域和生活区域应明确划分，设置标牌，明确负责人。

7.4.2 环境保护保证措施

（1）夜间施工信号指挥人员不使用口哨，机械设备不得鸣笛。

（2）汽车进入施工场地应减速行驶，避免扬尘。

（3）加强对施工机械的维修保养，防止机械使用的油类渗漏进入地下水中或市政下水道。

（4）对吊装作业的固体废弃物应分类定点堆放，分类处理。

（5）施工期间产生的废钢材、木材，塑料等固体废料应予回收利用。

7.5　现场消防、保卫措施

（1）作业现场区域按照要求设置消防水源和消防设施，消防器材应有专人管理。

（2）作业现场严禁存放易燃易爆危险品，作业现场区域严禁吸烟。

（3）严格加强作业现场明火作业管理，严格用火审批制度，现场用火证必须统一由保卫部门负责人签发，并附有书面安全技术交底。电气焊工持证上岗，无证人员不得操作。明火作业必须有专人看火，并备有充足的灭火器材，严禁擅自明火作业。

（4）油漆、涂料由专人负责，施工现场及库区严禁烟火。

（5）机电设备用电必须遵守安全用电技术规范的要求。

（6）建立火灾安全报警机制。

7.6　职业健康保证措施

（1）对作业人员进行职业健康培训。

（2）对夏季施工应调整作息时间，避开高温施工，增加工间休息次数，缩短劳动持续时间。

（3）合理安排作息时间，休息时脱离噪声环境。

（4）作业人员配备合格的保护用品。

7.7　绿色施工保证措施

（1）对操作人员进行绿色施工培训。

（2）保护好施工周围的树木、绿化，防止损坏。

（3）落实《绿色施工保护措施》，实行"四节一环保"。

8　应 急 预 案

8.1　应急管理体系

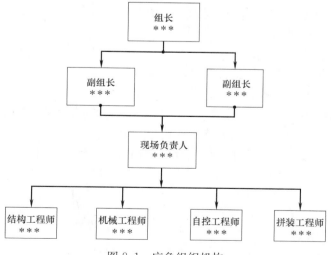

图 8.1　应急组织机构

8.1.1 应急管理机构

8.1.2 职责与分工

各职能分配如下：

项目经理＊＊＊电话＊＊＊——负责项目总体协调工作并对施工的全过程负责。

结构工程师＊＊＊电话＊＊＊——总体负责滑移过程中的技术问题。

应急响应程序机械工程师＊＊＊电话＊＊＊——负责与本工程相关机械专业的工作。

自控工程师＊＊＊电话＊＊＊——负责本工程中同步控制系统的调试、运行工作。

拼装工程师＊＊＊电话＊＊＊——负责具体组织拼装施工。

8.2 应急响应程序

1）事故发生初期，事故现场人员应积极采取应急自救措施，同时启动施工现场应急救援预案，实施现场抢险，防止事故的扩大。前期部等部门应尽快恢复被损坏的道路、水电、通信等有关设施，确保应急救援工作顺利开展。

2）安全事故应急救援预案启动后，应急救援小组立即投入运作，组长及各成员应迅速到位履行职责，及时组织实施相应事故应急救援预案，并随时将事故抢险情况报告上级。

3）事故发生后，在第一时间抢救受伤人员，这是抢险救援的重中之重。保卫部门应加强事故现场安全保卫、治安管理和交通疏导工作，预防和制止各种破坏活动，维护社会治安。

4）当有重伤人员出现时救援小组应及时提供救护所需药品，利用现有医疗设施抢救伤员。同时拨打急救电话120呼叫医疗援助。其他相关部门应做好抢救配合工作。

5）事故报告：重大安全事故发生后，事故单位或当事人必须用将所发生的重大安全事故情况报告事故相关监管部门：

（1）发生事故的单位、时间、地点、位置；

（2）事故类型（倒塌、触电、机械伤害等）；

（3）伤亡情况及事故直接经济损失的初步评估；

（4）事故涉及的危险材料性质、数量；

（5）事故发展趋势，可能影响的范围，现场人员和附近人口分布；

（6）事故的初步原因判断；

（7）采取的应急抢救措施；

（8）需要有关部门和单位协助救援抢险的事宜；

（9）事故的报告时间、报告单位、报告人及电话联络方式。

6）事故现场保护：重特大安全事故发生后，事故发生地和有关单位必须严格保护事故现场，并迅速采取必要措施，抢救人员和财产。因抢救伤员、防止事故扩大以及疏通交通等原因需要移动现场物件时，必须做出标志、拍照、详细记录和绘制事故现场图，并妥善保存现场重要痕迹、物证等。

8.3 应急措施

8.3.1 液压顶推器故障

本工程滑移过程中主要存在液压顶推器漏油的故障，出现故障后的具体应急措施：

（1）立即关闭所有阀门，切断油路，暂停滑移；

（2）专业人员对漏油顶推器的漏油位置进行全面检查；

（3）根据检查结果采取更换垫圈、阀门等配件；

（4）必要时更换油缸等主体结构；

（5）检修完成后，恢复系统，进行系统调试；

（6）调试完成后，继续滑移。

8.3.2　泵站故障

泵站作为滑移系统的动力源，由液压泵和电气系统两部分组成，主要故障表现为停止工作、漏油以及电机出现故障后的应急措施如下：

（1）当泵站停止工作时，检查电源是否正常；

（2）检查泵站各个阀门的开闭情况，确保全部阀门处于开启状态；

（3）检查智能控制器是否正常；

（4）泵站出现漏油时，关闭所有阀门，停止滑移；

（5）迅速检查确认漏油的部位；

（6）更换漏油部位的垫圈；

（7）电机出现故障时，专业人员立即检查电机的电源是否正常；

（8）检查电机的线路是否正常；

（9）故障排除后，恢复系统，进行系统调试；

（10）调试完成后，继续滑移。

8.3.3　油管损坏

油管的损坏主要包括运输过程中的损坏和滑移过程中损坏，具体应急措施如下：

（1）油管运输到现场后，立即检查油管有无破损、接头位置是否完好，发现问题后，立即与车间联系更换；

（2）滑移过程中油管爆裂时，立即关闭爆裂油管的阀门；

（3）关闭所有阀门，暂停滑移；

（4）更换爆裂位置的油管，并确认连接正常；

（5）检查其他位置油管的连接部位是否可靠；

（6）故障排除后，恢复系统，进行系统调试；

（7）调试完成后，继续滑移。

8.3.4　控制系统故障

滑移使用的电气系统稳定性高，出现故障现场即可维修，具体应急措施如下：

（1）关闭所有阀门，停止滑移作业；

（2）无法自动关闭阀门时，立即采取手动方式停止；

（3）检测电气系统；

（4）对于一般故障，可进行简单维修即可排除；

（5）无法维修时时，更换控制系统相应组件；

（6）故障排除后，恢复系统，进行系统调试；

（7）调试完成后，继续滑移。

8.4 应急物资装备

本工程所需的应急物资如下：

应急物资

表 8.4-1

序号	物品名称	规格	数量
1	手拉葫芦	5T	2 个
		1.5T	2 个
2	手提电焊机		1 台
3	气割设备		1 套
4	钢管	48mm×6m	30 根
5	扣件		40 个
6	电缆	10mm²，三相五芯	100m
7	木板	30cm×5cm×4m	10 块
8	污水泵（含电线）	7.5kW	4 台
9	高压水泵	1MPa	1 台
10	应急配电箱		1 套
11	应急灯		10 个
12	担架		3 付
13	医用急救箱		2 个
14	医用绷带		5 卷
15	呼吸氧		5 袋

8.5 应急机构相关联系方式

北京市消防队求援电话：119

北京急救：120

北京市＊＊＊医院：＊＊＊＊＊＊

北京市＊＊＊医院：＊＊＊＊＊＊

＊＊＊项目经理部：＊＊＊＊＊＊

9 计 算 书

9.1 滑移过程计算

本工程钢结构采用液压累积滑移，本次计算仅验算原结构的应力、变形等受力状况。本次滑移的作用荷载即为结构自身的重量（考虑 1.1 的自重乘数），由程序自行考虑。钢结构杆件应力验算时，考虑 1.35 的荷载分项系数，考虑 1.05 的动力系数。计算变形时，不考虑分项系数和动力系数。

结构计算采用空间有限元程序 SAP2000。

计算模型如图 9.1-1～图 9.1-6 所示：

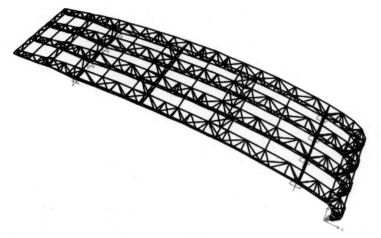

图 9.1-1　计算模型示意图

1）结构的应力比分布

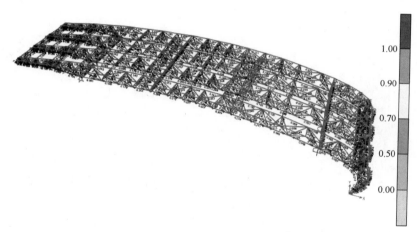

图 9.1-2　结构应力比

结论：滑移时，结构的最大应力比为 0.322，应力比均小于 1，结构满足安全要求。

2）结构的整体变形情况

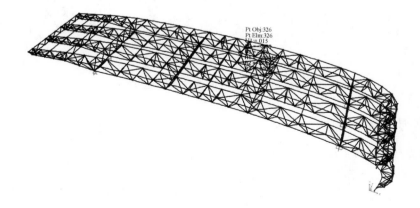

节点对象	326	节点单元	326
	1	2	3
Trans	0.01497	−0.00525	−0.07601
Rotn	2.071E−04	−2.317E−04	2.152E−05

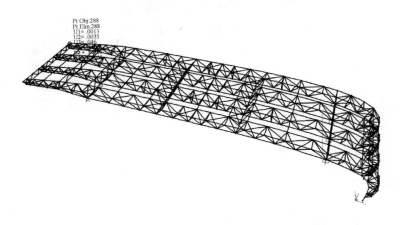

节点对象	288	节点单元	288
	1	2	3
Trans	0.00129	0.00354	0.04596
Rotn	2.406E−04	0.00156	−6.359E−05

图 9.1-3　结构变形示意图

结论：结构端部的最大竖向变形 46mm，结构的悬挑跨度为 27150mm，变形为悬挑跨度的 1/590，小于规范规定的 1/200 的悬挑变形限值，满足规范的要求。结构跨中的最大竖向变形仅为 76mm，中间的无支撑跨度为 81000mm，变形为跨度的 1/1066，小于规范规定的 1/400 的变形限值，满足规范的要求。

　　3）支反力

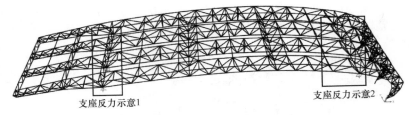

图 9.1-4　支座反力示意图编号

9.2　找平方管计算书

　　1）成品方管计算说明

　　本次计算，仅计算滑移过程中成品方管自身的受力反应、变形状况等。本次滑移的作用荷载按照 330kN 考虑。验算时，考虑 1.35 的荷载分项系数，考虑 1.05 的动力系数。

结构计算采用有限元程序 ANSYS。

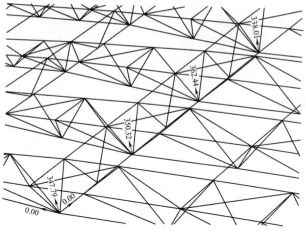

图 9.1-5　支座反力示意图 1

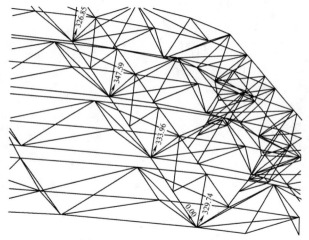

图 9.1-6　支座反力示意图 2

成品方管规格为□200×150×12×12，材质为 Q345B。

2）工况一：

按滑块与方钢管 600mm 接触长度考虑，方钢管为□200×150×12×12。

方钢管上最大应力约为 87MPa，方钢管变形小于 0.2mm（图 9.2-1）。

3）工况二：

按滑块与方钢管 200mm 接触长度考虑，方钢管为□200×150×12×12。

方钢管上最大应力约为 180MPa，方钢管变形小于 0.2mm（图 9.2-2）。

9.3　顶推系统选择

在滑移过程中，顶推器所施加的推力和所有滑靴和滑轨间的摩擦力 F 达到平衡。

摩擦力 F＝滑靴在结构自重作用下竖向反力×1.05×1.2×0.15（滑靴与滑轨之间的摩擦系数为 0.13～0.15，偏安全考虑取摩擦系数为 0.15，1.2 为摩擦力的不均匀系数，1.05 为动荷载系数）。本工程中滑移最大重量约为 1500t，则滑移所需的最大顶推力为：

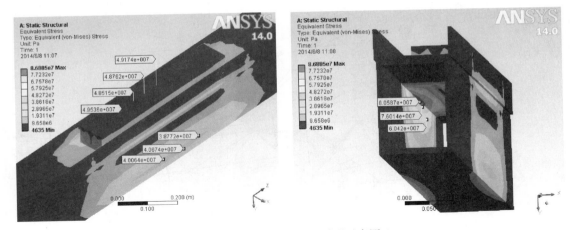

图 9.2-1　成品方管计算说明示意图 1

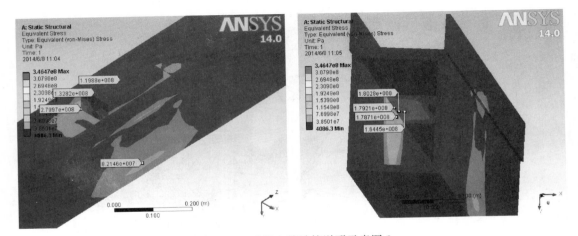

图 9.2-2　成品方管计算说明示意图 2

$$F = 1500 \times 1.05 \times 1.2 \times 0.15 = 284t$$

　　根据以上计算，为保证滑移过程中推力均匀分布，本工程中滑移设置 8 台 YS-PJ-50 型液压顶推器，在每条轨道上平均布置。单台 YS-PJ-50 型液压顶推器的额定顶推驱动力为 50t，则总顶推力为 400t＞284t，能够满足滑移施工的要求。

　　本工程中，拟配置 4 台 YS-PP-15 型液压泵源系统。

9.4　混凝土联系梁复核及加固处理

　　本工程对混凝土梁进行复核并采取处理措施，具体见《混凝土联系梁复核及加固处理方案》。经加固的混凝土结构满足滑移的要求。

9.5　拼装平台和支撑架

　　拼装平台及支撑架的设计见支撑方案。

范例 8 钢结构网架提升工程

赵娜 孙日增 张艳明 编写

赵　娜：中建一局集团有限公司、高级工程师北京市危大工程吊装及拆卸工程专家，中国施工机械专家，主要从事钢结构施工技术

孙日增：北京城建科技促进会起重吊装与拆卸专业技术委员会主任，北京市危大工程领导小组办公室副主任，北京市危大工程吊装及拆卸工程专家组组长，北京市轨道交通建设工程专家组组长，中国施工机械资深专家

张艳明：中国新兴建设开发总公司、教授级高级工程师，北京市危大工程吊装及拆卸工程专家组专家，主要从事钢结构工程施工研究工作

某展厅钢网架提升专项方案

编制：_____
审核：_____
审批：_____

施工单位：＊＊＊＊＊＊
编制时间：＊＊＊＊＊＊

目　　录

1　编　制　依　据

1.1　施工图纸

图纸名称　　　　　　　　　　　表1.1

图纸名称	图纸内容	图号	设计单位
结构图	＊＊＊1号展厅屋盖钢网架钢结构施工图	01～17	＊＊＊

1.2　合同类文件

《＊＊＊1号展厅屋盖钢网架施工合同》

1.3　法律、法规及规范性文件

1.3.1　国家法律、法规及规范性文件

规范文件　　　　　　　　　　表1.3-1

序号	标　准　名　称	编　　号
1	《中华人民共和国安全生产法》	（中华人民共和国主席令第十三号）
2	《安全生产许可证条例》	（中华人民共和国国务院令第397号）
3	《中华人民共和国特种设备安全法》	（中华人民共和国主席令第四号）
4	《建设工程安全生产管理条例》	（国务院第393号令）

1.3.2　行业法律、法规及规范性文件

规范文件　　　　　　　　　　表1.3-2

序号	标　准　名　称	编　　号
1	《危险性较大的分部分项工程安全管理办法》	（建质[2009]87号）
2	《建筑施工特种作业人员管理规定》	（建质[2008]75号）
3	《关于建筑施工特种作业人员考核工作的实施意见》	（建办质[2008]41号）

1.3.3　地方法律、法规及规范性文件

规范文件　　　　　　　　　　表1.3-3

序号	标　准　名　称	编　　号
1	《北京市建筑施工特种作业人员考核及管理实施细则》	（京建科教[2008]727号）
2	《建设工程施工现场安全防护、场容卫生及消防保卫标准》	（北京市地方标准DB11/945—2012）
3	《北京市建设工程施工现场管理办法》	（政府令第247号）
4	《北京市实施〈危险性较大的分部分项工程安全管理办法〉规定》	（京建施[2009]841号）
5	《北京市建设工程施工现场安全资料管理规程》	（DB11/383—2016）
6	《北京市危险性较大的分部分项工程安全动态管理办法》	（京建法[2012]1号）

1.4 技术标准

规范文件 表 1.4

类别	名 称	编号和文号
国标	《建筑设计荷载规范》	GB 50009—2012
国标	《钢结构设计规范》	GB 50017—2003
国标	《钢结构焊接规范》	GB 50661—2011
国标	《钢结构工程施工规范》	GB 50755—2012
国标	《钢结构工程施工质量验收规范》	GB 50205—2001
国标	《结构用无缝钢管》	GB/T 8162—2008
国标	《低合金钢焊条》	GB/T 5118—1995
国标	《工程测量规范》	GB 50026—2007
国标	《预应力混凝土用钢绞线》	GB/T 5224—2003
行标	《空间网格结构技术规程》	JGJ 7—2010
行业	《钢网架焊接空心球节点》	JG/T 11—2009
行标	《施工现场临时用电安全技术规范》	JGJ 46—2005
行标	《建筑机械使用安全技术规程》	JGJ/T 33—2001
行标	《建筑施工高空作业安全技术规范》	JGJ 80—91
地标	重型结构(设备)整体提升技术规程	DG/T J08—2056—2009 J 11400—2009

1.5 其他

北京市危险性较大分部分项工程安全专项施工方案专家论证细则。

本公司《质量保证手册》及相关标准工作程序、本公司管理制度汇编、本工程《施工组织设计》及业主对施工的要求，结合本公司的实力与施工经验。

2 工 程 概 况

2.1 工程简介

2.1.1 工程概述

本工程钢结构主要分为 1 号展厅屋盖钢网架结构，2 号、3 号、4 号展厅空间管桁架结构、展厅配套用房钢框架结构三个部分。

2.1.2 专业工作内容、工程量概述

本工程 1 号展厅网架的结构形式为焊接球节点正放四角锥结构，基本网格尺寸为 6m×6.7m，网架结构平面投影尺寸为 119.7m×88.6m，总投影面积约 10605m^2，用钢量约 700 吨。网架采用周边下弦支承的方式，共计 26 个抗震球形铰支座，网架最高点标高为 29.6m，最低点标高为 17.84m，网架标高由 1 轴向 19 轴呈流线型逐渐降低。南北跨度为 85m，东西跨度为 113m。

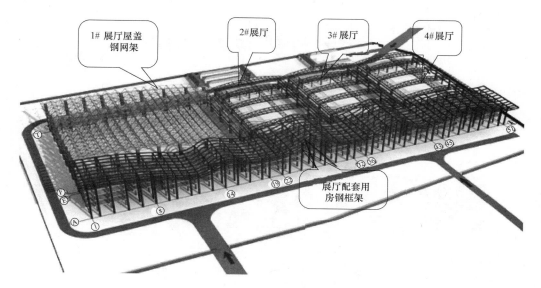

图 2.1-1　钢结构整体效果图

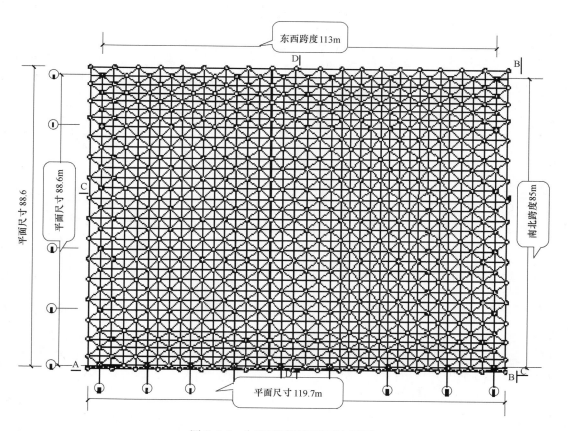

图 2.1-2　1 号展厅网架平面布置图

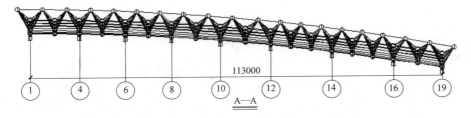

图 2.1-3 1号展厅网架 A—A 剖面图

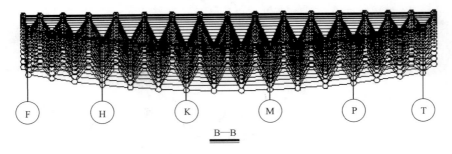

B—B

图 2.1-4 1号展厅网架 B—B 剖面图

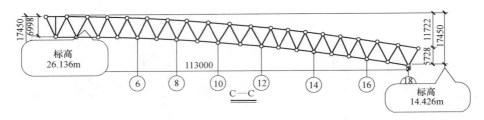

图 2.1-5 1号展厅网架 C—C 剖面图

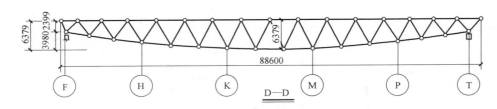

图 2.1-6 1号展厅网架 D—D 剖面图

本工程网架构件主要分三种类型：支座、网架杆件、焊接球。其中，支座采用抗震球形铰支座，数量为 26 个；网架杆件无缝钢管，截面为 $\phi146\times5$、$\phi152\times6$、$\phi159\times7$、$\phi168\times8$、$\phi180\times10$、$\phi203\times12$、$\phi219\times12$、$\phi145\times14$、$\phi273\times14$、$\phi299\times16$、$\phi325\times16$、$\phi351\times16$，总数量为 2432 根，材质为 Q345B；焊接球采用 $WS350\times14\sim WS450\times18$ 和 $WSR500\times20\sim WSR750\times30$ 的空心焊接球，数量为 644 个，材质为 Q345B，网架总重量约为 700 吨。焊接球与杆件采用剖口对接焊，焊缝等级为一级，现场焊接焊条采用 E5016 型。

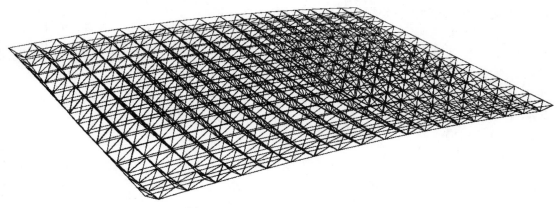

图 2.1-7 1号展厅网架结构效果图

2.1.3 参建各方列表

参见各方 表 2.1-1

参建方	单位名称	参建方	单位名称
建设单位	＊＊＊公司	钢结构施工单位	＊＊＊钢结构公司
设计单位	＊＊＊设计院	监理单位	＊＊＊监理单位
总包单位	＊＊＊有限公司		

2.2 施工关键节点

由于该工程网架南北方向长度为113m，并且网架在该方向成弧线，高低差为11.7m，如采用整体提升方案，则网架拼装支架最高点要达到10m高，考虑减少拼装支撑点的高度，决定针对该工程采用在地面组对焊接，分片提升的施工方法，即施工一区（1～10轴/F～T轴）和施工二区（10～19轴/F～T轴）分别提升到设计标高后空中合拢。网架提升点的设置和提升设备的选择及提升过程控制是本工程的关键节点。

3 施工场地周边环境条件

在进行1号展厅网架施工时2号～4号展厅以及配套用房处的钢结构已经开始施工，该网架球支座位于土建结构混凝土柱子顶面，混凝土柱之间设有混凝土梁，整个网架屋面投影下部土建结构具有地下室，地下室高度为6m。该网架上方为宽阔的空间，无障碍物存在。

4 施 工 计 划

4.1 工程总体目标

4.1.1 安全管理目标
无人员死亡重伤事故，无重大机械事故，无火灾事故，轻伤频率控制在0.6‰以内。

4.1.2 质量管理目标
符合国家现行的验收规范和标准，达到"合格"。

4.1.3 文明施工及环境保护目标

突出企业 CI 管理形象，施工不扰民。施工现场拆、装、卸、搬运、切割、焊接噪声控制在 70 分贝以下，现场作业区域保持整洁，废料、焊渣及时清理，分类存放，创造一个和谐的工作环境。

4.2 施工生产管理机构设置及职责

4.2.1 管理机构

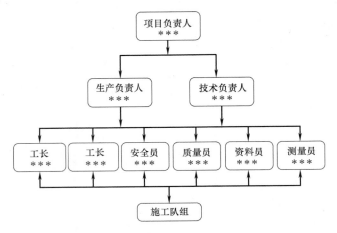

图 4.2 组织机构

4.2.2 人员分工及管理职责

人员分工及职责   表 4.2

编号	名称	职 责
1	项目负责人	对 1 号展厅屋盖钢网架的加工制作、运输、安装进度及质量全面控制；与各专业队协调、配合；对项目的成本目标、进度目标；质量目标及安全负总责任
2	项目技术负责人	编制 1 号展厅屋盖钢网架施工组织设计、施工方案；负责施工全过程的施工质量；主持深化设计会签、图纸资料的发放和交工资料整理
3	项目生产负责人	负责组织 1 号展厅屋盖钢网架安装的现场管理、安装的工期协调及施工现场的安全管理
4	各部门	在项目负责人领导下在其职责范围内做好本职工作
5	施工班组	熟悉图纸，严格按照施工方案、施工技术交底，安全、文明作业

4.3 施工进度计划

1 号展厅屋盖钢网架计划于＊＊＊年 05 月 26 日至＊＊＊年 06 月 10 日。整个提升为 16 天，具体安排如表 4.3 所示。

施工进度   表 4.3

实施阶段	开始时间	结束时间	工期（天）
提升前的准备	＊＊＊年 5 月 26 日	＊＊＊年 5 月 27 日	2 天
提升及补杆	＊＊＊年 5 月 28 日	＊＊＊年 6 月 8 日	12 天
竣工验收	＊＊＊年 6 月 9 日	＊＊＊年 6 月 10 日	2 天

4.4　施工资源配置

4.4.1　用电配置

提升用泵站需要 100kW，土建用电满足要求。

4.4.2　劳动力配置（表 4.4-1）

劳动力计划表　　　　　　　　　　　　表 4.4-1

序号	工种	人数	序号	工种	人数
1	提升指挥	1	5	测量工	2
2	液压系统人员	7	6	电工	2
3	电气系统人员	2	7	安装工	10
4	监视反馈系统人员	2			
合计			26 人		

4.4.3　施工机具配置

整体提升设备

提升设备主要由液压提升器、液压泵站系统、计算机同步控制及传感系统组成。详细提升设备如表 4.4-2 所示。

提升设备名称　　　　　　　　　　　　表 4.4-2

序号	机械或设备名称	型号规格	数量	备注
1	提升油缸	150 吨(TX-150-J)	4	
2	提升油缸	250 吨(TX-250-J)	1	
3	液压泵站	40L/min	5	额定功率(20kW)
4	计算机控制柜	同步控制型	1	
5	油缸行程传感器		5	
6	锚具传感器		10	
7	液压油管		配套若干	
8	电控线		配套若干	
9	专用钢绞线	ϕ15.24mm		1860MPa

注：250t、50t 千斤顶各备用 1 台。

测量设备（表 4.4-3）

测量设备　　　　　　　　　　　　表 4.4-3

序号	名称	规格/型号	数量
1	全站仪	Topcon-601	1 台
2	经纬仪	J2	2 台
3	电子水准仪	S3	2 台
4	激光铅直仪	莱卡	1 台
5	钢尺	50m	5 把
6	卷尺	7m	15 把
7	磁力线坠		6 个
8	水平尺	600mm	4 把
9	墨斗		5 只
10	记号笔		若干

其他配置（表 4.4-4）

其他配置表

表 4.4-4

序号	名称	规格/型号	数量
1	交流电焊机	BX-500/300	25 台
2	电闸箱	三级	
3	橡胶电缆	40mm²	600m
4	吊索	$\phi25$,长 9m	16 根
5	卡环	M24/M30	10 个
6	手拉葫芦	10 吨	30 个
7	手拉葫芦	5 吨	18 个
8	手拉葫芦	3 吨	36 个
9	千斤顶	3 吨、10 吨、35 吨	15 只
10	切割机		2 台
11	单项滑轮	1 吨、2 吨	20 只
12	角向砂轮机		20 只
13	对讲机		6 部
14	灭火器		10 部
15	烘干箱	ZXJ150	2 台
16	保温桶		10 个
17	安全绳	$\phi10$	1000 米
18	安全带		若干
19	安全网		若干

4.5　施工准备

4.5.1　技术准备

（1）进行详细的工况分析，通过工况分析确定提升系统部件的选用，确保提升安全。

（2）在提升前对现场作业人员进行相应的培训，进行详细、有针对性的技术交底、安全技术交底。

（3）熟知已选定的机械设备的性能及使用要求。

4.5.2　场地准备

（1）清除提升范围杂物。

（2）搭设施工通道。

（3）现场拼装网架焊缝探伤合格，被提升网架验收合格。

（4）对缆风绳进行安全标示与防护。

4.6　施工分区

由于本工程的工期较紧，为了下一工序和总体工程的通盘考虑，整个工程分为两个施工区。施工一区为 1～10 轴/F～T 轴，施工二区为 10～19 轴/ F～T 轴。分区图如图

4.6所示。

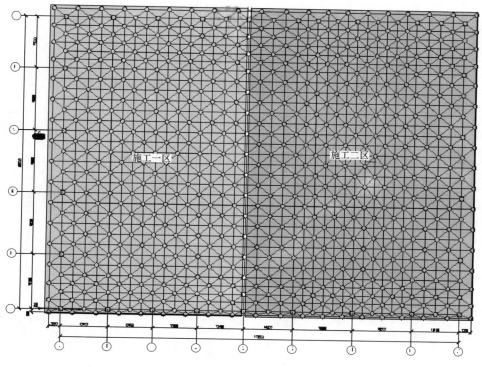

图4.6 网架分区图

5 提升原理及设备设施

5.1 提升原理

5.1.1 液压提升原理

"液压同步提升技术"采用液压提升器作为提升机具,柔性钢绞线作为承重索具。液压提升器为穿芯式结构,以钢绞线作为提升索具。

液压提升器两端的楔形锚具具有单向自锁作用。当锚具工作(紧)时,会自动锁紧钢绞线;锚具不工作(松)时,放开钢绞线,钢绞线可上下活动。

液压提升过程如图5.1-1所示,一个流程为液压提升器一个行程。当液压提升器周期重复动作时,被提升重物则一步步向上移动。

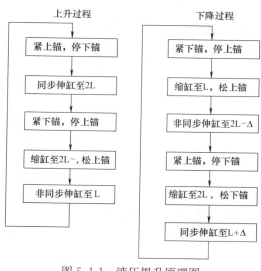

图5.1-1 液压提升原理图

提升工况步序动作示意如图 5.1-2 所示。

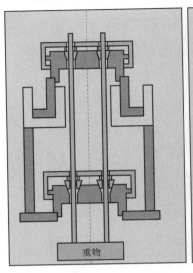
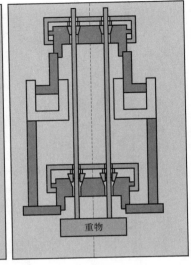

第1步：上锚紧，夹紧钢绞线；　　　　第2步：提升器提升重物；　　　　第3步：下锚紧，夹紧钢绞线；

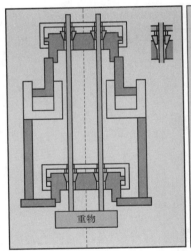
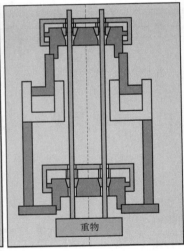
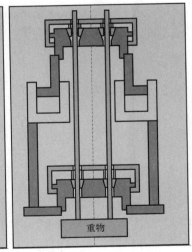

第4步：主油缸微缩，上锚片脱开；　　第5步：上锚缸上升，上锚全松；　　第6步：主油缸缩回原位。

图 5.1-2　液压提升器工作示意图

5.1.2　计算机同步控制

　　液压同步提升施工技术采用行程传感监测和计算机控制，通过数据反馈和控制指令传递，可全自动实现同步动作、负载均衡、姿态矫正、应力控制、操作闭锁、过程显示和故障报警等多种功能。操作人员可在中央控制室通过液压同步计算机控制系统人机界面进行液压提升过程及相关数据的观察和（或）控制指令的发布。

5.2　网架提升点布置

　　网架焊接完毕并经验收合格后，在提升点布置图指定的位置设置提升支撑架，并在提

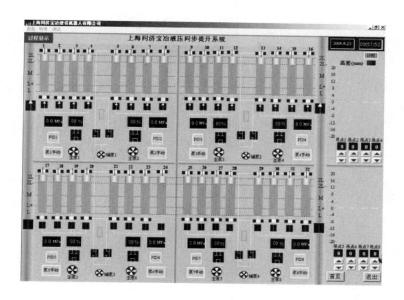

图 5.1-3　液压同步提升控制系统人机界面

升架顶部设置穿心式千斤顶吊点，每区域分别设置五组穿心式千斤顶吊点，分别进行网架的提升。提升支撑架及吊点布置图、剖面图如图 5.2-1 所示。

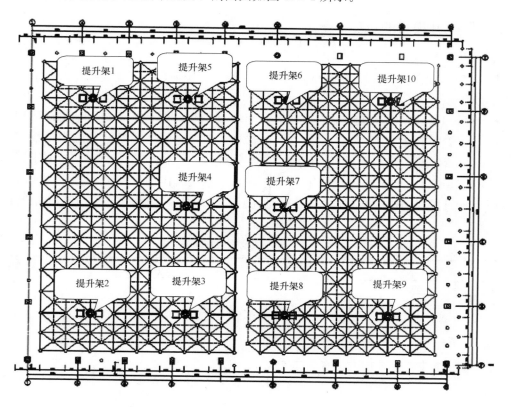

图 5.2-1　网架提升点平面布置图

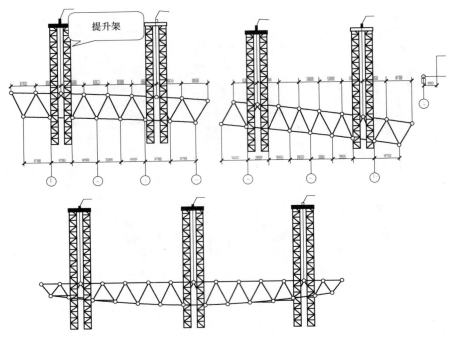

图 5.2-2　提升支撑架剖面图

5.3　主要提升设备的选型

1）液压提升器及提升钢绞线配置

本工程钢结构在整体提升过程中，拟选用 TX-150-J 和 TX-250-J 型液压提升器作为主要提升承重设备。

每台 TX-150-J 型液压提升器，额定提升能力为 150t，每台 TX-250-J 型液压提升器，额定提升能力为 250t，钢绞线作为柔性承重索具，采用高强度低松弛预应力钢绞线，公称直径为 15.24mm，根据国标《预应力混凝土用钢绞线》GB/T 5224—2003 要求：其抗拉强度为 1860N/mm，整根钢绞线最大力为 260.7kN，非比例延伸力不小于 234kN，伸长率在 1% 时的最小载荷 221.5kN，弹性模量 198GPa，松弛率≤2.5%，每米重量为 1.1kg。

各提升点千斤顶及钢绞线配置　　　　　　　　　　　　　表 5.3

吊点编号	反力(kN)	千斤顶类型	数量	提升力(t)	使用系数	钢绞线根数	钢绞线使用系数
1	721.5	150t	1	150.0	0.481	9	0.31
2	737.5	150t	1	150.0	0.492	9	0.31
3	655	150t	1	150.0	0.437	9	0.28
4	1483.7	250t	1	250.0	0.593	17	0.32
5	555	150t	1	150.0	0.37	9	0.24
6	482.1	150t	1	150.0	0.32	9	0.20
7	1381	250t	1	250.0	0.552	17	0.31

续表

吊点编号	反力(kN)	千斤顶类型	数量	提升力(t)	使用系数	钢绞线根数	钢绞线使用系数
8	545.1	150t	1	150.0	0.36	9	0.23
9	692.5	150t	1	150.0	0.462	9	0.29
10	681	150t	1	150.0	0.454	9	0.29
合计	7934.4			1700	0.466		

注：250t、50t 千斤顶各备用 1 台。

每根钢绞线的长度根据实际提升长度及相应结构高度确定。

2）液压泵站系统

液压泵站系统作为液压提升提供液压动力，在各种液压阀的控制下完成相应动作。

本工程中依据提升点及液压提升器设置的数量，共配置 5 台液压泵站，分别放在提升点对应的地面上。

3）电器同步控制系统

电器同步控制系统由动力控制系统、功率驱动系统、传感器检测系统和计算机控制系统等组成。电器控制系统主要完成以下两个控制功能：集群提升器作业时的动作协调控制。各点之间的同步控制是通过调节液压系统的流量来控制提升器的运行速度，保持被提升结构单元的各点同步运行，以保持其空中姿态。

本工程中配置 1 套计算机同步控制及传感检测系统。

5.4　提升支撑的选用

本工程提升支撑系统包括格构式提升支撑架中部（身）、提升支撑架顶部和提升支撑架底部。各部分做法如图 5.4-1 所示。

1）提升支撑架中部：主管采用 $\phi 140 \times 4.5$ 的钢管组件现场组装，每节高度 3m，施工一区组装高度为 33m，施工二区组装高度为 30m，塔架截面为 1700mm×1700mm，缀条为角钢 L50×5.0。

2）提升支撑架顶部做法：在上部用 HN500×200×10×16 的 H 钢做口字形方框，内加 HN600×200×12×20 的十字筋，上面横放两条 HN800×300×14×22 的 H 型钢，根据计算，H 型钢横梁与塔架顶部的连接方式为一端焊接，焊接尺寸 10mm，一端用 4 颗 M30 的螺栓连接，上铺一块 600×600×30 的钢板，钢板中间开 $\phi 170$ 的圆孔，千斤顶的钢绞线通过此孔，将千斤顶和网架联系在一起，参见图 5.4-3。

计算见后附计算书。

3）提升支撑架底部做法及基础处理：

由于支撑架搭设于地下室顶板位置处，为确保结构安全，提升支撑架底部采用过梁增加受力面积，过梁采用 I36 的工字钢，工字钢纵横跨于地下室顶板梁上，工字钢分布尺寸为 7.4×6m，整体覆盖面积为 44.4m²。

根据建筑设计地下室顶板承载力为 2t/m²，楼板允许承载力为 44.4×2＝88.8t，①、

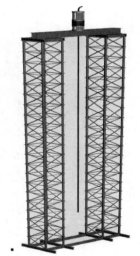

图 5.4-1　提升支撑架
三维图

303

②、③、⑤、⑥、⑧、⑨、⑩号塔架的最大提升力为 72.1t，提升架自重为 10t，满足设计承载力要求，无须反顶。而④、⑦号塔架的最大提升力为 148t，需要对混凝土结构进行支撑反顶加固。反顶点位置见图 5.4-5。

反顶材料选用 $\phi 159 \times 6$ 的钢管，间距为 1400mm，每点下设 19 根，加固见图 5.4-6。

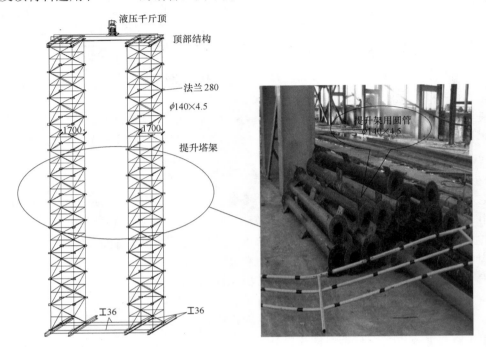

图 5.4-2　提升架身立柱

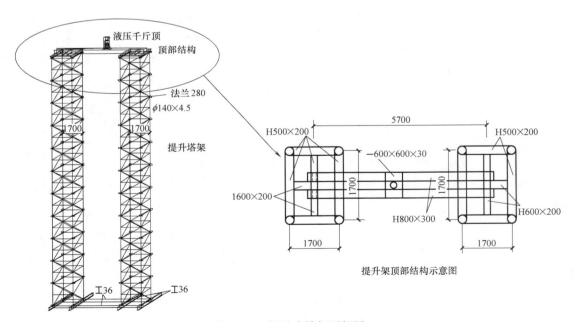

提升架顶部结构示意图

图 5.4-3　提升支撑架顶部图

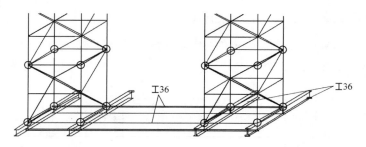

图 5.4-4 提升支撑架底部做法图

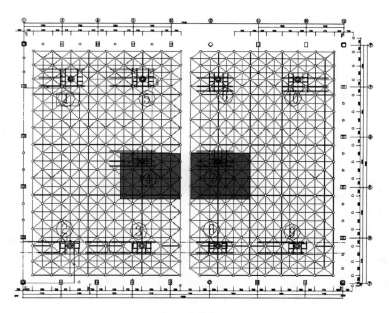

图 5.4-5 提升支撑架反顶位置图

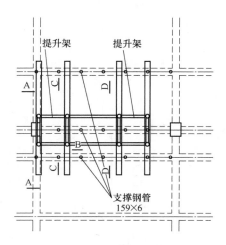

图 5.4-6 反顶立柱布置

反顶计算见 9。

5.5　提升支撑架缆风绳的布置与选择

经过塔架提升验算，用 $\phi15.5$ 的钢丝绳在提升架顶部将提升支撑架串联紧固，保证支撑架形成整体，并按缆风绳布置在提升架顶部外侧面将力传递给地面地锚上，缆风绳的布置图。

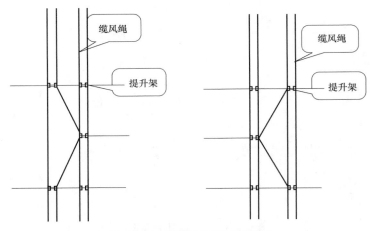

图 5.5-1　轴缆风绳平面布置图

图 5.5-2　类似工程提升支撑架缆风绳拉设应用实例

5.6　地锚做法

挖 1.5m 地坑，内埋两根 1.5m 长截面为 200mm 的方木，用 3：7 灰土回填、压实，如图 5.6。

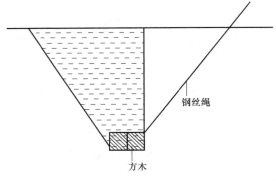

图 5.6　地锚做法

5.7　下锚固点设置

在上弦球节点上焊接一个特制支座，支座上再加焊一个箱型框，两侧钢板尺寸 300×200×20，上铺 300×300×30 钢板一块，板中间开 φ170 的圆孔，如图 5.7-1、图 5.7-2 所示。

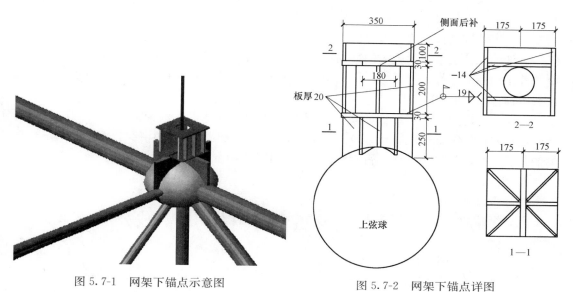

图 5.7-1　网架下锚点示意图　　　　　图 5.7-2　网架下锚点详图

6　网架提升工艺流程及步骤

6.1　施工流程图

由于该工程网架南北方向长度为 113m，并且网架在该方向成弧线，高低差为 11.7m，如采用整体提升方案，则网架拼装支架最高点要达到 10m 高，考虑减少拼装支撑点的高度，决定针对该工程采用在地面组对焊接，分片提升的施工方法，即施工一区（1～10 轴/F～T 轴）和施工二区（10～19 轴/F～T 轴）分别提升到设计标高后空中合拢。

网架施工流程：

提升系统安装、调试→一区网架试提→提升到设计标高→支座球与杆件安装→网架卸载并拆除提升架→提升架位置处杆件补装→二区网架试提→提升到设计标高→支座球与杆件安装→网架卸载并拆除提升架→提升架位置处杆件补装→一二区之间网架补装。

6.2　提升设备检查、安装与调试

6.2.1　提升设备的检查

1）提升油缸的准备

（1）锚具系统检查

将上下锚具拆卸开，对锚具系统主要检查：

清洁程度：清除锚具系统中的垃圾、铁锈等，尤其是锚片牙齿缝隙中的铁锈等垃圾，使用柴油清洗；

锚片牙齿检查：检查锚片牙齿的完好程度，如有磨损或拉伤，需要更换；

锚片弹簧检查：检查锚片圈紧弹簧，如有损坏，需要更换；

锚片压紧弹簧检查：检查锚片压紧弹簧，如有损坏，需要更换；

锚具系统在安装装配前，必须喷脱锚灵。

（2）主油缸动作试验与保压试验

主油油缸往复动作，检查油缸动作是否正常；在保压试验时保压效果良好，确认密封圈和液压锁性能良好，并做好保压记录；如保压试验不合格，则进行分析，以更换密封圈或液压锁。

调节油缸溢流阀，将油缸最高压力调到 28MPa，确认油缸溢流阀良好；调节油缸节流阀，观察油缸缩缸速度，检查节流阀情况；检查管路是否有漏油情况，快速接头是否有漏油情况，阀块和接头部位是否有漏油情况，出现漏油情况及时可靠处理。

2）液压泵站的准备

（1）常规检查与试验

做好泵站的清洁和防锈工作；电器插头必须有螺丝固定，损坏的必须更换；泵站无任何漏油情况。

（2）泵站各项性能要求的检查与试验

泵站上电，手动状态，检查泵站动作，动作都能到位；电机启动正常，液压泵无任何异常响声；调节伸缸或缩缸压力 0～20MPa，压力变化正常；调节过程中注意听液压泵声音，声音正常；各种溢流阀性能正常；将泵站各路分别用油管与油缸连接，检查锚具换向阀动作、伸缩缸换向阀动作、截止阀动作、比例阀动作；各种电磁阀性能正常；将泵站系统压力调到 20MPa，闭压 5 分钟，检查各个管路是否有漏油情况，快速接头是否有漏油情况，阀块和接头部位是否有漏油情况，出现漏油情况及时可靠处理。

6.2.2　整体提升设备安装

1）提升油缸的安装

（1）根据提升油缸的布置，安装提升油缸；

（2）在安装提升油缸和地锚支架时，准确定位，要求提升油缸安装点与下部地锚支架投影误差小于 5mm；

2）钢绞线与地锚的安装

（1）根据设计长度，切割钢绞线；

（2）用 1 吨手动葫芦预紧钢绞线，然后提升油缸用 1MPa 压力带紧钢绞线，同时将地锚做入地锚支架沉孔。

3）液压系统安装

（1）根据布置，在提升平台上安装液压泵站；

（2）连接液压油管；

（3）检查液压油，并准备备用油。

4）计算机控制系统的安装

（1）安装锚具传感器；

（2）安装提升油缸行程传感器；

（3）安装油压传感器；

（4）安装长行程传感器，注意钢丝绳保护。

6.2.3　整体提升设备调试

1）液压泵站调试

泵站电源送上（注意不要启动泵站），将泵站控制面板手动/自动开关至于手动状态，分别拨动动作开关观察显示灯是否亮，电磁阀是否有动作响声。

2）提升油缸调试

上述动作正常后，将所有动作至于停止状态，并检查油缸上下锚具都处在紧锚状态；启动锚具泵，将锚具压力调到4MPa，给下锚紧动作，检查下锚是否紧，若下锚为紧，给上锚松动作，检查上锚是否打开；上锚打开后，启动主泵，给伸缸动作，伸缸过程中给截止动作，观察油缸是否停止，油缸会停止表明动作正常；给缩缸动作，缩缸过程中给截止动作，观察油缸是否停止，油缸会停止表明动作正常。油缸来回动作几次后，将油缸缩到底，上锚紧，调节油缸传感器行程显示为2。油缸检查正确后停止泵站。

3）计算机控制系统的调试

通信系统检查，打开主控柜将电源送上，检查油缸通信线、电磁阀通信线、通信电源线连接；按F2将画面切到监控状态，观察油缸信号是否到位，将开关至于手动状态，分别发出动作信号，用对讲机问泵站控制面板上是否收到信号；一切正常后，启动泵站，然后给下锚紧，上锚松，伸缸动作或缩缸动作，油缸空缸来回动几次；观察油缸行程信号、动作信号是否正常，若正常则通信系统正常；紧停系统检查，主控柜和泵站都有一个紧停开关，若按下整个泵站动作都会停止，检查在空缸动作时进行。

6.3　网架提升

6.3.1　提升过程

根据本工程的特点及现场所具备的提升条件和工程总工期。针对网架安装的难点，经过技术分析，本工程网架安装分为两块，现将1~10轴即施工一区提升至设计标高后并卸载完成后，再提升10~19轴施工二区。具体提升如下所述：

1~10轴网架整个提升过程共分五个步骤：

第一步：网架试提。

设备安装、调试完毕后就可以进行试提，初始提升时，提升区域两侧提升器伸缸压力应逐级增加，最初加压为所需压力的30%，60%，90%，在一切都稳定的情况下，可加到100%。将网架整体提升200mm（一个行程）后停止提升。对网架进行测量，检查各点标高并做记录。在试提过程中要严密观察提升支撑架与缆风绳的变化，提升支撑架是否有偏移，如产生偏移可调整缆风绳，使支撑架重心垂直。

图6.3-1　网架提升200mm

试提要停留 12 小时观察。

　　第二步：网架拼提升阶段，在该阶段要对网架、提升支撑架、提升系统进行密切监控。

　　第三步：网架继续提升，在该阶段，首先将网架提升过 T 轴辅房屋面，拼装该处杆件及球节点，检验合格后继续提升到设计标高位置，进行封边网架的拼装。

图 6.3-2　网架提升过程

图 6.3-3　焊接球、支座节点

　　第四步：网架卸载阶段，封边完成后，复核网架轴线、标高达到要求，焊接支座，检测合格后卸载落位。

　　第五步：拆除支撑架，补充支撑架位置杆件。

　　本工程 10～19 轴提升过程与 1～10 轴提升过程相同，将两块网架连接成一个整体，补上所缺杆件。

图 6.3-4　网架提升完成效果图

6.3.2　提升过程测量与监控

　　1）提升高度的检测

　　（1）各提升吊点处，悬挂一盘 30m 钢盘尺，在提升前，各盘尺调成统一尺寸数值，且下部悬挂重量相同的重锤。

　　（2）提升前，记录网架监测点坐标位置，提升 200mm 后，再次复核。

　　（3）提升过程中，专人查看盘尺数值并及时通报提升指挥长，同时做好记录。根据施工模拟验算，两点间高差不得大于 20mm，否则调整后继续提升。

2）提升过程中的监控

（1）支撑架变形及位置量；

（2）屋盖网架提升过程中的同步性；

（3）提升承重系统监控。

提升承重系统是提升工程的关键部件，务必做到认真检查，仔细观察。重点检查：锚具（脱锚情况，锚片及其松锚螺钉），主油缸及上、下锚具油缸（是否有泄漏及其他异常情况），液压锁（液控单向阀）、软管及管接头，行程传感器和锚具传感器及其导线。

（4）液压动力系统监控

系统压力变化情况、油路泄漏情况、油温变化情况、油泵、电机、电磁阀线圈温度变化情况、系统噪声情况。

3）超差报警

当位置误差超限，单向油压超载或压力均衡超差时，喇叭报警或系统自动停机，须经分析、判断和调整后再启动。

7　施工保证措施

7.1　风险因素识别

本提升工程主要有以下危险因素：

（1）液压提升器失效；

（2）泵站故障；

（3）油管损坏；

（4）控制系统故障；

（5）计算机故障；

（6）突然停电；

（7）电磁干扰；

（8）人员误操作；

（9）强风强雨。

7.2　安全保障措施

（1）在网架提升前对提升时的吊点反力以及网架的受力状况进行验算，以确保网架提升的安全。

（2）对提升支撑架提升前应组织验收，垂直度不大于 $L/1000$。

（3）现场成立专门的安全检查小组，检查网架在提升过程中拔杆及网架本身的变形，随时向指挥人员汇报。

（4）提升作业时应划定危险区域，挂设安全标记，加强安全警戒。

（5）当风速达到 5 级（含 5 级）以上提升作业必须停止。

（6）提升施工人员应正确佩戴安全帽、安全带，操作平台用脚手板进行铺设。安全带应挂在支撑架的水平构件上，应高挂低用。

（7）液压提升过程中应密切注意液压提升器、液压泵源系统、计算机同步控制系统、传感检测系统等的工作状态。

7.3　质量保证措施

（1）材料、设备必须有出厂合格证、材质证明和使用说明书。

（2）对提升支撑架、反顶支撑架提升前应组织一次验收，垂直度用经纬仪进行校验$L/1000$。

（3）现场使用的测量仪器、钢尺必须定期检定。

（4）钢绞线应按规定进行材料复试。

（5）提升锚固点验收合格。

7.4　文明施工保障措施

（1）各种施工材料要分类有序堆放整齐。

（2）对余料注意定期回收，对废料及时清理，定点设垃圾箱，保持施工现场的清洁整齐，确保做到工完料清场地洁。

（3）施工区域设置标牌，明确负责人。

7.5　现场消防、保卫措施

（1）作业现场区域按照要求设置消防水源和消防设施，消防器材应有专人管理。

（2）作业现场严禁存放易燃易爆危险品，作业现场区域严禁吸烟。

（3）严格加强作业现场明火作业管理，严格用火审批制度，现场用火证必须统一由保卫部门负责人签发，并附有书面安全技术交底。电气焊工持证上岗，无证人员不得操作。明火作业必须有专人看火，并备有充足的灭火器材，严禁擅自明火作业。

（4）控制并监督进出工地的车辆和人员，执行工地内控制措施。对所有进入工地的车辆进行记录。

8　应　急　预　案

8.1　应急管理体系

8.1.1　应急管理机构

8.1.2　职责与分工

各职能分配如下：

提升项目经理＊＊＊电话＊＊＊：负责项目总体协调工作并对施工的全过程负责。

结构工程师＊＊＊电话＊＊＊：总体负责整体提升过程中的技术问题。

应急响应程序机械工程师＊＊＊电话＊＊＊：负责与本工程相关机械专业的工作。

自控工程师＊＊＊电话＊＊＊：负责本工程中同步控制系统的调试、运行工作。

提升工长＊＊＊电话＊＊＊：负责具体组织施工。

8.2　应急响应程序

1）事故发生初期，事故现场人员应积极采取应急自救措施，同时启动施工现场应急救援预案，实施现场抢险，防止事故的扩大。前期部等部门应尽快恢复被损坏的道路、水电、通信等有关设施，确保应急救援工作顺利开展。

2）安全事故应急救援预案启动后，应急救援小组立即投入运作，组长及各成员应迅速到位履行职责，及时组织实施相应事故应急救援预案，并随时将事故抢险情况报告上级。

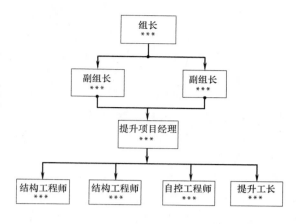

图8.1　应急组织机构

3）事故发生后，在第一时间抢救受伤人员，这是抢险救援的重中之重。保卫部门应加强事故现场安全保卫、治安管理和交通疏导工作，预防和制止各种破坏活动，维护社会治安。

4）当有重伤人员出现时救援小组应及时提供救护所需药品，利用现有医疗设施抢救伤员。同时拨打急救电话120呼叫医疗援助。其他相关部门应做好抢救配合工作。

5）事故报告：重大安全事故发生后，事故单位或当事人必须用将所发生的重大安全事故情况报告事故相关监管部门：

（1）发生事故的单位、时间、地点、位置；

（2）事故类型（倒塌、触电、机械伤害等）；

（3）伤亡情况及事故直接经济损失的初步评估；

（4）事故涉及的危险材料性质、数量；

（5）事故发展趋势，可能影响的范围，现场人员和附近人口分布；

（6）事故的初步原因判断；

（7）采取的应急抢救措施；

（8）需要有关部门和单位协助救援抢险的事宜；

（9）事故的报告时间、报告单位、报告人及电话联络方式。

6）事故现场保护：重特大安全事故发生后，事故发生地和有关单位必须严格保护事故现场，并迅速采取必要措施，抢救人员和财产。因抢救伤员、防止事故扩大以及疏通交通等原因需要移动现场物件时，必须做出标志、拍照、详细记录和绘制事故现场图，并妥善保存现场重要痕迹、物证等。

8.3　应急抢险措施

1）液压提升器故障

本工程提升所使用的穿芯式液压提升器，配有上下两道安全锚，提升过程中主要存在液压提升器漏油的故障，出现故障后的具体应急措施如下：

(1) 立即关闭所有阀门，切断油路，暂停提升；

(2) 将所有提升器安全锚锁死；

(3) 专业人员对漏油提升器的漏油位置进行全面检查；

(4) 根据检查结果采取更换垫圈、阀门等配件；

(5) 必要时更换油缸等主体结构；

(6) 检修完成后，恢复系统，进行系统调试；

(7) 调试完成后，继续提升。

2）泵站故障

泵站作为提升系统的动力源，由液压泵和电气系统两部分组成，主要故障表现为停止工作、漏油以及电机出现故障后的应急措施如下：

(1) 当泵站停止工作时，检查电源是否正常；

(2) 检查泵站各个阀门的开闭情况，确保全部阀门处于开启状态；

(3) 检查智能控制器是否正常；

(4) 泵站出现漏油时，关闭所有阀门，停止提升；

(5) 迅速检查确认漏油的部位；

(6) 更换漏油部位的垫圈；

(7) 电机出现故障时，专业人员立即检查电机的电源是否正常；

(8) 检查电机的线路是否正常；

(9) 故障排除后，恢复系统，进行系统调试；

(10) 调试完成后，继续提升。

3）油管损坏

油管的损坏主要包括运输过程中的损坏和提升过程中损坏，具体应急措施如下：

(1) 油管运输到现场后，立即检查油管有无破损、接头位置是否完好，发现问题后，立即与车间联系更换；

(2) 提升过程中油管爆裂时，提升器上的液控单向阀自动锁死；

(3) 关闭所有阀门，暂停提升；

(4) 更换爆裂位置的油管，并确认连接正常；

(5) 检查其他位置油管的连接部位是否可靠；

(6) 故障排除后，恢复系统，进行系统调试；

(7) 调试完成后，继续提升。

4）控制系统故障

提升使用的电器系统稳定性高，出现故障现场即可维修，具体应急措施如下：

(1) 关闭所有阀门，停止提升作业；

(2) 无法自动关闭阀门时，立即采取手动方式停止；

(3) 检测电器系统；

(4) 对于一般故障，可进行简单维修即可排除；

(5) 无法维修时时，更换控制系统相应组件；

(6) 故障排除后，恢复系统，进行系统调试；

（7）调试完成后，继续提升。

5）计算机故障

提升过程中计算机系统出现故障的情况时，具体应急措施如下：

（1）当计算机处于死机状态时，立即启动紧停应急开关，使得泵源系统电机停止工作；

（2）计算机重新启动，故障依然存在时，更换计算机；

（3）故障排除后，恢复液压控制系统，进行系统调试；

（4）调试完成后，继续提升。

6）突然停电、停电复送

突然停电时控制系统将全部处于自动停机的安全状态。液压系统失压，平衡阀能可靠锁住负载，保证主油缸活塞杆不下沉。上下锚具利用锚片的机械自锁锁紧钢绞线。停电复送时系统仍处于停机状态，必须重新初始化才能启动。

7）电缆线断

在系统设计时，只要一根电线中断，系统会自动停机；根据信号显示情况，判断中断处，并进行处理。

8）电磁干扰

系统在设计时，已考虑电焊机、对讲机等电磁设备的干扰。

9）人员误操作

在系统硬件和软件设计时，进行动作闭锁；对特定动作，进行多重闭锁保护，防止误操作。

10）防雨、防风应急预案

应及时获取天气消息，要对施工现场天气状况做详细的了解。在构件提升前夕，要和当地气象部门保持联系，最早获得最近至少十天内的天气状况，若提升施工周期内有强风，提前做好防范工作，做好设备、构件必要的固定保护。

为防止突发大风天气的影响，保证网架结构整体提升过程的绝对安全，在提升过程中应随时观测网架结构的偏移量，当钢绞线的斜度大于1°时，需暂停提升，并通过钢丝绳将网架结构四角与邻近主体结构临时连接，起到限制网架水平摆动。

8.4　应急物资装备

应急物资主要有以下：
（1）液压千斤顶；
（2）油管；
（3）液压油。

8.5　应急机构相关联系方式

北京市消防队求援电话：119

北京急救：120

北京市＊＊医院：（路线图）

9　计　算　书

9.1　网架提升工况分析

网架提升过程中各个阶段的网架内力均通过设计软件验算，验算使用程序为浙江大学空间结构研究中心开发的空间网格结构分析设计软件（MSTCAD），本工程分别按网架施工一区和施工二区对各吊装工况进行验算。其中，施工一区分七种工况，施工二区分五种工况。具体工况分析如下：

9.1.1　网架施工一区

1）工况一：完成 1 区拼装，开始提升最大应力比是 0.72。

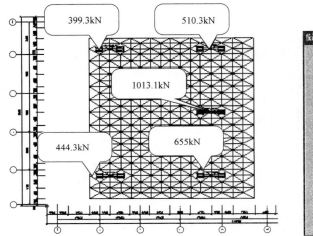
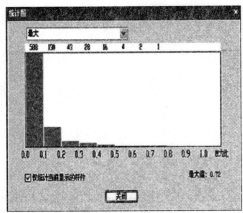

图 9.1-1　一区吊装工况一及杆件应力统计图

2）工况二：提升超过 T 轴辅房，拼装上弦下弦各一排后、最大应力比是 0.77。

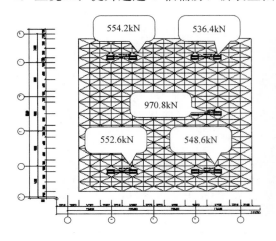
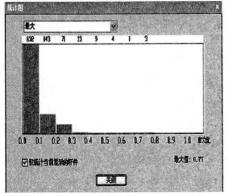

图 9.1-2　一区吊装工况二及杆件应力统计图

3）工况三：提升到设计标高，开始边支座连接时、最大应力比是 0.92。

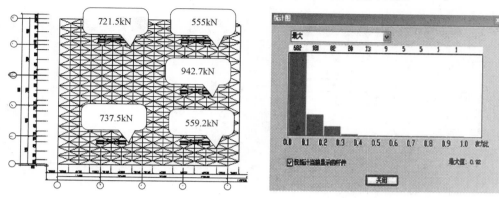

图 9.1-3 一区吊装工况三及杆件应力统计图

4）工况四：周边支座安装完成，撤出四周提升设备补杆前，最大应力比是 0.99。

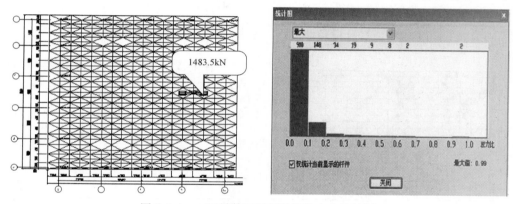

图 9.1-4 一区吊装工况四及杆件应力统计图

5）工况五：周边支座受力后，周边四个提升设备位置杆件补焊后，最大应力比是 0.91。

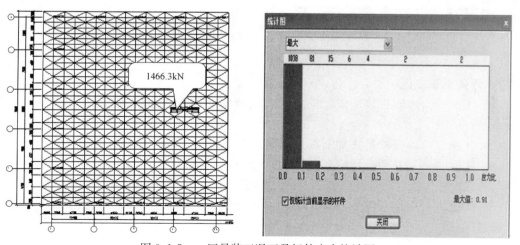

图 9.1-5 一区吊装工况五及杆件应力统计图

6）工况六：最后一个提升设备卸载后，补杆前、最大应力比是 0.8。

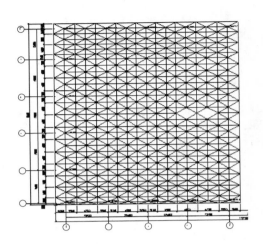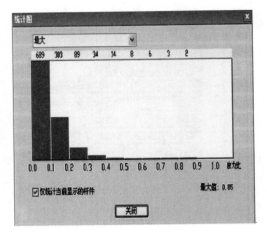

图 9.1-6 一区吊装工况六及杆件应力统计图

7）工况七：最后一个提升设备卸载后，补杆后、最大应力比是 0.41。

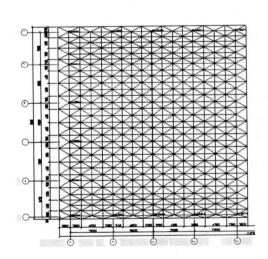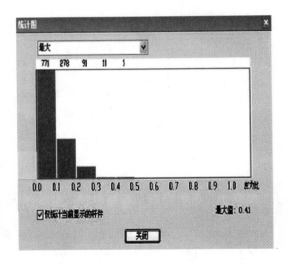

图 9.1-7 一区吊装工况七及杆件应力统计图

9.1.2 网架施工二区

（1）工况一：地面拼装完成，提升最大应力比是 0.88，最大提升力为 751.8kN，吊装安全。

（2）工况二：提升超过 T 轴辅房，拼装上弦下弦各一排后、最大应力比是 0.78。

（3）工况三：提升到设计标高，开始边支座连接时、最大应力比是 0.46。

（4）工况四：周边支座安装完成，周边四个提升架撤出，补杆前、最大应力比是 0.89。

（5）工况五：周边支座受力，并与第一单元连接完成后，最大应力比是 0.78。

通过验算，在所有吊装过程中，网架结构均无超应力杆件，原结构安全，无须杆件更换。通过以上计算可知，提升点最大力为 1466.3kN。

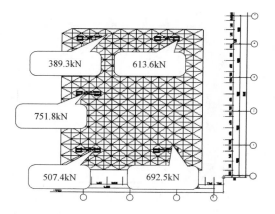
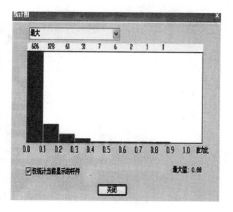

图 9.1-8　二区吊装工况一及杆件应力统计图

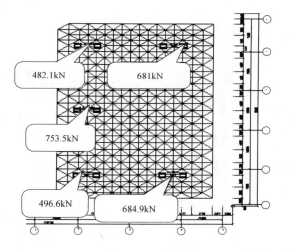
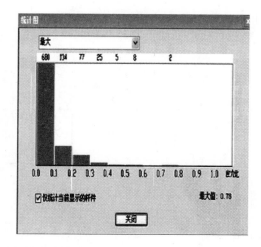

图 9.1-9　二区吊装工况二及杆件应力统计图

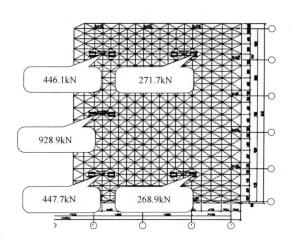
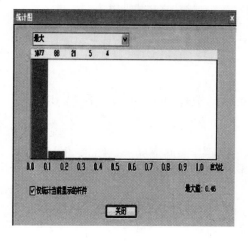

图 9.1-10　二区吊装工况三及杆件应力统计图

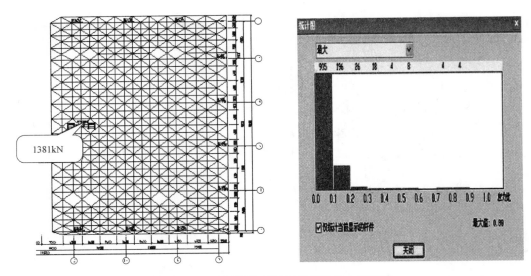

图 9.1-11　二区吊装工况四及杆件应力统计图

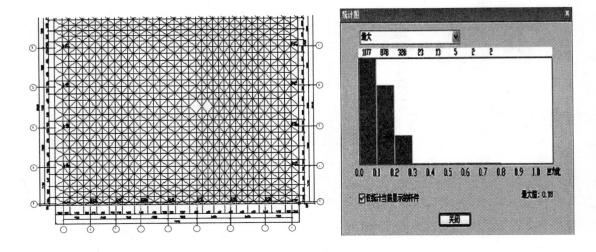

图 9.1-12　二区吊装工况五及杆件应力统计图

9.2　千斤顶及钢绞线选择和校核

依据《空间网格结构技术规程》JGJ 7—2010 有关液压千斤顶折减系数为 0.5～0.6 的规定，根据工况分析结果（见后计算书），对不同受力点选择不同大小的千斤顶，各提升点千斤顶及钢绞线选择见表 9.2。

钢绞线作为柔性承重索具，采用高强度低松弛预应力钢绞线，公称直径为 15.2mm，根据国标《预应力混凝土用钢绞线》GB/T 5224—2003 要求：其抗拉强度为 1860N/mm，整根钢绞线最大力为 260.7kN，非比例延伸力不小于 234kN，伸长率在 1‰ 时的最小载荷 221.5kN，弹性模量 198GPa，松弛率≤2.5%，每米重量为 1.1kg。同时，钢绞线应能经

受 2×106 次 $0.7Fm\sim(0.7Fm\text{-}2\Delta Fa)$ 脉动负荷后而不断裂。250t 千斤顶穿 17 条钢绞线，150t 千斤顶穿 9 条钢绞线，根据提升区域吊点载荷分布情况，250t 液压提升器中单根钢绞线的最大荷载为 148.37/17＝8.73t，单根钢绞线的安全系数为 26/8.37＝3.1；150t 液压提升器中单根钢绞线的最大荷载为 737.5/9＝8.2t，单根钢绞线的安全系数为 26/8.2＝3.2 满足要求。

各提升点千斤顶及钢绞线　　表 9.2

吊点编号	反力（kN）	千斤顶类型	数量	提升力（t）	使用系数	钢绞线根数	钢绞线使用系数
1	721.5	150t	1	150.0	0.481	9	0.31
2	737.5	150t	1	150.0	0.492	9	0.31
3	655	150t	1	150.0	0.437	9	0.28
4	1483.7	250t	1	250.0	0.593	17	0.32
5	555	150t	1	150.0	0.37	9	0.24
6	482.1	150t	1	150.0	0.32	9	0.20
7	1381	250t	1	250.0	0.552	17	0.31
8	545.1	150t	1	150.0	0.36	9	0.23
9	692.5	150t	1	150.0	0.462	9	0.29
10	681	150t	1	150.0	0.454	9	0.29
合计	7934.4			1700	0.466		

9.3　提升支撑架计算

1）模型建立

格构式井字提升支撑架采用 $\phi140\times4.5\times3m$ 的钢管组件现场组装，塔架组装高度为 21m，塔架截面为 1700mm×1700mm，缀条为角钢 L50×5.0 mm；支撑塔架顶部做法：在上部用 HN500×200×10×16 的 H 钢做口字形方框，内加 HN600×200×12×20 的十字筋，上面横放两条 HN800×300×14×22 的 H 形钢（如图 9.3-1 所示）。

图 9.3-1　支撑架顶部结构

塔架采用 MIDAS GEN 8.00 版本计算，根据条件建立模型如图 9.3-2 所示。

2）荷载布置

塔架承受竖向力 1100kN（按活荷载考虑），动力系数 $\mu=1.2$，则 $F=1100\times1.2=1320kN$，考虑两根钢梁均匀受荷，每根钢梁承受 660kN 活荷载，荷载具体布置如图 9.3-3 所示。

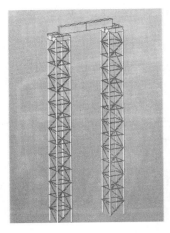

图 9.3-2　支撑架模型

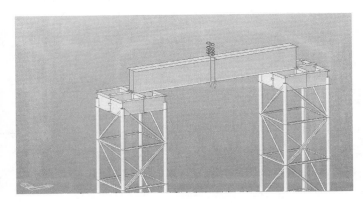

图 9.3-3　荷载图

3）计算结果

结构构件应力如图 9.3-4 所示。

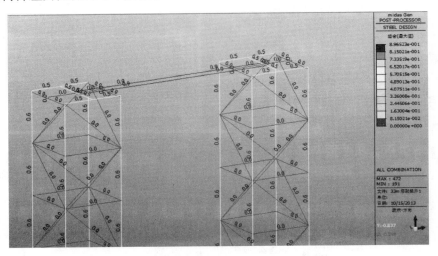

图 9.3-4　应力比图

4）结论

在 1500kN 力作用下，提升支撑架满足要求。

9.4　下锚固点节点计算

在上弦球节点上焊接一个特制支座，支座上再加焊一个箱型框，两侧钢板尺寸 $300\times200\times20$，上铺 $300\times300\times30$ 钢板一块，板中间开 $\phi170$ 的圆孔，如图 9.4 所示。

$$\sigma=\frac{1500\times1.2\times10^3}{20\times350\times2}=128.6\mathrm{N/mm^2}<f=215\mathrm{N/mm^2}\ \text{满足要求。}$$

9.5　地锚的计算

1）在垂直分力作用下锚碇的稳定性，可按下式验算：

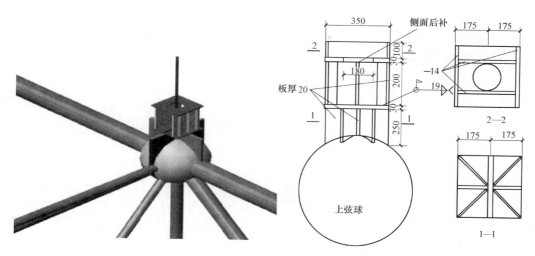

图9.4 网架下锚点

$$KT\sin\alpha \leqslant G + \mu T\cos\alpha$$

式中 K——安全系数，取 $K=2$；

T——缆风绳所受张力，取 $T=17$（kN）；

α——缆风绳与地面的夹角，取 $\alpha=50$（°）；

G——地的重力，按以下估算：

$$G = \frac{b+(b+H\tan\varphi)}{2}Hl\gamma$$

式中 b——横木宽度，取 $b=0.8$m

φ——地的内摩擦角，取 $\varphi=25°$；

H——横木的埋置深度，取 $H=1.5$m；

l——横木长度，取 $l=1.5$m；

λ——土的重度，取 $\lambda=17$kN/m³；

μ——摩擦系数，取 $\mu=0.5$。

经计算得：

土的重力：

$G=[0.80+(0.80+1.50\tan0.44)]\times1.50\times1.50\times17.00/2=43.97$kN。

计算安全系数：

$K=(43.97+0.50\times17.00\times\cos0.87)/(17.00\sin0.87)=3.80$。

由于计算所得安全系数为3.80不小于要求安全系数2.00，所以满足要求。

2）在水平分力作用下土的压力强度验算，无板栅碰可按下式：

$$[\sigma]K \geqslant \frac{T\cos\alpha}{hl}$$

式中 $[\sigma]$——深度为 H 处土的容许压力，取 $[\sigma]=0.15$N/mm²；

K——地挤压不均容许应力降低系数，取 $K=0.6$。

经计算得：$\sigma=17\times\cos0.87/(0.32\times1.50)=22.78$kN/m²=0.02N/mm²。

土的容许压力为 0.15N/mm^2，应力降低系数取 0.6，则

$[\sigma]K = 0.15 \times 0.60 = 0.09\text{N/mm}^2 > 0.02\text{N/mm}^2$，所以满足要求。

3）锚碇横木截面应力验算：

一根钢丝绳系在横木上，横木为矩形截面，其最大弯矩和应力计算公式：

$$M_x = \frac{T\cos\alpha \cdot l}{8} \quad M_y = \frac{T\sin\alpha \cdot l}{8}$$

$$\sigma_m = \frac{M_x}{W_{nx}} + \frac{M_y}{W_{ny}} \leqslant f_m$$

式中　W_{nx}，W_{ny}——横木的截面抵抗矩：

$$W_n = \frac{1}{6}bh^2$$

式中　b——横木的截面宽度，取 $b = 160\text{mm}$。

　　　h——横木的截面高度，取 $h = 200\text{mm}$。

经过计算得：

$$W_{nx} = 200 \times 160^2/6 = 853333.33\text{mm}^3。$$

$$W_{ny} = 160 \times 200^2/6 = 1066666.67\text{mm}^3。$$

$$M_x = 17 \times \cos 0.87 \times 1.5/8 = 2.05\text{kN} \cdot \text{m}。$$

$$M_y = 17 \times \sin 0.87 \times 1.5/8 = 2.44\text{kN} \cdot \text{m}。$$

$$\sigma = [2.05 \times 10^6/(2 \times 853333.33)] + [2.44 \times 10^6/(2 \times 1066666.67)] = 2.35\text{N/mm}^2$$

由于矩形横木应力为 2.35N/mm^2，不大于横木受弯强度设计值 11.00N/mm^2，所以满足要求！

9.6　缆风绳验算

考虑风荷载对支撑塔架的作用：

$$W_0 = 0.3(10年), u_z = 1.16 u_s = 0.62$$

$$W_K = W_0 u_z u_s = = 0.3 \times 1.4 \times 0.62 = 0.217$$

$$F_水 = 1.4 W_K \times S = 1.4 \times 0.217 \times 1.7 \times 33 = 17\text{kN}$$

缆风绳与地面成 50°角，最大缆风力为：

$P = 17/\cos 50° = 26.4\text{kN} = 2.64\text{t}$，经查表：直径为 15.5mm 的 $6 \times 19 + 1$ 级别钢丝绳的破断拉力为 15.2t，

受力不均匀系数 $\alpha = 0.85$

作缆风绳时，安全系数 $K = 3.5$

则：钢丝绳容许力 $S_g = \alpha \times R/K = 0.85 \times 15.2/3.5 = 3.7 >$ 最大缆风力 2.64t。

9.7　反顶立柱验算

塔架自重 10t，提升力按 150t 进行计算，共计 160t。混凝土梁下设 19 个 $\phi 159 \times 6$ 的圆管，则每个圆管受力为 $N = 160 \times 1.2/19 = 10.1\text{t} = 101\text{kN}$

支撑的稳定性验算，支撑高度为 6m：

长细比 $l_0/i = 6000/54.13 = 110$，$\phi = 0.493$

$\sigma = N/\phi A = 101 \times 1000/(0.493 \times 2884)\text{N/m}^2 = 71\text{N/m}^2 \leqslant [f] = 215\text{N/m}^2$，满足要求。

范例 9　倒装法水罐安装工程

李红宇　董冰冰　王凯晖　编写

李红宇：北京城建建设工程有限公司、高级工程师、北京城建科技促进会起重吊装与拆卸工程专业技术委员会秘书长、北京市危大工程吊装及拆卸工程专家组组长、北京市轨道交通建设工程专家组组长、中国施工机械专家

董冰冰：抚顺永茂建筑机械有限公司、北京城建科技促进会起重吊装与拆卸专业技术委员会委员、北京市危大工程吊装及拆卸工程专家组专家、北京市轨道交通建设工程专家组专家、中国施工机械专家

王凯晖：北京建筑大学、北京市建设机械与材料质量监督站，北京城建科技促进会起重吊装与拆卸专业技术委员会副主任、北京市危大工程吊装与拆卸工程专家组组长、北京市轨道交通建设工程专家组组长、中国施工机械专家

某中心蓄冷罐安装安全专项方案

编制：_____

审核：_____

审批：_____

施工单位：＊＊＊＊＊＊

编制时间：＊＊＊＊＊＊

目　　录

1　编　制　依　据

1.1　勘察设计文件

（1）＊＊＊建设工程施工组织设计；

（2）＊＊＊建设工程施工图纸。

1.2　合同类文件

（1）＊＊＊建设工程施工合同；

（2）＊＊＊建设工程中心蓄冷罐安装合同。

1.3　法律、法规及规范性文件

（1）《特种设备安全法》（中华人民共和国主席令第 4 号）；

（2）《危险性较大的分部分项工程安全管理办法》（建质〔2009〕87 号）；

（3）《北京市实施〈危险性较大的分部分项工程安全管理办法〉规定》（京建施〔2009〕841 号）；

（4）《北京市建设工程施工现场管理办法》（政府令第 247 条）；

（5）《建设工程安全生产管理条例》（国务院第 393 号令）；

（6）《建设工程施工现场安全防护、场容卫生及消防保卫标准》DB11/945—2012。

1.4　技术标准

（1）《起重机械安全规程　第 1 部分：总则》GB 6067.1—2010；

（2）《起重机 钢丝绳 保养、维护、安装、检验和报废》GB/T 5972—2009；

（3）《重要用途钢丝绳》GB 8918—2006；

（4）《建筑施工起重吊装工程安全技术规范》JGJ/T 276—2012；

（5）《起重吊运指挥信号》GB 5082—1986；

（6）《立式圆筒形钢制焊接油罐施工及验收规范》GB 50128—2005；

（7）《钢结构工程施工质量验收规范》GB 50205—2008；

（8）《气焊、手工电弧焊及气体保护焊焊缝坡口的基本形式与尺寸》GB/T 985—2008；

（9）《施工现场临时用电安全技术规范》JGJ 46—2005；

（10）《钢制罐式容器》JB/T 4710—2005；

（11）《钢制焊接常压容器》JB 4735—2005；

（12）《工程建设安装起重施工规范》HG 20201；

（13）《大型设备吊装工程施工工艺标准》SH 3515—2003；

（14）《索具螺旋扣》CB/T 3818—2013；

（15）《建设工程施工现场安全防护、场容卫生及消防保卫标准》DB 11/945—2012。

1.5 起重设备说明书

＊＊＊电动葫芦使用说明书。

1.6 管理体系

(1) ＊＊＊公司质量、职业安全健康、绿色施工管理手册。
(2) ＊＊＊公司质量、职业安全健康、绿色施工管理体系文件。
(3) ＊＊＊公司项目管理文件。

1.7 参考书籍

(1) 起重工手册 (＊＊＊出版社 ＊＊＊年第＊＊＊版);
(2) 起重工艺手册 (＊＊＊出版社 ＊＊＊年第＊＊＊版)。

2 工 程 概 况

2.1 工程简介

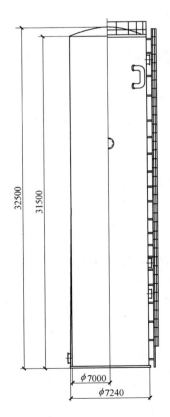

图 2.2 罐体外形图

2.1.1 工程概述

＊＊＊工程为国家十一五计划重要项目,位于＊＊＊。总建筑面积为 39096.24m²。东侧塔楼檐高 45m,4 层以下为钢筋混凝土结构;5 层以上为钢结构;裙楼檐高 20m,地下 6 层,地上 7 层。

2.1.2 参建各方列表

建设方:＊＊＊轨道运输公司
勘察方:＊＊＊研究院
设计方:＊＊＊设计院
施工方:＊＊＊建设有限公司
监理方:＊＊＊监理公司
专业施工方:＊＊＊起重吊装有限公司

2.2 专业工程简介

2.2.1 工作内容、工作量概述

"＊＊＊冷冻水系统"负责为＊＊＊提供工艺冷冻水。为了实现不间断供冷和节约能源、成本的目的,在塔楼内建设蓄冷罐。夜间电价低谷时,由主机将冷量储存进蓄冷罐,白天电价高峰时,蓄冷罐进行放冷,以此实现节约电能、节约成本的目的。在突然停电的情况下,也可以由发电机实现放冷泵运转达到应急放冷效果。

本工程为 1 座有效容积为 1193m³ 的钢制直立圆筒蓄冷水罐（图 2.2）。本施工方案针对蓄冷水罐罐体及布水系统设备制作安装进行编制。按照设计要求，蓄冷罐的内径为 7m，罐高约 32.5m，有效水深 31m。单罐体重量约为 70t。

2.2.2 专业施工重点、难点

罐体必须在建筑结构内拼装，无法使用大型起重设备进行辅助施工，采用多台电动葫芦进行联合提升。

2.2.3 主要工法、关键节点

1）罐体的安装采用倒装法施工，利用扒杆和电动葫芦从上到下逐层安装。

2）12 台 10t 的电动葫芦均匀分布，利用联动开关保证其动作同步。每台电动葫芦的计算载荷为额定载荷的 70%。

3）确保罐体的垂直度，监测罐体在提升过程中的竖直状态。

3 施工场地周边环境条件

罐体安装在塔楼内进行，罐体距离周围建筑物结构 4～8m，作业空间满足施工。设备基础已经验收完毕。

4 起重设备参数

4.1 起重设备的选用

起重设备选用＊＊＊公司（沪工）的产品，DHP10 型电动葫芦。

外形见图 4.1。

4.2 起重设备的性能参数

DHP10 型电动葫芦起重性能优良，主要性能参数见表 4.2。

电动葫芦性能参数 表 4.2

型号	DHP 10
额定载荷	10t
试验载荷	12.5t
提升速度	0.09m/min
电机功率	800W
电压电压	380V
两钩之间最小距离	730mm
起重链行数	4
整机重量	110kg
装箱尺寸	60cm×32cm×32cm
有效行程	3～9m

图 4.1 电动葫芦外形图

331

5　施 工 计 划

5.1　工程总体目标

5.1.1　安装工程安全管理目标

杜绝一般等级（含）以上安全生产责任事故。

5.1.2　安装工程质量管理目标

无质量事故，＊＊＊优质工程金奖。

5.1.3　安装工程文明施工及环境保护目标

有效防范和降低环境污染，杜绝环境违法违规事件。

5.2　施工生产管理机构设置及职责

5.2.1　管理机构

现场设安装公司主管一人，辖起重班、电焊班和技术组，接受总包单位的管理。见图 5.2。

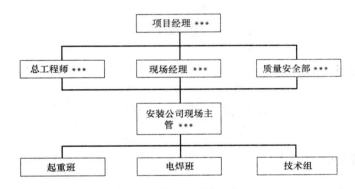

图 5.2　管理组织机构图

5.2.2　人员分工及管理职责

储罐安装工程管理人员见表 5.2。

管理人员配置表　　　　　　　　　　　　　　表 5.2

序号	岗　位	姓名	职责
1	项目经理	＊＊＊	＊＊＊
2	现场经理	＊＊＊	＊＊＊
3	总工程师	＊＊＊	＊＊＊
4	安全质量部	＊＊＊	＊＊＊
5	安装公司现场主管	＊＊＊	＊＊＊
6	专职安全员	＊＊＊	＊＊＊
7	技术员	＊＊＊	＊＊＊

5.3　施工进度计划

本项目罐体安装工程工期为 60 日，整体工程 90 日内完成，见表 5.3。

施工进度计划表　　　　　　　　　　　　　　表 5.3

	第1周	第2周	第3周	第4周	第5周	第6周	第7周	第8周	第9周
安装扒杆	—								
施工准备	—								
铺设底板		—							
安装顶板		—							
倒装法安装壁板			—						
安装附件						—			
安装上部布水系统						—			
安装下部布水系统						—			
罐体内布水设备及保温安装								—	
调试、试运行								—	
验收									—

5.4　施工用具准备

5.4.1　用电配置

施工配置 5 台焊机，计算功率 120kW，在塔楼内四周布置 5 台开关箱。

5.4.2　劳动力配置

DHP10 型电动葫芦起重性能优良，主要性能参数见表 5.4-1。

吊装作业施工人员配置表　　　　　　　　　　表 5.4-1

名称	数量（人）	要求
起重工	2	持证
焊工	10	持证
电工	1	持证
铆工	5	持证
辅助工	8	
架子工	6	持证

5.4.3　施工机具配置

机械、工具和材料清单如表 5.4-2 所示。

机械、工具和材料清单表　　　　　　　　　　表 5.4-2

序号	机具名称	规格	单位	数量	说明
1	配电箱		套	6	
2	交流电焊机	ZX7-400A	台	5	
3	半自动切割机	CE2-3 型	台	1	
4	角磨机	ϕ125	台	6	
5	螺旋千斤顶	16t	台	2	
6	水准仪	S6	台	1	
7	三辊卷板机	XHS 电动卷板机	台	1	

序号	机具名称	规格	单位	数量	说明
8	电动葫芦	10t	只	14	2台备用
9	手拉葫芦	3t	只	4	
10	工装小行车	3t	套	2	
11	平板推车		台	2	运送杂物
12	氧炔割枪		套	4	
13	卸扣	10t	个	24	
14	地牛叉车	800kg	台	2	
15	经纬仪	DJ2	台	2	

5.5　施工准备

5.5.1　技术准备

施工前，组织方案交底，进行安全技术交底。

所有施工人员进场完成三级安全教育，体检合格后办理入场手续并接受施工技术及安全技术交底后可上岗作业；所有特殊工种持证上岗率100％。

5.5.2　施工机械和物资材料准备

1）罐底板预制（略）

2）壁板预制（略）

3）辅助构件预制（略）

4）施工机具准备

安装施工前，电动葫芦、扒杆、和吊具就位，在现场西侧的场地整齐放置。底板安装完毕后，按照方案要求架设扒杆，安装电动葫芦和吊具。

电焊机应按安全操作规程的要求接线，并放置在合理位置。

5.5.3　生产准备

每班作业前，对配电箱和用电设备进行检查。

作业前，先对场地进行检查，清除障碍物，将完成的钢结构部分里面夹杂的工具和遗留焊条等清理干净，避免在吊起后落下硬质物件伤人。

现场主管向所有施工人员详细介绍组装焊接步骤、起升步骤、指挥信号、注意事项以及各个成员应负担的职责。

5.5.4　施工监测的组织及信息反馈

为确保水罐的竖直状态和提升的平稳，在提升过程中应监测以下三点：

1）电动葫芦起升链条的张紧度。

2）罐体的垂直度。在垂直的两个方向上架设经纬仪，观察提升过程中罐体的垂直度，当偏差超过2％时，停止提升，进行微调。

3）扒杆的稳定。在班前检查和试吊的基础上，监测提升过程中扒杆背绳的张紧程度和扒杆根部焊缝。

6　施工工艺流程及步骤

6.1　施工流程图

罐体拼装工程，起重工序和焊接工序交叉在一起，详见图6.1。

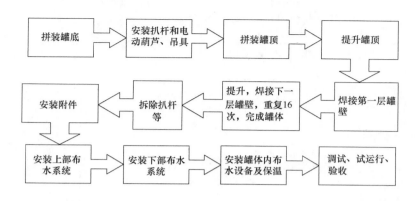

图 6.1　施工流程图

6.2　施工工艺

罐体安装采用倒装法作业。

在罐体组焊过程中，将提升装置均布于罐体内壁圆周处，提升罐体壁板及罐顶，逐层组焊储罐壁。

壁板的提升采用胀圈，胀圈的外径和罐体内径一致，在罐壁内分段连接，用千斤顶顶紧，使胀圈与罐体、支撑挡块紧密贴合。电动葫芦提升胀圈，罐体即一起向上提升。焊完下层壁板再将胀圈装到下层壁板上。重复工作，直到完成壁板施工。

6.2.1　罐底组装

（略）。

6.2.2　安装扒杆和电动葫芦

按照图 6.2-1 的位置，在罐底上焊接扒杆。

按照图 6.2-2 所示，把扒杆焊在罐底上，垂直度不大于 1‰。

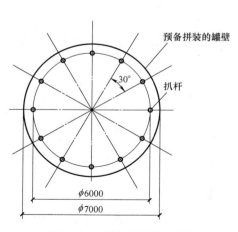

图 6.2-1　扒杆安装位置图

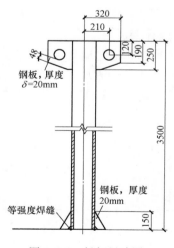

图 6.2-2　扒杆尺寸图

罐顶超过扒杆顶部以后，按照图 6.2-3 所示，安装背绳，用花篮螺栓张紧。

把电动葫芦利用卸扣挂在扒杆上，见图 6.2-4。

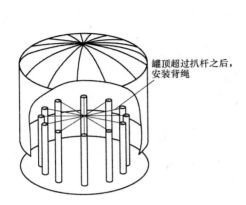

罐顶超过扒杆之后，安装背绳

图 6.2-3　扒杆背绳安装示意图

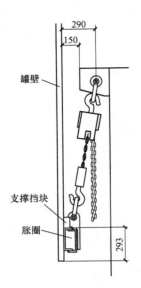

罐壁

支撑挡块

胀圈

图 6.2-4　吊装尺寸

检查电动葫芦、扒杆、吊装现场和吊具等。

电动葫芦的使用必须遵循以下原则：

（1）所有电动葫芦必须单独设置漏电开关和热保护器，然后再统一接入联动开关，在安全的基础上，确保动作统一。

（2）每次提升前，所有电动葫芦都必须进行试运行，行程不少于 10cm，检查同步性和平稳性。

（3）每次吊起罐体，离地 10cm 时，停顿 5 分钟。检查链条张紧度，试验电动葫芦的制动系统。

6.2.3　拼装罐顶

焊接要求：（略）

6.2.4　提升罐顶

（1）用卸扣把电动葫芦吊钩固定在罐顶的吊耳上。操作联动开关，将所有电动葫芦的链条全部张紧，见图 6.2-5。

（2）将罐顶体提 1500mm，见图 6.2-6。

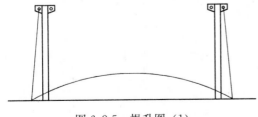

图 6.2-5　提升图（1）

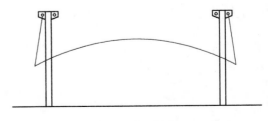

图 6.2-6　提升图（2）

6.2.5　罐壁组装

（1）拼装第一层罐壁，见图 6.2-7。

（2）焊接支撑挡块，安装胀圈。支撑挡块的焊接位置如图 6-5 所示，距离罐壁下口 293mm。

用电动葫芦吊住胀圈吊耳，张紧链条，见图 6.2-8。

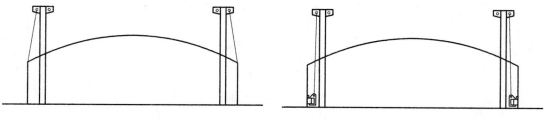

图 6.2-7　提升图（3）　　　　　图 6.2-8　提升图（4）

胀圈和罐壁，必须贴近，用千斤顶顶牢。胀圈、罐壁和支撑挡块的位置关系位置关系如图 6.2-9 所示。

（3）提升 1500mm。把拼装好的第一层罐壁和罐顶一起提升，为安装第二层罐壁留出作业高度，见图 6.2-10。

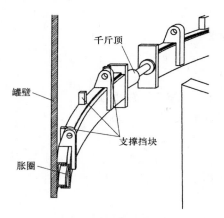

图 6.2-9　胀圈示意图

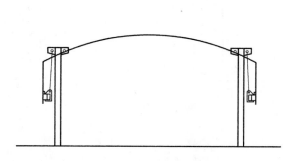

图 6.2-10　提升图（5）

（4）电动葫芦保持不动，拼装第二层罐壁，见图 6.2-11。

（5）在新拼装的罐壁上焊接支撑挡块，拆卸胀圈，重新安装在下层罐壁上。用电动葫芦吊住胀圈吊耳，张紧链条，见图 6.2-12。

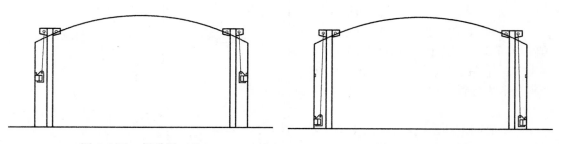

图 6.2-11　提升图（6）　　　　　图 6.2-12　提升图（7）

（6）提升 1500mm。按照图 6-4"扒杆背绳安装示意图"安装扒杆背绳，用花篮螺栓张紧。同时，把罐顶的施工开孔补上，见图 6.2-13。

（7）拼装下一层罐壁，见图 6.2-14。

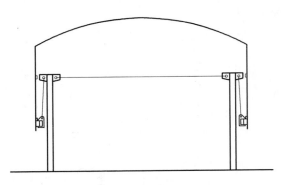

图 6.2-13 提升图（8）

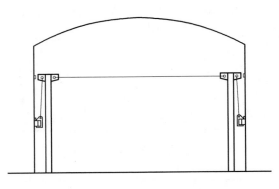

图 6.2-14 提升图（9）

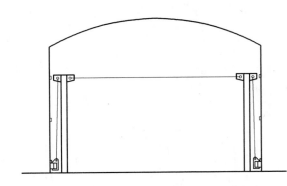

图 6.2-15 提升图（10）

（8）拆卸胀圈，在新拼装的罐壁上焊接支撑挡块，安装胀圈，用电动葫芦吊住胀圈吊耳，张紧链条，提升，见图 6.2-15。

一直重复上述操作，直到罐体全部拼装完毕。

6.2.6 施工注意事项

焊接要求：（略）

吊装要求：

（1）在内壁圆周上平均分布 22 个支撑挡块，挡块间距 1m。所有挡块下端面在同一水平，误差不大于 1mm。

（2）安装胀圈时，确认所有连接螺栓已经紧固到位，千斤顶已经把胀圈顶紧，使其紧贴罐壁。

（3）胀圈和支撑挡块之间如果有间隙，用与相应缝隙厚度一致的铁片垫实，确保罐壁受力均匀。

（4）为了方便人员进出，可以将焊接好的罐壁继续提升（不拆卸胀圈）300mm，这时候电动葫芦链条的受力角度如图 6.2-4 所示，达到 10°。人员进出前，作为安全预防措施，必须用 6 个马凳平均放置在罐壁圆周下方，见图 6.2-16。

（5）胀圈上的吊点，和扒杆中心必须完全对应，保持在同一罐体径向轴线上。偏移不得大于 2cm。

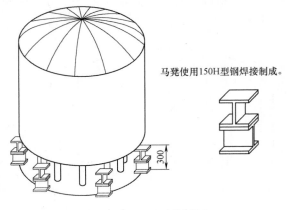

马凳使用150H型钢焊接制成。

图 6.2-16 马凳支撑图

7　施工保证措施

在罐体拼装过程中,涉及焊接、用电、登高、密闭空间作业、炎热、体力劳动强度大、气割、卷板机、起重等多个因素,作业过程复杂,工序穿插频繁。

对危害危险源进行排查、辨识,并制定控制措施,如表 7.0 所示。

危害危险源识别和控制措施　　　　　　　　　　　　　　表 7.0

序号	作业活动	危害危险源具体描述	采用的风险控制措施	负责人
1	起重	施工前工、机具检查不到位,损坏设备或者罐体	施工前全面检查工、机具,检查合格后方可使用	＊＊＊
2		起重工误操作、误动作,起重过程中,意图传递出现错误	一人操作,多人看护,遇到任何异常情况立刻停止,检查排除异常,每人配发口哨,遇到异常用尖锐哨音示警	＊＊＊
3		罐体倾斜	提升过程中设置观测点,一旦发现罐体垂直度超过 2%,停止提升,封闭联动开关,操作较低方向的葫芦,调整至正常位置,恢复联动开关,继续提升	＊＊＊
4		人员进出时碰伤或割伤	设置专用通道,佩戴劳动防护用品,严查不穿工作服、不戴安全帽、不穿防砸鞋等违章行为	＊＊＊
5	安全意识	员工群体安全意识不强	开展安全生产活动,禁止带病作业,施工期间禁止饮酒,醉酒后 24 小时内禁止参与施工	＊＊＊
6		人员无证上岗或证件过期仍继续作业	人员无证或证件过期禁止参与施工作业	＊＊＊
7		施工人员习惯性违章	由安全员对习惯性违章进行检查,对违章现象及时制止并严肃处理	＊＊＊
8	密闭空间作业	夏季、焊接、密闭空间作业等因素造成人员因炎热中暑、脱水	合理安排作业时间,轮班休息,采用风扇等降温措施,现场备有绿豆汤、有机盐水等消暑饮品,并备有常用药品	＊＊＊
9		照明不足	按照工位配备 3 台大功率 LED 灯具	＊＊＊
10		火灾	现场严禁放置可燃物,配备 3 个灭火器	＊＊＊
11		有害气体	采用强制排风措施	＊＊＊
12		劳动强度大	采用地牛等辅助设备,减轻体力劳动,合理安排休息	＊＊＊
13	高处作业	高处作业时坠物伤人	施工作业场所有坠落可能的物体,应一律先行撤除或加以固定	＊＊＊
14		人员高处坠落	高空作业时必须佩带和正确使用安全带,必要时搭设作业平台,不允许从非施工通道以外的任何途径登高作业,未经验收的作业平台不许使用	＊＊＊
15	应急措施	出现险情人员慌乱不知道如何应急处置	针对应急预案进行交底,熟知应急反应流程	＊＊＊
16		人员受到伤害不能得到及时处理	进行处置措施的培训,了解最近的医院,为施工现场配备急救箱	＊＊＊

续表

序号	作业活动	危害危险源具体描述	采用的风险控制措施	负责人
17	焊接作业	危险气体引发险情	合理储存,保持安全距离,按照安全操作规程对气割设备进行维护和操作,软管进入罐内必须经过钢管专用通道,每班作业后有专人检查	＊＊＊
18		电焊的焊渣伤人	按要求穿戴劳动防护用品	＊＊＊
19		触电	严格遵守操作规程,安装二次侧触电保护器	＊＊＊
20	用电	触电	遵守施工现场的规定,非电工不得操作	＊＊＊
21	机械作业	卷板机伤人	遵守操作规程,严禁使用安全装置不齐全的机械设备。多人操作时,设专人指挥	＊＊＊
22		设备超负荷作业	熟知设备性能,定期保养设备	＊＊＊
23	其他	搬运物件时碰伤、砸伤	构件摆放整齐,有专用进出通道	＊＊＊
24		无关人员进入现场	设置安全警戒带,挂警示牌	＊＊＊

8　应急预案

8.1　应急组织体系

项目经理部成立应急救援组织机构（图 8.1），应急救援领导小组和各专业救护组进行应急救援的具体工作，领导小组组长由项目经理担任，如有特殊情况项目经理不能到位时，由常务副经理代任，副组长由常务副经理和项目经理部党工委书记担任。项目安全部负责预案的日常管理工作。

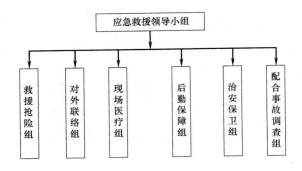

图 8.1　项目经理部应急救援组织机构图

8.2　指挥机构及职责

为应对突发事件，在突发事件发生后能快速、及时的做出反应、进行补救，尽量减少人员和财产损失，项目部成立事故应急救援领导小组，负责组织、指挥现场的应急救援工作。

1）小组成员

组　长：＊＊＊ 项目经理

副组长：＊＊＊书记、＊＊＊总工、＊＊＊副经理

成　　员：各部室负责人、工区及作业队负责人。

联系方式（略）

2）主要职责

（1）组织有关部门制定应急救援预案，并组织演练主要预案，当突发事件发生时，按照应急预案迅速组织开展抢险救灾工作。

（2）根据事故、事件发生情况，统一部署应急预案的实施工作，并对应急救援工作中发生的争议采取紧急处理措施。

（3）在项目经理部内紧急调用各类应急物资、设备、人员，根据现场情况决定是否向外界求援。

（4）分析事故、事件灾害实际情况，当有危及周边单位和人员的险情时，及时组织人员和物资疏散工作。

（5）负责事故事件现场恢复与应急关闭。

（6）组织事故、事件的内部调查、处理；配合上级和政府部门进行事故、事件调查处理工作。

（7）负责做好稳定社会秩序和伤亡人员的善后处理及安抚工作。

（8）组织对外公布事故事件救援进展情况（由项目经理部党工委书记或常务副经理负责向外界发布）。

各专业组及职责见表8.2。

各专业组及职责　　　　　　　　　　表8.2

序号	小组名称	小组组长	小组成员	主要职责
1	救援抢险组	副经理	作业人员	①负责抢险方案的实施；②组织实施救灾抢险工作，把事故损失控制在最小限度；③负责事故事件现场安全状态的监测；④负责基坑、隧道内紧急情况下人员疏散及救援工作；⑤负责抢险结束后现场的清理恢复
2	对外联络组	项目书记	党工委成员	①负责与上级和社会各界保持联络。②按照要求及时报告事故事件抢险救援情况。③负责向社会各界和政府寻求帮助
3	现场医疗组	办公室主任	办公室成员	①负责事故事件现场伤员紧急救护、联络、运送；②负责事故事件现场卫生防疫工作
4	后勤保障组	物资部	物资部成员	①负责抢险救援的后勤保障工作；②负责抢险救援时通讯畅通；③负责救援交通车辆保障工作
5	治安保卫组	安全总监	安质部成员	①负责现场安全保卫工作，维持事故现场秩序；②负责隧道外围人员的疏散工作
6	配合事故调查组	项目经理	书记、安全总监、总工	①负责组织各类突发事件的调查处理，配合上级部门和地方政府的调查工作。②对各类事故事件提出处理意见和预防措施。③上报事故事件调查报告

8.3　信息报告程序

（1）事故发现人员、应立即向项目经理（副经理）报告。

（2）项目经理接到报警后，通知应急救援小组成员，并立即启动应急救援系统。

（3）根据事故类别向当地政府主管部门报告。

（4）报告应包括以下内容：①事故发生时间、类别、地点和相关设施；②联系人姓名和电话等；③事故已经造成或者可能造成的伤亡人数（包括下落不明、涉险人数）；1小时内按照事故报告的内容和要求，将所发生的事故情况进行书面报告，并传真事故快报表。

8.4　应急指挥

安全生产事故发生后，项目部立即启动应急预案实施救援，当地政府部门或上级单位启动更高级别预案并到达现场后，即转为接受政府部门、上级单位指挥，并全力配合各项救援工作。

8.4.1　发生Ⅰ级、Ⅱ、Ⅲ级安全事故

发生特别重大、重大、较大安全生产事故，启动Ⅰ、Ⅱ、Ⅲ级响应，在安全监管部门的领导下，由集团公司或政府部门组织、协调、调度相关应急力量和资源，统一实施应急处置。各有关部门和单位应及时赶赴事发现场，按照各自职责和分工，密切配合，迅速开展现场处置。

8.4.2　发生Ⅳ级安全事故

项目部按照事故质量安全责任和法规规定能够自行处置的质量安全事故。应急处置情况应及时上报。

安全生产事故发生后，项目经理部在公安、消防、医疗等专业抢险力量到达现场前，立即启动本项目的应急救援预案，全力开展事故抢险救援工作，采取有效措施抢救人员和财产，防止事故扩大。同时项目部应协助有关部门保护现场，维护现场秩序，妥善保管有关物证，配合有关部门收集证据和事故调查。因抢救人员、疏导交通等原因，需要移动现场物件时，应当做出标志，绘制现场简图并做出书面记录，妥善保存现场重要痕迹、物证，并应采取拍照或者录像等直录方式反映现场原状。

在现场抢险中，项目部应充分调动本单位的应急资源和力量开展应急救援工作，若本单位应急资源无法满足需要时，应请求集团公司或者地方政府给予进一步的支援。

在应急救援过程中，应急指挥机构应采取相应措施密切监控现场状况，保障人员安全，防止次生、衍生事故的发生。

当安全生产事故不能有效处置或者有进一步扩大、发展的趋势时，现场指挥机构应立即报告上级单位、当地政府请求实施更高级别的应急响应，并撤离现场人员。当事故发生在重要地段、重大节假日、重大社会活动和重要会议期间，其应急响应等级可视情况提高一个级别。

8.5　处置措施

事故发生后，现场人员应立即向值班人员（项目经理）汇报事故时间、地点、方位、受伤人员情况。

项目部应急领导小组根据情况启动预案，组织人员设备进行抢救行动。

现场急救。对伤员的现场处理十分重要，否则会贻误治疗，而不正确的处理又容易使

伤员雪上加霜。根据实际情况首先应停止设备运转或移动机械设备，使伤员脱离致害物，对与肢体动脉流血的伤员要及时包扎止血，防止流血过多造成休克或生命危险。确认伤员呼吸道无堵塞物后方可采用心肺复苏法进行急救。

事故中如果发生手、脚或手指、脚趾断掉时，在料理好伤者后，及时找回断肢，用清洁的布块包好放入塑料袋内，让断肢保持低温，如有可能在塑料袋周围放些冰块，但不要将冰块直接碰到断肢。

伤员转运的正确方法：

外伤患者，经过现场急救之后，需要送往医院救治。在搬运伤员的过程中，如果不懂得伤员转运中的知识和方法，很有可能由于搬运不当引起严重后果。例如：脊椎损伤的病人，转运中不能使病人的脊椎弯曲，应用坚固的木板将身躯固定好，并用硬木板担架搬运。没有应用物时，多人同时搬运中，应使其身体保持在伸直位置，以免损伤脊椎神经，导致下肢瘫痪；对于昏迷者，应让其取侧卧位，以防呕吐物吸入肺部，引起肺炎或窒息死亡。

危重伤员搬动身体时，必须将患者的头、肩、躯干作为一个整体，在同一平面上同时翻转和搬动，不可使其扭曲等等。

患者在担架上，应根据不同的伤情，做一些体位上的调整，例如：怀疑脑损伤的可将伤员的头适当的垫高。有头骨骨折时头部两侧还应用棉衣、枕头、砖、石等予以固定，避免晃动加重损伤。如果怀疑患者内出血休克，则应采用头低脚高位。如果患者呼吸困难或是胸部创伤，则应该采用半坐位。

经过伤员现场处理之后，及时送往医院治疗观察。伤员送到医院后，应立即将断肢交给救护人员处理。

8.6 应急物资与装备保障

为保证突发性事件发生时所用的设备及物资在使用时充足，项目部准备表 8.6 中物品为突发性储备物资。

应急物资   表 8.6

序号	名　称	规格型号	数量	性能状态	备注
1	常用急救箱		1	合格	
2	急救担架		2	合格	
3	常用急救药品		10 人份	有效	
4	止血绷带纱布		10 个	合格	

医疗救援物资由办公室管理，其他储备物资的管理由物资部进行统一管理，分项目单独存放。储备物资的调用必须由抢险救援小组下令后方可领用。储备物资的定期检查、更新、补充、调整工作由物资部门进行，做好动态管理工作。储备物资、设备的使用培训工作由办公室组织，安质部和工程部进行培训。所有的储备物资不得挪为他用。

在突发性事件发生时，如储备物资不能满足现场需要，物资部门必须按紧急情况立即进行购置或从外单位借用，指令由抢险领导小组组长下达。

9　计　算　书

9.1　电动葫芦数量的确定

提升重量按最后一步的最重载荷进行校核。

$$G = G_{罐体} + G_{附件} + G_{胀圈} = 70 + 1.3 + 0.7 = 72t$$

最大提升重力 $F_{总} = k_1 \times 9.8 \times G = 776.16kN$

其中：k_1——动载系数，取 $k_1 = 1.1$

电动葫芦的额定起重量为 10t，即 98kN，则所需电动葫芦的数量

$$N = \frac{F_{总}}{98 \times \eta} = \frac{776.16}{98 \times 0.7} = 11.3$$

N 取整数、偶数，得 $N = 12$

其中 η——安全效率系数，取值范围 0.6～0.8，本工程取 $\eta = 0.7$。

为防止薄板在提升时的变形，各电动葫芦之间的距离应控制在 4m 以内。罐壁圆周长度为 $L = \pi D = 3.14 \times 7 = 22m$，电动葫芦的间距约为 1.8m，满足安全要求。

9.2　支撑挡块的校核

挡块为宽 25mm，长 100mm，厚度 20mm 的 Q235B 钢板制成，下端面须磨平。在罐壁圆周上平均分布了 22 个支撑挡块，共同承担罐体 70t 的重量。

每个挡块受力为

$$F_{挡} = k_2 \frac{G}{22} \times 9.8 = 1.5 \times \frac{72}{22} \times 9.8 = 46.8kN$$

其中：k_2——不均匀载荷系数，取 $k_2 = 1.5$

焊缝高度 $h = 10mm$，长度 $l = 100mm$，按焊缝受剪进行校核。

$$\tau_{挡块焊缝} = \frac{F_{挡}}{2hl} = \frac{46.8 \times 10^3}{2 \times 0.7 \times 10 \times 100} = 33.4MPa < [\tau] = 160MPa$$

合格。

注：在本方案中，焊缝的允许应力一律按 160MPa 校核。

9.3　胀圈的校核

胀圈由两个 20b 槽钢按照罐壁内径尺寸分别辊压后相对错扣焊接制成，见图 9.3-1。查型钢表，得到 20b 槽钢截面特性并计算胀圈的截面特性，见表 9.3。

胀圈截面特性　　　　　　　　　　　　　　　　　　　　表 9.3

项目	20b 槽钢	胀圈
截面积 S	32.83cm²	65.66cm²
每延米重量	25.77kg/m	51.54kg/m
抵抗矩 W_x	191.4cm³	1056.91cm³
惯性矩 I_x	1913.7cm⁴	5813.61cm⁴
惯性矩 I_y	143.6cm⁴	61367.42cm⁴

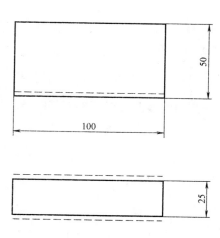

图 9.2-1 支撑挡块

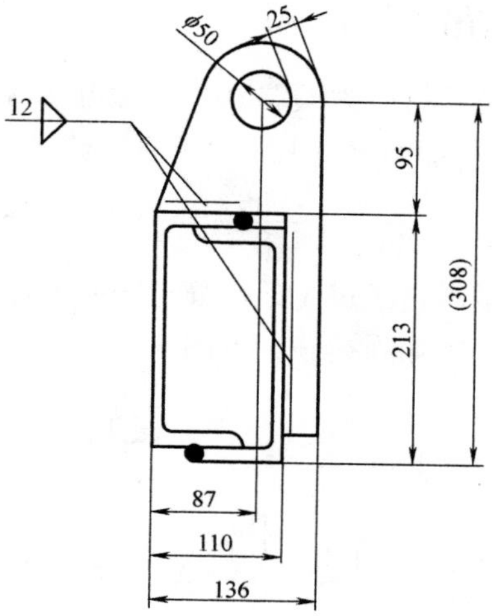

图 9.3-1 胀圈截面

胀圈的受力，见图 9.3-2。

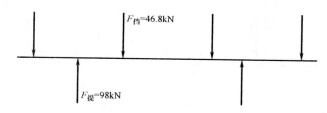

图 9.3-2 胀圈连续梁受力图

简化计算，按照简支梁校核胀圈，并忽略水平分力，见图 9.3-3。

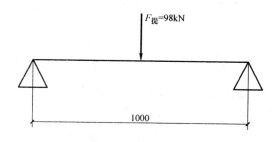

图 9.3-3 胀圈简支梁受力图

$$M_{梁} = \frac{F_{提} \, l_1}{4} = \frac{98 \times 1}{4} = 24.5\text{kN} \cdot \text{m}$$

$$\sigma_{梁} = \frac{M_{梁}}{W_{y梁}} = \frac{24.5 \times 10^2}{1056.91} = 2.32\text{kN/cm}^2 = 23.2\text{MPa} < [\sigma] = 215\text{MPa}$$

$$\tau_{梁} = \frac{F_{提}}{A_{梁}} = \frac{98}{65.66} = 1.49\text{kN/cm}^2 = 14.9\text{MPa} < [\tau] = 125\text{MPa}$$

合格。

9.4　吊点校核

吊耳材质为 Q235B，按照电动葫芦额定起重量校核胀圈吊耳，即 $F=98\text{kN}$，垂直夹角 10°，如图 9.3-1 所示。应校核吊耳的抗剪强度和焊缝强度。

$$\tau_{梁耳}=\frac{F_{提}}{A_{耳}}=\frac{98}{4.8\times2}=10.2\text{kN/cm}^2=102\text{MPa}<[\tau]=125\text{MPa} \text{ 吊耳抗剪校核合格}$$

吊耳是通过 4 条焊缝与胀圈连接的，我们只考虑侧面的竖向焊缝，把端部的横向焊缝作为一个加强措施，见图 9.4-1。

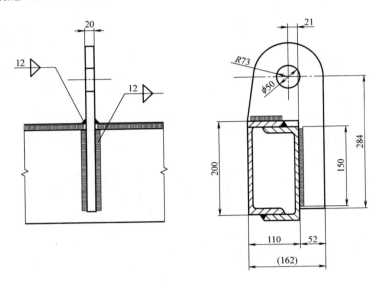

图 9.4-1　吊耳详图

$$\tau_{梁耳焊缝}=\frac{F_{提}}{2hl}=\frac{98}{2\times0.7\times1.2\times15}=389\text{kN/cm}^2=38.9\text{MPa}<[\tau]=160\text{MPa}$$

合格。

9.5　扒杆的校核

选用 DN200 号无缝钢管作为扒杆，截面特性如表 9.5 所示。

扒杆的截面特性　　　　　　　　　　　　　　　　　　　　　　　表 9.5

外径	内径	壁厚	截面积	每延米重	抵抗矩	惯性矩
219.1mm	203.1mm	8mm	53.03cm²	41.629kg	269.9cm³	2955.43cm⁴

扒杆承受竖向压力和弯矩，弯矩是由链条角度和吊耳偏心造成的，如图 9.5 所示。竖向压力 $F_{竖}=96.5\text{kN}$，弯矩 $M_{杆}=F_1\times3.5=5.95\text{kN}\cdot\text{m}$，应按照压弯杆校核。扒杆一端固定一端自由，长度系数取 $\mu=2$。

$$i=\sqrt{\frac{I}{A}}=\sqrt{\frac{2955.43}{53.03}}=7.465$$

$$\lambda=\frac{\mu l}{i}=\frac{2\times350}{7.465}=93.77$$

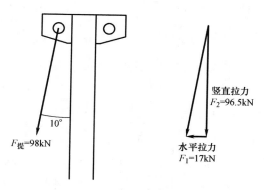

图9.5 扒杆吊耳的受力分析

$$\sigma=\frac{F_2}{\varphi_x A}+\frac{\beta_{mx}M}{\gamma_x W\left(1-0.8\dfrac{F_2}{F'_{Ex}}\right)}=\frac{96.5}{0.684\times53.03}+\frac{1\times5.95\times10^2}{269.9\times\left(1-0.8\dfrac{96.5}{1114.7}\right)}=5.02\mathrm{kN/m^2}$$

式中 φ_x——稳定系数，查表，取 0.684；

β_{mx}——等效弯矩系数，取 1.0；

γ_x——截面塑性发展系数，取 1.0；

F'_{Ex}——临界压力，$F'_{Ex}=\dfrac{\pi EA}{1.1\lambda^2}=\dfrac{3.14^2\times2.06\times10^4\times53.03}{1.1\times9.77^2}=1114.7\mathrm{kN}$

$$\sigma=50.2\mathrm{MPa}<[\sigma]=215\mathrm{MPa}$$

扒杆稳定性校核，合格。

根部为等强度焊缝，免于校核。

扒杆吊耳的焊缝和结构尺寸均等于或大于胀圈吊耳，免于校核。

9.6 提升高度校核

利用CAD进行同尺寸模拟，见图9.6。

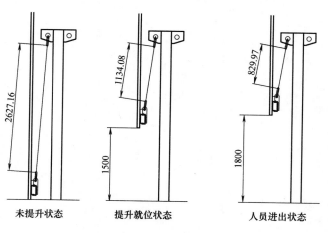

图9.6 提升高度

吊钩的最小距离为 829.97mm，查电动葫芦的性能表（表4-1）可以看到，葫芦的吊钩最小距离为 730mm，满足要求。

9.7 卸扣

上下吊耳上的卸扣，选用美标 YP045 型卸扣。其参数见图 9.7 和表 9.7。

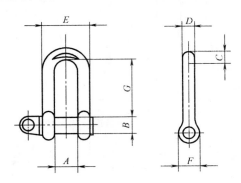

图 9.7 卸扣

卸扣的参数   表 9.7

型号	额定载荷	A	B	C	D	E	F	G
YP045	10.7t	80mm	52mm	45mm	45mm	170mm	97mm	190mm

范例 10 盾构机出井吊装工程

董海亮　李红宇　孙曰增　编写

董海亮：中建一局集团有限公司、高级工程师、北京城建科技促进会起重吊装与拆卸工程专业技术委员会副主任、北京市危大工程吊装及拆卸工程专家组组长、北京市轨道交通建设工程专家组组长、中国施工机械专家

李红宇：北京城建建设工程有限公司、高级工程师、北京市城建科技促进会秘书长、北京市危大工程吊装及拆卸工程专家组组长、北京市轨道交通建设工程专家组组长、中国施工机械专家

孙曰增：北京城建科技促进会起重吊装与拆卸专业技术委员会主任、北京市危大工程领导小组办公室副主任、北京市危大工程吊装及拆卸工程专家组组长、北京市轨道交通建设工程专家组组长、中国施工机械资深专家

＊＊＊线＊＊＊标＊＊＊站——＊＊＊站区间＊＊＊
右线盾构机出井吊装安全专项施工方案

编制：＿＿＿＿＿＿＿＿

审核：＿＿＿＿＿＿＿＿

审批：＿＿＿＿＿＿＿＿

施工单位：＊＊＊＊＊＊

编制时间：＊＊＊＊＊＊

目　　录

1　编　制　依　据

1.1　勘察设计文件

1.1.1　施工设计图

＊＊＊线＊＊＊标＊＊＊站——＊＊＊站区间＊＊＊右线工程施工设计图；

＊＊＊线＊＊＊标＊＊＊站——＊＊＊站区间＊＊＊右线接收井工程施工设计图。

1.1.2　吊装拆卸工程相关勘察报告

＊＊＊线＊＊＊标＊＊＊站——＊＊＊站区间＊＊右线盾构机出场线路勘察报告；

＊＊＊线＊＊＊标＊＊＊站——＊＊＊站区间＊＊右线盾构机出井吊装作业区域勘察报告。

1.2　合同类文件

＊＊＊线＊＊＊标＊＊＊站——＊＊＊站区间＊＊右线相关招、投标文件；

＊＊＊线＊＊＊标＊＊＊站——＊＊＊站区间＊＊右线相关合同。

1.3　法律、法规及规范性文件

1.3.1　国家法律、法规及规范性文件

《中华人民共和国安全生产法》（中华人民共和国主席令第十三号）；

《中华人民共和国特种设备安全法》（中华人民共和国主席令第四号）；

《安全生产许可证条例》（中华人民共和国国务院令第 397 号）；

《建设工程安全生产管理条例》（国务院第 393 号令）。

1.3.2　行业法律、法规及规范性文件

《建筑起重机械安全监督管理规定》（建设部第 166 号令）；

《危险性较大的分部分项工程安全管理办法》（建质［2009］87 号）；

《建筑起重机械备案登记办法》（建质［2008］76 号）；

《建筑施工特种作业人员管理规定》（建质［2008］75 号）；

《关于建筑施工特种作业人员考核工作的实施意见》（建办质［2008］41 号）。

1.3.3　地方法律、法规及规范性文件

《北京市建筑起重机械安全监督管理规定》（京建施［2008］368 号）；

《关于对本市建筑起重机械进行备案管理的通知》（京建施［2008］593 号）；

《北京市建筑施工特种作业人员考核及管理实施细则》（京建科教［2008］727 号）；

《危险性较大的分部分项工程安全管理办法》（京建施［2009］841 号）；

《北京市建设工程施工现场管理办法》（北京市人民政府令第 247 号）；

《北京市建设工程施工现场安全资料管理规程》（DB 11/383—2016）；

《绿色施工管理规程》（DB 11/513—2015）。

1.4　技术规范、标准

《起重机械安全规程　第 1 部分：总则》GB 6067.1—2010；

《起重机钢丝绳保养、维护、安装、检验和报废》GB/T 5972—2009；

《重要用途钢丝绳》GB 8918—2006；

《汽车起重机和轮胎起重机安全规程》JB 8716—1998；

《建筑机械使用安全技术规程》JGJ 33—2012；

《建筑施工起重吊装安全技术规范》JGJ 276—2012；

《建设工程施工现场安全防护、场容卫生及消防保卫标准》北京市地方标准DB 11/945—2012。

1.5　盾构机、起重设备说明书

盾构机相关图纸、设备清单、使用安装与拆解说明书；

QAY200 汽车吊使用说明书；

GMK7450 汽车吊使用说明书。

1.6　企业相关的管理体系文件

2　工　程　概　况

2.1　工程简介

2.1.1　工程概述

工程名称：＊＊＊线＊＊＊标＊＊＊站——＊＊＊站区间；

工程地理位置：＊＊＊区＊＊＊街道，＊＊＊单位施工现场。

2.1.2　参建各方列表（参建各方见表 2.1-1）

参建单位列表　　　　　　　　　　　　　　表 2.1-1

序号	属性	单位名称
1	建设单位	＊＊＊
2	勘察单位	＊＊＊
3	设计单位	＊＊＊
4	总包单位	＊＊＊
5	分包单位	＊＊＊
6	监理单位	＊＊＊

2.1.3　工作内容、工作量概述

本段区间线路呈南北走向，主要在规划的＊＊＊路下方敷设，与＊＊＊路基本平行。

由一台＊＊盾构机完成区间隧道施工，由＊＊＊站始发，到达＊＊＊站后出井。该盾构机基本参数见表 2.1-2、表 2.1-3。

盾构机基本参数　　　　　　　　　　　　　　　　　　表 2.1-2

序号	名称	数量
1	盾构机外径	6140mm
2	盾体长度	14085mm
3	设备总重量	380T

盾构机各主要部件的尺寸、重量　　　　　　　　　表 2.1-3

部件名称	外形尺寸(mm)	重量(t)	主要组成
刀盘	φ6370×2000 (外径×长度)	29	刀盘体、刀具、旋转接头前端连接头等
前盾	φ6140×2965 (外径×长度)	94	切口环本体、大刀盘驱动装置、人行闸等
中盾	φ6140×3915 (外径×长度)	92	支承环本体、推进千斤顶等
盾尾	φ6140×2650 (外径×长度)	25.2	盾尾本体、盾尾密封刷，分上下两个半环
螺旋机	10000×1240×1800 (长×宽×高)	15	除进口壳体外的各部
拼装机	4800×4800×2500 (长×宽×高)	28	机架本体、液压泵组、管系
1号车架组件	6000×5200×3400 (长×宽×高)	19	车架本体、控制室、泡沫装置、盾尾密封装置、管系
2号车架组件	6000×5200×3400 (长×宽×高)	18	车架本体、配电箱、注浆装置、液压泵组、润滑油脂装置、管系
3号车架组件	6000×5200×3400 (长×宽×高)	19	本体、加泥装置、液压泵组、主油箱、清洗装置、管系
4号车架组件	6800×5200×3400 (长×宽×高)	24	车架本体、变压器、刀盘动力柜、管系
5号车架组件	6000×5200×3400 (长×宽×高)	10	车架本体、盾构动力柜、空压机、储气罐、冷凝器
6号车架组件	6000×5200×3400 (长×宽×高)	10	
7号车架组件	6000×5200×3400 (长×宽×高)	10	

2.2　施工关键节点

2.2.1　前盾（含切口环本体、大刀盘驱动装置、人行闸等）的吊装与翻身

2.2.2　螺旋机拆解及出井

3　施工场地周边环境条件

3.1　出井吊装作业区域上空情况

吊装作业区域上空无妨碍作业的建筑物、高压线路、信号线等障碍物。

3.2　出井吊装作业区域地下情况

吊装作业区域地下无无妨碍作业的水管、电缆管线、暗井及松填土等。

3.3　下井吊装作业场地情况

＊＊＊线＊＊＊标＊＊＊站——＊＊站区间右线接收井长 11m，宽 8m，对角长度 13.6m，深度为 21.3m。根据表 2.1-2 盾构机各主要部件的具体尺寸得出接收井可以满足盾构机各部件出井需要。接收井周边场地空间可以满足汽车吊站位、运输车进出场等要求。吊装现场详见图 3.3。

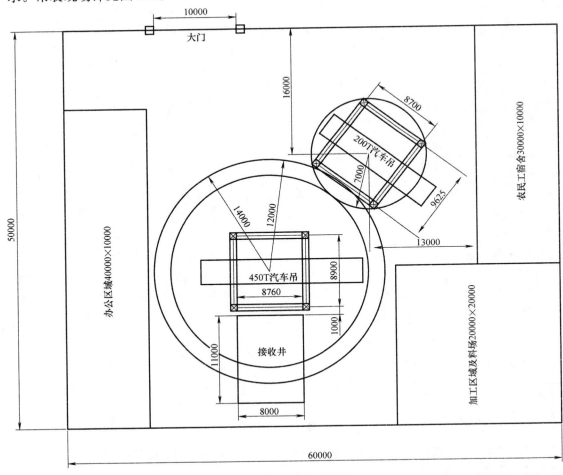

图 3.3　吊装现场平面图（单位：mm）

3.4　气候条件

根据气象部门发布的天气预报，作业期间的气象条件满足吊装要求。

4　起重设备、设施参数

4.1　起重设备、设施的选用

根据盾构机部件重量、吊装作业场地情况选择 GMK74500 与 QAY200 汽车吊进行吊装、翻转作业，通过校核计算选择的汽车吊满足要求，相应校核计算见 9.1。

4.2　起重设备、设施的性能参数

4.2.1　GMK7450 汽车吊

相关参数及性能参数见表 4.2-1、图 4.2-1。

GMK7450 相关参数表　　　　　　　　　　　表 4.2-1

序号	名称	数值
1	整车长度	19.2m
2	整车宽度	3m
3	主臂长度	25.7m
4	自重	84t
5	配重	100t
6	支腿前后尺寸	8.760m
7	支腿伸出尺寸	8.9m
8	吊钩	1.3t
9	车身高度	3.9m
10	容绳量	500m

4.2.2　QAY200 汽车吊

相关参数及性能参数见表 4.2-2、图 4.2-2。

QAY200 相关参数表　　　　　　　　　　　表 4.2-2

序号	名称	数值
1	整车长度	16.3m
2	整车宽度	3m
3	主臂长度	26.8m
4	自重	79t
5	配重	65t
6	支腿前后尺寸	8.7m
7	支腿伸出尺寸	9.625m
8	125 吨吊钩	1.586t
9	车身高度	3.8m
10	容绳量	280m

Load charts • Traglasten • Capacités de levage • Capacidades • Capacità

Telescopic boom • Teleskopausleger • Flèche principale • Pluma telescópica • Braccio telescopico

16,0 – 60,0 m　　8,9 m　　360°　　120 t

DIN/ISO

m	16,0*	16,0	20,9	25,7	30,5	35,3	38,0	40,2	45,0	49,8	54,6	60,0
2,5	**450,0/360,0											
3,0	295,0	295,0	270,0									
4,0	269,0	252,0	242,0	227,0								
5,0	250,0	218,0	218,0	207,0	195,0							
6,0	216,0	192,0	193,0	191,0	178,0	161,0	123,0					
7,0	186,0	170,0	172,0	172,0	165,0	154,0	116,0	115,0				
8,0	162,0	153,0	155,0	155,0	154,0	146,0	108,0	107,0	93,0			
9,0	144,0	139,0	140,0	140,0	139,0	138,0	101,0	99,5	89,0	78,5		
10,0	129,0	127,0	128,0	128,0	127,0	129,0	93,5	93,5	83,5	75,0	66,0	56,0
11,0	116,0	116,0	118,0	118,0	117,0	118,0	86,5	87,0	78,5	71,5	63,5	54,5
12,0	106,0	106,0	107,0	108,0	107,0	108,0	81,5	81,0	73,0	67,5	61,0	53,0
13,0	97,0	97,0	98,5	98,5	100,0	99,5	77,0	76,5	69,5	64,0	58,5	51,0
14,0			91,0	92,5	91,5	91,5	72,0	72,5	65,5	60,0	56,0	49,0
15,0			85,0	86,0	85,5	85,0	67,0	68,0	61,5	57,0	53,5	46,5
16,0			79,0	80,0	79,5	79,0	64,0	64,5	58,0	52,5	46,5	43,0
18,0				70,0	70,0	69,0	58,0	59,5	52,5	44,5	42,0	39,5
20,0				61,5	61,5	60,5	51,5	54,5	47,5	40,5	39,0	39,5
22,0				53,5	53,5	52,0	46,5	50,0	43,0	36,5	35,5	33,5
24,0					46,5	45,5	42,0	47,0	39,5	34,0	32,5	31,0
26,0					41,5	40,0	37,0	41,5	36,0	31,5	30,0	28,5
28,0						37,0	32,5	37,0	33,5	29,0	28,0	26,0
30,0						34,5	28,5	33,5	29,5	27,0	26,0	24,5
32,0						31,0	25,5	30,0	27,5	25,0	23,5	22,5
34,0							24,0	27,0	25,0	23,0	22,5	21,0
36,0								25,0	25,0	23,0	21,0	19,6
38,0									23,0	21,5	21,0	18,5
40,0									21,0	20,0	19,8	17,4
42,0										19,1	18,3	16,4
44,0										17,5	16,7	15,3
46,0										16,1	15,3	14,0
48,0											14,0	12,8
50,0												11,8
52,0												10,8
54,0												
56,0												9,9

85%

m	16,0*	16,0	20,9	25,7	30,5	35,3	38,0	40,2	45,0	49,8	54,6	60,0
2,5	**450,0/360,0											
3,0	310,0	310,0	284,0									
4,0	282,0	264,0	254,0	238,0								
5,0	262,0	229,0	229,0	217,0	205,0							
6,0	227,0	201,0	203,0	200,0	187,0	169,0	129,0					
7,0	195,0	179,0	180,0	181,0	174,0	162,0	121,0	121,0				
8,0	170,0	161,0	162,0	162,0	161,0	153,0	113,0	113,0	97,5			
9,0	151,0	146,0	147,0	147,0	146,0	145,0	106,0	105,0	93,5	82,5		
10,0	135,0	133,0	134,0	134,0	134,0	134,0	98,5	98,0	88,0	79,0	66,0	
11,0	122,0	122,0	123,0	124,0	123,0	124,0	91,0	91,5	77,0	71,0	64,5	56,0
12,0	111,0	111,0	113,0	113,0	112,0	114,0	86,0	85,0	73,0	67,0	61,5	55,5
13,0	102,0	102,0	103,0	104,0	105,0	104,0	80,5	80,5	69,0	63,0	59,0	53,5
14,0			95,5	95,5	97,0	96,0	75,5	76,0	63,0	60,0	56,0	51,0
15,0			89,5	90,0	90,0	89,0	70,5	71,5	60,5	57,0	53,5	49,0
16,0			83,0	84,0	83,5	83,0	67,0	67,5	60,5	55,5	51,0	45,0
18,0				73,5	73,5	72,5	60,5	62,5	55,5	50,0	46,5	41,5
20,0				64,5	64,5	63,5	54,5	57,5	50,0	45,0	44,0	37,5
22,0				56,5	56,5	55,0	49,0	52,5	45,0	42,5	41,0	35,0
24,0					49,5	50,0	44,0	49,5	41,5	38,5	37,5	32,5
26,0					44,0	44,5	38,5	44,0	37,5	35,5	34,0	30,0
28,0						39,0	34,0	39,5	35,0	33,0	31,5	27,5
30,0						36,5	30,0	35,5	33,0	30,5	29,5	25,5
32,0						33,0	27,0	32,0	31,0	28,5	27,0	24,0
34,0							25,0	29,0	27,0	26,5	25,0	22,0
36,0								27,0	25,0	23,5	22,5	20,5
38,0									25,0	22,5	21,0	19,4
40,0									22,5	21,0	20,0	18,3
42,0										20,0	18,3	17,2
44,0										18,6	17,6	16,1
46,0										17,1	16,1	14,8
48,0											14,8	13,5
50,0												12,4
52,0												11,4
54,0												
56,0												10,4

** Over rear with special equipment. Nach hinten mit Sonderausrüstung. En arrière avec équipement spécial. Por la porte trasera con equipo especial. Sull'anteriore con equipaggiamento speciale.

* ⊢ 8,76 × 6,10 m. 0° over rear, nach hinten, en arrière, por la porte trasera, sull'anteriore.

Lifting capacities >215 t require additional equipment. Traglasten >215 t erfordern Zusatzausrüstung. Capacités de levage >215 t demandent équipement supplémentaire. Capacidades de elevación >215 t m requieren equipo adicional. Capacità >215 t con equipaggiamento ausiliario.

GROVE

7450

图 4.2-1　GMK7450 汽车吊性能参数

幅度(m) ＼ 臂长(m)	13.8	18.1	22.5	26.8	31.2	35.5	39.9	44.2	48.5	52.9	57.2	61
3	200											
3.5	185	120										
4	170	118	115	98								
4.5	153.6	115	112	95	78							
5	138.2	110	104.5	91	75	61						
6	114.7	105	92.5	85	72.5	60	50					
7	97.4	98.4	84	78	68	57	48.5	41				
8	84.2	85.3	73.5	72.5	63	52	45.2	39	32.5			
9	73.8	74.9	68	65.5	57	48	43.2	37	32	26.5		
10	65.4	66.5	61	58	53	45	40.6	35	31	26	22.5	
11		59.5	57	53	49	42	38.2	33.8	30	25.5	21.2	19.4
12		53.3	53	48	47	40	36.2	32.5	28.6	24.8	20	18.2
14		43.5	44.6	43	42	35	31.5	28.9	26	23.2	18.5	16.8
16			36.5	37.4	37	31	28.5	26	23.6	21.4	17	15.5
18			29.9	30.7	31.7	28	25.8	23.5	21.6	19.6	15.6	14.5
20				25.6	26.6	25.5	23.5	21.2	19.6	18.1	14.4	13.5
22				21.7	22.6	22.5	21.8	19.2	18	16.8	13.4	12.5
24					19.4	20.5	19.5	17.6	16.5	15.5	12.5	11.5
26					16.8	19.2	18.3	16.5	15.2	14.5	11.7	10.8
28						17.2	16.1	15.2	14	13.4	11	10
30						15.3	14.2	14.2	13	12.2	10.5	9.2
32						13.4	12.6	13	12	11.5	10	8.5
34							11.2	11.6	11.2	10.5	9.5	7.8
36							9.9	10.3	10.5	9.6	8.5	7.2
38								9.3	9.6	8.8	7.5	6.8
40								8.3	8.8	8.4	6.8	6.2
42									7.9	7.8	6.5	5.9
44									7.1	7.5	6.2	5.6
46										7	5.9	5.3
48										6.3	5.4	5
50											5	4.7
52											4.7	4.4
54												4.1
56												3.8
吊臂仰角(°)	31-72	29-75	28-77	27-79	26-80	16-80	17-80	18-79	18-79	19-79	19-79	18-78
吊钩	200t(2410kg)		125t(1586kg)		65t(990kg)					30t(500kg)		
倍率	16	9	9	7	6	5	4	3	3	2	2	2
伸缩方式 % — 2	0	0	0	46	46	92	92	92	92	92	92	100
3	0	0	46	46	92	46	46	92	92	92	92	100
4	0	46	46	46	46	46	46	46	92	92	92	100
5	0	0	0	0	0	46	46	46	46	92	92	100
6	0	0	0	0	0	0	46	46	46	46	92	100

图 4.2-2　QAY200汽车吊性能参数

5　施　工　计　划

5.1　工程总体目标

5.1.1　吊装工程安全管理目标
杜绝一般等级（含）以上安全生产责任事故。

5.1.2　吊装工程质量管理目标
消除质量隐患，杜绝质量事故。

5.1.3　吊装工程文明施工及环境保护目标
有效防范和降低环境污染，杜绝违法违规事件。

5.2　吊装工程管理机构设置及职责

5.2.1　管理机构
根据现场施工需要，成立吊装工程管理机构保证出井吊装作业安全顺利完成。

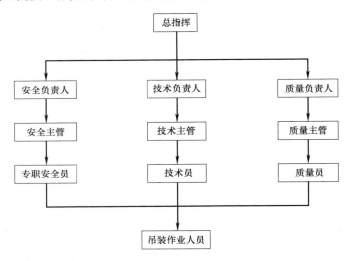

5.2.2　人员分工及管理职责

人员分工及管理职责　　　　　　　　　　　　　　　表 5.2

姓名	分工	管理职责
＊＊＊	总指挥	＊＊＊
＊＊＊	安全负责人	＊＊＊
＊＊＊	技术负责人	＊＊＊
＊＊＊	质量负责人	＊＊＊
＊＊＊	安全主管	＊＊＊
＊＊＊	技术主管	＊＊＊
＊＊＊	质量主管	＊＊＊
＊＊＊	专职安全员	＊＊＊
＊＊＊	技术员	＊＊＊
＊＊＊	质量员	＊＊＊

5.3 施工进度计划

盾构机出井从＊＊＊年12月＊＊日开始，到＊＊＊年12月＊＊日完成吊装任务，吊装作业预计需要4天，具体吊装作业进度安排见表5.3。

盾构机吊装作业进度安排　　　　　　　　　　　　表5.3

序号	时间	工作安排
1	第一天	刀盘、前体吊拆
2	第二天	上盾尾、螺旋机、拼装器吊拆
3	第三天	下盾尾、中折盾吊拆
4	第四天	后配套台车吊拆

5.4 施工资源配置

5.4.1 用电配置

项目部按照施工需要配置拆解吊装时所需的配电箱、电缆等材料。

5.4.2 吊装劳动力配置

根据现场吊装需要，盾构机拆解人员组成见表5.4-1所示。

吊装劳动力配置　　　　　　　　　　　　表5.4-1

序号	岗位	人数	条件
1	汽车吊司机	4	持有效操作证
2	信号指挥工、司索工	各2	持有效操作证
3	安装拆卸工	6	持有效操作证
4	普工	4	经现场培训
合计		18人	

5.4.3 吊装机具配置

吊装过程中需要配置相应机具见表5.4-2所示。

吊装机具配置　　　　　　　　　　　　表5.4-2

序号	名称	规格	单位	数量	用途
1	汽车式起重机	GMK7450	台	1	主力吊机
2	汽车式起重机	QAY200	台	1	翻转吊机
3	钢丝绳	6×61+FC，ϕ76mm×7m	条	4	吊中盾、前盾
4	钢丝绳	6×61+FC，ϕ56mm×14m	条	4	中盾、前盾翻身；吊装刀盘、盾尾
5	吊带	25T，10m	条	4	吊装台车、螺旋输送机、拼装机；刀盘、盾尾翻身
6	卡环	55t 马蹄形	个	6	吊中盾、前盾
7	卡环	12t 马蹄形	个	6	其他部件吊装

5.4.4 其他配置

吊装过程中需要的其他配置，其清单如表5.4-3、表5.4-4所示。

其他配置清单　　　　　　　　　　　　　　表 5.4-3

序号	名　　称	规　　格	单位	数量
1	大、小棘轮扳手	1/2 英寸、1 英寸	把	各 2
2	敲击梅花扳手	各种规格	套	1
3	敲击打扳手	各种规格	套	1
4	内六角扳手	英制	套	3
5	内六角扳手	十件套	套	6
6	内六角扳手	各种规格	套	2
7	开口扳手	<42mm、≥42mm	套	各 2
8	梅花扳手	<42mm、≥42mm	套	各 2
9	套筒、重型套筒		套	各 1
10	管钳	200、300、450、600 等	把	各 1
11	链条管子钳	A 型 300、B 型 900	把	各 1
12	手拉葫芦	3t、5t、10t、15t、20t	个	各 2
13	液压扳手		套	1
14	撬棍		条	6
15	铁锤	5kg、2kg	个	各 3
16	橡皮锤		个	1
17	铜棒		个	2
18	电工工具		套	2
19	测量、监测仪器		套	2
20	信号需要的对讲机		个	4
21	引导绳	50m	根	2
22	枕木	25cm×25cm×4m	块	50
23	木板	30cm×5cm×4m	块	30
24	方木	10cm×10cm×4m	块	50
25	交流电焊机	配足够长的焊把线	台	4
26	液压千斤顶	5t、50t、100t	个	各 2
27	液压泵站		台	1
28	氧气、乙炔割具		套	2
29	空压机		台	1
30	活动人梯		架	4

消耗材料准备　　　　　　　　　　　　　　表 5.4-4

序号	名　　称	单位	数量
1	氧气	瓶	6
2	乙炔	瓶	3
3	二氧化碳	瓶	2
4	焊丝	包	10

序号	名　　称	单位	数量
5	二氧化碳焊丝	卷	5
6	生胶带	卷	30
7	电工胶带（6色）	套	100
8	防水胶布	卷	50
9	扎带	包	100
10	线耳	包	10
11	焊工手套	付	20
12	防护眼罩	付	10
13	胶皮手套	付	200

5.5　施工准备

5.5.1　技术准备

（1）熟知与出井拆解方案有关的技术资料，核对构件的尺寸和相互的关系，掌握待吊构件的长度、宽度、高度、重量、型号、数量及其拆解方法等。

（2）了解已选定的起重、运输及其他机械设备的性能及使用要求。

（3）技术人员应细致、认真、全面的对现场作业人员进行相应的培训，按照要求下达有针对性的安全技术交底。

5.5.2　现场准备

（1）根据吊装需要对场地进行平整、硬化，根据起重设备承载力要求进行局部地基加固。

（2）在盾构机拆解区域设置施工禁区，施工吊装场地出井口四周安装固定的防护栏及安全网。

（3）清理接收井口到井底四周井壁空间，保证吊物出井畅通。

（4）现场照明及井下照明设施准备，包括竖井内及拆解盾构机时盾构机内工作区域的照明措施。

5.5.3　机械、机具准备

（1）组织吊装起重设备进场验收。

（2）对吊装用的吊、索、卡具进行验收。

（3）按照配置要求准备其他辅助机具。

5.5.4　盾构机出井前的准备

（1）吊耳的焊接、检测与验收。

（2）熟悉运输路线、装卸方法及现场吊装区域各部件摆放、拼装、吊运的位置。

（3）熟悉吊装场地范围内的地面、地下、高空及周边的环境情况。

5.5.5　工程物资材料准备

各相关单位按要求进行吊装工作工程物资材料的准备。

5.5.6　人员准备

按照人员分工及管理职责要求落实人员准备。

6　吊装工艺流程及步骤

6.1　吊装作业流程图

刀盘出井→螺旋输送机挪位→盾尾出井→拼装机出井→前盾出井→中盾出井→螺旋输送机出井→1～7 号台车出井

6.2　吊装工艺

6.2.1　出井吊装过程的场地布置平面图

汽车吊站位详见图 3.3，通过校核计算在该位置站位吊装其地基承载力、边坡稳定性符合吊装要求，相关校核计算见 9.2、9.3。

6.2.2　下井吊装工况

根据汽车吊站位图 3.3，使用 GMK7450 汽车吊吊装盾构机吊装状态见表 6.2。其中负载率为部件的计算载荷与起重机额定起重量的比值，负载率的大小可以反映出作业的危险程度。吊装过程吊装载荷校核计算见 9.1。

盾构机各部件吊装状态表　　　　　表 6.2

序号	名称	吊索、卡环规格	幅度(m)	额定起重量(t)	计算载荷(t)	负载率(%)
1	刀盘	φ56mm、12t	12	108	34.4	31.9
2	前盾	φ76mm、55t	12	108	105.9	98.1
3	中盾	φ76mm、55t	12	108	103.7	96
4	盾尾	φ56mm、12t	12	108	30.3	28.1
5	拼装机	吊带、12t	12	108	33.3	30.8
6	螺旋机	吊带、12t	14	91	19	20.9
7	1 号台车	吊带、12t	14	91	23.4	25.7
8	2 号台车	吊带、12t	14	91	22.3	24.5
9	3 号台车	吊带、12t	14	91	23.4	25.7
10	4 号台车	吊带、12t	14	91	28.9	31.8
11	5 号台车	吊带、12t	14	91	13.5	14.8
12	6 号台车	吊带、12t	14	91	13.5	14.8
13	7 号台车	吊带、12t	14	91	13.5	14.8

6.2.3　信号指挥方式

吊装作业过程中使用对讲机以及音响信号（口哨）与指挥手势配合作为指挥方式。在地面汽车吊司机可以观察到的情况下使用音响信号（口哨）与指挥手势配合作为指挥方式，其他情况下采用对讲机作为指挥方式。

6.2.4　吊、索、卡具的选用

依据盾构机各部件重量及吊点设置，选用的吊、索、卡具规格与数量见表 5.4-2 所列，具体校核计算见 9.4。

6.2.5　吊耳加工、焊接、检测与验收

吊装前前盾、中盾、盾尾需设置吊耳，吊耳的加工、位置确定、焊接需严格按照盾构机设计制造方提供的设计图纸进行，为确保安全，吊耳需经第三方检测，检测报告符合设计要求。在起吊前，须对吊耳进行检查验收，确认无误后方可开始吊装。吊耳的焊接与受力计算受力计算见 9.5。

6.2.6　试吊装

进行正式起吊前需进行试吊装作业。部件起吊离地 200mm 试吊，悬停 5min，检查被吊物、吊点、吊索、起重机支腿支撑面、起重机等完好无异常后方可继续吊装。

6.2.7　部件翻转

翻转是盾构吊拆过程中一项重要内容，当盾构机中盾、前盾、刀盘、盾尾出井后须先进行翻转，然后放到指定地点或装车运走。GMK7450 汽车吊和 QAY200 汽车吊配合，GMK7450 汽车吊以 0.1m/s 的速度落钩，并随时保持吊钩的垂直度，QAY200 汽车吊同时以 0.1m/s 的速度提升，并随时保证吊钩的垂直度，逐渐将盾体翻转至水平状态。翻转过程吊装载荷校核计算见 9.1。

6.3　吊装步骤

6.3.1　刀盘出井翻身

GMK7450 汽车吊使用 2 根 14mϕ56mm 的钢丝绳吊索对折后用 4 个 12t 卡环挂在刀盘的 4 个吊点上，稍微使钢丝绳吊索拉紧吃劲，按照说明书要求对前盾和刀盘的拉伸预紧螺栓进行松解，同时利用专用工具慢慢使刀盘和前盾分离，分离后进行试吊装，确保刀盘与盾构机其他部件及周边没有任何干涉后开始慢速起吊（使用牵引绳调整空中姿态），吊出接收井后通过变幅、回转动作将刀盘慢速移动到翻身指定位置，QAY200 汽车吊使用 2 根 10m 吊带用 2 个 12t 卡环挂在刀盘外侧身的两个吊点后进行翻身，刀盘出井吊装见图 6.3-1。

6.3.2　螺旋输送机挪位

GMK7450 汽车吊使用 2 根 10m 吊带用 2 个 12t 卡环按照盾构机安装拆卸说明书要求和螺旋输送机进行连接，稍微使钢丝绳吊索拉紧吃劲，按照说明书要求对螺旋输送机法兰和前盾法兰的拉伸预紧螺栓进行松解，汽车吊通过变幅、起升动作将螺旋输送机移出盾体，螺旋输送机尾部放在管片运输小车上。吊带连接在螺旋机顶部吊点上，在手拉葫芦将螺旋输送机向井内拽拉的同时，防止螺旋输送机顶部触地，螺旋输送机挪位吊装见图 6.3-2。

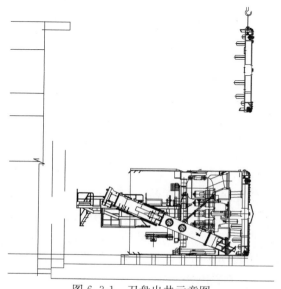

图 6.3-1　刀盘出井示意图

6.3.3　盾尾出井

刀盘出井后，用液压千斤顶将盾体

向前顶推，为盾尾出井预留出位置。GMK7450汽车吊使用2根14mφ56mm的钢丝绳吊索对折后用4个12t卡环挂在盾尾的4个吊耳上，稍微使钢丝绳吊索拉紧吃劲，按照说明书要求对盾尾与中盾的拉伸预紧螺栓进行松解，同时利用专用工具慢慢使盾尾与中盾分离，分离后进行试吊装，确保盾尾与盾构机其他部件及周边没有任何干涉后开始慢速起吊（使用牵引绳调整空中姿态），吊出接收井后通过变幅、回转动作将盾尾慢速移动到翻身指定位置，QAY200汽车吊使用2根10m吊带用2个12t卡环挂在盾尾外侧身的两个吊点后进行翻身，盾尾出井吊装见图6.3-3。

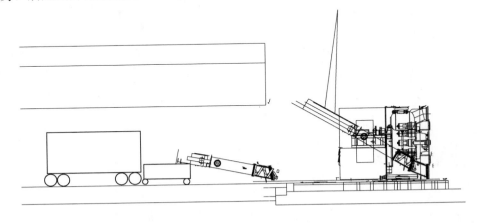

图6.3-2　螺旋输送机入井示意图

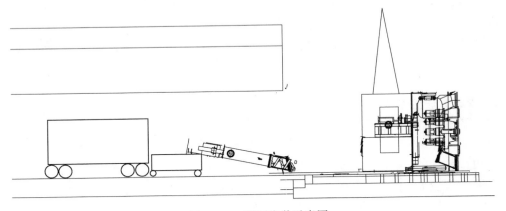

图6.3-3　盾尾出井示意图

6.3.4　拼装机出井

GMK7450汽车吊使用4根10m吊带用4个12t卡环挂在拼装机的四个吊点上，稍微使钢丝绳吊索拉紧吃劲，按照说明书要求对拼装机与中盾的拉伸预紧螺栓进行松解，同时利用专用工具慢慢使盾尾与中盾分离，分离后进行试吊装，确保拼装机与盾构机其他部件及周边没有任何干涉后开始慢速起吊（使用牵引绳调整空中姿态），吊出接收井后通过变幅、回转动作将盾尾慢速移动到指定位置，拼装机出井吊装见图6.3-4。

6.3.5　前盾出井

GMK7450汽车吊使用4根7mφ76mm的钢丝绳吊索及4个55t卡环挂在前盾的4个

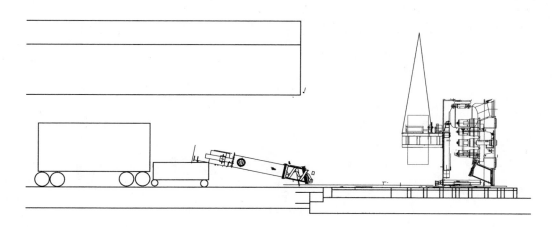

图 6.3-4　拼装机出井示意图

吊耳上，稍微使钢丝绳吊索拉紧吃劲，按照说明书要求对前盾和中盾的拉伸预紧螺栓进行松解，同时利用专用工具慢慢使前盾和中盾分离，分离后进行试吊装，确保前盾与盾构机其他部件及周边没有任何干涉后开始慢速起吊（使用牵引绳调整空中姿态），吊出接收井后通过变幅、回转动作将刀盘慢速移动到翻身指定位置，QAY200 汽车吊使用 2 根 14mϕ56mm 的钢丝绳吊索对折后用 2 个 55t 卡环挂在前盾外侧身的两个吊点后进行翻身，前盾出井吊装见图 6.3-5。

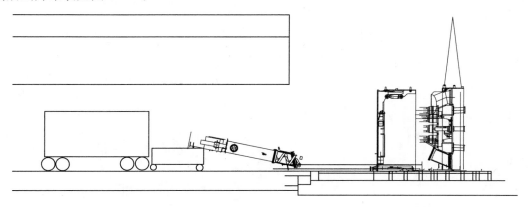

图 6.3-5　前盾出井示意图

6.3.6　中盾出井

GMK7450 汽车吊使用 4 根 7mϕ76mm 的钢丝绳吊索及 4 个 55t 卡环挂在中盾的 4 个吊耳上进行试吊装，确保中盾与盾构机其他部件及周边没有任何干涉后开始慢速起吊（使用牵引绳调整空中姿态），吊出接收井后通过变幅、回转动作将中盾慢速移动到翻身指定位置，QAY200 汽车吊使用 2 根 14mϕ56mm 的钢丝绳吊索对折后用 2 个 55t 卡环挂在中盾外侧身的两个吊点后进行翻身，中盾出井吊装见图 6.3-6。

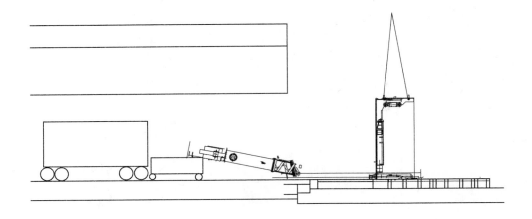

图 6.3-6　中盾出井示意图

6.3.7　螺旋输送机出井

用手拉葫芦将螺旋输送机拽拉至接收井正下方，QAY200 汽车吊使用 2 根 10m 吊带用 2 个 12t 卡环挂在螺旋输送机的两个吊点上进行试吊装，确保螺旋输送机与盾构机其他部件及周边没有任何干涉后开始慢速起吊（使用牵引绳调整空中姿态），吊出接收井后通过变幅、回转动作将中盾慢速移动到指定位置，螺旋输送机出井吊装见图 6.3-7。

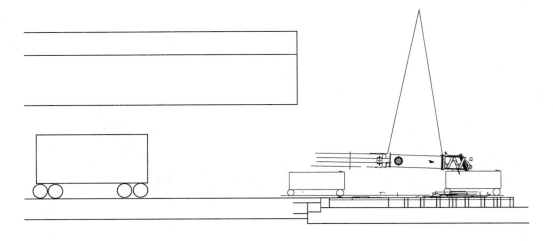

图 6.3-7　螺旋机出井示意图

6.3.8　台车出井

用电瓶车将一号台车移至接收井正下方，QAY200 汽车吊使用 4 根 10m 吊带用 4 个 12t 卡环挂在台车的四个吊点上进行试吊装，确保台车与盾构机其他部件及周边没有任何干涉后开始慢速起吊（使用牵引绳调整空中姿态），吊出接收井后通过变幅、回转动作将台车慢速移动到指定位置，依次按照上述方法移动及吊装二、三、四、五、六、七号台车，台车出井吊装见图 6.3-8。

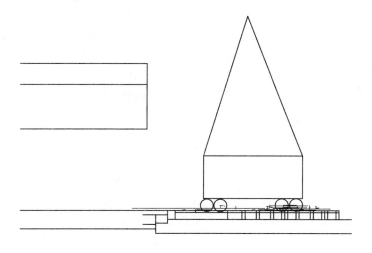

图 6.3-8　台车出井示意图

7　施工保证措施

本工程为大型设备吊装，由于吊装作业环境复杂；吊装部件多；部分吊装部件体积、重量大；吊装要求高；拆解繁琐等等，存在的风险因素较多，为保证正常施工，需对可能会引发事故的情况进行辨识，并制定有针对性的施工保证措施。

7.1　危害危险因素辨识

（1）现场地面不平整，承载力不符合运输、吊装要求。

（2）汽车吊在作业过程出现异常。

（3）吊索具在作业过程出现异常。

（4）吊装现场不符合吊装要求

（5）作业过程发生触电伤害。

（6）作业过程发生火灾。

（7）作业人员违章指挥、违章作业。

（8）作业过程人员身体状况出现异常。

（9）因寒冷造成施工现场出现异常情况。

7.2　安全保证措施

7.2.1　设备进场安全保证措施

根据运输车辆相关参数及现场情况选择运输出场路线。对选定的运输路线地面进行平整、加固处理，保证运输车辆的稳定性；对运输路线周边的障碍物采取有效措施，防止发生剐蹭。对选定的运输路线设置明显的标识，按照要求限速行驶，保证运输车辆安全抵达指定位置。

7.2.2　作业现场安全保证措施

（1）吊装、组装作业范围内设置警戒区域，悬挂安全警示标识，由专人看护禁止无关人员入内。

（2）施工作业区域搭设的扶梯、工作台、脚手架、护身栏、安全网等，必须牢固可靠，符合相关规范要求，并经验收合格后方可使用。

7.2.3　机械设备安全保证措施

（1）汽车吊须具有产品合格证及在有效期内合格的检验检测报告。

（2）汽车吊产权单位对设备进行自检并出具自检合格报告（自检合格报告须有自检人员签字并盖有产权单位公章），并按照行政主管部门相关要求进行验收，验收合格方可使用。

（3）每班作业前操作人员要先查看设备各结构部位是否正常，通过运转试车查看设备各安全装置是否齐全有效、各机构是否运转正常，无异常方可开始作业。

（4）指派专人按照说明书规定负责汽车吊的维修保养。严禁汽车吊带病运转或超负荷运转；严禁对运转中的汽车吊进行维修、保养、调整等作业。

7.2.4　吊装安全保证措施

1）培训交底

（1）吊装作业前施工总承包安全、技术人员应组织有关人员（项目安全及技术人员、作业人员等等）进行安全技术培训，使他们充分了解施工过程的内容、工作难点、注意事项等。

（2）吊装作业前做好吊装指挥、通讯联络等准备工作，确定吊装指挥人选及分工。指挥用对讲机、手势加哨音指挥。吊装前统一指挥信号，并召集指挥人员和吊装人员进行学习和练习，做到熟练掌握。

（3）对所有作业人员进行有针对性的安全技术交底。

2）汽车吊站位点

（1）根据汽车吊、盾构机各部件相关参数及现场情况对汽车吊站位点进行处理，保证地基承载力满足吊装要求。

（2）汽车吊必须严格按专项方案指定位置准确站位。

3）吊点与吊索

（1）在吊装过程中盾构机各部件吊点应按说明书规定要求选择，不得随意改动。

（2）在起吊前，须对吊耳进行检查，确认无误后方可开始吊装。

（3）在吊装前提供吊索具的单位对吊装使用的吊索具进行自检并出具自检合格报告（自检合格报告须有自检人员签字并盖有吊索具单位公章）。

4）起重司索与信号指挥

（1）起重司索、信号指挥人员需取得建设行政主管部门颁发的特种作业人员操作资格证。

（2）起重司索人员按照盾构机专项方案要求选择相应的吊索具，按照相关规范要求系挂，由信号指挥人员查验合格无异常后方可起吊。

（3）信号指挥人员要穿有明显标识的服装，按照指挥要求正确站位，分工明确，使用统一指挥信号，信号要清晰、准确，履带吊司机及相关作业人员必须听从指挥。

（4）起重司索人员引导吊装部件就位时应选择合理位置，严禁攀爬部件进行登高作业。

（5）构件翻身时要求统一指挥。抬吊时应先试吊装，汽车吊司机应相互配合，动作协调一致。

5）吊装过程

（1）在吊装过程中作业人员要时刻注意汽车吊尾部的旋转动态，防止发生碰撞和挤压。

（2）汽车吊在吊装过程中其吊装载荷必须保证在其额定起重能力范围内，严禁超载作业。构件翻身时，分配给每个汽车吊的重量不得超过其允许起重量的80%。

（3）在吊装过程中严格执行试吊装程序，在试吊装过程中指定专人对各环节进行观察，发现异常情况立即停止作业进行相应处理，直到试吊装各环节完好无异常后方可继续吊装。

（4）在吊装过程中严禁人员随吊装部件下井。

（5）在吊装过程中使用的料具应放置稳妥，小型工具应放入工具袋，上下传递工具时严禁抛掷。

（6）汽车吊在吊装过程中如发生故障立即停止运转，待维修人员修理完毕汽车吊处于正常状态下，方可继续作业。

（7）盾构机各部件在吊装过程中，司机应认真操作，慢起慢落；部件翻身时操作应保证同步平稳。

（8）各部件在吊装过程中牵引绳操作人员站位安全合理，全过程控制空中姿态，防止在下井过程部件与井壁发生碰撞。

（9）各部件在起吊前要检查附件是否固定牢固、是否存在其他杂物等，完好无异常后方可起吊。

（10）四级及以上大风或其他恶劣天气应停止吊装作业，同时做好防风措施。

（11）施工现场必须按方案要求做好防冻保温工作，注意天气预报，注意大风天气及寒流袭击对安全生产带来的影响。

7.2.5　用电安全保证措施

（1）夜间及井下施工必须有充足的照明。施工现场用的手持照明灯应采用36V的安全电压，在潮湿的基坑、洞室用的照明灯采用12V的电压。

（2）认真检查设备、设施的防雷装置，保证其安全、可靠。

（3）对相关设备、设施进行防风处理，加强外露的电气设备及线路的检查，保证符合安全用电要求，严防漏电起火、触电伤人。

7.2.6　其他安全保证措施

（1）从事作业的特种人员，必须按照要求取得相应的特种作业操作资格。

（2）各种机械操作人员和车辆驾驶员，必须取得操作合格证，不准操作与证不相符的机械。

（3）进入施工现场必须戴安全帽，高处作业人员要佩戴安全带，穿防滑鞋，按规定正确佩戴劳动保护用品。

（4）所有作业人员严禁酒后作业，严禁疲劳作业。

（5）现场各种构件、材料按照要求摆放整齐，作业人员按照人力搬运的作业要求进行搬运。

（6）按要求准备防汛应急物资，保证发生异常时能够及时、高效地进行处置。

（7）在作业过程中监理单位、总承包单位、分包单位相关人员在现场旁站。

（8）在作业过程中指派专人进行全程监护。

（9）做好冬施安全教育工作。制定安全生产和防滑、防冻的具体措施。

7.2.7　吊装过程监测

1）监测目的

（1）掌握各个吊装过程中盾构井端头围护围护结构及支撑体系变化情况。

（2）通过对监测数据的分析，判断盾构吊装对围护结构影响程度及基坑的安全度。

2）监测仪器（表7.2-1）

测量仪器统计表　　　　　　　　　　表7.2-1

仪器设备名称	仪器型号	仪器设备性能	数量
光学水准仪	DSZ2	精度：1mm	1台
钢瓦尺	2m 条码		2把

3）监测的工作内容及控制标准

（1）监测内容主要包括桩顶水平位移、地表沉降两个监测项目，监测小组按照随时吊装随时监测的原则，在吊装作业过程中实时监控履带吊站位点地基承载情况。及时获取变化的第一手数据，以便指导吊装进程和吊装的速度。

（2）监测项目报警值

吊装过程中支护桩顶或墙水平位移5mm。

吊装过程中地面沉降2mm。

（3）监测项目达到报警值时立即停止吊装作业，通过分析找出原因，改进后方可继续作业。

7.3　质量保证措施

（1）吊装作业前施工总承包技术人员应组织相关人员进行质量培训，使他们充分熟悉安装图纸，了解施工过程的质量要求。

（2）各部件在装车运输过程中，部件与车体之间用硬木支垫，部件与硬木之间铺垫地毯，捆扎紧固使用的倒链及钢丝绳与部件接触部位铺垫软物，防止盾构机部件损坏。

（3）相关部件的吊耳要严格按照要求进行检查、检测。

（4）装车力求轻起轻放，部件与放置地面之间用硬木支垫，部件与硬木之间铺垫地毯，防止盾构机部件损坏。各部件卸车摆放合理有序。

（5）严格按照盾构机说明书的安装要求进行拆解。

（6）吊装过程中吊索具不得与相关附件发生干涉挤压。

（7）吊装过程中应保证被吊物稳定后才允许进行下一步吊装程序。

（8）各部件在吊装过程中牵引绳操作人员要全过程控制空中姿态，确保准确就位。

（9）在作业过程中相关人员在现场监督作业人员是否严格按照质量要求进行作业。

7.4　文明施工与环境保护措施

7.4.1　文明施工保证措施

（1）施工场地出入口应设置洗车池，出场地的车辆必须冲洗干净。

（2）施工场地道路必须平整畅通，排水系统良好、通畅。材料、机具要求分类堆放整齐并设置标示牌。

（3）场地在干燥大风时应注意洒水降尘。

（4）夜间施工向环保部门办理夜间施工许可证，主动协调好周边关系，减少因施工造成不便而产生的各种纠纷。

（5）作业时尽量控制噪音影响，对噪声过大的设备尽可能不用或少用。在施工中采取防护等措施，把噪音降低到最低限度。

7.4.2　环境保护保证措施

（1）夜间施工信号指挥人员不使用口哨，机械设备不得鸣笛。

（2）汽车进入施工场地应减速行驶，避免扬尘。

（3）加强对施工机械的维修保养，防止机械使用的油类渗漏进入地下水中或市政下水道。

（4）对吊装作业的固体废弃物应分类定点堆放，分类处理。

（5）施工期间产生的废钢材、木材，塑料等固体废料应予回收利用。

7.5　现场消防、保卫措施

7.5.1　现场消防措施

（1）作业现场区域按照要求设置消防水源和消防设施，消防器材应有专人管理。

（2）作业现场严禁存放易燃易爆危险品，作业现场区域严禁吸烟。

（3）严格加强作业现场明火作业管理，严格用火审批制度，现场用火证必须统一由保卫部门负责人签发，并附有书面安全技术交底。电气焊工持证上岗，无证人员不得操作。

（4）作业过程中作业人员必须穿暖衣服，戴手套。不得在作业地点采用明火取暖及用大功率电炉、灯具取暖。

（5）做好冬施消防教育工作。制订防火、防爆的具体措施。

7.5.2　现场保卫措施

（1）控制并监督进出工地的车辆和人员，执行工地内控制措施。对所有进入工地的车辆进行记录。

（2）在工地内按照要求进行巡逻，防止发生盾构机相关部件丢失。

7.6　职业健康保证措施

（1）对吊装作业人员进行职业健康培训。

（2）加强井下通风，保证空气清洁。

（3）施工现场要有足够符合卫生标准的饮用水供应。

（4）合理安排作息时间，保障在冬季寒冷天气下正常施工和作业人员的安全健康。

7.7　绿色施工保证措施

（1）对操作人员进行绿色施工培训。

（2）保护好施工周围的树木、绿化，防止损坏。

（3）落实《绿色施工保护措施》，实行"四节一环保"。

8　应　急　预　案

8.1　应急管理体系

8.1.1　应急管理机构

事故应急救援工作实行施工第一责任人负责制和分级分部门负责制，由安全事故应急救援小组统一指挥抢险救灾工作。当重大安全事故发生后，各有关职能部门要在安全事故应急救援小组的统一领导下，按要求，履行各自的职责，做到分工协作、密切配合，快速、高效、有序地开展应急救援工作。

应急救援领导小组成员如下：

组　长：＊＊＊，电话：＊＊＊

副组长：＊＊＊，电话：＊＊＊

　　　　＊＊＊，电话：＊＊＊

　　　　＊＊＊，电话：＊＊＊

成　员：＊＊＊，电话：＊＊＊

　　　　＊＊＊，电话：＊＊＊

　　　　＊＊＊，电话：＊＊＊

　　　　＊＊＊，电话：＊＊＊

应急救援小组成员如下：

组　长：＊＊＊，电话：＊＊＊

副组长：＊＊＊，电话：＊＊＊

　　　　＊＊＊，电话：＊＊＊

　　　　＊＊＊，电话：＊＊＊

成　员：＊＊＊，电话：＊＊＊

　　　　＊＊＊，电话：＊＊＊

　　　　＊＊＊，电话：＊＊＊

　　　　＊＊＊，电话：＊＊

8.1.2　职责与分工

（1）应急救援领导小组职责与分工

组　长：＊＊＊，全面负责抢险指挥工作，发生险情时负责迅速组织抢险救援以及与外界联系救援。

副组长：＊＊＊，具体负责对内外通讯联络以及根据现场情况向外界求援。

副组长：＊＊＊，全面负责抢险技术保障，并与设计、监理、业主及相关单位联系拿出可靠的抢险或补救措施。

副组长：＊＊＊，负责抢险时现场安全监督
组　员：＊＊＊，具体负责组织指挥现场抢险救援
　　　　＊＊＊，负责抢险组织及实施
　　　　＊＊＊，负责抢险时现场安全监督
　　　　＊＊＊，负责监督提醒现场抢险人员安全
　　　　＊＊＊，负责对外联络及协调
　　　　＊＊＊，负责抢险技术保障，发生险情时应迅速拿出抢救方案
　　　　＊＊＊，负责抢险物资管理
　　　　＊＊＊，负责应急资金支持和后勤保障
　　　　＊＊＊，负责抢险技术实施和监控
　　　　＊＊＊，具体负责抢险时的监控量测工作
　　　　＊＊＊，具体负责通讯联络和信息收集、发布及伤亡人员的家属接待，妥善处理受害人员及家属的善后工作。

（2）应急救援小组职责与分工

在得到事故信息后立即赶赴事发地点，按照事故预案相关方案和措施实施，并根据现场实际情况加以修正。寻找受害者并转移到安全地点，并迅速拨打医院电话120取得医院的救助。

8.2　应急响应程序

1）事故发生初期，事故现场人员应积极采取应急自救措施，同时启动施工现场应急救援预案，实施现场抢险，防止事故的扩大。前期部等部门应尽快恢复被损坏的道路、水电、通信等有关设施，确保应急救援工作顺利开展。

2）安全事故应急救援预案启动后，应急救援小组立即投入运作，组长及各成员应迅速到位履行职责，及时组织实施相应事故应急救援预案，并随时将事故抢险情况报告上级。

3）事故发生后，在第一时间抢救受伤人员，这是抢险救援的重中之重。保卫部门应加强事故现场安全保卫、治安管理和交通疏导工作，预防和制止各种破坏活动，维护社会治安。

4）当有重伤人员出现时救援小组应及时提供救护所需药品，利用现有医疗设施抢救伤员。同时拨打急救电话120呼叫医疗援助。其他相关部门应做好抢救配合工作。

5）事故报告：重大安全事故发生后，事故单位或当事人必须用将所发生的重大安全事故情况报告事故相关监管部门：

（1）发生事故的单位、时间、地点、位置；
（2）事故类型（倒塌、触电、机械伤害等）；
（3）伤亡情况及事故直接经济损失的初步评估；
（4）事故涉及的危险材料性质、数量；
（5）事故发展趋势，可能影响的范围，现场人员和附近人口分布；
（6）事故的初步原因判断；
（7）采取的应急抢救措施；

（8）需要有关部门和单位协助救援抢险的事宜；

（9）事故的报告时间、报告单位、报告人及电话联络方式。

6）事故现场保护：重特大安全事故发生后，事故发生地和有关单位必须严格保护事故现场，并迅速采取必要措施，抢救人员和财产。因抢救伤员、防止事故扩大以及疏通交通等原因需要移动现场物件时，必须做出标志、拍照、详细记录和绘制事故现场图，并妥善保存现场重要痕迹、物证等。

8.3　应急物资装备

应急资源的准备是应急救援工作的重要保障，根据现场条件和可能发生的安全事故准备应急物资如表 8.3 所示。

应急物资清单　　　　　　　　　表 8.3

序号	物品名称	规格	数量
1	液压千斤顶	50T	2 个
		5T	2 个
2	槽钢	10cm×9m	10 根
3	手拉葫芦	5T	2 个
		1.5T	2 个
4	手提电焊机		1 台
5	气割设备		1 套
6	钢管	48mm×6m	30 根
7	扣件		40 个
8	电缆	10mm²，三相五芯	100m
9	木板	30cm×5cm×4m	10 块
10	污水泵（含电线）	7.5kW	4 台
11	高压水泵	1MPa	1 台
12	编织袋		500 个
13	沙子		50m³
14	铁锹		20 把
15	应急配电箱		1 套
16	应急灯		10 个
17	担架		3 付
18	医用急救箱		2 个
19	医用绷带		5 卷
20	呼吸氧		5 袋

8.4　应急机构相关联系方式

北京市消防队求援电话：119

北京急救：120

北京市＊＊＊＊＊医院　电话＊＊＊＊＊＊
北京市＊＊＊＊＊医院　电话＊＊＊＊＊＊
＊＊＊＊＊项目经理部　电话＊＊＊＊＊＊

9　计　算　书

9.1　汽车吊吊装载荷校核计算

9.1.1　翻转过程吊装载荷校核计算

根据现场平面图 3.3，各部件翻转位置 GMK7450 汽车吊在 12m 幅度范围内（按 12m 幅度计算），QAY200 汽车吊在 7m 幅度范围内（按 7m 幅度计算），吊装部件最大重量为前盾，只要校核计算前盾翻转是否满足吊装即可。根据图 4.2-1 可以查的 GMK7450 汽车吊在 12m 幅度吊装载荷为 108t，根据图 4.2-2QAY200 汽车吊在 7m 幅度吊装载荷为 78t。翻转过程近似按双机抬吊进行计算。

GMK7450 汽车吊的允许吊装载荷：$(108-1.3)\times80\%=85.4t$

QAY200 汽车吊的允许吊装载荷：$(78-1.586)\times80\%=61.1t$

前盾重量为 94t，吊索按 1t 计算，考虑不均匀载荷及动载荷系数，载荷计算为 $(94+1)\times1.1\times1.1=115t$，平均分配两台汽车吊各 57.5t，小于 GMK7450、QAY200 汽车吊的允许吊装载荷。所选用的两台汽车吊满足各部件翻转的吊装要求。

9.1.2　吊装过程吊装载荷校核计算

各部件吊装时选用的吊索按 1t 计算，GMK7450 吊钩重量 1.3t，动载荷系数按 1.1 计算，计算载荷＝（部件重量＋吊索重量＋吊钩重量）×动载荷系数，各部件计算载荷见表 9.1。

盾构机各部件计算载荷　　　　表 9.1

序号	名称	重量(t)	计算载荷(t)
1	刀盘	29	34.4
2	前盾	94	105.9
3	中盾	92	103.7
4	盾尾	25.2	30.3
5	拼装机	28	33.3
6	螺旋机	15	19
7	1 号台车	19	23.4
8	2 号台车	18	22.3
9	3 号台车	19	23.4
10	4 号台车	24	28.9
11	5 号台车	10	13.5
12	6 号台车	10	13.5
13	7 号台车	10	13.5

根据各部件载荷计算数据，对照相应的吊装幅度，所选用的汽车吊满足各部件的吊装要求，相应数据见表6.2。

9.1.3　吊装高度校核

根据图9.1相关数据计算，GMK7450汽车吊臂头至地面26626mm。以刀盘调运过程为例进行校核，距离地面为1700mm（始发井临边防护高度1200mm），直径6370mm，吊索7000mm，勾头系统3300mm，合计为18370mm，勾头系统至臂头剩余长度为8256mm，远远大于该履带吊安全距离600mm，吊装高度满足要求。

9.1.4　容绳量校核

始发井深度为21300mm，结合图9.1，GMK7450汽车吊吊装就位时臂头距离勾头最大为47926mm（26626＋21300），汽车吊在吊装时采用九倍率方式，绳索使用长度为457034mm（47926×9＋25700），远远小于该履带吊容绳量500m，该履带吊容绳量满足吊装要求。

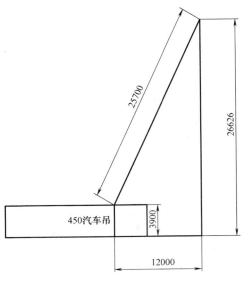

图9.1　吊装高度模拟

9.2　出井选用的汽车吊站位点地基承载力的计算与校核

出井时GMK7450汽车吊自重84t，配重重量100t，地基承载力按最大构件前盾94t计算，若起吊94t重物地基承载力能满足要求，则其余构件均满足吊装要求。

假设汽车吊的四个支腿均匀受力，反力最大值可按下列公式计算：

$$R_{max} = (P + Q) \times K$$

其中P为吊车自重与配重之和；Q为最大构件重量；K为动载荷系数，取1.1。

$$R_{max} = (84 + 100 + 94) \times 1.1 \times 1000kg \times 10N/kg = 3058kN$$

每个支腿下面放置3m×3m的路基箱，则汽车吊承力面积$S = 3 \times 3 \times 4 = 36m^2$。

汽车吊对场地的均布荷载为：$P = R_{max}/S = 3058kN/36m^2 = 84.9kPa$

根据汽车吊仪表显示在吊装时最不利工况其对场地的荷载变化最大值为1.5，因此汽车吊在吊装时最不利工况下其对场地的最大荷载为：84.9×1.5＝127.4kPa。

出井时QAY200汽车吊自重79t，配重重量65t，地基承载力按翻转最大构件前盾时分担的重量94/2＝47t计算，若起吊47t重物地基承载力能满足要求，则其余构件均满足吊装要求。

假设汽车吊的四个支腿均匀受力，反力最大值可按下列公式计算

$$R_{max} = (P + Q) \times K$$

其中P为吊车自重与配重之和；Q为最大构件重量；K为动载荷系数，取1.1。

$$R_{max} = (79 + 65 + 47) \times 1.1 \times 1000kg \times 10N/kg = 2101kN$$

每个支腿下面放置2.5m×2.5m的路基箱，则汽车吊承力面积$S = 2.5 \times 2.5 \times 4 = 25m^2$。

汽车吊对场地的均布荷载为：$P=R_{\max}/S=2101\text{kN}/25\text{m}^2=84\text{kPa}$。

根据汽车吊仪表显示在吊装时最不利工况下其对场地的荷载变化最大值为1.5，因此汽车吊在吊装时最不利工况下其对场地的最大荷载为：$84\times1.5=126\text{kPa}$。

场地地面采用C20混凝土（厚度200mm）和一层钢筋网片进行硬化，通过本标段岩土工程勘察报告得知，地基为粉土填土、粉质黏土三种土质，通过查岩土工程勘察报告列表，土的重度20.1kN/m³，黏聚力$c=20\text{kPa}$，内摩擦角$\varphi=28°$。根据太沙基极限承载力公式：

$$P_u=0.5\times N_\gamma\times\gamma\times b+N_c\times c+N_q\times\gamma\times d$$

式中　　　γ——地基土的重度（kN/m³）；

　　　　　b——基础的宽度（m）；

　　　　　c——地基土的黏聚力（kN/m³）；

　　　　　d——基础的埋深（m）。

N_γ、N_c、N_q——地基承载力系数，是内摩擦角的函数，可以通过查太沙基承载力系数表见表9.2所示：

太沙基地基承载力系数 N_γ、N_c、N_q 的数值　　　　表9.2

内摩擦角	地基承载力系数			内摩擦角	地基承载力系数		
$\varphi(°)$	N_γ	N_c	N_q	$\varphi(°)$	N_γ	N_c	N_q
0	0	5.7	1.00	22	6.50	20.2	9.17
2	0.23	6.5	1.22	24	8.6	23.4	11.4
4	0.39	7.0	1.48	26	11.5	27.0	14.2
6	0.63	7.7	1.81	28	15.0	31.6	17.8
8	0.86	8.5	2.20	30	20	37.0	22.4
10	1.20	9.5	2.68	32	28	44.4	28.7
12	1.66	10.9	3.32	34	36	52.8	36.6
14	2.20	12.0	4.00	36	50	63.6	47.2
16	3.00	13.0	4.91	38	90	77.0	61.2
18	3.90	15.5	6.04	40	130	94.8	80.5
20	5.00	17.6	7.42	45	326	172.0	173.0

根据内摩擦角 $\varphi=28$ 查表9.2-1得承载力系数 $N_\gamma=15$、$N_c=31.6$、$N_q=17.8$ 代入公式

$$P_u=0.5\times15\times20.1\times2+31.6\times20+17.8\times20.1\times0.2=1005\text{kPa}$$

取安全系数 $k=2.5$，因此地基的承载力为：

$$f_T=P_u/k=1005/2.5=402\text{kPa}$$

$$402\text{kPa}>127.4\text{kPa};402\text{kPa}>126\text{kPa}$$

从计算结果得知，GMK7450、QAY200汽车吊站位点地基承载力满足吊装安全要求。

9.3　下井选用的履带吊边坡稳定性的计算与校核

接收井挡土墙结构及尺寸见图9.3-1。冠梁上方有一高800mm，宽200mm混凝土挡

土墙。按照重力式挡土墙 0.6m 计算，GMK7450 汽车吊支腿距离坑边为 1m。

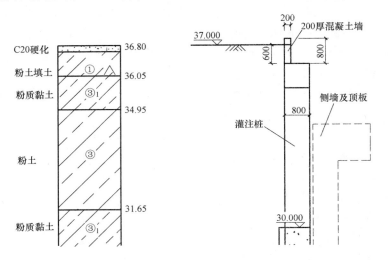

图 9.3-1　挡土墙结构图

GMK7450 汽车吊支腿对地面的荷载可以按均布荷载考虑，根据朗肯理论，荷载向下传递时，其夹角为（45＋φ/2）°，荷载传递见图 9.3-2。

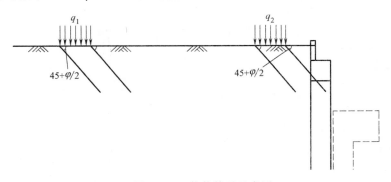

图 9.3-2　荷载传递示意图

查地勘报告，吊装区地质情况自上而下依次为 C20 混凝土、粉土填土、粉质黏土、粉细砂，其土质参数见表 9.3-1。从表中查得粉土填土内摩擦角为 28°，则传递夹角为 45＋28/2＝59°，59°传递夹角时，力作用在围护桩上和侧墙上，挡土墙结构安全，荷载作用位置见图 9.3-2。

挡土墙背后的土质参数　　　　　　　　　　　　　　　　表 9.3-1

名称	重度 （kN/m³）	黏聚力 c （kPa）	内摩擦角 φ （°）
粉土填土	20.1	20	28
粉质黏土	28.1	26	15
粉土	20.7	20	28

主体结构为 C40 钢筋混凝土结构，按混凝土抗剪强度/抗压强度为 0.1 计算，侧墙的

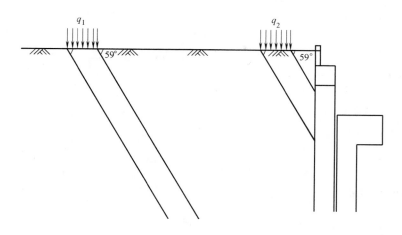

图 9.3-3　荷载作用位置

极限抗剪强度为：$q=0.1\times40\text{MPa}=4000\text{kPa}$。

土压力主要由主动土压力、静止土压力和被动土压力三种状态。

按土压力最大状态被动土压力计算，可知侧墙最下方负载为 $q=kP+p_\gamma$

其中 k 为土的侧压力系数，可近似按 1 计算，P 为 GMK7450 汽车吊对地最大荷载，p_γ 为被动土压力载荷。

根据表 9.3-2，$q=kP+p_\gamma=127.4\text{kPa}+1192\text{kPa}=1319.4\text{kPa}<4000\text{kPa}$，吊装对主体结构没有影响。

土压力计算表　　　　　　　　　　　　　　　　　　　　表 9.3-2

序号	层号	地层名称	内摩擦角 $\varphi(°)$	黏聚力 c (kPa)	重度 γ (kN/m³)	层厚 h (m)	K_0	K_a	静止土压力(kPa)	主动土压力(kPa)	被动土压系数 K_p	被动土压力
1	1	房填土	10	0	19.00	3.83	0.50	0.70	36.39	51.24	1.42	103.35
2	1-3	黏土填土	10	5	19.00		0.48	0.70	0.00	0.00	1.42	0.00
3	1-2	粉质黏土填土	10	5	19.40		0.55	0.70	0.00	0.00	1.42	0.00
4	3	粉质黏土	16	30	19.80	6.15	0.45	0.57	54.80	23.93	1.76	294.07
5	3-1	黏土	10	30	19.70		0.50	0.70	0.00	0.00	1.42	0.00
6	3-2	黏土	25	19	19.80	2.96	0.40	0.41	23.44	−0.42	2.46	204.05
7	3-3	细粉砂	28	0	20.50		0.30	0.36	0.00	0.00	2.77	0.00
8	4-4	粉细砂	30	0	20.00	0.74	0.40	0.33	5.92	4.93	3.00	44.40
9	5-5	细中砂	30	0	20.00		0.40	0.33	0.00	0.00	3.00	0.00
10	5-8	卵石圆砾	35	0	20.50	1.95	0.20	0.27	8.00	10.83	3.69	147.51
11	6	粉质黏土	15	30	20.00	1.70	0.40	0.59	13.60	−26.02	1.70	135.94
12	6-1	黏土	15	30	19.00		0.40	0.59	0.00	0.00	1.70	0.00
13	6-2	粉土	28	19	20.00	3.60	0.38	0.36	27.36	3.16	2.77	262.67
14	7-4	粉细砂	35	0	20.00		0.35	0.27	0.00	0.00	3.69	0.00
15	8	粉质黏土	20	30	20.00		0.40	0.49	0.00	0.00	2.04	0.00

序号	层号	地层名称	内摩擦角 $\varphi(°)$	黏聚力 c (kPa)	重度 γ (kN/m³)	层厚 h (m)	K_0	K_a	静止土压力(kPa)	主动土压力(kPa)	被动土压系数 K_p	被动土压力
16	8-1	黏土	15	40	20.00		0.40	0.59	0.00	0.00	1.70	0.00
17	8-2	粉土	25	15	19.60		0.38	0.41	0.00	0.00	2.46	0.00
18	8-4	粉细砂	35	0	20.00		0.35	0.27	0.00	0.00	3.69	0.00
19	8-9	卵石层	40	0	20.50		0.20	0.22	0.00	0.00	4.60	0.00
	合计								169.5	67.65		1192

9.4　出井选用的吊、索、卡具受力计算与校核

9.4.1　ϕ76mm 钢丝绳吊索及卡环受力计算与校核

以最重部件前盾为例，如图 9.4-1（mm），选用四根 $6\times61+FC$-ϕ76mm$\times$7m 钢丝绳吊索用四个 55t 马蹄型卡环与前盾四个吊耳连接。

（1）钢丝绳的破断拉力计算

$$S=\Psi\times\sum S_i$$

式中　S——钢丝绳的破断拉力（kN）；

$\sum S_i$——钢丝破断拉力的总和，从钢丝绳规格表中查得 $6\times61+FC$-ϕ76mm 钢丝绳公称抗拉强度为 1670MPa 时其钢丝破断拉力的总和为 3658.3kN；

Ψ——钢丝捻制不均折减系数，对于 $6\times61+FC$ 钢丝绳，Ψ 取 0.8。

$$S=0.8\times3658.3=2926.6\text{kN}$$

（2）钢丝绳的许用拉力计算

$$P=S/K$$

式中　P——钢丝绳的许用拉力（kN）；

S——钢丝绳的破断拉力（kN）；

K——钢丝绳的安全系数，根据吊装规范要求 K 取 6。

$$P=2926.6/6=487.8\text{kN}=48.78\text{t}$$

（3）钢丝绳的实际受力计算

$$F=G/(4\times\sin\alpha)$$

式中　G——前盾载荷为 $94\times1.1\times1.1=113.7$t（考虑不均匀载荷及动载荷系数）；

α——吊索与被吊物的水平夹角，$\sin\alpha=6.72/7=0.96$。

$$F=113.7/(4\times0.96)=29.6\text{t}$$

$P>F$，ϕ76mm 钢丝绳吊索满足吊装安全要求。

$55\text{t}>F$，55t 马蹄型卡环满足吊装安全要求。

由于中盾（含相关附件）其吊耳位置和前盾一样，吊装角度也一样，因此使用四根 $6\times61+FC$-ϕ76mm$\times$7m 钢丝绳吊索及 55t 马蹄型卡环吊装中盾（含相关附件）同样满足吊装安全要求。

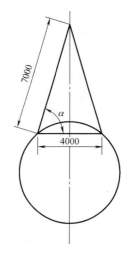

图 9.4-1　吊装相关尺寸图

9.4.2　ϕ56mm 钢丝绳吊索及卡环受力计算与校核

选用两根 $6\times37+FC$-ϕ56mm$\times$14m 钢丝绳吊索对折用四个 12t 马蹄型卡环与刀盘四个吊点连接，吊装状态与图 9.4-1 相似。

（1）钢丝绳的破断拉力计算

$$S=\Psi\times\sum S_i$$

式中　S——钢丝绳的破断拉力（kN）；

　　　$\sum S_i$——钢丝破断拉力的总和，从钢丝绳规格表中查得 $6\times37+FC$-ϕ56mm 钢丝绳公称抗拉强度为 1700MPa 时其钢丝破断拉力的总和为 2000kN；

　　　Ψ——钢丝捻制不均折减系数，对于 $6\times37+FC$ 钢丝绳，Ψ 取 0.82。

$$S=0.82\times2000=1640kN$$

（2）钢丝绳的许用拉力计算

$$P=S/K$$

式中　P——钢丝绳的许用拉力（kN）；

　　　S——钢丝绳的破断拉力（kN）；

　　　K——钢丝绳的安全系数，根据吊装规范要求 K 取 6。

$$P=1640/6=273.3kN=27.33t$$

（3）钢丝绳的实际受力计算

$$F=G/(4\times\sin\alpha)$$

式中　G——刀盘载荷为 $29\times1.1\times1.1=35.1t$（考虑不均匀载荷及动载荷系数）；

　　　α——吊索与被吊物的水平夹角，$\sin\alpha=6.72/7=0.96$。

$$F=35.1/(4\times0.96)=9.14t$$

$P>F$，ϕ56mm 钢丝绳吊索满足吊装安全要求。

$12t>F$，12t 马蹄型卡环满足吊装安全要求。

由于盾尾其吊耳位置和刀盘一样，吊装角度也一样，因此使用两根 $6\times37+FC$-ϕ56mm$\times$14m 钢丝绳吊索对折用四个 12t 马蹄型卡环吊装盾尾同样满足吊装安全要求。

9.4.3　吊带及卡环受力计算与校核

以最重部件拼装机为例，如图 9.4-2，选用四根 25t 长 10m 吊带用四个 12t 马蹄型卡环与拼装机四个吊耳连接。

（1）吊带的许用拉力 $P=25t$

（2）吊带的实际受力计算

$$F=G/(4\times\sin\alpha)$$

式中　G——拼装机载荷为 $28\times1.1\times1.1=33.9t$

　　　　　（考虑不均匀载荷及动载荷系数）；

　　　α——吊索与被吊物的水平夹角，$\sin\alpha=0.98$

$$F=33.9/(4\times0.98)=8.6t$$

$P>F$，吊带满足吊装安全要求。

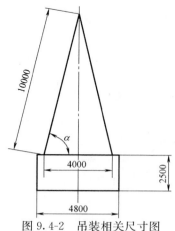

图 9.4-2　吊装相关尺寸图

（单位：mm）

12t＞F，12t 马蹄型卡环满足吊装安全要求。

其他部件使用四根 25t 长 10m 吊带用四个 12t 马蹄型卡环吊装同样满足吊装安全要求。

9.4.4　ϕ76mm、ϕ56mm 钢丝绳吊索及卡环翻身受力计算与校核

以最重部件前盾为例，如图 9.4-3，一边选用两根 6×61＋FC-ϕ76mm×7m 钢丝绳吊索用两个 55t 马蹄型卡环与前盾两个吊耳连接，一边选用两根 6×37＋FC-ϕ56mm×14m 钢丝绳吊索对折用两个 55t 马蹄型卡环与前盾外侧身的两个吊点连接，外侧身的两个吊点与焊接的两个吊耳互相对立，距离相同。翻身过程两边钢丝绳吊索可近似垂直状态，均匀受力。ϕ76mm 钢丝绳吊索及卡环受力计算与校核同 9.4.1，满足翻身吊装安全要求。ϕ56mm 钢丝绳吊索及卡环翻身受力计算与校核如下：

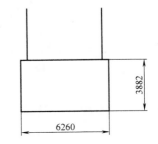

（1）钢丝绳的破断拉力计算

$$S=\Psi\times\sum S_i$$

式中　S——钢丝绳的破断拉力（kN）；

　　$\sum S_i$——钢丝破断拉力的总和，从钢丝绳规格表中查得 6×37＋FC-ϕ56mm 钢丝绳公称抗拉强度为 1700MPa 时其钢丝破断拉力的总和为 2000kN；

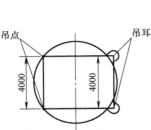

图 9.4-3　吊装相关尺寸图
（单位：mm）

　　Ψ——钢丝捻制不均折减系数，对于 6×37＋FC 钢丝绳，Ψ 取 0.82。

$$S=0.82\times2000=1640\text{kN}$$

（2）钢丝绳的许用拉力计算

$$P=S/K$$

式中　P——钢丝绳的许用拉力（kN）；

　　S——钢丝绳的破断拉力（kN）；

　　K——钢丝绳的安全系数，根据吊装规范要求 K 取 6。

$$P=1640/6=273.3\text{kN}=27.33\text{t}$$

（3）钢丝绳的实际受力计算

$$F=G/(4\times\sin\alpha)$$

式中　G——前盾（含刀盘驱动）分配载荷为（94×1.1×1.1）/2＝56.9t（考虑不均匀载荷及动载荷系数）；

　　α——吊索与被吊物的水平夹角，$\sin\alpha=6.72/7=0.96$。

$$F=56.9/(4\times0.96)=14.8\text{t}$$

$P＞F$，ϕ56mm 钢丝绳吊索满足翻身吊装安全要求。

55t＞F，55t 马蹄型卡环满足翻身吊装安全要求。

中盾使用 ϕ76mm、ϕ56mm 钢丝绳吊索及卡环翻身同样满足吊装安全要求。

9.4.5 ϕ56mm 钢丝绳吊索、吊带及卡环翻身受力计算与校核

以最重部件刀盘为例,参见图 9.4-3,刀盘一边使用 2 根 14mϕ56mm 的钢丝绳吊索对折用 4 个 12t 卡环挂在刀盘内侧身的 4 个吊点,一边使用 2 根 25t 长 10m 吊带用 2 个 12t 卡环挂在刀盘外侧身的两个吊点,ϕ56mm 钢丝绳吊索及卡环受力计算与校核同 9.4.2,满足翻身吊装安全要求。ϕ36mm 钢丝绳吊索及卡环翻身受力计算与校核如下:

(1) 吊带的许用拉力 $P=25$t

(2) 吊带的实际受力计算

$$F=G/(2\times\sin\alpha)$$

式中 G——刀盘分配载荷为 $(29\times1.1\times1.1)/2=17.5$t(考虑不均匀载荷及动载荷系数);

α——吊索与被吊物的水平夹角,$\sin\alpha=9.6/10=0.96$。
$$F=17.5/(2\times0.96)=9.1\text{t}$$

$P>F$,吊带满足翻身吊装安全要求。

$12t>F$,12t 马蹄型卡环满足翻身吊装安全要求。

盾尾使用 ϕ56mm、吊带钢丝绳吊索及卡环翻身同样满足吊装安全要求。

9.5 吊耳的设置、焊接与受力计算

9.5.1 吊耳的设置、焊接

盾构机前盾、中盾、盾尾在吊装前需焊接四个吊耳,按照盾构机设计制造方提供的设计图纸要求进行吊耳的加工、确定吊耳焊接位置,并根据吊索拉结方位确定吊耳的方向按照要求进行焊接。盾构机主体结构采用的 SS400P 型钢,其性能相当于国内标准的 Q235 钢,吊耳与母体的材质相同,其抗剪强度 $f_{vw}=195\text{N/mm}^2$,抗拉强度 $f_{tw}=315\text{N/mm}^2$。吊耳焊接强度可近似按其材料强度计算。吊耳规格尺寸见图 9.5-1 所示。

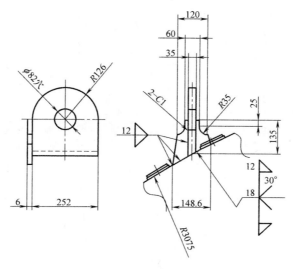

图 9.5-1 吊耳规格尺寸图

各部件吊耳的位置见图 9.5-2、图 9.5-3、图 9.5-4。

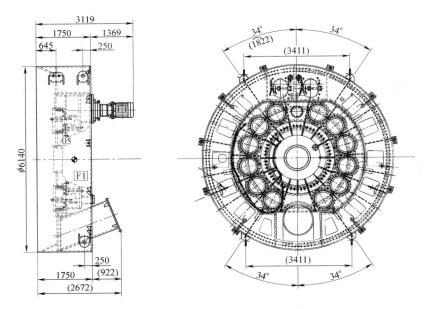

图 9.5-2　前盾吊耳位置图

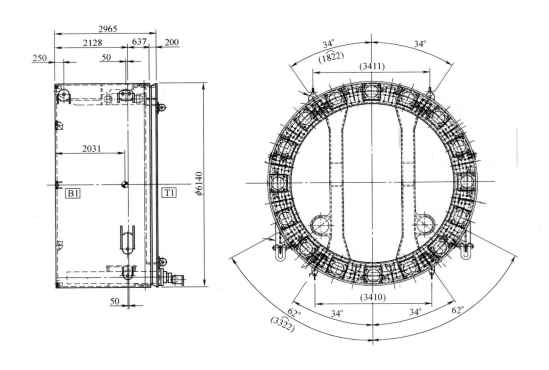

图 9.5-3　中盾吊耳位置

9.5.2　吊耳的受力计算

由于吊耳的焊缝按规定要求进行焊接，因此不用进行焊接强度校验，在一般情况下，

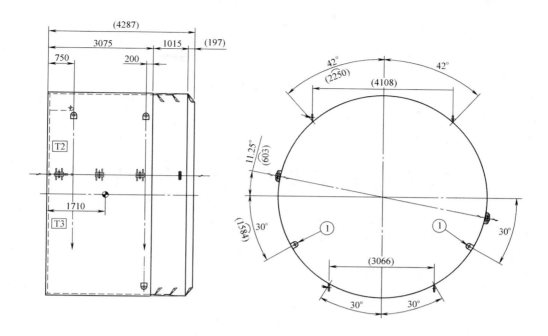

图 9.5-4　盾尾吊耳位置

吊耳强度仅校验其剪切强度即可。

根据吊耳的规格尺寸可计算出单个吊耳可承受的最大负荷为：

$D = P/c = (315 \times 252 \times 60/2)/3 = 793800\text{N}$，近似为 79.4t。

式中　D——吊耳可承受的最大负荷；

　　　P——吊耳允许的负荷；

　　　c——不均匀受力系数，取 $c=3$。

吊耳最薄弱环节为卡环对吊耳的剪切应力，单个吊耳的所承受的最大剪切应力为：

$P = (f_{vw} \times A_{min})/k = 195 \times (245-120-42.5) \times 60/3 = 321750\text{N}$，近似为 32.2t。

式中　P——吊耳最大剪切应力；

　　　f_{vw}——吊耳的抗剪强度；

　　　A_{min}——平行于 P 力方向的最小截面积；

　　　k——安全系数，取 $k=3.0$。

4 个吊点的部件最重重量为 94t，每个吊耳需承受的负荷为 23.5t，吊耳能承受的最大负荷 32.2t，吊耳满足使用要求。

范例 11 盾构机下井吊装工程

董海亮　朱凤昌　王凯晖　编写

董海亮：中建一局集团有限公司、高级工程师、北京城建科技促进会起重吊装与拆卸工程专业技术委员
　　　　会副主任、北京市危大工程吊装及拆卸工程专家组组长、北京市轨道交通建设工程专家组组
　　　　长、中国施工机械专家

朱凤昌：北京运双达重型机械运输有限公司、北京市交通委专家库专家、北京市危大工程吊装及拆卸工
　　　　程专家

王凯晖：北京建筑大学、北京市建设机械与材料质量监督站、北京城建科技促进会起重吊装与拆卸专业
　　　　技术委员会副主任、北京市危大工程吊装及拆卸工程专家组组长、北京市轨道交通建设工程专
　　　　家组组长、中国施工机械专家

＊＊＊线＊＊＊标＊＊＊站——＊＊＊站区间
＊＊＊线盾构机下井吊装安全专项施工方案

编制：_____

审核：_____

审批：_____

施工单位：＊＊＊＊＊＊

编制时间：＊＊＊＊＊＊

目　　录

1 编 制 依 据

1.1 勘察设计文件

1.1.1 施工设计图

＊＊＊线＊＊＊标＊＊＊站——＊＊＊站区间＊＊＊线工程施工设计图；

＊＊＊线＊＊＊标＊＊＊站——＊＊＊站区间＊＊线始发井工程施工设计图。

1.1.2 吊装拆卸工程相关勘察报告

＊＊＊线＊＊＊标＊＊＊站——＊＊＊站区间＊＊线盾构机进场线路勘察报告；

＊＊＊线＊＊＊标＊＊＊站——＊＊＊站区间＊＊线盾构机下井吊装作业区域勘察报告。

1.2 合同类文件

＊＊＊线＊＊＊标＊＊＊站——＊＊＊站区间＊＊＊线相关招、投标文件；

＊＊＊线＊＊＊标＊＊＊站——＊＊＊站区间＊＊线相关合同。

1.3 法律、法规及规范性文件

1.3.1 国家法律、法规及规范性文件

《中华人民共和国安全生产法》（中华人民共和国主席令第十三号）；

《中华人民共和国特种设备安全法》（中华人民共和国主席令第四号）；

《安全生产许可证条例》（中华人民共和国国务院令第 397 号）；

《建设工程安全生产管理条例》（国务院第 393 号令）。

1.3.2 行业法律、法规及规范性文件

《建筑起重机械安全监督管理规定》（建设部第 166 号令）；

《危险性较大的分部分项工程安全管理办法》（建质 [2009] 87 号）；

《建筑起重机械备案登记办法》（建质 [2008] 76 号）；

《建筑施工特种作业人员管理规定》（建质 [2008] 75 号）；

《关于建筑施工特种作业人员考核工作的实施意见》（建办质 [2008] 41 号）。

1.3.3 地方法律、法规及规范性文件

《北京市建筑起重机械安全监督管理规定》（京建施 [2008] 368 号）；

《关于对本市建筑起重机械进行备案管理的通知》（京建施 [2008] 593 号）；

《北京市建筑施工特种作业人员考核及管理实施细则》（京建科教 [2008] 727 号）；

《危险性较大的分部分项工程安全管理办法》（京建施 [2009] 841 号）；

《北京市建设工程施工现场管理办法》（北京市人民政府令第 247 号）；

《北京市建设工程施工现场安全资料管理规程》DB 11/383—2016；

《北京市绿色施工》。

1.4 技术规范、标准

《起重机械安全规程 第一部分：总则》GB 6067.1—2010；

《起重机钢丝绳保养、维护、安装、检验和报废》GB/T 5972—2009；

《重要用途钢丝绳》GB 8918—2006；

《履带起重机安全规程》JG 5055—1994；

《履带起重机安全操作规程》DL/T 5248—2010；

《建筑机械使用安全技术规程》JGJ33—2012；

《建筑施工起重吊装安全技术规范》JGJ 276—2012；

《建设工程施工现场安全防护、场容卫生及消防保卫标准》北京市地方标准DB 11/945—2012。

1.5 盾构机、起重设备说明书

盾构机相关图纸、设备清单、使用安装说明书；

SCC2500C 履带吊使用说明书。

1.6 企业相关的管理体系文件

2 工 程 概 况

2.1 工程简介

2.1.1 工程概述

工程名称：＊＊＊线＊＊＊标＊＊＊站——＊＊＊站区间；

工程地理位置：＊＊＊区＊＊＊街道，＊＊＊单位施工现场。

2.1.2 参建各方列表（表2.1-1）

参建单位列表   表2.1-1

序号	属性	单位名称
1	建设单位	＊＊＊
2	勘察单位	＊＊＊
3	设计单位	＊＊＊
4	总包单位	＊＊＊
5	分包单位	＊＊＊
6	监理单位	＊＊＊

2.1.3 工作内容、工作量概述

本标段采用＊＊＊制造的＊＊＊盾构机进行施工，该盾构机分为主机和后配套设备两大部分，后配套设备分别安装在 6 节后续台车上。

盾构机外形见图 2.1-1。

盾构机基本参数见表 2.1-2。

各主要部件的尺寸、重量见表 2.1-3。

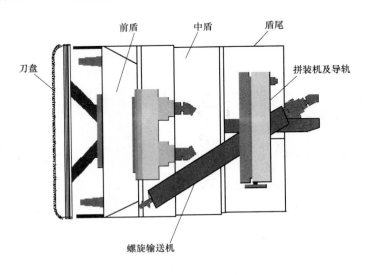

图 2.1-1　盾构机外形

盾构机基本参数　　　　　　　　　　　　　　　　表 2.1-2

序号	名　　称	数　　量
1	盾构机外径	6250mm
2	盾体长度	9152mm（含刀盘长度）
3	后配套总长	75.5m
4	设备总重量	500t

盾构机各主要部件的尺寸、重量　　　　　　　　表 2.1-3

序号	名称	尺寸（mm）	体积（m³）	重量（t）
1	刀盘（含刀）	直径 6270、高度 1364	54	28
2	前盾（含刀盘驱动）	直径 6260、高度 3882	152	100
3	中盾（含相关附件）	直径 6240、高度 3165	123	87
4	盾尾（含尾刷）	直径 6230、高度 3812	148	22
5	拼装机	长 5700、宽 3740、高 3573	76	25
6	螺旋输送机	长 11386、宽 2462、高 1221	34	17
7	一号台车	长 10000、宽 3790、高 3694	140	26

续表

序号	名称	尺寸(mm)	体积(m³)	重量(t)
8	二号台车	长 10000、宽 3790、高 3694	140	38
9	三号台车	长 10000、宽 3790、高 3694	140	20
10	四号台车	长 10000、宽 3790、高 3694	140	30
11	五号台车	长 10000、宽 3790、高 3694	140	18
12	六号台车	长 5400、宽 3790、高 3694	76	8

2.2　施工关键节点

2.2.1　前盾（含刀盘驱动）的翻身与吊装
2.2.2　螺旋输送机下井及组装

3　施工场地周边环境条件

3.1　下井吊装作业区域上空情况

吊装作业区域上空无妨碍作业的建筑物、高压线路、信号线等障碍物。

3.2　下井吊装作业区域地下情况

吊装作业区域地下无无妨碍作业的水管、电缆管线、暗井及松填土等。

3.3　下井吊装作业场地情况

＊＊＊线＊＊＊标＊＊＊站——＊＊＊站区间始发井长 12m，宽 8.3m，对角长度14.6m，深度为 18.7m。根据表 2.1-2 盾构机各主要部件的具体尺寸得出始发井可以满足盾构机各部件下井需要。始发井西侧端头地面长 20m，宽 18m，场地空间可以满足履带吊站位、运输车进出场等要求。吊装现场详见图 3.3。

3.4　气候条件

根据气象部门发布的天气预报，作业期间的气象条件满足吊装要求。

4　起重设备、设施参数

4.1　起重设备、设施的选用

根据盾构机部件重量、吊装作业场地情况选择 SCC2500C 型履带吊进行吊装。通过校核计算该履带吊在配备 19.5m 主臂、7m 固定副臂的工况下主钩和副钩可以满足盾构机部

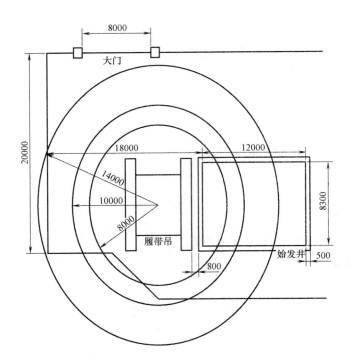

图 3.3　吊装现场平面图（单位：mm）

件的吊装、翻转作业，吊装相应计算见 9.1。

4.2　起重设备、设施的性能参数

表 4.2 为 SCC2500C 履带吊相关参数表

图 4.2 为 SCC2500C 重型固定短副臂载荷表

SCC2500C 履带吊相关参数表　　　　　　　　　　表 4.2

序号	名称	数值
1	履带长度	9.134m
2	履带与地面接触长度	7.9m
3	履带宽度	1.221m
4	整机宽度	7.681m
5	主臂长度	19.5m
6	车身高度	2.645m
7	固定副臂	7m
8	主机重量	170.8t
9	配重重量	72t
10	容绳量	480m

SCC2500C 重型固定短副臂载荷表（不带主钩） 单位：（t）

幅度（m）	19.5		主臂长（m）							幅度（m）
	主钩（不带副钩）	副钩（不带主钩）	37.5	40.5	43.5	46.5	49.5	52.5	55.5	
5	247.1									5
6	221.8									6
7	198.8									7
8	172.8									8
9	150.1									9
10	133.5	10.3/80	80.0	78.5	77.5	76.5				10
12	103.0	77.9	77.9	75.6	74.7	72.9	71.0	69.1	67.4	12
14	82.0	72.7	66.5	65.0	63.1	61.5	60.0	58.5	57.0	14
16	67.7	66.5	58.5	57.1	55.7	54.5	53.2	51.9	50.6	16
18	56.9	58.5	51.5	50.3	49.1	48.0	46.9	45.8	44.7	18
20	18.5/52.2	51.5	45.4	44.7	43.6	42.7	41.7	40.7	39.8	20
22		45.4	40.0	39.5	39.1	38.4	37.5	36.5	35.6	22
24		40.0	35.5	35.2	34.8	34.5	33.7	32.9	32.1	24
26		35.5	31.9	31.5	31.1	30.8	30.5	29.9	29.1	26
28			28.7	28.4	28.0	27.8	27.4	27.1	26.5	28
30			26.0	25.7	25.4	25.1	24.7	24.5	24.0	30
32			23.7	23.4	23.0	22.8	22.5	22.1	21.7	32
34			21.6	21.4	21.0	20.8	20.5	20.1	19.7	34
36			19.8	19.5	19.2	19.0	18.6	18.4	18.0	36
38			18.2	17.9	17.5	17.4	17.1	16.7	16.4	38
40			16.7	16.5	16.1	16.0	15.6	15.3	15.0	40
42			15.4	15.1	14.8	14.6	14.4	14.0	13.6	42
44			13.9	13.6	13.5	13.2	12.8	12.5	12.5	44
46				12.5	12.4	12.1	11.8	11.5	11.5	46
48					11.4	11.1	10.8	10.8	10.5	48
50							10.2	9.9	9.5	50
52							9.3	9.0	8.7	52
54								8.3	7.9	54
56									7.2	56
配重（t）	85.2	85.2	85.2	85.2	85.2	85.2	85.2	85.2	85.2	配重（t）

注释：表中40％红色填充的斜体数值表示安装有附加配重时的额定载荷，20%的红色填充部分表示区域载荷值由臂架强度决定。

说明：1. 实际起重量是表中的额定起重量减去起重吊钩、钢丝绳及所有吊具之后的数值。

2. 表中所示额定起重量是在水平坚硬地面、重物被缓慢平稳吊起、非行走吊重工作时的值。

3. 额定载荷在倾翻载荷的75％以内。

4. 19.5m工况适用地铁施工用的盾构机的吊装及相似类产品；且无须辅助起重机，自行完成盾构机翻身工作

图 4.2 SCC2500C 重型固定短副臂载荷表

5　施 工 计 划

5.1　工程总体目标

5.1.1　吊装工程安全管理目标
杜绝一般等级（含）以上安全生产责任事故。

5.1.2　吊装工程质量管理目标
消除质量隐患，杜绝质量事故。

5.1.3　吊装工程文明施工及环境保护目标
有效防范和降低环境污染，杜绝违法违规事件。

5.2　吊装工程管理机构设置及职责

5.2.1　管理机构
根据现场施工需要，成立吊装工程管理机构保证吊装作业安全顺利完成。

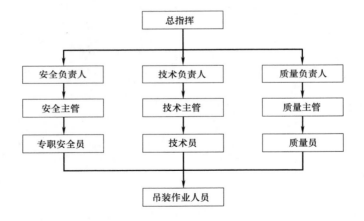

5.2.2　人员分工及管理职责

人员分工及管理职责　　　　　　表 5.2

姓　名	分　　工	管 理 职 责
＊＊＊	总指挥	＊＊＊
＊＊＊	安全负责人	＊＊＊
＊＊＊	技术负责人	＊＊＊
＊＊＊	质量负责人	＊＊＊
＊＊＊	安全主管	＊＊＊
＊＊＊	技术主管	＊＊＊
＊＊＊	质量主管	＊＊＊
＊＊＊	专职安全员	＊＊＊
＊＊＊	技术员	＊＊＊
＊＊＊	质量员	＊＊＊

5.3 施工进度计划

盾构机下井从＊＊＊年7月＊＊＊日开始，到＊＊＊年7月＊＊＊日完成吊装任务，吊装作业预计需要5天，具体吊装作业进度安排见表5.3。

盾构机吊装作业进度安排　　　　　　　　　　　　　　　　表5.3

序号	时间	工作安排
1	第一天	一号～六号台车下井及连接
2	第二天	螺旋输送机下井、中盾下井
3	第三天	前盾下井及组装、刀盘下井及组装
4	第四天	拼装机下井及组装、盾尾下井及组装
5	第五天	螺旋输送机的安装

5.4 施工资源配置

5.4.1 用电配置

项目部按照施工需要配置吊装时所需的配电箱、电缆等材料。

5.4.2 吊装劳动力配置

根据现场吊装需要，盾构机组装人员组成见表5.4-1。

吊装劳动力配置　　　　　　　　　　　　　　　　表5.4-1

序号	岗位	人数	条件
1	履带吊司机	2	持有效操作证
2	信号指挥工、司索工	各2	持有效操作证
3	安装拆卸工	6	持有效操作证
4	普工	4	经现场培训
合计		16人	

5.4.3 吊装机具配置

吊装过程中需要配置相应机具见表5.4-2。

吊装机具配置　　　　　　　　　　　　　　　　表5.4-2

序号	名称	规格	单位	数量	用途
1	履带吊	SCC2500C	台	1	吊装机械
2	钢丝绳	6×61＋FC，ϕ76mm×7m	条	4	吊中盾、前盾
3	钢丝绳	6×37＋FC，ϕ56mm×14m	条	2	中盾、前盾翻身；吊装刀盘、盾尾
4	钢丝绳	6×37＋FC，ϕ36mm×10m	条	4	吊装台车、螺旋输送机、拼装机；刀盘、盾尾翻身
5	卡环	55t马蹄形	个	6	吊中盾、前盾
6	卡环	17t马蹄形	个	6	其他部件吊装

5.4.4 其他配置

吊装过程中需要的其他配置，其清单如表5.4-3。

其他配置清单

表 5.4-3

序号	名 称	规 格	单位	数量
1	大、小棘轮扳手	1/2 英寸、1 英寸	把	各 2
2	敲击梅花扳手	各种规格	套	1
3	敲击打扳手	各种规格	套	1
4	内六角扳手	英制	套	3
5	内六角扳手	十件套	套	6
6	内六角扳手	各种规格	套	2
7	开口扳手	<42mm、≥42mm	套	各 2
8	梅花扳手	<42mm、≥42mm	套	各 2
9	套筒、重型套筒		套	各 1
10	管钳	200、300、450、600 等	把	各 1
11	链条管子钳	A 型 300、B 型 900	把	各 1
12	手拉葫芦	3t、5t、10t 、15t、20t	个	各 2
13	液压扳手		套	1
14	撬棍		条	6
15	铁锤	5kg、2kg	个	各 3
16	橡皮锤		个	1
17	铜棒		个	2
18	电工工具		套	2
19	测量、监测仪器		套	2
20	信号需要的对讲机		个	4
21	引导绳	50m	根	2
22	枕木	25cm×25cm×4m	块	50
23	木板	30cm×5cm×4m	块	30
24	方木	10cm×10cm×4m	块	50
25	交流电焊机	配足够长的焊把线	台	4
26	液压千斤顶	5t、50t、100t	个	各 2
27	液压泵站		台	1
28	氧气、乙炔割具		套	2
29	空压机		台	1
30	活动人梯		架	4

5.5 施工准备

5.5.1 技术准备

（1）熟知与下井安装方案有关的技术资料，核对构件的空间就位尺寸和相互的关系，掌握待吊构件的长度、宽度、高度、重量、型号、数量及其连接方法等。

（2）了解已选定的起重、运输及其他机械设备的性能及使用要求。

（3）技术人员应细致、认真、全面的对现场作业人员进行相应的培训，按照要求下达有针对性的安全技术交底。

5.5.2　现场准备

（1）根据吊装需要对场地进行平整、硬化，根据起重设备承载力要求进行局部地基加固。

（2）在盾构机组装区域设置施工禁区，施工吊装场地井口四周安装固定的防护栏及安全网。

（3）清理井口到井底四周井壁空间，保证吊物下井畅通。

（4）现场照明及井下照明设施准备，包括竖井内及组装盾构机时盾构机内工作区域的照明措施。

5.5.3　机械、机具准备

（1）组织吊装起重设备进场组装、验收。

（2）对吊装用的吊、索、卡具进行验收。

（3）按照配置要求准备其他辅助机具。

5.5.4　盾构机下井前的准备

（1）始发基座的安装及钢轨铺设。

（2）始发架、电瓶车吊装下井并运放到指定位置。

（3）吊耳的检测与验收。

（4）熟悉运输路线、装卸方法及现场吊装区域各部件摆放、拼装、吊运的位置。

（5）熟悉吊装场地范围内的地面、地下、高空及周边的环境情况。

5.5.5　工程物资材料准备

各相关单位按要求进行吊装工作工程物资材料的准备。

5.5.6　人员准备

按照人员分工及管理职责要求落实人员准备。

6　吊装工艺流程及步骤

6.1　吊装作业流程图

盾构机和后配套吊装顺序：始发架→电瓶车→六号台车→五号台车→四号台车→三号台车→二号台车→一号台车→螺旋输送机→中盾→前盾→刀盘→拼装机→盾尾。

主机组装顺序：前盾与中盾的组装→刀盘与前盾的组装→拼装机与中盾的组装→盾尾与中盾的组装→螺旋输送机的安装→后备套与主机的连接。

6.2　吊装工艺

6.2.1　下井吊装过程的场地布置平面图

履带吊站位详见图3.3，履带吊履带与冠梁处于平行状态，一侧履带支立于端头加固范围内，与冠梁距离为0.8m。通过校核计算在该位置站位吊装其地基承载力、边坡稳定性符合吊装要求。相关校核计算见9.2、9.3。

6.2.2　下井吊装工况

根据履带吊站位图 3.3，使用 SCC2500C 履带吊吊装盾构机吊装状态见表 6.2。其中负载率为部件的计算载荷与起重机额定起重量的比值，负载率的大小可以反映出作业的危险程度。吊装过程吊装载荷校核计算见 9.1。

SCC2500C 履带吊吊装盾构机吊装状态表　　　　表 6.2

序号	名称	吊索、卡环规格	幅度(m)	额定起重量(t)	计算载荷(t)	负载率(%)
1	刀盘	ϕ56mm、17t	8	150.1	35.1	23.4
2	前盾	ϕ76mm、55t	10	133.5	122.2	91.5
3	中盾	ϕ76mm、55t	10	133.5	106.5	79.8
4	盾尾	ϕ56mm、17t	14	82	27.8	33.9
5	拼装机	ϕ36mm、17t	14	82	31.5	38.4
6	螺旋机	ϕ36mm、17t	14	82	21.8	26.6
7	1 号台车	ϕ36mm、17t	14	82	32.7	39.9
8	2 号台车	ϕ36mm、17t	14	82	47.2	57.6
9	3 号台车	ϕ36mm、17t	14	82	25.4	31
10	4 号台车	ϕ36mm、17t	14	82	37.5	45.7
11	5 号台车	ϕ36mm、17t	14	82	23	28
12	6 号台车	ϕ36mm、17t	14	82	10.9	13.3

6.2.3　信号指挥方式

吊装作业过程中使用对讲机以及音响信号（口哨）与指挥手势配合作为指挥方式。在地面履带吊司机可以观察到的情况下使用音响信号（口哨）与指挥手势配合作为指挥方式，其他情况下采用对讲机作为指挥方式。

6.2.4　吊、索、卡具的选用

依据盾构机各部件重量及吊点设置，通过计算校核选用 ϕ76mm×7m、ϕ56mm×14m、ϕ36mm×10m 钢丝绳吊索；卸扣选用 55t、17t，具体计算见 9.4。

6.2.5　吊耳的检查、检测

为确保安全在起吊前应对原吊耳进行检查，必要时需进行第三方检测，检查、检测合格方可使用。

6.2.6　试吊装

进行正式起吊前需进行试吊装作业。部件起吊离地 200mm 试吊，悬停 5min，检查被吊物、吊点、吊索、履带起重机支撑面、起重机等完好无异常后方可继续吊装。

6.2.7　部件翻转

在吊装下井前中盾、前盾、刀盘、盾尾须先进行翻转，然后吊装下井。

SCC2500C 履带吊具有独立翻转能力，主钩用吊索与盾体内侧身的吊耳连接，副钩用吊索与盾体外侧身的吊点连接，主钩副钩同时起升，离开地面 500mm 后，主钩以 0.5m/min 起钩，副钩以 0.5m/min 落钩，保持均匀速度，盾体翻身过程中始终与地面保持 500mm，直到完成 90°翻转。

6.3　吊装步骤

6.3.1　台车下井及组装连接

履带吊使用 4 根 10mϕ36mm 的钢丝绳吊索用 4 个 17t 卡环挂在六号台车的四个吊点上，试吊装后通过变幅、回转动作将台车慢速移动到井口指定位置。确认无误后吊车慢速落钩下井（使用牵引绳调整空中姿态），当台车与路轨接触后用电瓶车把它移到指定位置，用防滑楔固定后，依次按照上述方法吊装及移动五、四、三、二、一号台车，并按照说明书要求把各台车用连接杆进行组装连接，下井具体吊装见图 6.3-1。

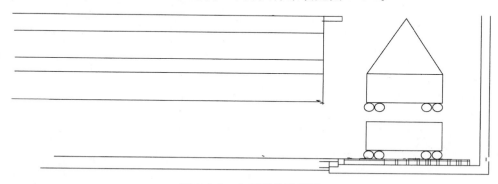

图 6.3-1　台车下井示意图

6.3.2　螺旋输送机下井

履带吊使用 2 根 10mϕ36mm 的钢丝绳吊索用 2 个 17t 卡环挂在螺旋输送机的两个吊点上，试吊装后通过变幅、回转动作将螺旋输送机慢速移动到井口指定位置。确认无误后吊车慢速落钩下井（使用牵引绳调整空中姿态），到达井底后使螺旋机端头放在管片车上，另一端落到始发架上后，然后用手拉葫芦拽拉至井内指定位置。下井具体吊装见图 6.3-2。

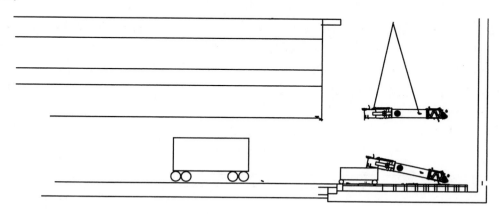

图 6.3-2　螺旋机下井示意图

6.3.3　中盾下井

在井上预先安装好主推进油缸、铰接油缸、人仓及机米字梁等相关部件。履带吊主钩使用 4 根 7mϕ76mm 的钢丝绳吊索用 4 个 55t 卡环挂在中盾内侧身的 4 个吊耳上，副钩使用 2 根 14mϕ56mm 的钢丝绳吊索及 2 个 55t 卡环挂在中盾外侧身的两个吊点，试吊装后进行中盾翻转，翻转稳定后摘除副钩吊索，通过变幅、回转动作将中盾慢速移动到井口指定位置，确认无误后吊车慢速落钩下井落放在始发架上（使用牵引绳调整空中姿态），摘除钢丝绳吊索。为了保证前盾下井空间，用 100t 的分离式液压千斤顶顶推中盾至指定位置，下井具体吊装见图 6.3-3。

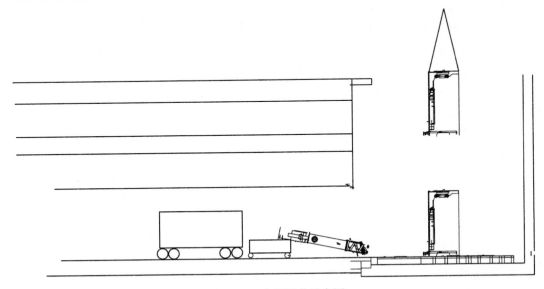

图 6.3-3　中盾下井示意图

6.3.4　前盾下井及前盾与中盾的组装

在井上预先安装好刀盘驱动、人闸、螺旋输送机接头。履带吊主钩使用 4 根 7mϕ76mm 的钢丝绳吊索及 4 个 55t 卡环挂在前盾的 4 个吊耳上，副钩使用 2 根 14mϕ56mm 的钢丝绳吊索对折后用 2 个 55t 卡环挂在前盾外侧身的两个吊点，试吊装后进行前盾翻转，翻转稳定后摘除副钩吊索，通过变幅、回转动作将前盾慢速移动到井口指定位置。确认无误后吊车慢速落钩下井落放在始发架上（使用牵引绳调整空中姿态），通过吊车起落调整前盾和中盾的螺栓孔位，当前盾和中盾的螺栓孔位完全对准后穿入拉伸预紧螺栓，按照说明书要求对拉伸预紧螺栓进行预紧，确认无误后摘除钢丝绳吊索。下井具体吊装见图 6.3-4。

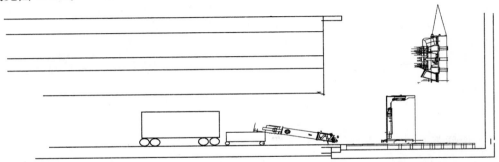

图 6.3-4　前盾下井示意图

6.3.5 刀盘下井及刀盘与前盾的组装

在井上预先安装好刀具和回转接头。主钩使用 2 根 14m∮56mm 的钢丝绳吊索对折后用 4 个 17t 卡环挂在刀盘的 4 个吊耳上，副钩使用 2 根 10m∮36mm 的钢丝绳吊索用 2 个 17t 卡环挂在刀盘外侧身的两个吊点，试吊装后进行刀盘翻转，翻转稳定后摘除副钩吊索，通过变幅、回转动作将刀盘慢速移动到井口指定位置。确认无误后吊车慢速落钩下井（使用牵引绳调整空中姿态），按照安装要求使刀盘回转接头穿过前盾主轴承，用两个 5t 的手拉葫芦（一头挂在土舱里预先焊接的两个耳环、一头挂在刀盘上）拉移刀盘，当前盾和刀盘的螺栓孔位及定位销完全对准后穿入拉伸预紧螺栓，按照说明书要求对拉伸预紧螺栓进行预紧，确认无误后摘除钢丝绳吊索，下井具体吊装见图 6.3-5。

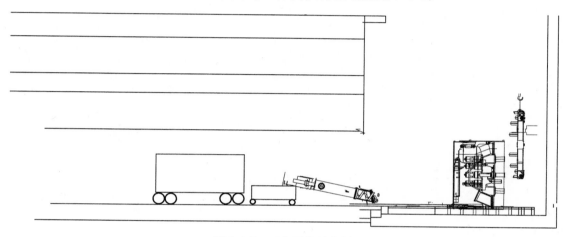

图 6.3-5 刀盘下井示意图

6.3.6 拼装机下井及拼装机与中盾的组装

使用 4 根 10m∮36mm 的钢丝绳吊索用 4 个 17t 卡环挂在拼装机的四个吊点，试吊装后通过变幅、回转动作将拼装机慢速移动到井口指定位置。确认无误后吊车慢速落钩下井（使用牵引绳调整空中姿态），当拼装机与中盾的连接螺栓孔位完全对准后穿入连接螺栓，按照说明书要求对连接螺栓进行预紧，确认无误后摘除钢丝绳吊索，下井具体吊装及移见图 6.3-6。

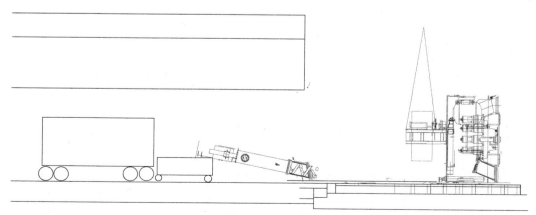

图 6.3-6 拼装机下井示意图

6.3.7　盾尾的下井及盾尾与中盾的组装

履带吊主钩使用 2 根 14mϕ56mm 钢丝绳吊索对折后用四个 17t 马蹄型卡环挂在盾尾的 4 个吊耳上，副钩使用 2 根 10mϕ36mm 的钢丝绳吊索用 2 个 17t 卡环挂在盾尾外侧身的两个吊点，试吊装后进行盾尾翻转，翻转稳定后摘除副钩吊索，通过变幅、回转动作将盾尾慢速移动到井口指定位置。确认无误后吊车慢速落钩下井（使用牵引绳调整空中姿态），当盾尾与中盾的连接螺栓孔位完全对准后穿入连接螺栓，按照说明书要求对连接螺栓进行预紧，确认无误后摘除钢丝绳吊索，下井具体吊装及移见图 6.3-7。

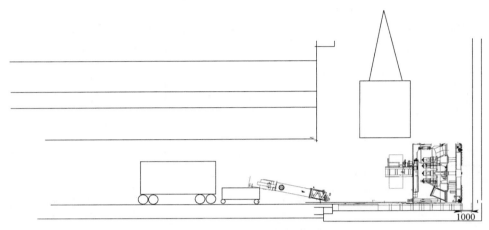

图 6.3-7　盾尾下井示意图

6.3.8　螺旋输送机的安装

把螺旋输送机移动到起吊位置，螺旋输送机与前盾连接的一端吊点使用 1 根 10mϕ36mm 的钢丝绳吊索、17t 手拉葫芦、1 个 17t 卡环，另一端吊点使用 1 根 10mϕ36mm 的钢丝绳吊索、1 个 17t 卡环，试吊装后通过回转和变幅动作将螺旋输送机慢速的从拼装机的内圆斜插入，按照安装要求移到一定的吊装位置后，用两个 10t 手拉葫芦

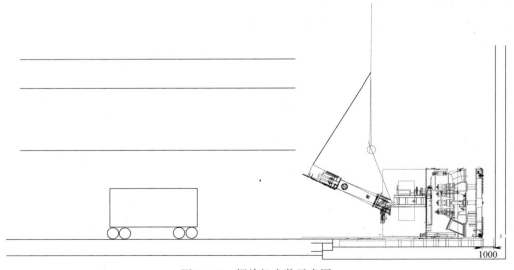

图 6.3-8　螺旋机安装示意图

挂在螺旋输送机与前盾连接的一端吊点位置拉紧受力后摘除螺旋输送机与前盾连接的一端吊索，慢速拉动手拉葫芦到前盾法兰连接位置，当螺旋输送机法兰和前盾的法兰螺栓孔位及定位销完全对准后穿入拉伸预紧螺栓，按照说明书要求对拉伸预紧螺栓进行预紧（在此过程中用手拉葫芦逐渐调整角度，以保护螺旋输送机端头的电机，同时保证安装顺利完成），确认无误后摘除另一端钢丝绳吊索，螺旋输送机具体安装见图 6.3-8。

6.3.9　后备套与主机的连接

根据盾构机说明书的要求把后备套与主机的进行有效的连接。

6.4　调试与验收

根据盾构机使用说明书的要求进行调试、试运转，按照要求进行验收。

7　施工保证措施

本工程为大型设备吊装，由于吊装作业环境复杂；吊装部件多；部分吊装部件体积、重量大；吊装要求高；组装连接精度高等等，存在的风险因素较多，为保证正常施工，需对可能会引发事故的情况进行辨识，并制定有针对性的施工保证措施。

7.1　危害危险因素辨识

（1）现场地面不平整，承载力不符合运输、吊装要求。

（2）履带吊在作业过程出现异常。

（3）吊索具在作业过程出现异常。

（4）吊装现场不符合吊装要求

（5）作业过程发生触电伤害。

（6）作业过程发生火灾。

（7）作业人员违章指挥、违章作业。

（8）作业过程人员身体状况出现异常。

（9）因大雨造成施工现场出现异常。

7.2　安全保证措施

7.2.1　设备进场安全保证措施

根据运输车辆相关参数及现场情况选择运输路线。对选定的运输路线地面进行平整、加固处理，保证运输车辆的稳定性；对运输路线周边的障碍物采取有效措施，防止发生剐蹭。对选定的运输路线设置明显的标识，按照要求限速行驶，保证运输车辆安全抵达指定位置。

7.2.2　作业现场安全保证措施

（1）吊装、组装作业范围内设置警戒区域，悬挂安全警示标识，由专人看护禁止无关人员入内。

（2）施工作业区域搭投的扶梯、工作台、脚手架、护身栏、安全网等，必须牢固可靠，符合相关规范要求，并经验收合格后方可使用。

7.2.3　机械设备安全保证措施

（1）履带吊须具有产品合格证及在有效期内合格的检验检测报告。

（2）严格按照履带吊使用说明书进行组装，组装完成后进行调试试车，履带吊产权单位对设备进行自检并出具自检合格报告（自检合格报告须有自检人员签字并盖有产权单位公章），并按照行政主管部门相关要求进行验收，验收合格方可使用。

（3）每班作业前操作人员要先查看设备各结构部位是否正常，通过运转试车查看设备各安全装置是否齐全有效、各机构是否运转正常，无异常方可开始作业。

（4）指派专人按照说明书规定负责履带吊的维修保养。严禁履带吊带病运转或超负荷运转；严禁对运转中的履带吊进行维修、保养、调整等作业。

7.2.4　吊装安全保证措施

1）培训交底

（1）吊装作业前施工总承包安全、技术人员应组织有关人员（项目安全及技术人员、作业人员等）进行安全技术培训，使他们充分了解施工过程的内容、工作难点、注意事项等。

（2）吊装作业前做好吊装指挥、通信联络等准备工作，确定吊装指挥人选及分工。指挥用对讲机、手势加哨音指挥。吊装前统一指挥信号，并召集指挥人员和吊装人员进行学习和练习，做到熟练掌握。

（3）对所有作业人员进行有针对性的安全技术交底。

2）履带吊站位点

（1）根据履带吊、盾构机各部件相关参数及现场情况对履带吊站位点进行处理，保证地基承载力满足吊装要求。

（2）履带吊必须严格按专项方案指定位置准确站位，严禁在吊装过程中行走。

3）吊点与吊索

（1）在吊装过程中盾构机各部件吊点应按说明书规定要求选择，不得随意改动。

（2）在起吊前，须对吊耳进行检查，确认无误后方可开始吊装。

（3）在吊装前提供吊索具的单位对吊装使用的吊索具进行自检并出具自检合格报告（自检合格报告须有自检人员签字并盖有吊索具单位公章）。

4）起重司索与信号指挥

（1）起重司索、信号指挥人员需取得建设行政主管部门颁发的特种作业人员操作资格证。

（2）起重司索人员按照盾构机专项方案要求选择相应的吊索具，按照相关规范要求系挂，由信号指挥人员查验合格无异常后方可起吊。

（3）信号指挥人员要穿有明显标识的服装，按照指挥要求正确站位，分工明确，使用统一指挥信号，信号要清晰、准确，履带吊司机及相关作业人员必须听从指挥。

（4）起重司索人员引导吊装部件就位时应选择合理位置，严禁攀爬部件进行登高作业。

5）吊装过程

（1）在吊装过程中作业人员要时刻注意履带吊尾部的旋转动态，防止发生碰撞和挤压。

（2）履带吊在吊装过程中其吊装载荷必须保证在其额定起重能力范围内，严禁超载作业。

（3）在吊装过程中严格执行试吊装程序，在试吊装过程中指定专人对各环节进行观察，发现异常情况立即停止作业进行相应处理，直到试吊装各环节完好无异常后方可继续吊装。

（4）在吊装过程中严禁人员随吊装部件下井。

（5）在吊装过程中使用的料具应放置稳妥，小型工具应放入工具袋，上下传递工具时严禁抛掷。

（6）履带吊在吊装过程中如发生故障立即停止运转，待维修人员修理完毕履带吊处于正常状态下，方可继续作业。

（7）盾构机各部件在吊装过程中，司机应认真操作，慢起慢落；部件翻身时操作应保证同步平稳。

（8）各部件在吊装过程中牵引绳操作人员站位安全合理，全过程控制空中姿态，防止在下井过程部件与井壁发生碰撞。

（9）各部件在起吊前要检查附件是否固定牢固、是否存在其他杂物等，完好无异常后方可起吊。

（10）四级及以上大风或其他恶劣天气应停止吊装作业，同时做好防风措施。

7.2.5 用电安全保证措施

（1）夜间及井下施工必须有充足的照明。施工现场用的手持照明灯应采用 36V 的安全电压，在潮湿的基坑、洞室用的照明灯采用 12V 的电压。

（2）认真检查设备、设施的防雷装置，保证其安全、可靠。

（3）对相关设备、设施进行遮雨处理，加强外露的电气设备及线路的检查，保证符合安全用电要求，严防漏电起火、触电伤人。

7.2.6 其他安全保证措施

（1）从事作业的特种人员，必须按照要求取得相应的特种作业操作资格。

（2）各种机械操作人员和车辆驾驶员，必须取得操作合格证，不准操作与证不相符的机械。

（3）进入施工现场必须戴安全帽，高处作业人员要佩戴安全带，穿防滑鞋，按规定正确佩戴劳动保护用品。

（4）所有作业人员严禁酒后作业，严禁疲劳作业。

（5）现场各种构件、材料按照要求摆放整齐，作业人员按照人力搬运的作业要求进行搬运。

（6）按要求准备防汛应急物资，保证发生异常时能够及时、高效地进行处置。

（7）在作业过程中监理单位、总承包单位、分包单位相关人员在现场旁站。

（8）在作业过程中指派专人进行全程监护。

7.2.7 吊装过程监测

1）监测目的

（1）掌握各个吊装过程中盾构井端头围护围护结构及支撑体系变化情况。

（2）通过对监测数据的分析，判断盾构吊装对围护结构影响程度及基坑的安全度。

2）监测仪器（表 7.2）

			表7.2
测量仪器统计表			
仪器设备名称	仪器型号	仪器设备性能	数量
光学水准仪	DSZ2	精度：1mm	1台
铟瓦尺	2m 条码		2把

3）监测的工作内容及控制标准

（1）监测内容主要包括桩顶水平位移、地表沉降两个监测项目，监测小组按照随时吊装随时监测的原则，在吊装作业过程中实时监控履带吊站位点地基承载情况。及时获取变化的第一手数据，以便指导吊装进程和吊装的速度。

（2）监测项目报警值

吊装过程中支护桩顶或墙水平位移5mm。

吊装过程中地面沉降2mm。

（3）监测项目达到报警值时立即停止吊装作业，通过分析找出原因，改进后方可继续作业。

7.3　质量保证措施

（1）吊装作业前施工总承包技术人员应组织相关人员进行质量培训，使他们充分熟悉安装图纸，了解施工过程的质量要求。

（2）各部件在装车运输过程中，部件与车体之间用硬木支垫，部件与硬木之间铺垫地毯，捆扎紧固使用的倒链及钢丝绳与部件接触部位铺垫软物，防止盾构机部件损坏。

（3）相关部件的吊耳要严格按照要求进行检查、检测。

（4）卸车力求轻起轻放，部件与放置地面之间用硬木支垫，部件与硬木之间铺垫地毯，防止盾构机部件损坏。各部件卸车摆放合理有序。

（5）严格按照盾构机说明书的安装要求进行安装。

（6）吊装过程中吊索具不得与相关附件发生干涉挤压。

（7）吊装过程中应保证被吊物稳定后才允许进行下一步吊装程序。

（8）各部件在吊装过程中牵引绳操作人员要全过程控制空中姿态，确保准确就位。

（9）在作业过程中相关人员在现场监督作业人员是否严格按照质量要求进行作业。

7.4　文明施工与环境保护措施

7.4.1　文明施工保证措施

（1）施工场地出入口应设置洗车池，出场地的车辆必须冲洗干净。

（2）施工场地道路必须平整畅通，排水系统良好、通畅。材料、机具要求分类堆放整齐并设置标示牌。

（3）场地在干燥大风时应注意洒水降尘。

（4）夜间施工向环保部门办理夜间施工许可证，主动协调好周边关系，减少因施工造成不便而产生的各种纠纷。

（5）作业时尽量控制噪声影响，对噪声过大的设备尽可能不用或少用。在施工中采取防护等措施，把噪声降低到最低限度。

7.4.2　环境保护保证措施

（1）夜间施工信号指挥人员不使用口哨，机械设备不得鸣笛。

（2）汽车进入施工场地应减速行驶，避免扬尘。

（3）加强对施工机械的维修保养，防止机械使用的油类渗漏进入地下水中或市政下水道。

（4）对吊装作业的固体废弃物应分类定点堆放，分类处理。

（5）施工期间产生的废钢材、木材，塑料等固体废料应予回收利用。

7.5　现场消防、保卫措施

7.5.1　现场消防措施

（1）作业现场区域按照要求设置消防水源和消防设施，消防器材应有专人管理。

（2）作业现场严禁存放易燃易爆危险品，作业现场区域严禁吸烟。

（3）严格加强作业现场明火作业管理，严格用火审批制度，现场用火证必须统一由保卫部门负责人签发，并附有书面安全技术交底。电气焊工持证上岗，无证人员不得操作。

7.5.2　现场保卫措施

（1）控制并监督进出工地的车辆和人员，执行工地内控制措施。对所有进入工地的车辆进行记录。

（2）在工地内按照要求进行巡逻，防止发生盾构机相关部件丢失。

7.6　职业健康保证措施

（1）对吊装作业人员进行职业健康培训。

（2）加强井下通风，保证空气清洁。

（3）施工现场要有足够符合卫生标准的饮用水供应。

（4）合理调整作息时间，避开高温施工，增加工间休息次数，缩短劳动持续时间，保障在高温雨季天气下正常施工和作业人员的安全健康。

7.7　绿色施工保证措施

（1）对操作人员进行绿色施工培训。

（2）保护好施工周围的树木、绿化，防止损坏。

（3）落实《绿色施工保护措施》，实行"四节一环保"。

8　应　急　预　案

8.1　应急管理体系

8.1.1　应急管理机构

事故应急救援工作实行施工第一责任人负责制和分级分部门负责制，由安全事故应急救援小组统一指挥抢险救灾工作。当重大安全事故发生后，各有关职能部门要在安全事故应急救援小组的统一领导下，按要求，履行各自的职责，做到分工协作、密切配合，快速、高效、有序地开展应急救援工作。

应急救援领导小组成员如下：

组　　长：＊＊＊，电话：＊＊＊

副组长：＊＊＊，电话：＊＊＊

　　　　　　　　　电话：＊＊＊

　　　　　　　　　电话：＊＊＊

成　　员：＊＊＊，电话：＊＊＊

　　　　　　　　　电话：＊＊＊

　　　　　　　　　电话：＊＊＊

　　　　　　　　　电话：＊＊＊

　　　　　　　　　电话：＊＊＊

应急救援小组成员如下：

组　　长：＊＊＊，电话：＊＊＊

副组长：＊＊＊，电话：＊＊＊

　　　　　　　　　电话：＊＊＊

　　　　　　　　　电话：＊＊＊

成　　员：＊＊＊，电话：＊＊＊

　　　　　　　　　电话：＊＊＊

　　　　　　　　　电话：＊＊＊

　　　　　　　　　电话：＊＊＊

　　　　　　　　　电话：＊＊＊

8.1.2 职责与分工

（1）应急救援领导小组职责与分工

组　　长：＊＊＊，全面负责抢险指挥工作，发生险情时负责迅速组织抢险救援以及与外界联系救援。

副组长：＊＊＊，具体负责对内外通信联络以及根据现场情况向外界求援。

副组长：＊＊＊，全面负责抢险技术保障，并与设计、监理、业主及相关单位联系拿出可靠的抢险或补救措施。

副组长：＊＊＊，负责抢险时现场安全监督

组　　员：＊＊＊，具体负责组织指挥现场抢险救援

　　　　　＊＊＊，负责抢险组织及实施

　　　　　＊＊＊，负责抢险时现场安全监督

　　　　　＊＊＊，负责监督提醒现场抢险人员安全

　　　　　＊＊＊，负责对外联络及协调

　　　　　＊＊＊，负责抢险技术保障，发生险情时应迅速拿出抢救方案

　　　　　＊＊＊，负责抢险物资管理

　　　　　＊＊＊，负责应急资金支持和后勤保障

　　　　　＊＊＊，负责抢险技术实施和监控

＊＊＊，具体负责抢险时的监控量测工作

＊＊＊，具体负责通信联络和信息收集、发布及伤亡人员的家属接待，妥善处理受害人员及家属的善后工作。

（2）应急救援小组职责与分工

在得到事故信息后立即赶赴事发地点，按照事故预案相关方案和措施实施，并根据现场实际情况加以修正。寻找受害者并转移到安全地点，并迅速拨打医院电话 120 取得医院的救助。

8.2　应急响应程序

1）事故发生初期，事故现场人员应积极采取应急自救措施，同时启动施工现场应急救援预案，实施现场抢险，防止事故的扩大。前期部等部门应尽快恢复被损坏的道路、水电、通信等有关设施，确保应急救援工作顺利开展。

2）安全事故应急救援预案启动后，应急救援小组立即投入运作，组长及各成员应迅速到位履行职责，及时组织实施相应事故应急救援预案，并随时将事故抢险情况报告上级。

3）事故发生后，在第一时间抢救受伤人员，这是抢险救援的重中之重。保卫部门应加强事故现场安全保卫、治安管理和交通疏导工作，预防和制止各种破坏活动，维护社会治安。

4）当有重伤人员出现时救援小组应及时提供救护所需药品，利用现有医疗设施抢救伤员。同时拨打急救电话 120 呼叫医疗援助。其他相关部门应做好抢救配合工作。

5）事故报告：重大安全事故发生后，事故单位或当事人必须用将所发生的重大安全事故情况报告事故相关监管部门：

（1）发生事故的单位、时间、地点、位置；

（2）事故类型（倒塌、触电、机械伤害等）；

（3）伤亡情况及事故直接经济损失的初步评估；

（4）事故涉及的危险材料性质、数量；

（5）事故发展趋势，可能影响的范围，现场人员和附近人口分布；

（6）事故的初步原因判断；

（7）采取的应急抢救措施；

（8）需要有关部门和单位协助救援抢险的事宜；

（9）事故的报告时间、报告单位、报告人及电话联络方式。

6）事故现场保护：重特大安全事故发生后，事故发生地和有关单位必须严格保护事故现场，并迅速采取必要措施，抢救人员和财产。因抢救伤员、防止事故扩大以及疏通交通等原因需要移动现场物件时，必须做出标志、拍照、详细记录和绘制事故现场图，并妥善保存现场重要痕迹、物证等。

8.3　应急物资装备

应急资源的准备是应急救援工作的重要保障，根据现场条件和可能发生的安全事故准备应急物资如表 8.3 所示。

应急物资清单　　　　　　　　　表 8.3

序号	物品名称	规格	数量
1	液压千斤顶	50T	2 个
		5T	2 个
2	槽钢	10cm×9m	10 根
3	手拉葫芦	5T	2 个
		1.5T	2 个
4	手提电焊机		1 台
5	气割设备		1 套
6	钢管	48mm×6m	30 根
7	扣件		40 个
8	电缆	10mm², 三相五芯	100m
9	木板	30cm×5cm×4m	10 块
10	污水泵(含电线)	7.5kW	4 台
11	高压水泵	1MPa	1 台
12	编织袋		500 个
13	沙子		50m³
14	铁锹		20 把
15	应急配电箱		1 套
16	应急灯		10 个
17	担架		3 付
18	医用急救箱		2 个
19	医用绷带		5 卷
20	呼吸氧		5 袋

8.4　应急机构相关联系方式

北京市消防队求援电话：119
北京急救：120
北京市＊＊＊＊医院　电话＊＊＊＊
北京市＊＊＊＊医院　电话＊＊＊＊
＊＊＊＊项目经理部　电话＊＊＊＊

9　计　算　书

9.1　履带吊吊装载荷校核计算

9.1.1　翻转过程吊装载荷校核计算

根据现场平面图 3.3，各部件卸车及翻转位置在履带吊 10m 幅度范围内（按 10m 幅度计算），吊装部件最大重量为前盾，只要校核计算前盾翻转是否满足吊装即可。根据图 4.2 可以查得履带吊在 10m 幅度主钩的吊装载荷为 133.5t，副钩的吊装载荷为 80t。翻转过程近似按双机抬吊进行计算。

主钩的允许吊装载荷：$133.5 \times 80\% = 106.8t$

副钩的允许吊装载荷：$80 \times 80\% = 64t$。

前盾重量为 100t，吊索按 1t 计算，考虑不均匀载荷及动载荷系数，载荷计算为 $(100+1) \times 1.1 \times 1.1 = 122.2t$，平均分配主钩、副钩各 61.1t，小于主钩及副钩的允许吊装载荷。所选用的履带吊满足各部件翻转的吊装要求。

9.1.2　吊装过程吊装载荷校核计算

各部件吊装时选用的吊索按 1t 计算，不均匀载荷系数、动载荷系数均按 1.1 计算，计算载荷＝（部件重量＋吊索重量）×不均匀载荷系数×动载荷系数，各部件计算载荷如表 9.1 所示。

盾构机各部件计算载荷　　　　　表 9.1

序号	名称	重量(吨)	计算载荷(吨)
1	刀盘	28	35.1
2	前盾	100	122.2
3	中盾	87	106.5
4	盾尾	22	27.8
5	拼装机	25	31.5
6	螺旋输送机	17	21.8
7	1号台车	26	32.7
8	2号台车	38	47.2
9	3号台车	20	25.4
10	4号台车	30	37.5
11	5号台车	18	23
12	6号台车	8	10.9

根据各部件载荷计算数据，对照相应的吊装幅度，所选用的履带吊满足各部件的吊装要求，相应数据见表 6.2。

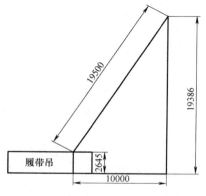

图 9.1　吊装高度模拟

9.1.3　吊装高度校核

根据图 9.1 相关数据计算，履带吊臂头至地面 19386mm。以刀盘调运过程为例进行校核，距离地面为 1700mm（始发井临边防护高度 1200mm），直径 6270mm，吊索 7000mm，勾头系统 2610mm，合计为 17580mm，勾头系统至臂头剩余长度为 1806mm，远远大于该履带吊安全距离 600mm，吊装高度满足要求，见图 9.1。

9.1.4　容绳量校核

始发井深度为 18700mm，结合图 9.1 吊装就位时臂头距离勾头最大为38086mm（19386＋18700），履带吊在吊装时采用九倍率方式，绳索使用长度为362274mm（38086×9＋19500），远远小于该履带吊容绳量480m，该履带吊容绳量满足吊装要求。

9.2 下井选用的履带吊站位点地基承载力的计算与校核

下井时履带吊主机重量170.8t，配重重量72t，合计自重为242.8t，地基承载力按最大构件前盾（含刀盘驱动）100t计算，若起吊100t重物地基承载力能满足要求，则其余构件均满足吊装要求。

假设履带吊的两条履带板均匀受力，反力最大值可按下列公式计算

$$R_{max}=(P+Q)\times K$$

其中P为吊车自重；Q为最大构件重量；K为动载荷系数，取1.1。

$$R_{max}=(242.8+100)\times1.1\times1000kg\times10N/kg=3771kN$$

依据表4.2得出吊车承力面积$S=7.9\times1.221\times2=19.29m^2$。

吊车对场地的均布荷载为：$P=R_{max}/S=3771kN/19.29m^2=195.5kPa$

根据履带吊仪表显示在吊装时最不利工况下其对场地的荷载变化最大值为1.3，因此履带吊在吊装时最不利工况下其对场地的最大荷载为：195.5×1.3＝254kPa。

现场实际条件为③$_2$及③$_3$地层，根据勘测设计院提供的设计参数建议值表（表9.2）所对应的承载力特征值可知，地基承载力特征值介于180至200kPa之间，由于吊装作业区域采用C30混凝土（200mm）和一层钢筋网片进行硬化，通过计算其地基承载力可达到300kPa，大于最大荷载254kPa，满足履带吊对地基承载力的要求。

表 9.2

设计参数建议值表（一）（部分）

岩土名称	代号	凝聚力	内摩擦角	压缩系数	渗透系数	承载力特征值
		kPa	°	MPa^{-1}	m/d	kPa
黏土	③$_1$	30	10	0.31	0.002	140
粉土	③$_2$	19	25	0.15	0.3	180
细粉砂	③$_3$	0	28	0.08	2.0	200
粉细砂	③$_4$	0	30	0.09	3.0	200

9.3 下井选用的履带吊边坡稳定性的计算与校核

始发井挡土墙结构及尺寸见图9.3-1。冠梁上方有一高800mm，宽200mm混凝土挡土墙。按照重力式挡土墙0.6m计算，履带吊距离坑边为0.8m。

履带吊履带对地面的荷载可以按均布荷载考虑，根据朗肯理论，荷载向下传递时，其夹角为（45＋$\varphi/2$）度，荷载传递见图9.3-2。

查地勘报告，吊装区地质情况自上而下依次为C20混凝土、粉土填土、粉质黏土、粉细砂，其土质参数见表9.3-1。从表中查的粉土填土内摩擦角为28°，则传递夹角为45＋28/2＝59°，59°传递夹角时，力作用在围护桩上和侧墙上，挡土墙结构安全，荷载作用位置见图9.3-3。

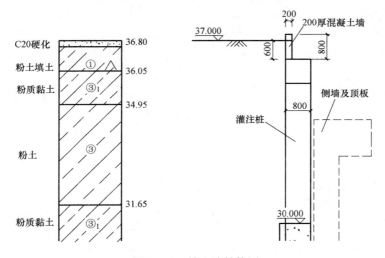

图 9.3-1 挡土墙结构图

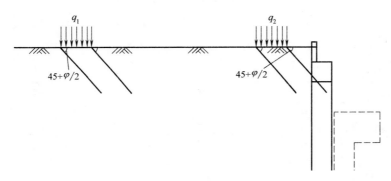

图 9.3-2 荷载传递示意图

挡土墙背后的土质参数   表 9.3-1

名称	重度 kN/m³	黏聚力 c(kPa)	内摩擦角 φ(°)
粉土填土	20.1	20	28
粉质黏土	28.1	26	15
粉土	20.7	20	28

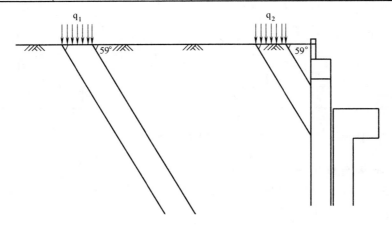

图 9.3-3 荷载作用位置

主体结构为 C40 钢筋混凝土结构，按混凝土抗剪强度/抗压强度为 0.1 计算，侧墙的极限抗剪强度为：$q=0.1\times40\text{MPa}=4000\text{kPa}$

土压力主要由主动土压力、静止土压力和被动土压力三种状态。

按土压力最大状态被动土压力计算，可知侧墙最下方负载为 $q=kP+p_\gamma$

其中 k 为土的侧压力系数，可近似按 1 计算，P 为履带吊对地最大荷载，p_γ 为被动土压力载荷。

根据表 9.3-2，$q=kP+p_\gamma=254\text{kPa}+1192\text{kPa}=1446\text{kPa}<4000\text{kPa}$，吊装对主体结构没有影响。

土压力计算表　　　　　　　　　　　　　　　表 9.3-2

序号	层号	地层名称	内摩擦角 φ(°)	黏聚力 c (kPa)	重度 γ (kN/m³)	层厚 h (m)	K_0	K_a	静止土压力(kPa)	主动土压力(kPa)	被动土压力系数 K_p	被动土压力
1	1	房填土	10	0	19.00	3.83	0.50	0.70	36.39	51.24	1.42	103.35
2	1-3	粉土填土	10	5	19.00		0.48	0.70	0.00	0.00	1.42	0.00
3	1-2	粉质黏土填土	10	5	19.40		0.55	0.70	0.00	0.00	1.42	0.00
4	3	粉质黏土	16	30	19.80	6.15	0.45	0.57	54.80	23.93	1.76	294.07
5	3-1	黏土	10	30	19.70		0.50	0.70	0.00	0.00	1.42	0.00
6	3-2	粉土	25	19	19.80	2.96	0.40	0.41	23.44	−0.42	2.46	204.05
7	3-3	细粉砂	28	0	20.50		0.30	0.36	0.00	0.00	2.77	0.00
8	4-4	粉细砂	30	0	20.00	0.74	0.40	0.33	5.92	4.93	3.00	44.40
9	5-5	细中砂	30	0	20.00		0.40	0.33	0.00	0.00	3.00	0.00
10	5-8	卵石圆砾	35	0	20.50	1.95	0.20	0.27	8.00	10.83	3.69	147.51
11	6	粉质黏土	15	30	20.00	1.70	0.40	0.59	13.60	−26.02	1.70	135.94
12	6-1	黏土	15	30	19.00		0.40	0.59	0.00	0.00	1.70	0.00
13	6-2	粉土	28	19	20.00	3.60	0.38	0.36	27.36	3.16	2.77	262.67
14	7-4	粉细砂	35	0	20.00		0.35	0.27	0.00	0.00	3.69	0.00
15	8	粉质黏土	20	30	20.00		0.40	0.49	0.00	0.00	2.04	0.00
16	8-1	黏土	15	40	20.00		0.40	0.59	0.00	0.00	1.70	0.00
17	8-2	粉土	25	15	19.60		0.38	0.41	0.00	0.00	2.46	0.00
18	8-4	粉细砂	35	0	20.00		0.35	0.27	0.00	0.00	3.69	0.00
19	8-9	卵石层	40	0	20.50		0.20	0.22	0.00	0.00	4.60	0.00
	合计								169.5	67.65		1192

9.4　下井选用的吊、索、卡具受力计算与校核

9.4.1　$\phi76\text{mm}$ 钢丝绳吊索及卡环受力计算与校核

以最重部件前盾（含刀盘驱动）为例，如图 9.4-1 所示（mm），选用四根 $6\times61+$ FC—$\phi76\text{mm}\times7\text{m}$ 钢丝绳吊索用四个 55t 马蹄型卡环与前盾四个吊耳连接。

（1）钢丝绳的破断拉力计算

$$S = \Psi \times \sum S_i$$

式中　S——钢丝绳的破断拉力（kN）；

　　　$\sum S_i$——钢丝破断拉力的总和，从钢丝绳规格表中查得 $6 \times 61 + FC - \phi76$mm 钢丝绳公称抗拉强度为 1670MPa 时其钢丝破断拉力的总和为 3658.3kN；

　　　Ψ——钢丝捻制不均折减系数，对于 $6 \times 61 + FC$ 钢丝绳，Ψ 取 0.8。

$$S = 0.8 \times 3658.3 = 2926.6\text{kN}$$

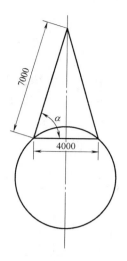

图 9.4-1　吊装相关尺寸图

（2）钢丝绳的许用拉力计算

$$P = S/K$$

式中　P——钢丝绳的许用拉力（kN）；

　　　S——钢丝绳的破断拉力（kN）；

　　　K——钢丝绳的安全系数，根据吊装规范要求 K 取 6。

$$P = 2926.6/6 = 487.8\text{kN} = 48.78\text{t}$$

（3）钢丝绳的实际受力计算

$$F = G/(4 \times \sin\alpha)$$

式中　G——前盾（含刀盘驱动）载荷为 $100 \times 1.1 \times 1.1 = 121$t（考虑不均匀载荷及动载荷系数）；

　　　α——吊索与被吊物的水平夹角，$\sin\alpha = 0.72/7 = 0.96$。

$$F = 121/(4 \times 0.96) = 31.5\text{t}$$

$P > F$，$\phi76$mm 钢丝绳吊索满足吊装安全要求。

$55\text{t} > F$，55t 马蹄型卡环满足吊装安全要求。

由于中盾（含相关附件）其吊耳位置和前盾一样，吊装角度也一样，因此使用四根 $6 \times 61 + FC - \phi76mm\times 7$m 钢丝绳吊索及 55t 马蹄型卡环吊装中盾（含相关附件）同样满足吊装安全要求。

9.4.2　$\phi56$mm 钢丝绳吊索及卡环受力计算与校核

选用两根 $6 \times 37 + FC - \phi56mm\times 14$m 钢丝绳吊索对折用四个 17t 马蹄型卡环与刀盘四个吊耳连接，吊装状态与图 9.4-1 相似。

（1）钢丝绳的破断拉力计算

$$S = \Psi \times \sum S_i$$

式中　S——钢丝绳的破断拉力（kN）；

　　　$\sum S_i$——钢丝破断拉力的总和，从钢丝绳规格表中查得 $6 \times 37 + FC - \phi56$mm 钢丝绳公称抗拉强度为 1700MPa 时其钢丝破断拉力的总和为 2000kN；

　　　Ψ——钢丝捻制不均折减系数，对于 $6 \times 37 + FC$ 钢丝绳，Ψ 取 0.82。

$$S=0.82\times2000=1640\text{kN}$$

（2）钢丝绳的许用拉力计算

$$P=S/K$$

式中 P——钢丝绳的许用拉力（kN）；

S——钢丝绳的破断拉力（kN）；

K——钢丝绳的安全系数，根据吊装规范要求 K 取 6。

$$P=1640/6=273.3\text{kN}=27.33\text{t}$$

（3）钢丝绳的实际受力计算

$$F=G/(4\times\sin\alpha)$$

式中 G——刀盘（含刀）载荷为 $28\times1.1\times1.1=33.88\text{t}$（考虑不均匀载荷及动载荷系数）；

α——吊索与被吊物的水平夹角，$\sin\alpha=6.72/7=0.96$。

$$F=33.88/(4\times0.96)=8.82\text{t}$$

$P>F$，$\phi56\text{mm}$ 钢丝绳吊索满足吊装安全要求。

$17\text{t}>F$，17t 马蹄型卡环满足吊装安全要求。

由于盾尾其吊耳位置和刀盘一样，吊装角度也一样，因此使用两根 $6\times37+\text{FC}-\phi56\text{mm}\times14\text{m}$ 钢丝绳吊索对折用四个 17t 马蹄型卡环吊装盾尾同样满足吊装安全要求。

9.4.3 $\phi36\text{mm}$ 钢丝绳吊索及卡环受力计算与校核

以最重部件 2 号台车为例，如图 9.4-2 所示，选用四根 $6\times37+\text{FC}-\phi36\text{mm}\times10\text{m}$ 钢丝绳吊索用四个 17t 马蹄型卡环与 2 号台车四个吊耳连接。

（1）钢丝绳的破断拉力计算

$$S=\Psi\times\sum S_i$$

式中 S——钢丝绳的破断拉力（kN）；

$\sum S_i$——钢丝破断拉力的总和，从钢丝绳规格表中查得 $6\times37+\text{FC}-\phi36\text{mm}$ 钢丝绳公称抗拉强度为 1850MPa 时其钢丝破断拉力的总和为 931.5kN；

Ψ——钢丝捻制不均折减系数，对于 $6\times37+\text{FC}$ 钢丝绳，Ψ 取 0.82。

$$S=0.82\times931.5=764\text{kN}$$

（2）钢丝绳的许用拉力计算

$$P=S/K$$

式中 P——钢丝绳的许用拉力（kN）；

S——钢丝绳的破断拉力（kN）；

K——钢丝绳的安全系数，根据吊装规范要求 K 取 6。

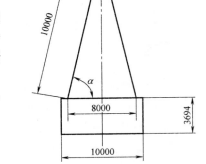

图 9.4-2 吊装相关尺寸图（单位：mm）

$$P=764/6=127kN=12.7t$$

（3）钢丝绳的实际受力计算

$$F=G/(4\times\sin\alpha)$$

式中　G——2 号台车载荷为 $38\times1.1\times1.1=45.98t$(考虑不均匀载荷及动载荷系数)；

　　　α——吊索与被吊物的水平夹角，$\sin\alpha=9.2/10=0.92$。

$$F=45.98/(4\times0.92)=12.5t$$

$P>F$，$\phi36mm$ 钢丝绳吊索满足吊装安全要求。

$17t>F$，17t 马蹄型卡环满足吊装安全要求。

由于其他部件吊装位置和 2 号台车一样，吊装角度也一样，因此使用四根 $6\times37+$ FC—$\phi36mm\times10m$ 钢丝绳吊索及 17t 马蹄型卡环吊装其他部件同样满足吊装安全要求。

9.4.4　$\phi76mm$、$\phi56mm$ 钢丝绳吊索及卡环翻身受力计算与校核

以最重部件前盾（含刀盘驱动）为例，如图 9.4-3 所示，一边选用两根 $6\times61+$FC— $\phi76mm\times7m$ 钢丝绳吊索用两个 55t 马蹄型卡环与前盾两个吊耳连接，一边选用两根 $6\times37+$ FC—$\phi56mm\times14m$ 钢丝绳吊索对折用两个 55t 马蹄型卡环与前盾外侧身的两个吊点连接，外侧身的两个吊点与焊接的两个吊耳互相对立，距离相同。翻身过程两边钢丝绳吊索可近似垂直状态，均匀受力。$\phi76mm$ 钢丝绳吊索及卡环受力计算与校核同 9.4.1，满足翻身吊装安全要求。$\phi56mm$ 钢丝绳吊索及卡环翻身受力计算与校核如下：

（1）钢丝绳的破断拉力计算

$$S=\Psi\times\sum S_i$$

式中　S——钢丝绳的破断拉力 （kN）；

　　$\sum S_i$——钢丝破断拉力的总和，从钢丝绳规格表中查得 $6\times37+$FC—$\phi56mm$ 钢丝绳公称抗拉强度为 1700MPa 时其钢丝破断拉力的总和为 2000kN；

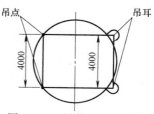

图 9.4-3　吊装相关尺寸图
（单位：mm）

　　　Ψ——钢丝捻制不均折减系数，对于 $6\times37+$FC 钢丝绳，Ψ 取 0.82。

$$S=0.82\times2000=1640kN$$

（2）钢丝绳的许用拉力计算

$$P=S/K$$

式中　P——钢丝绳的许用拉力 （kN）；

　　　S——钢丝绳的破断拉力 （kN）；

　　　K——钢丝绳的安全系数，根据吊装规范要求 K 取 6。

$$P=1640/6=273.3kN=27.33t$$

（3）钢丝绳的实际受力计算

$$F=G/(4\times\sin\alpha)$$

式中　G——前盾（含刀盘驱动）分配载荷为 $(100\times1.1\times1.1)/2=60.5t$（考虑不均匀载荷及动载荷系数）；

　　　α——吊索与被吊物的水平夹角，$\sin\alpha=6.72/7=0.96$。

$$F=60.5/(4\times0.96)=15.8t$$

$P>F$，$\phi56mm$ 钢丝绳吊索满足翻身吊装安全要求。

$55t>F$，55t 马蹄型卡环满足翻身吊装安全要求。

中盾（含相关附件）使用 $\phi76mm$、$\phi56mm$ 钢丝绳吊索及卡环翻身同样满足吊装安全要求。

9.4.5　$\phi56mm$、$\phi36mm$ 钢丝绳吊索及卡环翻身受力计算与校核

以最重部件刀盘为例，如图 9.4-3 所示，刀盘一边使用 2 根 14m$\phi56mm$ 的钢丝绳吊索对折用 4 个 17t 卡环挂在刀盘内侧身的 4 个吊点，一边使用 2 根 10m$\phi36mm$ 的钢丝绳吊索用 2 个 17t 卡环挂在刀盘外侧身的两个吊点，$\phi56mm$ 钢丝绳吊索及卡环受力计算与校核同 9.4.2，满足翻身吊装安全要求。$\phi36mm$ 钢丝绳吊索及卡环翻身受力计算与校核如下：

（1）钢丝绳的破断拉力计算

$$S=\Psi\times\sum S_i$$

式中　S——钢丝绳的破断拉力（kN）；

　　　$\sum S_i$——钢丝破断拉力的总和，从钢丝绳规格表中查得 $6\times37+FC-\phi36mm$ 钢丝绳公称抗拉强度为 1850MPa 时其钢丝破断拉力的总和为 931.5kN；

　　　Ψ——钢丝捻制不均折减系数，对于 $6\times37+FC$ 钢丝绳，Ψ 取 0.82。

$$S=0.82\times931.5=764kN$$

（2）钢丝绳的许用拉力计算

$$P=S/K$$

式中　P——钢丝绳的许用拉力（kN）；

　　　S——钢丝绳的破断拉力（kN）；

　　　K——钢丝绳的安全系数，根据吊装规范要求 K 取 6。

$$P=764/6=127kN=12.7t$$

（3）钢丝绳的实际受力计算

$$F=G/(2\times\sin\alpha)$$

式中　G——刀盘（含刀）分配载荷为 $(28\times1.1\times1.1)/2=16.94t$（考虑不均匀载荷及动载荷系数）；

　　　α——吊索与被吊物的水平夹角，$\sin\alpha=9.6/10=0.96$。

$$F=16.94/(2\times0.96)=8.8t$$

$P>F$，$\phi36mm$ 钢丝绳吊索满足翻身吊装安全要求。

$17t>F$，17t 马蹄型卡环满足翻身吊装安全要求。

盾尾使用 $\phi56mm$、$\phi36mm$ 钢丝绳吊索及卡环翻身同样满足吊装安全要求。

范例 12 塔式起重机安装工程

董冰冰　赵忠华　孙日增　编写

董冰冰：抚顺永茂建筑机械有限公司、北京城建科技促进会超重吊装与拆卸专业技术委员会委员、北京市危大工程吊装及拆卸工程专家组专家、北京市轨道交通建设工程专家组专家、中国施工机械专家

赵忠华：中建一局集团有限公司、高级工程师、北京市危大工程吊装及拆卸工程专家组专家

孙日增：北京城建科技促进会起重吊装与拆卸专业技术委员会主任、北京市危大工程领导小组办公室副主任、北京市危大工程吊装及拆卸工程专家组组长、北京市轨道交通建设工程专家组组长、中国施工机械资深专家

某工程 D800 塔机安装安全专项方案

编制：＿＿＿＿＿＿＿＿

审核：＿＿＿＿＿＿＿＿

审批：＿＿＿＿＿＿＿＿

施工单位：＊＊＊＊＊＊

编制时间：＊＊＊＊＊＊

目　　录

1 编 制 依 据

1.1 勘察设计文件

（1）＊＊＊施工设计图纸。

（2）＊＊＊吊装拆卸工程相关勘察报告。

1.2 合同类文件：《塔机安装/拆卸合同》

1.3 法律、法规及规范性文件

法律、法规及规范性文件   表 1.3

类别	名　　称	编　　号
国家	中华人民共和国特种设备安全法	中华人民共和国主席令第 4 号
	建设工程安全生产管理条例	中华人民共和国国务院令第 393 号
行业	建筑起重机械安全监督管理规定	中华人民共和国建设部令第 166 号
	建筑工程施工现场管理规定	中华人民共和国建设部令第 15 号
	生产安全事故应急预案管理办法	国家安全生产监督管理总局令第 17 号
	劳动防护用品监督管理规定	国家安全生产监督管理总局令第 1 号
	危险性较大的分部分项工程安全管理办法	建设部建质[2009]87 号
	建筑施工特种作业人员管理规定	建质[2008]75 号
	施工现场安全防护用具及机械设备使用监督管理规定	建施[2008]368 号
地方	北京市实施《危险性较大的分部分项工程安全管理办法》	京建施[2009]841 号
	北京市建设工程施工现场管理方法	政府令 247 号令
	绿色施工管理规程	DB11/ 513—2015
	建设工程施工现场安全防护、场容卫生及消防保卫标准	DB11/ 945—2012

1.4 技术标准

技术标准   表 1.4

序号	名　　称	编　　号
国家	塔式起重机安全规程	GB 5144—2006
	塔式起重机	GB/T 5031—2008
	重要用途钢丝绳	GB 8918—2006
	起重机 钢丝绳 保养、维护、安装、检验和报废	GB/T 5972—2009
	起重机械安全规程 第1部分:总则	GB 6067.1—2010
	重大危险源辨识	GB 18218—2014
	塔式起重机设计规范	GB/T 13752—1992
	起重设备安装工程施工及验收规范	GB 50278—2010

序号	名　　　称	编　　号
国家	塔式起重机安装与拆卸规则	GB/T 26471—2011
	建筑施工塔式起重机安装、使用、拆卸安全技术规程	JGJ 196—2010
	塔式起重机操作使用规程	JG/T 100
	建筑施工高处作业安全技术规范	JGJ 80—1991
	建筑施工作业劳动保护用品配备及使用标准	JGJ 184—2009
	施工现场机械设备检查技术规程	JGJ 160—2008
	塔式起重机混凝土基础工程技术规程	JGJ/T 187—2009
	建筑机械使用安全技术规程	JGJ 33—2012
	施工现场临时用电安全技术规范	JGJ 46—2014
	工程建设安装工程起重施工规范	HG 20201—2000

1.5　其他文件

D800 塔机说明书;

50t、160t 汽车起重机说明书;

管理体系文件。

2　工　程　概　况

2.1　工程简介

2.1.1　工程概述

＊＊＊项目工程位于＊＊市＊＊路与＊＊路交叉口北侧,南至＊＊路,西至＊＊路,北至＊＊路。是一集办公、公寓式酒店、酒店综合楼、商业、餐饮、娱乐及休闲等用途工程。

建筑设计概况　　　　　　　　　　　表 2.1-1

用地总面积	43.48388m²	总建筑面积	490850.85m²
地下建筑面积	121744.4m²	地上建筑面积	369106.4m²
地上层数	A 塔楼	62 层	266m
	B 塔楼	29 层	99m
	C 塔楼	30 层	99m
	D 塔楼	30 层	99m
	E 塔楼	30 层	99m
	裙房	4～6 层	22.4m,32.4m
地下层数	3 层		

2.1.2 塔机安装工作内容、工程量概述

现场 5 号塔机组装，型号为 D800-42，安装臂长 60m。5 号塔机主要服务于地下室及裙楼施工，以及地上 2 台动臂塔机的安装（图 2.1）。

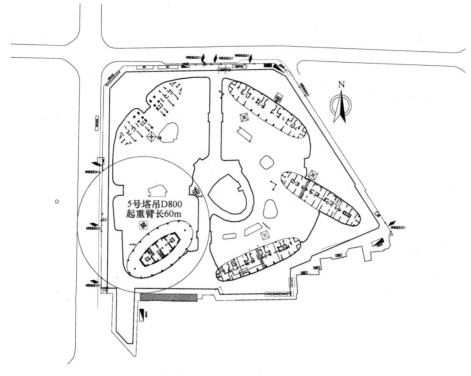

图 2.1 5 号塔机平面布置图

D800-42 塔机为便于运输，塔身、爬升架采用片式结构。起升机构、变幅机构、回转机构采用可靠的变频无级调速方案，工作平稳可靠。最大起重力矩为 800t·m，用电功率 180.5kW，主钩额定起重量 42t，主钩额定起重量时工作幅度 5.4～17.02m，额定载荷状态下起升速度为 14.4m/min，空钩状态下起升速度 36m/min（4 倍率），全程变幅时间≤ 3min，回转速度为 0.6r/min，卷筒容绳量 600m，塔身截面 3m×3m×5.7m。

塔机部件重量表   表 2.1-2

序号	部件名称	单件重量 t	外形尺寸 m	数量	备注
1	加强节	6.84	3.0×3.0×6.0	3	
2	标准节	5.9	3.0×3.0×5.7	1	
3	爬升架	14.2	5.78×5.174×11.583	1	散拼安装单件 7t
4	顶升系统	3.1	2.87×3.08×0.34.94	1	
5	过渡节及引进系统	8.1	3.81×3.01×2.8	1	
6	回转下支座	7.01	3.13×3.13×1.44	1	
7	回转支承及上支座	10.3	3.92×2.87×1.48	1	
8	司机室	0.8	2.31×1.58×2.2	1	

续表

序号	部件名称	单件重量 t	外形尺寸 m	数量	备注
9	平衡臂前节	6.81	11.9×2.17×2.46	1	
10	平衡臂后节	5.79	11.9×2.17×2.46	1	
11	起升系统	10.8	3.579×2.575×1.775	1	
12	变幅系统	1.9	2.22×0.98×1.0	1	
13	撑架总成	4.8	12.2×0.34.94×2.09	1	
14	第一块平衡重	10.7	4.85×1.56×0.58	1	
15	60米起重臂总成	29.31	60.32×1.9×2.46		（含拉杆）
16	60米平衡重				2×10.7t+2×7.8t

2.1.3 参建各方

参见单位   表 2.1-3

建设单位	＊＊＊置业有限公司
设计单位	＊＊＊设计顾问有限公司 ＊＊＊建筑设计研究院有限责任公司
勘察单位	＊＊＊岩土工程技术有限公司
监理单位	＊＊＊工程建设咨询监理有限公司
施工总承包	＊＊＊
塔机安装分包	＊＊＊

2.2 施工作业关键节点

塔机顶升套架、回转上下支座等较重部件采用散拼安装方式，安装工期计划 6 天。部件均布于栈桥支撑板上应对支撑结构进行校核，确保安全。

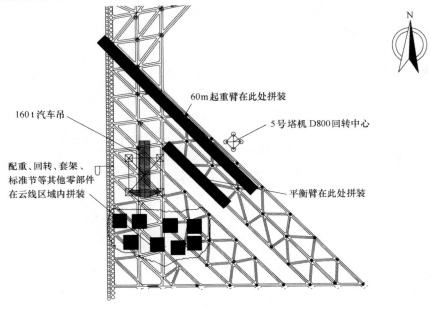

图 2.2 5号塔机吊装平面布置图

3　施工场地周边环境条件

3.1　吊装作业区域周边情况

现场西侧为＊＊＊路，紧邻＊＊＊广场，道路宽约20m，地下室与道路边线的最小距离为8m。起重臂吊装时幅度最大，超出西侧围墙约32m，吊装当日需对道路进行临时封闭。东侧为现场基坑。整个区域内架无空输电线路、信号线、建（构）筑物等障碍物。

3.2　吊装作业区域地下情况

辅助安装汽车起重机在基坑栈桥支护路面站位，下部为三层支撑栈桥，每层栈桥间有支撑柱。

3.3　吊装作业场地情况

3.3.1　起重设备站位

辅助安装汽车起重机在基坑栈桥支护路面站位，50t汽车起重机车头向北支放，作业区为东、南侧，回转半径为3.5m，回转部位距西侧院墙4.55m，160t汽车起重机车头向北支放，作业区为东、南侧，回转半径为4.85m，回转部位距西侧院墙6.88m，满足汽车起重机回转安全距离。

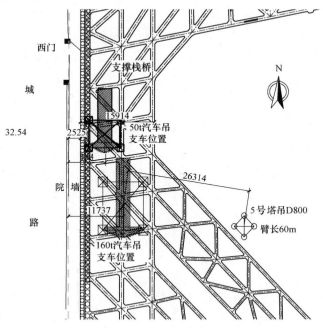

图 3.3-1　汽车起重机站位平面图

组装用汽车起重机型号为160t汽车起重机。160t汽车起重机自重70t，配重45t，工作时支腿间距9.62m×8.7m，单支腿最大受力62t，支腿下方铺设2m×2m钢板及枕木，支点反力为162.5kPa。项目与设计沟通确定基坑支护栈桥汽车起重机支放位置承载力为

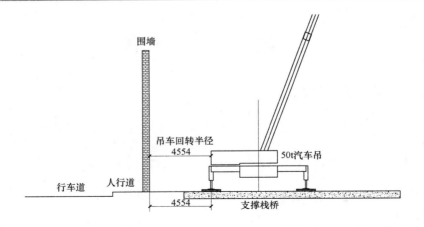

图 3.3-2　50t 汽车起重机站位立面图

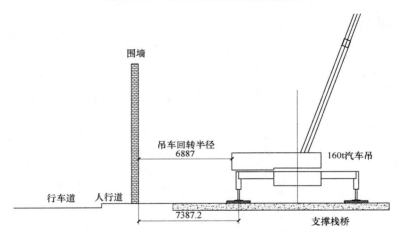

图 3.3-3　160t 汽车起重机站位立面图

200kPa，满足吊装作业要求。

　　1 台 50t 汽车起重机为 160t 汽车起重机压配重，并配合 160t 汽车起重机拼装塔机部件。

3.3.2　基坑栈桥

　　工程基坑共三层栈桥，栈桥混凝土板厚均为 500mm，板面板底双向配筋，栈桥间有支撑柱连接，设计承受荷载为 200kPa。

3.4　气候条件

　　整个安装工期 6 天，计划＊＊＊年 9 月 3 日至 9 月 8 日进行施工，查询天气预报情况如表 3.4 所示。

天气情况						表 3.4
日期	9 月 3 日	9 月 4 日	9 月 5 日	9 月 6 日	9 月 7 日	9 月 8 日
天气情况	晴	阴	阴	晴	晴	晴
	微风 1～2 级	微风 1～3 级	微风 1～2 级	无持续风向	无持续风向	无持续风向

4　起重设备、设施参数

4.1　起重设备、设施的选用

1台 50t 汽车起重机为 160t 汽车起重机压配重，并配合 160t 汽车起重机拼装塔机部件。

1台 160t 汽车起重机用于组装塔机。

4.2　汽车起重机性能参数

160t 汽车起重机性能参数见表 4.2-1。

160t 汽车起重机性能参数　　　　表 4.2-1

类别	项　　目		单　位	参　数
尺寸参数	整机全长		mm	15900
	整机全宽		mm	3000
	整机全高		mm	≤4000
重量参数	行驶状态整机自重		kg	70000
主要性能参数	最大额定总起重量		t	160
	最小额定工作幅度		m	3
	转台尾部回转半径(平衡重)		mm	4850
	最大起重力矩	基本臂	kN·m	
		最长主臂	kN·m	
	支腿距离	纵向	m	
		横向	m	
	起升高度	基本臂	m	
		最长主臂	m	
	起重臂长度	基本臂	m	
		最长主臂	m	

160t 汽车起重机主臂起重性能见表 4.2-2。

160t 汽车起重机主臂起重性能　　　　表 4.2-2

幅度 m	臂长(m)											
	13.6	17.87	22.14	26.41	30.68	34.94	39.21	43.48	47.75	52.02	56.29	60
3	160											
3.5	124	116										
4	115	108	98	83								
4.5	105	100	92	79	65.5							
5	98	96	85	75	62.5	53.8						

支腿全伸(8.7m) 使用 45t 配重

幅度	臂长（m）											
m	13.6	17.87	22.14	26.41	30.68	34.94	39.21	43.48	47.75	52.02	56.29	60
6	88	84	78	68	57.5	49.6	42.6					
7	77	74	70	62	52.5	45.7	39.8	33.3				
8	67	66	64	56	48.5	42.3	37	31.4	27.5			
9	59	58	56	51	45	39.4	34.5	29.4	26.1	22.6		
10	50	52	50	48	41.5	36.8	32.2	27.6	24.7	21.5	18.8	15
12		42	40	40	36.5	32.3	28.6	24.5	22.1	19.6	17.2	14.3
14		34	33	33	32	28.7	25.4	22	19.9	17.8	15.9	13.3
16			27	27	27.5	25.7	22.9	19.8	18.1	16.2	14.6	12.3
18			22	22.6	22.7	23	20.7	18	16.5	14.9	13.5	11.5
20				19.2	19.3	19.7	18.8	16.4	15.1	13.7	12.5	10.5
22				16.2	16.3	16.8	17	15	13.9	12.6	11.6	9.8
24					14	14.5	15	13.8	12.8	11.7	10.7	9.1
26					12	12.5	13.1	12.8	11.8	10.8	10	8.4
28					10.9	11.3	11.6	11	10.1	9.3	7.8
30						9.4	9.8	10.2	10.2	9.4	8.7	7.3
32							8.5	9	9.5	8.8	8.2	6.8
34								7.9	8.4	8.2	7.7	6.3
36								7.2	7.5	7.5	7.2	5.9
38									6.5	6.6	6.8	5.5
40									6	6.2	6.0	5
42										5.6	5.6	4.6
44										5	5.2	4.3
46											4.7	3.9
48											4.2	3.6
50												3.4
52												3.1
倍率	14	10	8	7	6	5	4	3	3	2	2	2

支腿全伸（8.7m）使用45t配重

50t 汽车起重机性能参数见表 4.2-3。

50t 汽车起重机性能参数 表 4.2-3

类别	项 目	单位	参数
尺寸参数	整机全长	mm	13.5
	整机全宽	mm	3000
	整机全高	mm	≤3800
重量参数	行驶状态整机自重	kg	35500
主要性能参数	最大额定总起重量	t	50
	最小额定工作幅度	m	3
	转台尾部回转半径（平衡重）	mm	3500

类别	项 目		单位	参数
主要性能参数	支腿距离	纵向	m	6.0
		横向	m	7.2
	起重臂长度	基本臂	m	11.3
		最长主臂	m	42.7

50t 汽车起重机主臂起重性能见表 4.2-4 和表 4.2-5。

50t 汽车起重机主臂起重性能一　　　　　　　　　　　　　　表 4.2-4

不支第五支腿,起重臂位于起重机侧方或后方;支第五支腿,360°全回转

幅度	基本臂 11.3m			中长臂 15.22m			中长臂 19.15m			中长臂 25.03m		
	起重量 (kg)	主臂仰角(°)	起升高度 (m)	起重量 (kg)	主臂仰角 (°)	起升高度 (m)	起重量(kg)	主臂仰角 (°)	起升高度 (m)	起重量(kg)	主臂仰角 (°)	起升高度 (m)
3	50000	70.3	11.55									
3.5	50000	67.5	11.32									
4	44000	64.7	11.07	40000	72.1	15.37	33000	76.4	19.51			
4.5	40000	61.7	10.77	37500	70.1	15.17	31300	74.8	19.35	24500	79.8	25.46
5	36000	58.7	10.45	34500	68.0	14.94	29300	73.2	19.35	22600	78.7	25.34
5.5	32500	55.5	10.08	31500	65.9	14.7	27500	71.6	19.00	21200	77.5	25.2
6	31000	52.3	9.67	30000	63.8	14.43	26000	70.0	18.79	20000	76.3	25.05
7	26100	45.1	8.68	25700	59.3	13.82	24000	66.7	18.34	18300	73.9	24.71
8	20400	36.8	7.38	19700	54.7	13.09	19400	63.3	17.81	16600	71.4	24.33
9	16200	25.9	5.5	15700	49.7	12.23	15700	59.8	17.2	15300	68.9	23.9
10				12800	44.3	11.19	12800	56.2	16.51	13800	66.4	23.41
12				8700	31.0	8.3	8700	48.3	14.79	9700	61.1	22.26
14							6100	39.1	12.48	7100	55.5	20.85
16							4300	27.2	9.06	5300	49.4	19.1
18										4000	42.6	16.91
20										3000	34.6	14.06
22										2200	24.1	9.93
24												
吊钩重量						517kg						

50t 汽车起重机主臂起重性能二　　　　　　　　　　　　　　表 4.2-5

不支第五支腿,起重臂位于起重机侧方或后方;支第五支腿,360°全回转

幅度	中长臂 30.92m			中长臂 36.81m			全伸臂 42.7m		
	起重量 (kg)	主臂仰角 (°)	起升高度 (m)	起重量 (kg)	主臂仰角 (°)	起升高度 (m)	起重量 (kg)	主臂仰角 (°)	起升高度 (m)
3									
3.5									
4									

幅度	不支第五支腿,起重臂位于起重机侧方或后方;支第五支腿,360°全回转								
	中长臂 30.92m			中长臂 36.81m			全伸臂 42.7m		
	起重量 (kg)	主臂仰角 (°)	起升高度 (m)	起重量 (kg)	主臂仰角 (°)	起升高度 (m)	起重量 (kg)	主臂仰角 (°)	起升高度 (m)
3									
4.5									
5									
5.5									
6	16500	80.0	31.18						
7	15200	78.8	30.92	12800	80.0	37.10			
8	13800	76.8	30.61	12000	79.0	36.94			
9	12600	74.9	30.27	11200	78.0	36.56	9000	80.0	42.68
10	11700	72.9	29.89	10200	76.4	36.25	9000	78.8	42.42
12	10300	68.9	29.01	8900	73.0	35.53	8000	76.0	41.80
14	7700	64.7	27.96	7900	69.7	34.67	6800	73.2	41.08
16	5800	60.3	26.7	6100	66.2	33.67	6000	70.3	40.25
18	4500	55.7	25.21	4900	62.6	32.51	5000	67.3	39.28
20	3500	50.7	23.44	3900	58.8	31.17	4000	64.2	38.19
22	2700	45.3	21.33	3100	54.9	29.62	3400	61.1	36.95
24	2100	39.2	18.73	2500	50.7	27.84	2700	57.8	35.55
26	1600	32.0	15.41	1900	46.3	25.76	2200	54.4	33.96
28				1500	41.3	23.31	1700	50.8	32.17
30				1000	35.8	20.35	1300	47.0	30.13
32							1000	42.8	27.78
吊钩重量	517kg								

5 施 工 计 划

5.1 工程总体目标

5.1.1 吊装工程安全管理目标
杜绝一般等级（含）以上安全生产责任事故。

5.1.2 吊装工程质量管理目标
消除质量隐患，杜绝质量事故。

5.1.3 吊装工程文明施工及环境保护目标
有效防范和降低环境污染，杜绝违法违规事件。

5.2 施工生产管理机构设置及职责

5.2.1 管理机构
（1）组织机构（图5.2）

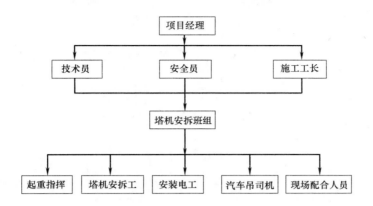

图 5.2　组织机构图

（2）主要职责分工

施工人员职责分工　　　　　　　　　　　　　　　　　　表 5.2-1

职务	姓名	工　作　职　责
项目负责人-		负责整个项目实施，保证工期、质量安全处于受控状态
技术负责人		负责技术方案审批，确保方案的正确性、科学性和可行性
技术员		负责现场勘查，方案编制，安装过程中技术指导
安全负责人		落实安全责任制度，负责检查，监督现场人、机、物安全性、可靠性，制止违章作业，消除可能存在的安全隐患
安装负责人（班长）		负责现场的统一安排和现场指挥；负责现场的吊装指挥；负责每日的工作安排，安全交底、工作记录，严格执行施工方案，制止任何违章作业

（3）作业人员配置

作业人员职责分工　　　　　　　　　　　　　　　　　　表 5.2-2

序号	工种	数量	资　格	职　责
1	总指挥	1	熟悉本专业施工工艺流程、质量和安环要求，具备很好的协调和组织能力，能冷静地处理施工中突发事件	1. 全面负责施工中的质量和安全问题； 2. 对各个危险源进行监控； 3. 处理施工中的突发事件
2	班长	1	具有施工组织能力，熟悉本专业施工工艺流程，熟悉施工质量和安环要求	1. 负责组织安排施工人力、物力，严格按照作业指导书的施工工艺要求、质量要求和安全环境要求进行施工，全面负责质量、安全工作； 2. 组织安装工作班前安全交底； 3. 负责安装前的安全设施的检查，对危险的地点设置安全监护人； 4. 发生质量、安全事故立即上报，组织本班组职工按照"四不放过"的原则认真分析
3	技术员	1	熟悉本专业技术管理	1. 负责安装工作安全技术措施的编制和安全施工的监督； 2. 负责安装现场技术指导； 3. 对违章操作，有权制止，严重者可令其停工，并及时向有关领导汇报

续表

序号	工种	数量	资　　格	职　　责
4	安全员	1	熟悉本专业安全管理	1. 负责安装工作安全技术交底； 2. 负责安装工作安全施工的监督； 3. 监督检查施工措施的执行情况； 4. 协助班组长进行安装现场的安全检查，及时解决施工过程中出现的问题； 5. 对违章操作，有权制止，严重者可令其停工，并及时向有关领导汇报
5	起重工/吊车司机	1	掌握起重施工技术，持有效特种作业操作证	1. 负责设备的吊装作业； 2. 严格按照作业指导书的施工工艺要求、质量要求和安全环境要求进行施工； 3. 掌握塔机各部件重量及汽车起重机起重性能
6	电工	1	掌握电气技术，持有效特种作业操作证	1. 负责设备电气部分的作业； 2. 严格按照作业指导书的施工工艺要求、质量要求和安全环境要求进行施工； 3. 掌握塔机电气线路
7	安拆工	6	掌握起重操作技术，持建委颁发有效特种作业操作证	1. 进行各部件的安装； 2. 严格按照作业指导书的施工工艺要求、质量要求和安全环境要求进行施工； 3. 掌握塔机安装程序及各部件吊点
8	信号司索工	1	熟悉本专业操作规程，持建委颁发的上岗证书	负责安装过程中的指挥信号

5.3　施工进度计划

施工进度计划见表 5.3。

D800 塔机安装时间计划　　　　　　　　　　　表 5.3

工作内容 ＼ 天数	天						备注
	1	2	3	4	5	6	
构件卸车	●						
构件拼装		●					
安装 3 节加强节			●				
安装套架			●				
安装过渡节			●				
安装回转总成(含司机室)			●				
安装平衡臂			●				
安装塔顶撑杆			●				
拼装大臂			●				
安装大臂			●				
穿变幅钢丝绳				●			
穿吊钩钢丝绳				●			
调试试车					●		
报检、试验验收						●	

5.4　施工资源配置

5.4.1　用电配置

1）现场 5 号塔机 D800 采用 380V、50Hz 三相五线交流电源供电，其总用电功率为 180.5kW，施工工地供电应做到"三级配电，两级保护"的用电要求。塔机应设置专用开关箱，供电系统在塔机接入处的电压波动应不超过额定值的±10%，供电电容量应能满足塔机最低供电容量，动力电器和控制电路对地绝缘电阻应不低于 0.5M。

2）塔机按规定应设置短路、过流、欠压、过压及失压保护、零位保护及断相保护。

3）电控柜（专用开关箱）应设有锁门。门内应有电器原理图或者布线图、操作指示等，门外应设有有电危险的标志。防护等级不低于 IP44。

5.4.2　劳动力配置

劳动力配置　　　　　　　　　　　　　　　　　　　　　　　表 5.4

工　种	数　量	名　单	备　注
起重工	8 名		
信号工	2 名		
电工	1 名		
塔机司机	2 名		
汽车起重机司机	2 名		
汽车司机	1 名		

5.5　施工准备

5.5.1　技术准备

（1）熟知与安装方案有关的技术资料，核对吊装部件的空间就位尺寸和相互的关系，掌握吊装部件的长度、宽度、高度、重量、型号、数量及其连接方法等。

（2）熟悉已选定的起重、运输及其他机械设备的性能及使用要求。

（3）培训现场作业人员，进行安全技术交底。

5.5.2　现场准备

1）项目部前期准备

（1）塔机基础制作

基础定位：

基础定位如图：基础中心在 1-4、1-5 轴之间，距 1-4 轴 5100；在 1-H、1-G 轴之间，距 1-G 轴 2900。

基础位置下方工程桩施工验收完毕，地基承载力值达到 260kPa，满足要求。

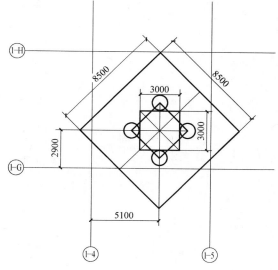

图 5.5-1　塔机基础定位图

塔机基础形式　　　　　　　　　　　　　　　　　　　　　　　表 5.5-1

塔机编号	塔机型号	基础形式	基础大小	地基承载力	预埋件高度
5 号	D800	筏板式基础	8.5m×8.5m×2m	240kPa	2.1m

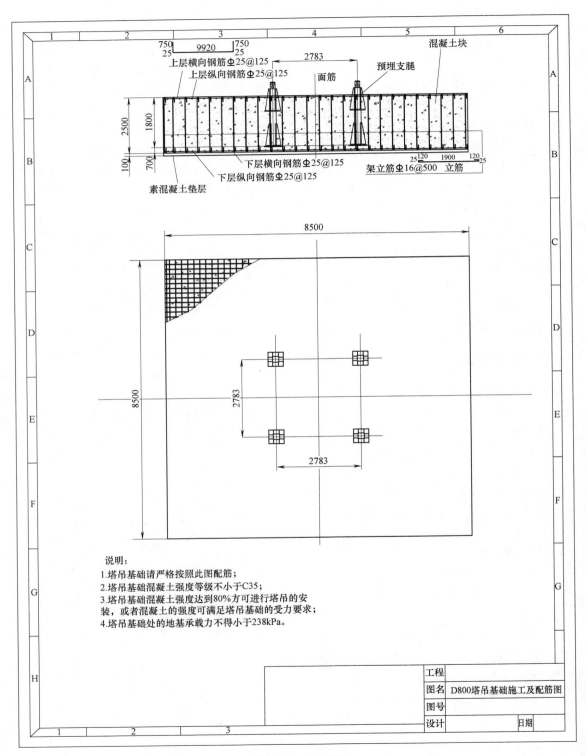

图 5.5-2 基础图

总包单位负责塔机基础的施工。

塔机基础的基本要求：

① 基础施工前，施工项目部做好塔机基础施工准备工作，按照塔机基础图备料；

② 垫层厚度为 100mm，垫层强度达到 70% 以上后，方可进行基础预埋工序；

③ 基础坑中心与固定支架组件中心重合；

④ 基础承台混凝土强度等级不得低于 C34.94；

⑤ 基础布筋严格按照基础图施工，不得短缺，不得随意更改；

⑥ 预埋支脚与固定支架连接牢固、可靠；

⑦ 基础钢筋绑扎完毕，基础隐蔽工程验收合格；

⑧ 预埋支脚下侧的端板水平度误差≤1/1000，垂直度误差≤1/1000；

⑨ 预埋支脚周围混凝土填充率>95%；

⑩ 基础结构外观质量无严重缺陷。

基础两侧要对称各设置一组接地装置，接地电阻≤4Ω，接地装置要单独制作，不得与施工工程接地线或钢筋网连接；接地导体可采用横截面积不小于 16mm² 的绝缘铜电缆或横截面 30mm×3.5mm 表面经电镀的金属条，接地件必须插入地面以下 1.5m。

预埋支脚安装好后，必须在固定基础的混凝土强度达到设计值的 80% 以上（以检测报告为准）后才能进行塔机安装。

（2）场地准备

安装该塔机前，清理出图示区域，以备在现场进行塔机部件的拼装。

塔机安装时，保证汽车起重机与运输车进场道路的畅通。运输车从西门进入，沿如图 5.5-3 所示路线进入作业现场。

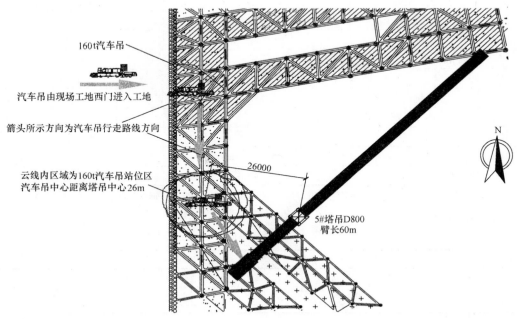

图 5.5-3 设备进场路线图

（3）电源

塔机在安装过程中，提前准备符合要求的电源电箱，保证塔机能够实现运转。专用电源箱距离塔机中心 5m 范围内。

（4）生产协调

清除阻碍塔机安装的各种施工器具及材料，避免在塔机安装过程中与其他项目产生交叉作业。

2）安装单位准备

（1）技术人员提前进行现场实地勘测；

（2）对安装人员进行专项的安全技术交底；

（3）做好 D800 塔机零部件及所用吊索具进行清点，检查。

5.5.3　施工机械准备及工程物资材料准备

（1）作业工机具

作业工机具 表 5.5-2

序号	名　称	规　格	单　位	备注
1	钢丝绳吊索	$6\times37+1$,$\phi32.5mm\times20m$、$\phi32.5\times8m$、$\phi30\times12m$、$\phi24\times8m$	各 4 根	
2	手拉葫芦	2t、3t、5t	各 2 个	
3	D 型卸扣	5t、8t、10t、12t	4 个	
4	大锤	20 磅、16 磅	2 把	
5	手锤	8 磅	2 把	
6	白棕绳	$\phi16\times50m$	2 根	
7	活动扳手		3 把	
8	水准仪	拓普康 AT-G2	1 台	
9	经纬仪	J2	1 台	
10	过孔冲销	$\phi36$	4 个	
11	常用起重钢丝绳及卡环	/	1 批	
12	500V 兆欧表		1 台	
13	撬棍		4 根	
14	多用电表		1 台	
15	钢卷尺	50m	1 把	
16	钢直尺	5m	1 把	
17	直角尺	500×500	1 把	

注：钢丝绳规格：上表中所有的钢丝绳规格均为：6×37（a）类，纤维芯，钢丝公称抗拉强度为 1770MPa。

（2）材料

施工材料 表 5.5-3

序号	名称	规　格	材质	单　位	数量	备注
1	道木	$160\times250\times1500$	/	根	8	
2	铅丝	10#	/	盘	1	
3	对讲机	/	/	部	4	
4	木方	$160\times150\times300$	/	根	20	
5	垫铁	$200\times400\times\delta$		$\delta=5$、8、10、12、20、30		
6	电缆	$3\times120mm^2+1\times34.94mm^2$		安装临时电缆	120m	

（3）安全工机具

施工安全用具　　　　　　　　　　　　　　表 5.5-4

序号	名　称	规　格	单位	数量	备　注
1	警戒标示带	/	m	200	完好
2	安全帽	玻璃钢	个	20	保证每人一个
3	安全带	/	条	12	完好
4	工具袋	/	个	4	完好
5	防滑鞋	/	双	20	保证每人一双
6	灭火器	/	台	4	合格
7	防滑手套	/	双	20	保证每人一双

6　吊装工艺流程及步骤

6.1　施工流程图

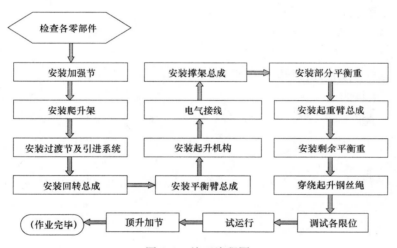

图 6.1　施工流程图

6.2　吊装工艺

6.2.1　吊装工况

吊装工况　　　　　　　　　　　　　　　　表 6.2

序号	部件名称	单件重量（t）	幅度（m）	起重臂长（m）	额定起重量(t)	起吊重量(t)	负载率（%）	吊　索
1	加强节	6.84	26	43.48	12.8	7.7	60.16	φ24×8m×2 根
2	顶升套架	14.2,散拼安装单件 7	26	43.48	12.8	7.96	62.19	φ24×8m×2 根
3	顶升系统	3.1	26	43.48	12.8	3.93	30.70	φ24×8m×2 根

序号	部件名称	单件重量（t）	幅度（m）	起重臂长（m）	额定起重量(t)	起吊重量(t)	负载率（%）	吊 索
4	过渡节及引进系统	8.1	26	43.48	12.8	8.96	70.00	φ24×8m×2 根
5	回转下支座	7.01	26	43.48	12.8	7.87	61.48	φ24×8m×2 根
6	回转支承及上支座（含司机室）	10.3	26	43.48	12.8	12.04	94.06	φ30×12m×2 根
7	平衡臂前节	16	15	43.48	19.8	17.06	86.16	φ32.5×20m×2 根
8	起升系统	10.8	24	43.48	13.8	11.74	85.07	φ30×12m×2 根
9	撑架总成	4.8	26	43.48	12.8	5.67	44.30	φ30×12m×1 根
10	第一块平衡重	10.7	24	43.48	13.8	11.6	84.06	φ32.5×8m×2 根
11	60m 起重臂总成（含拉杆）	29.31	10	34.94	36.8	30.63	83.23	φ32.5×20m×4 根
12	60m 平衡重	2×10.7+2×7.8	10	34.94	36.8	11.6	31.52	φ32.5×8m×2 根

（起吊重量含吊钩及吊装钢丝绳重量）

6.2.2　信号指挥方式

吊装作业过程中使用对讲机以及音响信号（口哨）与指挥手势配合作为指挥方式。在地面汽车起重机司机可以观察到的情况下使用音响信号（口哨）与指挥手势配合作为指挥方式，其他情况下采用对讲机作为指挥方式。

6.2.3　吊索、卡具的选用

依据各部件重量及吊点设置，通过计算校核选用 6×37＋FC-32/30/24-1770 钢丝绳吊索；卸扣选用 5t、8t、10t、12t，具体计算见 9.4。

6.2.4　试吊装

进行正式起吊前需进行试吊装作业。部件起吊距支撑面 200mm 试吊，悬停 5 分钟，检查被吊物、吊点、吊索、起重机支撑面、起重机等完好无异常后方可继续吊装。

6.3　吊装步骤

支车：

160t 汽车起重机支放位置的回转中心；

在 1-1、1-2 轴之间，距 1-1 轴 7487；

在 1-F、1-G 轴之间，距 1-G 轴 6224。

6.3.1　安装加强塔身节

加强塔身节（6.84t），采用 160t 汽车起重机进行安装。

160t 汽车起重机，43.48m 臂杆，26m 工作半径起重量 12.8t，满足起重要求。加强节提前用 50t 汽车起重机进行拼装好，然后依次安装在已经装好的加强节上。安装时需注意安装时顶升方向为东北，该塔机在塔身相对两侧设有两个油缸进行顶升。塔身相对的两侧有顶升块，有顶升块的方向即引入标准节的方向。

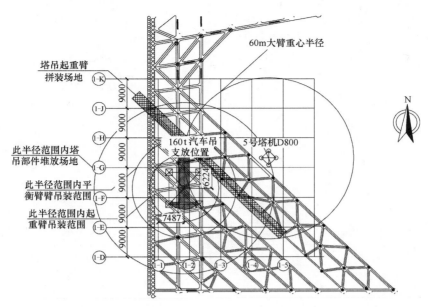

图 6.3-1 160t 汽车起重机站位

加强塔身节吊装工况 表 6.3-1

部件名称	汽车起重机幅度		起重臂长度	卡具	吊点
加强节	起吊幅度	就位半径	43.48m	4×5t	固定吊点
	18m	26m		吊索	
部件重量	吊装重量	起重机起重性能	负载率	规格	吊装角度	许用拉力
6.84t	7.7t	12.8t	60.16%	2根,直径24钢丝绳,长度8m	60°	4.25t×2=8.5t
安装高度	起升高度	备注:1. 吊索对角系挂; 2. 安装、起升高度均以吊车支撑面为基准				
6.52m	32.79m					

6.3.2 安装顶升套架

顶升套架总重 14.2t,分为两片拼装,单片重量 7t,160t 汽车 43.48m 臂杆,26m 工作半径起重量 12.8t,满足起重要求。将顶升套架缓慢套装在标准节外侧,注意:顶升油缸与塔身踏步在同一侧,将套架上的止动靴放在由下往上数第 3 对踏步上,再调整好 16 个爬升导轮与标准节的间隙(间隙为 2～3mm),安装好顶升油缸,将液压泵站吊放到平台中间,接好油管,检查液压系统的运转情况(套架安装好后,在安装 3 节加强节与一节标准节)。

6.3.3 安装过渡节及引进系统

过渡梁及引进系统总重 8.1t,160t 汽车 43.48m 臂杆,26m 工作半径起重量 12.8t,满足起重要求。将引进梁装在过渡梁的下面,并用销轴连接好,然后将引进装置及引进小车装在引进梁上,进行绳索穿绕,并固定好小车,以免滑动。整体吊起,并用销轴将其与塔身节连接好,引进梁要在套架开口的一侧。

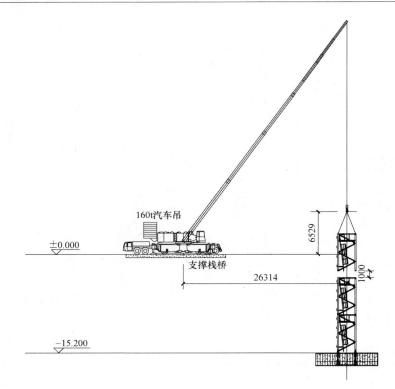

图 6.3-2　加强塔身节吊装工况

顶升套架吊装工况　　　　　　　　　　　　　　　　　　　表 6.3-2

部件名称	汽车起重机作业半径		起重臂长度	卡具	吊点	
顶升套架	起吊幅度	就位半径	43.48m	4×5t	固定吊点	
	18m	26m		吊索		
部件重量	吊装重量	汽车起重机起重性能	负载率	规格	吊装角度	许用拉力
7t	7.96t	12.8t	62.19%	2根,直径24钢丝绳,长度8m	60°	4.25t×2=8.5t
安装高度	起升高度	备注:1. 吊索两点双绳系挂;				
19.1m	32.79m	2. 安装、起升高度均以吊车支撑面为基准				

过渡梁及引进系统吊装工况　　　　　　　　　　　　　　表 6.3-3

部件名称	汽车起重机作业半径		起重臂长度	卡具	吊点	
过渡节及引进系统	起吊幅度	就位半径	43.48m	4×5t	固定吊点	
	18m	26m		吊索		
部件重量	吊装重量	汽车起重机起重性能	负载率	规格	吊装角度	许用拉力
8.1t	9.84t	12.8t	76.87%	2根,直径30钢丝绳,长度12m	65°	7.14t×2=14.28t
安装高度	起升高度	备注:1. 吊索对角系挂;				
9.55m	32.79m	2. 安装、起升高度均以吊车支撑面为基准				

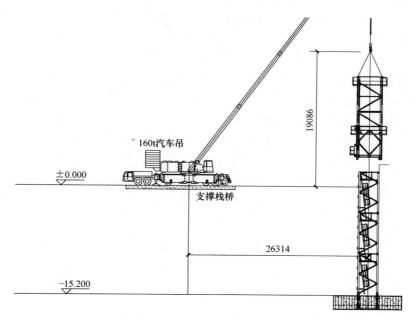

图 6.3-3　顶升套架吊装工况

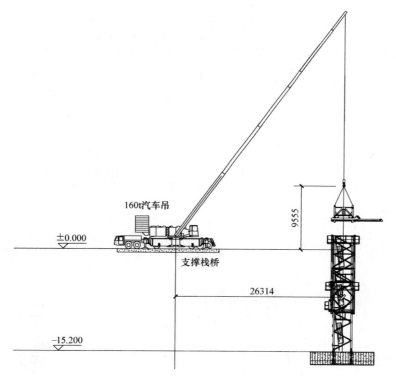

图 6.3-4　过渡梁及引进系统吊装工况

6.3.4　安装回转总成

回转总成散拼安装，分为下支座、回转支承及上支座两部分，回转下支座 7.01t，回转支承及上支座（含司机室）10.3t，160t 汽车 43.48m 臂杆，26m 工作半径起重量 12.8t，满足起重要求。在地面将回转支撑上安装平台，扶手栏杆和引进梁，钢丝绳挂在回转支座上端四点，试吊平衡后将该组装件吊至过渡梁上方位置，用 8 个 φ75 的销轴将下支座与过渡梁连接，并在销轴的两端插入锁销及弹簧销。组装：下支座为整体箱形结构，下支座下部用 8 个销轴与过渡梁连接，其上部与回转支撑内圈通过 72 个 10.9 级 M33 高强度双头螺柱连接。上支座为板壳结构，其左右安装回转机构上支座的四方设有平台和栏杆，司机室支架用 4 个销轴固定在其左边，而司机室通过 3 个销轴安装在司机室支架上。起重臂通过 2 个销轴与其前部耳座连接，而平衡臂各用 2 个销轴分别其前部耳座和后部耳座连接。另外，在上支座起重臂方向装有起重量限制器，用以限制各挡速度的最大起重量。

回转下支座吊装工况　　　　　　　　　　　　　　表 6.3-4

部件名称	汽车起重机作业半径		起重臂长度	卡具	吊点
回转下支座	起吊幅度	就位半径	43.48m	4×5t	固定吊点
	18m	26m		吊索	
部件重量	吊装重量	汽车起重机起重性能	负载率	规格	吊装角度	许用拉力
7.01t	7.87t	12.8t	61.48%	2 根，直径 24 钢丝绳，长度 8m	55°	4.01t×2＝8.02t
安装高度	起升高度	备注：1. 吊索对角系挂；				
10.2m	32.79m	2. 安装、起升高度均以吊车支撑面为基准				

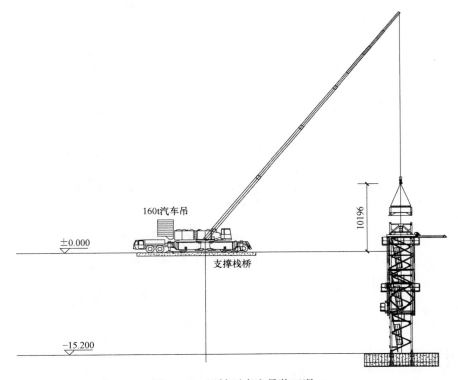

图 6.3-5　回转下支座吊装工况

回转支承及上支座（含驾驶室）吊装工况   表 6.3-5

部件名称	汽车起重机作业半径		起重臂长度	卡具	吊点
回转支承及上支座（含驾驶室）	起吊幅度	就位半径	43.48m	4×5t	固定吊点
	18m	26m		吊索	
部件重量	吊装重量	汽车起重机起重性能	负载率	规格	吊装角度	许用拉力
10.3t	12.04t	12.8t	94.06%	2根,直径30钢丝绳,长度12m	65°	7.14t×2=14.28t
安装高度	起升高度	备注:1. 吊索对角系挂; 2. 安装、起升高度均以吊车支撑面为基准				
12.55m	32.79m					

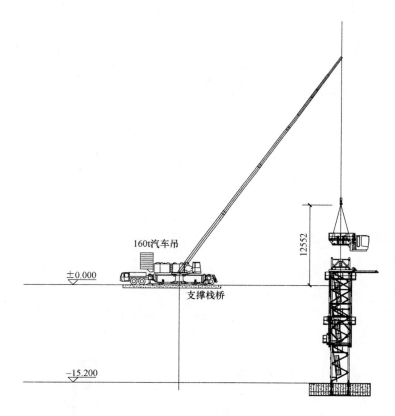

图 6.3-6　回转支承及上支座（含驾驶室）吊装工况

6.3.5　安装平衡臂

平衡臂总成重 16t，160t 汽车 43.48m 臂杆，15m 工作半径起重量 19.8t，满足起重要求。安装平衡臂，地面安装平衡臂配重通道，栏杆起升圈扬和平衡臂拉杆，在平衡臂上的 4 个节点板上安装吊具，吊起安装，平衡臂后端要拴好溜绳，将溜绳垂放到地面，由地面作业人员控制溜绳防止平衡臂转动、摆动，避免发生碰撞现象，与塔帽用 2 个销轴连接，汽车起重机继续起钩将平衡臂尾部抬高，直至平衡臂拉杆能顺利连接，用销轴将塔帽上的拉杆同平衡臂上的拉杆销接。注意：平衡臂吊装前应先将靠近平衡臂一端的平衡臂拉

449

杆安装在平衡臂上，并用一根 100mm×100mm 木方横放在平衡臂护栏上，将拉杆放在木方上，捆住，以便连接平衡臂拉杆；塔机配重自卸装置也需提前安装；吊装平衡臂靠近回转支撑上的销轴孔时应尽量缓慢，以免摇摆；如回转的平衡臂连接板不朝向汽车起重机方向，可用手摇把缓慢转动回转。

平衡臂吊装工况　　　　　　　　　　　　　　　　　　　　　　　表 6.3-6

部件名称	汽车起重机作业半径		起重臂长度	卡具	吊点
平衡臂	起吊幅度	就位半径	43.48m	4×8t	固定吊点
	18m	15m		吊索	
部件重量	吊装重量	汽车起重机起重性能	负载率	规格	吊装角度	许用拉力
16t	17.06t	19.8t	86.16%	2根，直径32.5钢丝绳，长度20m	70°	8.56t×2＝17.12t
安装高度	起升高度	备注：1. 吊索对角系挂； 2. 安装、起升高度均以吊车支撑面为基准				
20.12m	33.59m					

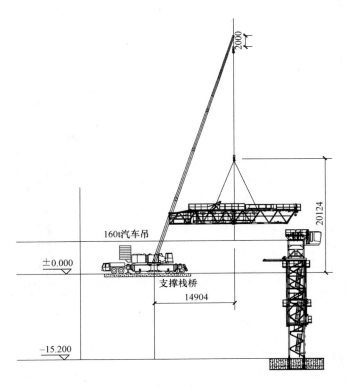

图 6.3-7　平衡臂吊装工况

6.3.6　安装起升机构

　　起升机构重 10.8t，160t 汽车 43.48m 臂杆，24m 工作半径起重量 13.8t，满足起重要求。起升机构支架用 4 个销轴固定在平衡臂上固定位置。

起升系统吊装工况　　　　　　表 6.3-7

部件名称	汽车起重机作业半径		起重臂长度	卡具	吊点	
起升系统	起吊幅度	就位半径	43.48m	4×5t	固定吊点	
	18m	24m		吊索		
部件重量	吊装重量	汽车起重机起重性能	负载率	规格	吊装角度	许用拉力
10.8t	11.74t	13.8t	85.07%	2根，直径30钢丝绳，长度12m	65°	7.14t×2＝14.28t
安装高度	起升高度	备注：1. 吊索对角系挂；				
14.93m	34.64m	2. 安装、起升高度均以吊车支撑面为基准				

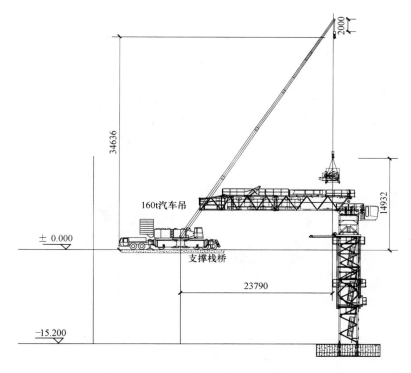

图 6.3-8　起升系统吊装工况

6.3.7　安装塔顶撑杆

塔顶撑杆重 4.8t，160t 汽车 43.48m 臂杆，26m 工作半径起重量 12.8t，满足起重要求。组装：将撑架、起重臂外杆头、起重臂内拉杆头及平衡臂拉杆头通过一销轴连接在一起；再将一节平衡臂拉杆与平衡臂拉杆头用销轴连接，用四个销轴分别与起重臂拉杆和起重臂内拉杆头、起重臂拉杆和起重臂外拉杆头以及 2 个连接板；在爬梯支架上装上爬梯及护圈。另外，顶部起升滑轮的两侧分别安装障碍灯和风速仪。安装：将撑架总成放下，在上端用销轴与平衡臂相连，使撑架总成往平衡臂方向倾斜，并用销轴连接撑架上的平衡臂拉杆与放置在平衡臂拖轮架上的平衡臂带滑轮拉杆。

撑架总成吊装工况　　　　　　　　　　　　表 6.3-8

部件名称	汽车起重机作业半径		起重臂长度	卡具	吊点
撑架总成	起吊幅度	就位半径	43.48m	1×8t	固定吊点
	18m	26m		吊索	
部件重量	吊装重量	汽车起重机起重性能	负载率	规格	吊装角度	许用拉力
4.8t	5.67t	12.8t	44.30%	1根,直径30钢丝绳,长度12m	90°	7.93t
安装高度	起升高度	备注:1. 吊索单绳系挂;				
29.79m	32.79m	2. 安装、起升高度均以吊车支撑面为基准				

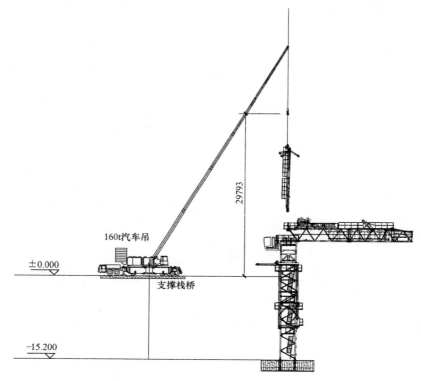

图 6.3-9　撑架总成吊装工况

6.3.8　安装部分平衡重

起重臂安装前,先安装一块 10.7t 平衡重,160t 汽车 43.48m 臂杆,24m 工作半径起重量 13.8t,满足起重要求。安装位置为:安装在平衡臂最后端。

6.3.9　接通电气设备

当整机按前面的步骤安装完毕后,按电路图的要求接通电路的电源,试开动各机构进行运转,检查各机构运转是否正确,所有不正常情况均应予以排除。

6.3.10　安装起重臂总成

60m 起重臂总成重 29.31t,重心距离臂跟 21.5m。160t 汽车 34.94m 臂杆,10m 工作半径起重量 36.8t,满足起重要求。将各臂节及两根拉杆组装在一起,安装变幅小车及小

第一块配重吊装工况 表 6.3-9

部件名称	汽车起重机作业半径		起重臂长度	卡具	吊点
第一块配重	起吊幅度	就位半径	43.48m	2×8t	固定吊点
	18m	24m		吊索	
部件重量	吊装重量	汽车起重机起重性能	负载率	规格	吊装角度	许用拉力
10.7t	11.6t	13.8t	84.06%	2 根,直径 32.5 钢丝绳,长度 8m	80°	8.93t×2=17.86t
安装高度	起升高度	备注:1. 吊索单绳两点系挂;				
22.08m	34.64m	2. 安装、起升高度均以吊车支撑面为基准				

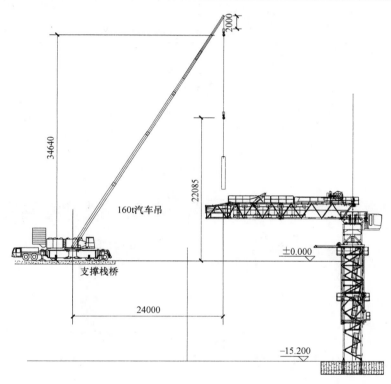

图 6.3-10 第一块配重吊装工况

车平台,并将小车在臂根处固定。起重臂端部要拴好溜绳,将溜绳垂放到地面,由地面作业人员控制溜绳防止平衡臂转动、摆动,避免发生碰撞现象,在臂根处用 2 个销轴固定在上回转耳板上,继续起升吊臂。用销轴将前后拉杆与撑架上的拉杆连接。收紧起升绳,使平衡臂滑轮组拉杆靠近,拆除支承架的小拉杆,使撑架后倾,当平衡臂拉杆连接孔对正时,用销轴连接平衡臂拉杆。慢慢放下吊臂,吊臂处于水平状态。吊起变幅机构把它安装在平衡臂上。注意:记录下吊装起重臂的吊点位置,以便拆塔时使用。汽车起重机提升吊起起重臂,使起重臂与水平面成 10°的夹角,接通拉臂机构的电源,慢慢放出拉臂钢丝绳,将拉臂钢丝绳绕 A 字架上部一个滑轮放下后至起重臂与安装缆绳固定好,安装拉升的端部应离拉臂绳固定点 1.5m 左右。用汽车起重机逐渐抬高起重臂后,启动拉臂机构收回拉臂钢丝绳，将安装缆绳拉起靠近 A 字架上部固定端，用直径 55mm 销轴将安装绳销定在 A 字架上，穿好开口销，保证开口销充分张开。缓慢放下起重臂让安装缆绳处于拉紧状态，这时起重臂角度约为 10°。

起重臂总成吊装工况　　　　　　　　　　　表 6.3-10

部件名称	汽车起重机作业半径		起重臂长度	卡具		吊点
起重臂总成	起吊幅度	就位半径	34.94m	4×10t		固定吊点
	18m	10m		吊索		
部件重量	吊装重量	汽车起重机起重性能	负载率	规格	吊装角度	许用拉力
29.31t	30.63t	36.8t	83.23%	4 根，直径 32.5 钢丝绳，长度 20m	60°	7.92t×4＝31.68t
安装高度	起升高度	备注：1. 吊索单绳两点系挂；				
29.56m	32.52m	2. 安装、起升高度均以吊车支撑面为基准				

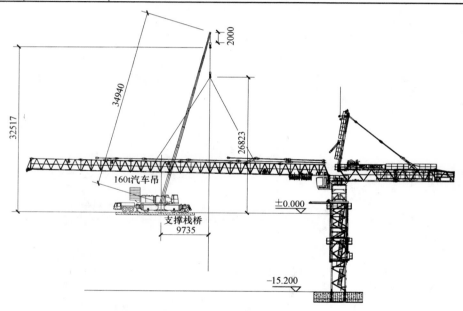

图 6.3-11　起重臂总成吊装工况一：起重臂根部连接

6.3.11　吊装配重

吊钩从配重框内穿过，依次起吊平衡重块放入平衡臂尾端，最窄的一块最后安装。

其余配重吊装工况　　　　　　　　　　　表 6.3-11

部件名称	汽车起重机作业半径		起重臂长度	卡具		吊点
其余配重	起吊幅度	就位半径	34.94m	2×8t		固定吊点
	18m	6m		吊索		
部件重量	吊装重量	汽车起重机起重性能	负载率	规格	吊装角度	许用拉力
10.7t	11.6t	36.8t	31.52%	2 根，直径 32.5 钢丝绳，长度 20m	80°	8.93t×2＝17.86t
安装高度	起升高度	备注：1. 吊索单绳两点系挂；				
29.56m	33.45m	2. 安装、起升高度均以吊车支撑面为基准				

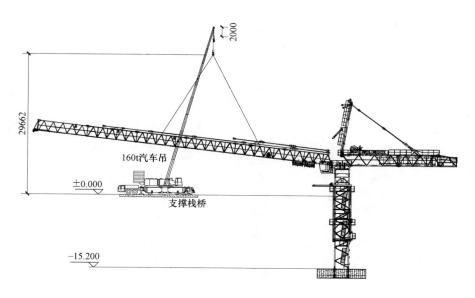

图 6.3-12　起重臂总成吊装工况二：起吊起重臂上扬

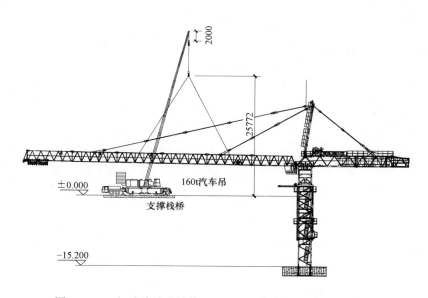

图 6.3-13　起重臂总成吊装工况三：起重臂拉条安装并放平

6.3.12　钢丝绳穿绕

塔机安装完毕后，进行起升钢丝绳的穿绕。起升钢丝绳的穿绕顺序为：起升卷筒——塔顶导向滑轮——回转塔身起重量限制器滑轮——副小车定滑轮 1——副吊钩滑轮——副小车定滑轮 2——主小车定滑轮 2——主吊钩滑轮 1——主吊钩滑轮 2——主小车定滑轮 1，最后将绳头通过绳夹，用销轴固定在起重臂前端的防扭装置上。

6.3.13　接通电源，进行各部进行调试、运转

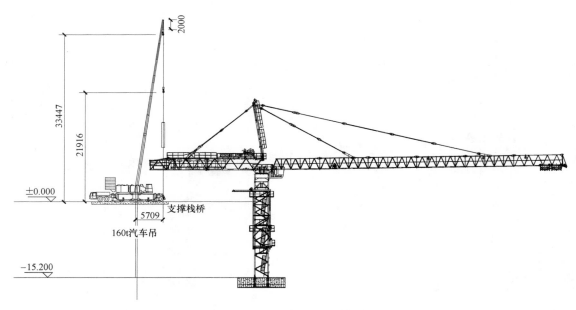

图 6.3-14　其余配重吊装工况

6.4　安全装置的调试及安装后的检查与验收

6.4.1　（196）塔吊安装后的检查

塔吊安装后检查　　　　　　　　　　　　　　　　　　　表 6.4

检查项目	检查内容
基础	可拆卸地脚与塔身节是否安装到位并锁紧
	输电线距塔机最大旋转部分的安全距离
	电缆通过情况,以防损坏
塔身	标准节连接销轴是否安装到位并锁紧
爬升架	下支座的连接情况
	滚轮、换步顶杆是否灵活可靠,连接是否牢固
	走道、栏杆的紧固情况
	引进小车是否灵活可靠
上、下支座 司机室	与回转支承连接的螺栓紧固情况
	电缆的通行情况
	平台、栏杆的紧固情况
	上支座与塔头、下支座与塔身连接销轴的安装情况
	司机室的连接情况
	司机室内严禁存放润滑油、油棉纱及其他易燃物品
塔头	平衡臂拉杆的安装情况
	扶梯、平台、护栏的安装情况
	起升钢丝绳穿绕是否正确

检查项目	检查内容
起重臂	各处连接销轴、垫圈、开口销安装的正确性
	载重小车安装运行情况、载人吊篮的紧固情况
	起升、变幅钢丝绳的缠绕及紧固情况
平衡臂	平衡臂的紧固情况
	平衡臂栏杆及走道的安装情况,保证走道无杂物
吊具	换倍率装置、吊钩的防脱绳装置是否安全可靠
	吊钩组有无影响使用的缺陷
	起升、变幅钢丝绳的规格、型号是否符合要求
	钢丝绳的磨损情况
机构	各机构的安装、运行情况
	各机构的制动器间隙调整是否合适
	当载重小车分别运行到最小和最大幅度时,牵引机构卷筒上钢丝绳是否有 3 圈以上安全圈
	各钢丝绳头的压紧有无松动
安全装置	各安全保护装置是否符合说明书要求调整合格
	塔机上所有扶梯、栏杆、休息平台的安装紧固情况

6.4.2　安全装置的调试

塔机组装好后,应依次进行下列实验

(1) 空载实验:各机构分别进行数次运行,然后再做三次综合动作运行,运行过程中各机构不得发生任何异常现象,各机构制动器、操作系统、控制系统、连锁装置及各限位器应动作准确、可靠,否则应及时排除故障。

(2) 负荷实验:在最大幅度分别吊对应额定起重量的 25%、50%、75%、100%,按上一条要求进行实验。运行过程中不得发生任何异常,各机构制动器、操作系统、控制系统、连锁装置及各限位器应动作准确、可靠。

(3) 超载 25% 静态实验:空载实验、负荷实验合格后,进行静态超载实验。根据不同起重臂长,进行静态超载实验,载荷查阅相关塔吊说明书。以最低安全速度将对应的吊重吊离地面 100～200mm 处,并在吊钩上逐次增加重量至 1.25 倍,停留 10min,卸载后检查金属结构及焊缝是否出现可见裂纹、永久变形、连接松动。注意:静态实验不允许进行变幅和回转。

(4) 超载 10% 动态实验:在最大幅度处吊重,对各机构对应的全程范围进行 3 次动作,各机构应动作灵活,制动器动作可靠。机构及机构各部件无异常现象,连接无松动和破坏。

(5) 回转限位左右各调整到 540°,即塔机回转限制在(自顶升方向起)顺时针旋转不超过 540°、逆时针旋转不超过 540°。限位开关要灵敏、可靠。

(6) 塔机起升高度限位应调整到:(4 绳)吊钩滑轮组距离起重小车最低点在 1200～1500mm,限位开关要灵敏、可靠。

(7) 变幅小车应在距离前、后(起重臂根部和端部)止挡 300～500mm 时自动停止动作，限位开关要灵敏、可靠。

（8）双小车、4绳吊重物到距离塔机相应位置时应拒绝执行变幅小车向前和起升向上的指令。单小车、2绳吊重物到距离塔机相应位置时应拒绝执行变幅小车向前和起升向上的指令，力矩开关要灵敏、可靠；

6.4.3　塔吊安装后的验收

塔吊安装完毕后，由项目相关人员、安装单位安全技术人员联合组成检查组，按照说明书及设备自检表的要求进行全面检查，对不合格或存在隐患的部位进行整改，合格后交付项目使用，并将相关资料整理归档，向当地主管部门报验。

报验时设备方应提供设备及安装单位的相关资料：

（1）塔吊产品合格证；

（2）塔吊监督制造检验证明；

（3）安拆单位资质；

（4）租赁单位设备备案证明。

总包方提供隐蔽施工记录。

7　施工保障措施

7.1　重大危险源清单及控制措施

重大危险源清单及控制措施　　　　　　表 7.1

序号	危险源	可能导致事故	控制措施
1	违章作业	设备倾覆、其他伤害	特种作业人员必须持证上岗,且需保证证书在有效期内,按照说明书及方案要求流程正确操作
2	违章指挥	设备倾覆、其他伤害	作业前,明确分工,指定专人统一指挥
3	未正确佩戴安全防护用品	高处坠落、物体打击	提供合格的安全防护用品,安全员负责监督防护用品的正确佩戴
4	作业无交底或交底不到位	高处坠落、其他伤害	作业前要有安全技术交底,内容要有针对性
5	设备缺陷	设备倾覆、其他伤害	设备进场前需整机检查,确认合格后方可进场
6	汽车吊超载使用	设备倾覆	严格控制,确保租赁具有检测合格证书的汽车吊使用,检查司机证件,投入使用前做好交底
7	吊索具不合格	高处坠落	安装班长及安全员共同检查吊索具,符合要求才准许使用
8	设备基础不符合要求	设备倾覆	设备基础验收合格后方可安装整机
9	未设置警戒区	物体打击	围设警戒区域,现场安全员做好监督
10	主要连接部位不符合要求	机械伤害	安装到位,进行自检,整改到位
11	电气控制系统故障	触电事故、火灾	操作人员需持有电工操作证,佩戴绝缘手套,配齐专用电气工具,配备消防器材
12	设备安装后未自检直接投入使用	起重伤害	设备安装和维修后负责人进行自检

7.2 安全保证措施

7.2.1 一般安全措施

（1）进入施工现场，必须遵守施工现场各项安全规定，服从工地安全管理人员管理。

（2）进入施工现场，必须戴安全帽，高处作业必须穿防滑鞋及系安全带。

（3）安装塔吊时，必须执行安全操作规程，严禁违章作业，严禁违章指挥，严禁违反劳动纪律。

（4）所有施工人员必须持证上岗，且不得做超出专业范围其他特殊工种的工作。

（5）高处作业时，禁止用投掷的方式传递工具、零件，防止发生物体打击事故。

（6）严禁酒后作业，工作时必须精力集中，不得说笑或做与作业无关的事情，特别是高处作业人员，严禁在高处追逐打闹，防止高处坠落。施工前做好交底，明确信号，分工明确，各负其责，上下呼应，互相配合，确保安全完成安装任务。

（7）风力超过 4（含）级，严禁塔机安装作业。

7.2.2 专项安全措施

（1）组织有关人员学习安装方案及熟悉塔吊说明书及各个构件。

（2）安装前，安装负责人应带领安装人员熟悉施工现场情况。

（3）塔吊及所用工具、吊索具、安全防护用品经检验合格方可使用，发现异常必须及时解决，保证安装过程中安装使用的机具设备及安全防护用品的使用安全。

（4）对塔吊安装单位安拆资质进行检验，对作业人员持证上岗情况进行实名检查。

（5）进场安装作业前由安装负责人对全体人员进行安全技术交底，使每人都明确各环节的作业内容及安全注意事项，并履行本人签字程序。

（6）现场涉及的洞口、临边做好防护。洞口处做好水平防护，下部做好有效竖向支撑，临边用标准化安全围栏围起来，以免妨碍作业影响安全。

（7）安装作业区，应设警戒区域，应由安装安全人员在场进行监护，确保安装过程的安全。

（8）安装前对安装所用的吊装设备操作人员必须经安全技术人员严格检查。

（9）吊装构件时，必须达到上下通信畅通，具备能观测运输部件条件，绑扎牢固，防止高空坠物，保留安全距离。

（10）安装前对安装所用的吊装设备的司机进行安全教育以及安全技术交底，同时塔吊司机必须听从信号指挥，没有收到明确的指挥信号，不得起落钩和做回转动作。

（11）项目设专职岗位人员配合在塔吊安装过程中仍有妨碍塔吊安装的不利条件时进行障碍消除，保证现场具有安全可靠的作业环境。作业面进行安全防护，无妨碍施工障碍物，便于塔吊部件的摆放，特别是塔吊起重臂的拼装位置。

（12）在各塔吊安装前，对塔吊进行全面清理，把所有不固定的杂物清理干净，防止在起吊过程中发生物体打击事故。

（13）高处作业所有工具、销轴、螺丝等小零件应用容器（或工具袋）装好，用吊钩或其他专用设施吊运工作面，严禁用投掷的方式传递工具、零件，防止发生物体打击事故。

（14）安装所用的吊装设备吊载各塔吊构件就位时，动作必须缓慢进行，减少安全隐患。

（15）平衡臂、起重臂、平衡重必须按照顺序连续作业，禁止长时间停顿。

（16）在紧固标准节外侧的连接螺栓时，操作人员必须系好安全带，并站在专门制作的挂篮上操作。

（17）安装作业时应做到干净利落，上道工序未完成不得进行下道工序，以确保安装作业安全。

（18）上下信号指挥应密切联系、配合默契，安塔之前明确信号交接部位（高度），尽量避免两人同时发出指挥信号。

（19）信号指挥在发出指挥信号前，应仔细检查吊点位置，是否有未经固定的松散物，被吊物上下方是否站人等，确认无误后方可发出指挥信号。

（20）作业过程中，必须严格执行安装工艺规定的安装顺序。

7.2.3　机械设备安全保证措施

（1）汽车起重机须具有产品合格证及在有效期内合格的检验检测报告。

（2）严格按照汽车起重机使用说明书进行组装，组装完成后进行调试试车，汽车起重机产权单位对设备进行自检并出具自检合格报告，并按照行政主管部门相关要求进行验收，验收合格方可使用。

（3）每班作业前操作人员要先查看设备各结构部位是否正常，通过运转试车查看设备各安全装置是否齐全有效，各机构是否运转正常，无异常方可开始作业。

（4）指派专人按照说明书规定负责汽车起重机的维修保养。严禁汽车起重机带病运转或超负荷运转，严禁对运转中的汽车起重机进行维修、保养、调整等作业。

7.2.4　吊装安全保证措施

1）培训交底

（1）吊装作业前施工总承包安全、技术人员应组织有关人员（项目安全及技术人员、作业人员等等）进行安全技术培训，使他们充分了解施工过程的内容、工作难点、注意事项等等。

（2）吊装作业前做好吊装指挥、通信联络等准备工作，确定吊装指挥人选及分工。指挥用对讲机、手势加哨音指挥。吊装前统一指挥信号，并召集指挥人员和吊装人员进行学习和练习，做到熟练掌握。

（3）对所有作业人员进行有针对性的安全技术交底。

2）汽车起重机站位点

（1）根据汽车起重机、塔机各部件相关参数及现场情况对汽车起重机站位点进行处理，保证地基承载力满足吊装要求。

（2）汽车起重机必须严格按专项方案指定位置准确站位。

3）吊点与吊索

（1）在吊装过程中塔机各部件吊点应按说明书规定要求选择，不得随意改动。

（2）在起吊前，须对吊点进行检查，确认无误后方可开始吊装。

（3）在吊装前提供吊索具的单位对吊装使用的吊索具进行自检，并出具自检合格报告。

4）起重司索与信号指挥

（1）起重司索、信号指挥人员需取得建设行政主管部门颁发的特种作业人员操作资格证。

（2）起重司索人员按照塔机专项方案要求选择相应的吊索具，按照相关规范要求系挂，由信号指挥人员查验合格无异常后方可起吊。

（3）信号指挥人员要穿有明显标识的服装，按照指挥要求正确站位，分工明确，使用统一指挥信号，信号要清晰、准确，汽车起重机司机及相关作业人员必须听从指挥。

（4）起重司索人员引导吊装部件就位时应选择合理位置，严禁攀爬部件进行登高作业。

5）吊装过程

（1）在吊装过程中作业人员要时刻注意汽车起重机尾部的旋转动态，防止发生碰撞和挤压。

（2）汽车起重机在吊装过程中其吊装载荷必须保证在其额定起重能力范围内，严禁超载作业。

（3）在吊装过程中严格执行试吊装程序，在试吊装过程中指定专人对各环节进行观察，发现异常情况立即停止作业进行相应处理，直到试吊装各环节完好无异常后方可继续吊装。

（4）在吊装过程中严禁人员随吊装部件动作。

（5）在吊装过程中使用的料具应放置稳妥，小型工具应放入工具袋，上下传递工具时严禁抛掷。

（6）汽车起重机在吊装过程中如发生故障立即停止运转，待维修人员修理完毕汽车起重机处于正常状态下，方可继续作业。

（7）塔机各部件在吊装过程中，司机应认真操作，慢起慢落，部件翻转时操作应保证同步平稳。

（8）各部件在吊装过程中牵引绳操作人员站位安全合理，全过程控制空中姿态，防止在下井过程部件与井壁发生碰撞。

（9）各部件在起吊前要检查附件是否固定牢固、是否存在其他杂物等，完好无异常后方可起吊。

（10）四级及以上大风或其他恶劣天气应停止吊装作业，同时做好防风措施。

7.2.5 用电安全保证措施

在作业过程中需要临时用电时由经过培训并取得上岗证的电工完成。

7.2.6 其他安全保证措施

（1）从事作业的特种人员，必须按照要求取得相应的特种作业操作资格。

（2）各种机械操作人员和车辆驾驶员，必须取得操作合格证，不准操作与证不相符的机械。

（3）进入施工现场必须戴安全帽，高处作业人员要佩戴安全带，穿防滑鞋，按规定正确佩戴劳动保护用品。

（4）所有作业人员严禁酒后作业，严禁疲劳作业。

（5）现场各种构件、材料按照要求摆放整齐。

（6）在作业过程中监理单位、总承包单位、分包单位相关人员在现场旁站。

（7）在作业过程中指派专人进行全程监护。

7.2.7　吊装过程测量与监控

吊装过程监测塔机垂直度不大于 4‰H（H＝测量点高度差）以及各个吊装过程中栈桥结构变形。

测量仪器统计表　　　　　　　　　　　　　　　　　表 7.2-1

仪器设备名称	仪器型号	仪器设备性能	数量
经纬仪			2 台
光学水准仪	DSZ2	精度：1mm	2 台

7.3　质量保证措施

（1）吊装作业前施工总承包技术人员应组织相关人员进行质量培训，使他们充分熟悉安装图纸，了解施工过程的质量要求。

（2）各部件在装车运输过程中，部件与车体之间用硬木支垫，部件与硬木之间铺垫地毯，捆扎紧固使用的倒链及钢丝绳与部件接触部位铺垫软物，防止塔机部件损坏。

（3）严格按照塔机说明书的安装要求进行安装。

（4）吊装过程中吊索具不得与相关附件发生干涉挤压。

（5）吊装过程中应保证被吊物稳定后才允许进行下一步吊装程序。

（6）各部件在吊装过程中牵引绳操作人员要全过程控制空中姿态，确保准确就位。

7.4　文明施工与环境保护措施

7.4.1　文明施工保证措施

（1）施工场地出入口应设置洗车池，出场地的车辆必须冲洗干净。

（2）施工场地道路必须平整畅通，排水系统良好。材料、机具要求分类堆放整齐并设置标示牌。

（3）场地在干燥大风时应注意洒水降尘。

（4）夜间施工向环保部门办理夜间施工许可证，主动协调好周边关系，减少因施工造成不便而产生的各种纠纷。

（5）作业时尽量控制噪声影响，对噪声过大的设备尽可能不用或少用。在施工中采取防护等措施，把噪声降低到最低限度。

7.4.2　环境保护保证措施

（1）夜间施工信号指挥人员不使用口哨，机械设备不得鸣笛。

（2）汽车进入施工场地应减速行驶，避免扬尘。

（3）加强对施工机械的维修保养，防止机械使用的油类渗漏进入地下水中或市政下水道。

（4）对吊装作业的固体废弃物应分类定点堆放，分类处理。

（5）施工期间产生的废钢材、木材，塑料等固体废料应予回收利用。

7.5　现场消防、保卫措施

（1）作业现场区域按照要求设置消防水源和消防设施，消防器材应有专人管理。

（2）作业现场严禁存放易燃易爆危险品，作业现场区域严禁吸烟。

7.6　绿色施工保证措施

（1）对操作人员进行绿色施工培训。

（2）保护好施工周围的树木、绿化，防止损坏。

（3）落实《绿色施工保护措施》，实行"四节一环保"。

8　应 急 预 案

8.1　应急管理体系

8.1.1　应急管理机构

事故应急救援工作实行施工第一责任人负责制和分级分部门负责制，由安全事故应急救援小组统一指挥抢险救灾工作。当重大安全事故发生后，各有关职能部门要在安全事故应急救援小组的统一领导下，按要求，履行各自的职责，做到分工协作、密切配合，快速、高效、有序地开展应急救援工作。

应急救援领导小组成员如下：

组　长：＊＊＊，电话：＊＊＊

副组长：＊＊＊，电话：＊＊＊

成　员：＊＊＊，电话：＊＊＊

应急救援小组成员如下：

组　长：＊＊＊，电话：＊＊＊

副组长：＊＊＊，电话：＊＊＊

成　员：＊＊＊，电话：＊＊＊

8.1.2　职责与分工

（1）应急救援领导小组职责与分工

组　长：＊＊＊，全面负责抢险指挥工作，发生险情时负责迅速组织抢险救援以及与外界联系救援。

副组长：＊＊＊，具体负责对内外通信联络以及根据现场情况向外界求援。

副组长：＊＊＊，全面负责抢险技术保障，并与设计、监理、业主及相关单位联系拿出可靠的抢险或补救措施。

副组长：＊＊＊，负责抢险时现场安全监督

组　员：＊＊＊，具体负责组织指挥现场抢险救援

＊＊＊，负责抢险组织及实施

＊＊＊，负责抢险时现场安全监督

＊＊＊，负责监督提醒现场抢险人员安全

＊＊＊，负责对外联络及协调

＊＊＊，负责抢险技术保障，发生险情时应迅速拿出抢救方案

＊＊＊，负责抢险物资管理

＊＊＊，负责应急资金支持和后勤保障

＊＊＊，负责抢险技术实施和监控

＊＊＊，负责抢险时的监控量测工作

＊＊＊，负责通信联络和信息收集、发布及伤亡人员的家属接待，妥善处理受害人员及家属的善后工作。

（2）应急救援小组职责与分工

在得到事故信息后立即赶赴事发地点，按照事故预案相关方案和措施实施，并根据现场实际情况加以修正。寻找受害者并转移到安全地点，并迅速拨打急救电话120取得医院的救助。

8.2　应急响应程序

1）事故发生初期，事故现场人员应积极采取应急自救措施，同时启动施工现场应急救援预案，实施现场抢险，防止事故的扩大。前期各部门应尽快恢复被损坏的道路、水电、通信等有关设施，确保应急救援工作顺利开展。

2）安全事故应急救援预案启动后，应急救援小组立即投入运作，组长及各成员应迅速到位履行职责，及时组织实施相应事故应急救援预案，并随时将事故抢险情况报告上级。

3）事故发生后，在第一时间抢救受伤人员，这是抢险救援的重中之重。保卫部门应加强事故现场安全保卫、治安管理和交通疏导工作，预防和制止各种破坏活动，维护社会治安。

4）当有重伤人员出现时救援小组应及时提供救护所需药品，利用现有医疗设施抢救伤员。同时拨打急救电话120呼叫医疗援助。其他相关部门应做好抢救配合工作。

5）事故报告：重大安全事故发生后，事故单位或当事人必须将所发生的重大安全事故情况报告事故相关监管部门：

（1）发生事故的单位、时间、地点、位置；

（2）事故类型（倒塌、触电、机械伤害等）；

（3）伤亡情况及事故直接经济损失的初步评估；

（4）事故涉及的危险材料性质、数量；

（5）事故发展趋势，可能影响的范围，现场人员和附近人口分布；

（6）事故的初步原因判断；

（7）采取的应急抢救措施；

（8）需要有关部门和单位协助救援抢险的事宜；

（9）事故的报告时间、报告单位、报告人及电话联络方式。

6）事故现场保护：重特大安全事故发生后，事故发生地和有关单位必须严格保护事故现场，并迅速采取必要措施，抢救人员和财产。因抢救伤员、防止事故扩大以及疏通交通等原因需要移动现场物件时，必须做出标志、拍照、详细记录和绘制事故现场图，并妥善保存现场重要痕迹、物证等。

8.3　应急抢险措施

8.3.1　一般应急措施

（1）发生意外后现场负责人做好现场警戒，紧急拨打120急救电话、119火警电话。

（2）做好机械、零配件的储备，当机械设备出现故障时，应立即停止作业并及时抢修。

（3）由成立应急救援小组，项目经理为组长，现场施工总负责人为副组长，组员由安全员、班长及现场人员组成。

（4）发生意外后立即报告班长、主管及项目经理，应急响应小组人员接到报告后立即赶赴现场，由应急响应小组组织有关工作人员进行应急处理。

（5）吊装前详细分析吊装过程中的细节情况，并在吊装过程中密切注意工人的不规范动作，发现异常隐患及时采取措施，制止不规范操作。

（6）对所用吊具进行细致的调查盘点，禁止不合格的吊具使用。

（7）密切关注天气的变化，每天专人听取天气预报，提前预知天气的变化，避免在恶劣天气中作业。

（8）加大对员工的安全培训和教育，告知员工工作中的危险源。

（9）与监理、业主、其他施工单位做好相关安全、施工管理的沟通与协调工作，如遇安全事故、恶劣天气、不可抗力等因素时立即启动应急措施，以保障人员、设备的安全。

8.3.2　针对性应急措施

1）火灾现场自救注意事项

① 救护人员应注意自我保护。使用灭火器时应站在上风位置，以防因烈火、浓烟的熏烤而受到伤害。

② 火灾袭来时要迅速疏散逃生。

③ 必须穿过浓烟逃生时，应尽量用用水浸湿的衣物或棉被等披裹全身；在逃生中，为防止有毒气体的吸入，应用湿毛巾或湿布等捂住口鼻，并应趴在地上匍匐爬行而出，以避免因缺氧导致窒息死亡。

④ 当身上着火时，可就地打滚灭火。

⑤ 现场的紧急救护：若在事故现场出现受伤人员，由负责救护的小组组员对受伤人员进行初步救治，并将伤员救离危险区，要密切注意伤员受伤部位，防止伤势的恶化；并立即拨打附近医院的急救电话或迅速送往。

A. 烧伤人员的现场救治：如在火灾现场出现烧伤人员，在救护车到达之前，由救护小组人员将其转移到安全区域，并初步检查伤员伤情，判断其神志、呼吸循环系统是否有问题，视情况采取初步的止血、止痛、防止休克、包扎伤口等措施，预防感染。

B. 当伤员身上燃烧着的衣物一时难以脱下时，可用衣物等裹住伤员灭火或用水灭火，切勿奔跑，以免助长火势。

C. 用消过毒的纱布包裹伤面做简单的包扎，以避免创面再受污染；不要把水痘弄破，更不要在创面敷上任何有刺激性的或不清洁的药物等，以免为进一步的创面处理增加困难。

D. 经现场救护人员临时处理后的伤员要迅速送到医院救治，运送过程中救护人员还要注意观察伤员的呼吸、脉搏、血压等情况的变化。

2）高空坠落的救护

严重创伤出血及骨折人员（如碰撞、物体打击、机械伤害、高空坠落等）的现场救治。

创伤性出血现场救治由救护小组人员根据现场的实际情况，在医院急救人员到达之前及时、正确地采取暂时性的清洁、止血、包扎、固定和运送等措施。

① 止血可采用压迫止血法、绷带止血法。先抬高伤肢，用消毒纱布或棉垫覆盖伤口表面，再进行清理。

② 止血后，创伤处用消毒的纱布覆盖，再用干净的绷带或布条包扎，可保护创口，减少出血，预防感染。

③ 若出现肢体骨折，可借助夹板、绷带包扎来固定受伤部位的上下两个关节，可减少痛伤。预防休克。

④ 经现场临时止血、包扎的伤员，在救护车到达后，应尽快送到医院救治。在搬运伤员时，救护人员要特别注意：在肢体受伤后局部出现疼痛、肿胀、功能障碍或畸形变化，就表示有骨折存在，宜在止血、固定、包扎后再移动，以防止骨折端因移动振动而移位，继而损伤伤处附近的血管神经，使创伤加重；对于开放性骨折，应保持外露的断骨并固定，若有外露断骨回到皮肤以下时，应告知救护人员；在移动严重创伤伴有大出血或休克现象的伤员时，要平卧伤员，路途中要避免振荡；在移动高空坠落的伤员时，因有脊椎受伤的可能，一定要由多人抬护，除抬上半身和腿外，一定要由专人护住腰部，这样才不会使伤员的躯干过分弯曲或伸展，切忌只抬伤员的两肩与两腿或单肩背运伤员，使已受伤的脊椎移动，甚至断裂造成截瘫，严重者可导致死亡。

⑤ 创伤护送的注意事项：护送伤员的人，应向医生详细介绍受伤经过，如受伤时间、地点、受伤时所受暴力的大小现场情况。高空坠落受伤还要介绍坠落高度，伤员先着地的部位或受伤的部位，坠落时是否有其他阻挡或缓冲，以便为医生诊断提供依据。

3）触电事故的现场救治

① 触电者伤势不重，神志清醒，但内心惊慌，四肢发麻，全身无力，或触电者在触电过程中曾一度昏迷，但已清醒过来，救护人员则应注意保持触电者的空气流通和保暖，使触电者安静休息，不要走动，严密观察，有恶化现象时，赶快送医院救治。

② 触电者伤势较重，已失去知觉，但心脏跳动和呼吸还存在，救护人员应使触电者舒适、安静、温暖地平卧，使空气流通，并解开其衣服以利呼吸。

③ 触电者伤势严重，呼吸停止或心脏跳动停止，不可以认为已经死亡，救护人员应立即施行人工呼吸或胸外心脏按压，迅速送往医院救治，在送往医院的途中，也不能停止急救。

④ 触电者受外伤，救护人员可先用无菌生理盐水和温开水清洗伤口，设法止血，用干净的绷带或布类包扎，同时送往医院救治。

8.4　应急物资装备

应急资源的准备是应急救援工作的重要保障，根据现场条件和可能发生的安全事故准备应急物资如表 8.4 所示。

应急物资　　　　　　　　　　　　　　　　　　　　　　　表 8.4

序　号	物品名称	规　格	数　量
1	汽车起重机	50t	1 台
2	槽钢	10cm×9m	10 根

序　号	物品名称	规　格	数　量
3	手拉葫芦	5t	2 个
4	手提电焊机		1 台
5	气割设备		1 套
6	钢管	48mm×6m	30 根
7	扣件		40 个
8	电缆	10mm²，三相五芯	100m
9	木板	30cm×5cm×4m	10 块
10	应急配电箱		1 套
11	担架		3 付
12	医用急救箱		2 个
13	医用绷带		5 卷
14	呼吸氧		5 袋

8.5　应急机构相关联系方式

消防队求援电话：119

急救：120

医院：＊＊＊＊

医院：＊＊＊＊

＊＊＊项目经理部：＊＊＊＊

应急救援路线：略。

9　计　算　书

9.1　选用的起重设备站位点承载力的计算

汽车起重机的起重量与吊臂的幅度、起升高度、配重块重量等性能参数密切相关。

计算过程，是倾翻力矩计算。以各支腿为支点，在操作的各个立面内计算倾翻力矩，计算 4 个支腿反力 F1～F4（底板支持耐力）。需要参数包括：自重 G1、配重 G3，根据以上数据，计算汽车起重机后腿单点最大支反力：组装 160t 汽车起重机用 50t 汽车起重机。50t 汽车起重机自重 41t，配重 5.5t，工作时支腿间距 7.6m×6m

汽车起重机为 50t

G_1＝41t　　G_3＝5.5t　　吊重物 12.5t

最大起重力矩 M＝125t·m　　根据现场情况，后支腿取最大支反力为：

$F＝(G_1＋G_3)/4＋M/(3×2)＝(41＋5.5)/4＋125/(3×2)＝11.625＋20.833＝$ 32.458t，取 33t 计算。

根据以上计算数据，支立时，每个支腿下方放好 1.5m×1.5m 钢板及枕木。

支反力下方：$N=F/2.25=33/2.25=14.67\text{t/m}^2$，即支点反力为 146.7kPa。

组装用汽车起重机型号为 160t 汽车起重机。160t 汽车起重机自重 70t，配重 45t，工作时支腿间距 $9.62\text{m}\times8.7\text{m}$

汽车起重机为 160t

$G_1=70\text{t}$　　$G_3=45\text{t}$　吊重物 12.04t

最大起重力矩 $M=314\text{t}\cdot\text{m}$　　根据现场情况，后支腿取最大支反力为：

$F=(G_1+G_3)/4+M/(4.35\times2)=(70+45)/4+314/(4.35\times2)=28.75+36.092=64.842\text{t}$，取 65t 计算。

根据以上计算数据，支立时，每个支腿下方放好 $2\text{m}\times2\text{m}$ 钢板及枕木。

支反力下方：$N=F/4=65/4=16.25\text{t/m}^2$，即支点反力为 162.5kPa。

9.2　塔机抗倾翻稳定性验算

D800 抗倾覆稳定性计算：

$$e=\frac{M+F_h\cdot h}{F_v+F_g}\leqslant\frac{b}{3}=2.83$$

式中　e——偏心距，即地面反力的合力到基础中心的距离，单位：m。

工作状态下：

M——塔吊作用在塔吊基础上的弯矩，查资料为 $M=1322\text{t}\cdot\text{m}$；

F_h——塔吊作用在塔吊基础上的水平载荷，查资料 $F_h=8.1\text{t}$；

F_v——塔吊作用在基础上的垂直载荷，查资料 $F_v=299\text{t}$。

代入数据：$e=2.1$

满足稳定性要求

地面压应力验算：

$$P_b=\frac{2(F_v+F_g)}{3bL}\leqslant[P_b]$$

式中　L——地面反力的合力到基础边缘的距离，$L=\frac{b}{2}-e=2.15$；

$P_b=23.5\text{t/m}^2$。

非工作状态下：

M——塔吊作用在塔吊基础上的弯矩，查资料为 $M=1113\text{t}\cdot\text{m}$；

F_h——塔吊作用在塔吊基础上的水平载荷，查资料 $F_h=32.5\text{t}$；

F_v——塔吊作用在基础上的垂直载荷，查资料 $F_v=264\text{t}$。

代入数据：$e=1.98$

满足稳定性要求

地面压应力验算：

$$P_b=\frac{2(F_v+F_g)}{3bL}\leqslant[P_b]$$

式中　L——地面反力的合力到基础边缘的距离，$L=\frac{b}{2}-e=2.27$；

$P_b=21.1\text{t/m}^2$。

现场地基承载力为 $26\mathrm{t/m^2}$，所以可顶升自自由高度，可以满足要求。

9.3　选用的起重设备的吊装载荷计算

汽车起重机的起重性能表中的额定起重量 $Q_{额}$ 必须大于部件重量 Q_1 和吊索具重量 Q_2 之和，

$$Q_{吊装} < Q_{额}$$
$$Q_{吊装} = Q_1 + Q_2$$

其中　Q_1——被吊物重量；

　　　Q_2——吊索具重量包含吊钩的重量。

以吊装加强节为例：

加强节吊装工况　　　　　　　　　　　　　　　　　　表 9.3

部件名称	汽车起重机作业半径		起重臂长度	卡具	吊点
加强节	起吊幅度	就位半径	43.48m	4×5t	固定吊点
	18m	26m		吊索	
部件重量	吊装重量	汽车起重机起重性能	负载率	规格	吊装角度	许用拉力
6.84t	7.7t	12.8t	60.16%	2根，直径24 钢丝绳，长度8m	60°	4.25t
安装高度	起升高度	备注：1. 吊索对角系挂；			
6.52m	32.79m	2. 安装、起升高度均以吊车支撑面为基准			

如表 9.3：加强节重量 $Q_1 = 6.84\mathrm{t}$。

Q_2 吊索具：2 根直径 24，长度 8m 的钢丝绳重量 0.03t/根×2 根，及吊钩的重量 0.8t，$Q_2 = 0.86\mathrm{t}$。

$Q_{吊装} = 6.84\mathrm{t} + 0.86\mathrm{t} = 7.7\mathrm{t}$。

$Q_{额}$，160t 汽车 43.48m 臂杆，26m 工作半径额定起重量为 12.8t，$Q_{额} = 12.8\mathrm{t}$，$Q_{吊装} < Q_{额}$，满足起重要求。

9.4　选用的起重设备的吊装高度计算

起升高度是指在相应的起重臂长度和工作半径下，吊钩上升到最高极限位置，吊钩中心至起重机支放水平面的垂直距离，即 $H_{起升}$。

$$H_{起升} > H_{安装} = h_1 + h_2 + h_3 + h_4$$

式中　$H_{安装}$——停机面算起至吊钩中心距离；

　　　h_1——从停机面算起至安装支座表面的高度；

　　　h_2——安装间隙，本方案取 1m；

　　　h_3——部件吊起后底面至绑扎点的距离；

　　　h_4——吊索高度，自绑扎点到吊钩中心距离。

以吊装回转下支座为例：

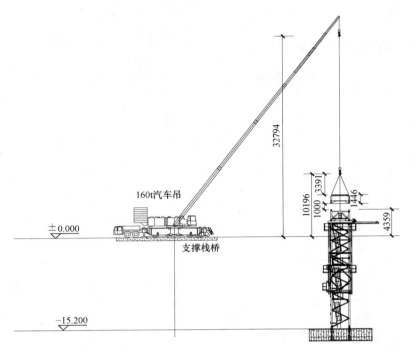

图 9.4 回转下支座吊装工况

如图 9.4 所示：

h_1 为从停机面算起至安装支座表面的高度＝4.34.949m；

h_2 为安装间隙，本方案取 1m；

h_3 为部件吊起后底面至绑扎点的距离＝1.446m；

h_4 为吊索高度，自绑扎点到吊钩中心距离＝3.391m。

$H_{安装}$＝4.34.949m＋1.0m＋1.446m＋3.391m＝10.196m；

起升高度 H＝32.794m；

$H > H_{安装}$满足使用。

9.5 选用的吊索、卡具受力计算

选用钢丝绳结构：6×37＋FC，公称抗拉强度：1700MPa，单位：mm。

6×37 钢丝绳主要数据 表 9.5-1

直径		钢丝总截面积	线质量	钢丝绳容许拉应力$[F_g]/A$(N/mm²)				
钢丝绳	钢丝			1400	1550	1700	1850	2000
(mm)		(mm²)	(kg/100m)	钢丝破断拉力总和				
				不小于(kN)				
8.7	0.4	27.88	26.21	39.0	43.2	47.3	51.5	55.7
11.0	0.5	43.57	40.96	60.9	67.5	74.0	80.6	87.1
13.0	0.6	62.74	58.98	87.8	97.2	106.5	116.0	125.0
15.0	0.7	85.39	80.57	119.5	132.0	145.0	157.5	170.5
17.5	0.8	111.53	104.8	156.0	172.5	189.5	206.0	223.0

续表

直径		钢丝总截面积	线质量	钢丝绳容许拉应力$[F_g]/A(\text{N/mm}^2)$				
钢丝绳	钢丝			1400	1550	1700	1850	2000
(mm)		(mm²)	(kg/100m)	钢丝破断拉力总和				
				不小于(kN)				
19.5	0.9	141.16	132.7	197.5	213.5	239.5	261.0	282.0
21.5	1.0	174.27	163.3	243.5	270.0	296.0	322.0	348.5
24.0	1.1	210.87	198.2	295.0	326.5	358.0	390.0	421.5
26.0	1.2	250.95	235.9	351.0	388.5	426.5	464.0	501.5
28.0	1.3	294.52	276.8	412.0	456.5	500.5	544.5	589.0
30.0	1.4	341.57	321.1	478.0	529.0	580.5	631.5	683.0
32.5	1.5	392.11	368.6	548.5	607.5	666.5	725.0	784.0
34.5	1.6	446.13	419.4	624.5	691.5	758.0	825.0	892.0
36.5	1.7	503.64	473.4	705.0	780.5	856.0	931.5	1005.0
39.0	1.8	564.63	530.8	790.0	875.0	959.5	1040.0	1125.0
43.0	2.0	697.08	655.3	975.5	1080.0	1185.0	1285.0	1390.0
47.5	2.2	843.47	792.9	1180.0	1305.0	1430.0	1560.0	
52.0	2.4	1003.80	743.6	1405.0	1555.0	1705.0	1855.0	
56.0	2.6	1178.07	1107.4	1645.0	1825.0	2000.0	2175.0	
60.5	2.8	1366.28	1234.3	1910.0	2115.0	2320.0	2525.0	
65.0	3.0	1568.43	1474.3	2195.0	2430.0	2665.0	2900.0	

钢丝绳最小破断拉力见表9.5-2。

钢丝绳破断拉力 表 9.5-2

直径(mm)	$\phi=24$	$\phi=30$	$\phi=32.5$
破断拉力(kN)	$S_p=34.948$	$S_p=580.5$	$S_p=666.5$

安全系数：用于吊索有绕曲：$K=6$。

折减系数：对 6×37 钢丝绳：$\Psi=0.82$。

钢丝绳许用拉力：$P=S_p/K$。

钢丝绳许用拉力 表 9.5-3

直径(mm)	$\phi=24$	$\phi=30$	$\phi=32.5$
许用拉力(kN)	$P=48.92$	$P=79.34$	$P=91.08$

钢丝绳许用吊重：

钢丝绳许用吊重 表 9.5-4

直径(mm)	$\phi=24$	$\phi=30$	$\phi=32.5$
许用吊重(t)	$m=4.892$	$m=7.934$	$m=9.108$

吊装时，吊索受力随吊装角度改变而变化。

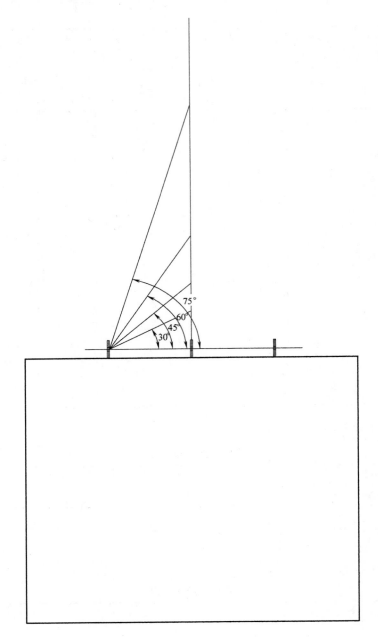

图 9.5　吊装角度

不同直径、吊装水平夹角下的吊索许用吊重表（表 9.5-5）。

钢丝绳吊索许用吊重　　　　　　　　　　　表 9.5-5

直径(mm)	$\phi=24$	$\phi=30$	$\phi=32.5$
吊装角度	许用吊重(t)		
30°	2.446	3.967	4.554
45°	3.473	5.633	6.466

续表

直径(mm)	$\phi=24$	$\phi=30$	$\phi=32.5$
吊装角度	许用吊重(t)		
50°	3.717	6.029	6.922
53°	3.913	6.347	7.286
55°	4.011	6.505	7.468
57°	4.109	6.664	7.650
60°	4.256	6.902	7.923
65°	4.402	7.140	8.197
66°	4.471	7.251	8.324
70°	4.598	7.457	8.561
75°	4.745	7.695	8.834
80°	4.794	7.775	8.925
90°	4.892	7.934	9.108

如：吊装起重臂总成：

起重臂总成吊装工况　　　　表 9.5-6

部件名称	汽车起重机作业半径		起重臂长度	卡具		吊点
起重臂总成	起吊幅度	就位半径	34.94m	4×10t		固定吊点
	18m	10m		吊索		
部件重量	吊装重量	汽车起重机起重性能	负载率	规格	吊装角度	许用拉力
29.31t	30.63t	36.8t	83.23%	4 根,直径 32.5 钢丝绳,长度 20m	60°	7.92t×4＝31.68t
安装高度	起升高度	备注:1.吊索单绳两点系挂;				
29.56m	32.52m	2.安装、起升高度均以吊车支撑面为基准				

塔机起重臂重量为 29.31t，吊装重量为 30.63t 使用四绳吊装，吊索与垂直线的夹角 60°，因此，每根钢丝绳所承受的最大拉力为：7.92t。

四绳所承受的最大拉力为 7.92t×4＝31.68t＞30.63t。每个吊点选用 10t 卸扣，四个卸扣所承受的最大拉力为 10t×4＝40t＞30.63t。可以满足吊装安全需求。

473

范例 13　塔式起重机拆卸工程

赵忠华　张　朋　董冰冰　编写

赵忠华：中建一局集团有限公司、高级工程师、北京市危大工程吊装及拆卸工程专家组专家

张　朋：北京建筑大学、北京城建科技促进会起重吊装与拆卸专业技术委员会委员、北京市危大工程吊
　　　　装及拆卸工程专家组专家、北京市轨道交通建设工程专家组专家

董冰冰：抚顺永茂建筑机械有限公司、北京城建科技促进会起重吊装与拆卸专业技术委员会委员、北京
　　　　市危大工程吊装及拆卸工程专家组专家、北京市轨道交通建设工程专家组专家、中国施工机械
　　　　专家

某工程 STL600 塔机拆除安全专项方案

编制：＿＿＿＿＿＿＿＿＿

审核：＿＿＿＿＿＿＿＿＿

审批：＿＿＿＿＿＿＿＿＿

施工单位：＊＊＊＊＊＊

编制时间：＊＊＊＊＊＊

目 录

1　编　制　依　据

1.1　勘察设计文件

（1）＊＊＊施工设计图纸。

（2）＊＊＊吊装拆卸工程相关勘察报告。

1.2　合同类文件：塔机安装/拆卸合同

1.3　法律、法规及规范性文件

法律、法规及规范性文件　　　　　　　　　　　　　　表 1.3

序号	名　　称	编　　号
国家	《中华人民共和国特种设备安全法》	中华人民共和国主席令第 4 号
	《建设工程安全生产管理条例》	中华人民共和国国务院令第 393 号
行业	《建筑起重机械安全监督管理规定》	中华人民共和国建设部令第 166 号
	《建筑工程施工现场管理规定》	中华人民共和国建设部令第 15 号
	《生产安全事故应急预案管理办法》	国家安全生产监督管理总局令第 17 号
	《劳动防护用品监督管理规定》	国家安全生产监督管理总局令第 1 号
	《危险性较大的分部分项工程安全管理办法》	建设部建质[2009]87 号
	《建筑施工特种作业人员管理规定》	建质[2008]75 号
	《施工现场安全防护用具及机械设备使用监督管理规定》	建施[2008]368 号
地方	北京市实施《危险性较大的分部分项工程安全管理办法》	京建施[2009]841 号
	《北京市建设工程施工现场管理方法》	政府令 247 号令
	《绿色施工管理规程》	DB11/513—2015
	《建设工程施工现场安全防护、场容卫生及消防保卫标准》	DB11/945—2012

1.4　技术标准

技术标准　　　　　　　　　　　　　　　　　　　　表 1.4

序号	名　　称	编　　号
国家	《塔式起重机安全规程》	GB 5144—2006
	《塔式起重机》	GB/T 5031—2008
	《重要用途钢丝绳》	GB 8918—2006
	《起重机　钢丝绳　保养、维护、安装、检验和报废》	GB/T 5972—2009
	《起重机械安全规程　第 1 部分：总则》	GB 6067.1—2010
	《重大危险源辨识》	GB 18218—2014
	《塔式起重机设计规范》	GB/T 13752—1992
	《起重设备安装工程施工及验收规范》	GB 50278—2010
	《塔式起重机安装与拆卸规则》	GB/T 26471—2011

序号	名　　称	编　　号
国家	《建筑施工塔式起重机安装、使用、拆卸安全技术规程》	JGJ 196—2010
	《塔式起重机操作使用规程》	JG/T 100
	《建筑施工高处作业安全技术规范》	JGJ 80—1991
	《建筑施工作业劳动保护用品配备及使用标准》	JGJ 184—2009
	《施工现场机械设备检查技术规程》	JGJ 160—2008
	《建筑施工起重吊装工程安全技术规范》	JDJ276—2012
	《建筑机械使用安全技术规程》	JGJ 33—2012
	《施工现场临时用电安全技术规范》	JGJ 46—2014
	《工程建设安装工程起重施工规范》	HG 20201—2000

1.5　其他文件

STL600 塔式起重机使用说明书；

WQ250 起重机使用说明书；

WQ160 起重机使用说明书；

WQ50 起重机使用说明书；

管理体系文件。

2　工　程　概　况

2.1　工程简介

2.1.1　工程概述

＊＊＊项目工程位于＊＊市＊＊路与＊＊路交叉口北侧，南至＊＊路，西至＊＊路，北至＊＊路，是一集办公、公寓式酒店、酒店综合楼、商业、餐饮、娱乐及休闲等用途工程。

建筑设计概况　　　　　　　　　　　　表 2.1-1

用地总面积	43.48388m²	总建筑面积	490850.85m²
地下建筑面积	121744.4m²	地上建筑面积	369106.4m²
地上层数	A 塔楼	62 层	266m
	B 塔楼	29 层	99m
	C 塔楼	30 层	99m
	D 塔楼	30 层	99m
	E 塔楼	30 层	99m
	裙房	4～6 层	22.4m,32.4m
地下层数	3 层		

2.1.2　塔机拆除工作内容、工程量概述

现场 A 塔楼施采用大型动臂式塔机进行施工作业，塔机的安装形式为内爬式，现场编号为 7 号塔机，型号为 STL600，安装臂长为 45m。7 号塔机完成最后一次爬升后，塔头高度达到 290m（正负零以上）。在大屋面（正负零以上 257m）位置安装屋面吊进行拆除作业。

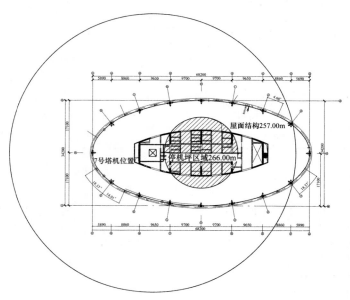

图 2.1-1　STL600 塔机平面布置图

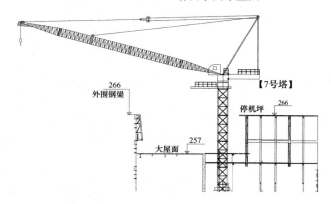

图 2.1-2　STL600 塔机立面图

STL600 塔机性能及相关参数

STL600（45m）塔吊起重性能表　　　　　　表 2.1-2

臂长	倍率	$R(C_{max})$ m	C_{max} t	15	20	25	30	35	40	45	m
45m	$\alpha=1$	36.3	16	16	16	16	16	16	14.34	11.8	t
	$\alpha=2$	23	32	32	32	28.43	21.85	17.25	13.84	11.3	t

塔机部件重量表　　　　表 2.1-3

序号	部件	外形尺寸	数量	单件重量(t)	备注
1	塔节	2.3×2.3×6.0	4	6.578	含爬梯、平台
2	加强节	2.3×2.3×6.0	1	6.6	含爬梯、平台
3	加强节	2.3×2.3×6.0	3	7.15	含爬梯、平台
4	顶升节	2.3×2.3×6.0	1	14.526	含爬梯、平台
5	顶升横梁	3.3×0.8×0.6	1	1.8	
6	内爬框	3.8×3.8×0.8	3	4.04	
7	下回转	4.3×4.3×2.0	1	10.9	
8	上回转总成含司机室	3.7×6.0×4.3	1	12.3	
9	变幅机构	3.3×2.2×1.6	1	6	
10	起升机构	2.8×2.3×2.1	1	12.3	
11	平衡臂	7.3×2.8×1.6	1	12.5	含平台、斜撑杆
12	配重	2.6×4.0×0.08	10	46	
13	塔头	3.4×8.2×13.1	1	7.7	
14	拉臂装置	32.2×0.72×1.0	1	3.81	
15	防倾装置	3.9×2.56×0.4	1	1.24	
16	吊钩		1	1.6	
17	起重臂	46.5×2.3×2.6	1	9.7	可拆分

STL600 塔吊机构性能表　　　　表 2.1-4

名　称		工作速度	起 重 量		备　注
回转机构		0～0.6r/min			动力源 380V(＋10％−10％)50Hz 电容量:440kVA
变幅机构		2.5min(15°～85°)			
起升机构	Ⅲ	0～52m/min	一倍率	16t	
		0～26m/min	二倍率	32t	
	Ⅳ	0～90m/min	一倍率	12.5t	容绳量 680m
		0～45m/min	二倍率	25t	
	Ⅴ	0～136m/min	一倍率	7.5t	
		0～68m/min	二倍率	15t	

2.1.3　参建各方

参见单位　　　　表 2.1-5

建设单位	＊＊＊置业有限公司
设计单位	＊＊＊设计顾问有限公司 ＊＊＊建筑设计研究院有限责任公司
勘察单位	＊＊＊岩土工程技术有限公司
监理单位	＊＊＊工程建设咨询监理有限公司
施工总承包	＊＊＊
塔机安装分包	＊＊＊

2.2 施工作业关键节点

A 塔楼外围钢梁最终高度为正负零以上 266m，高于屋面吊安装的大屋面（正负零以上 257m）9m，屋面吊安装一定数量的标准节满足吊装高度要求；STL600 塔机起重臂等尺寸较大的部件在停机坪顶部进行解体，分段吊运至地面，控制吊物空中姿态，确保安全。

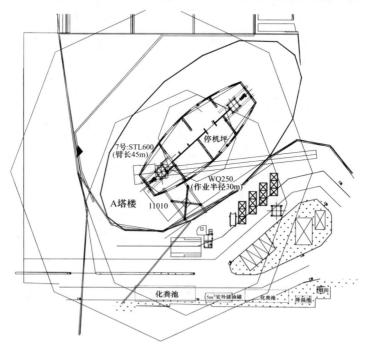

图 2.2 7 号塔机吊装平面布置图

3 施工场地周边环境条件

3.1 吊装作业区域周边情况

STL600 塔机及屋面吊的拆除作业均在大屋面及停机坪上进行，部件吊运至地面位置位于 A 塔楼东南侧的现场空地上。整个区域内架无空输电线路、信号线、建（构）筑物等障碍物。

3.2 吊装作业区域下方情况

屋面吊用支撑钢梁均安装在结构墙体及混凝土柱墩上，STL600 塔机穿 9 层结构，塔机下方已搭设爬升硬防护。

3.3 吊装作业场地情况

起重设备定位

屋面吊用支撑钢梁均安装在结构墙体及混凝土柱墩上，屋面吊底座钢梁焊接在支撑钢梁上。

　　WQ250 定位如图 3.3-1：中心在 A-3、A-4 轴之间，距 A-3 轴 4825；在 A-A 轴北侧，距 A-A 轴 6105。

　　平衡臂在停机坪上方，与停机坪平面重合部位最低点距停机坪 5115。

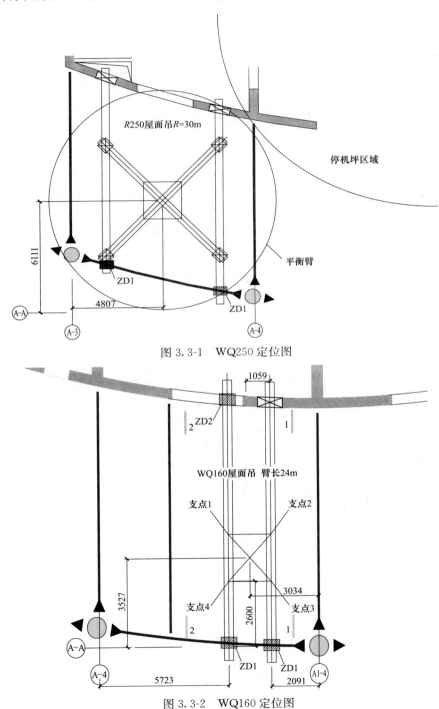

图 3.3-1　WQ250 定位图

图 3.3-2　WQ160 定位图

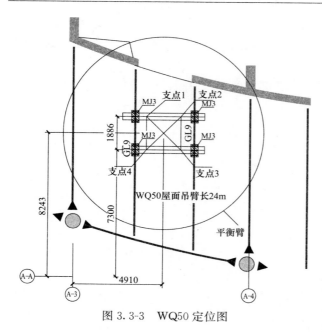

图 3.3-3 WQ50 定位图

WQ160 定位如图 3.3-2：中心在 A-4、A-5 轴之间，距 A-4 轴 6666；在 A-A 轴北侧，距 A-A 轴 3532。

平衡臂在停机坪上方，与停机坪平面重合部位最低点距停机坪 2286。

WQ50 定位如图 3.3-3：中心在 A-3、A-4 轴之间，距 A-3 轴 4910；在 A-A 轴北侧，距 A-A 轴 8238。

平衡臂在停机坪下方，与停机坪平面重合部位最高点距停机坪 2522。

3.4 气候条件

本拆除工程施工时间为 5～6 月份，根据气象部门发布的天气预报，作业期间的气象条件满足吊装要求。

4 起重设备、设施参数

4.1 起重设备、设施的选用

WQ250 塔机，安装 3 节标准节，主要用于拆卸 7 号 STL600 塔机；WQ160 塔机，安装 3 节标准节，主要用于拆卸 WQ250 塔机；WQ50 塔机，安装 1 节标准节，主要用于拆卸 WQ160 塔机；该型设备组合属于便携式屋面吊，构件重量较轻，便于安拆。

4.2 WQ250、WQ160 和 WQ50 塔机性能参数

WQ250 塔机性能参数（图 4.2-1）

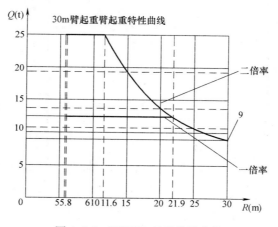

图 4.2-1 WQ250 起重特性曲线

机构参数（表 4.2-1）

WQ250 机构参数　　　　　　　　　　　　　表 4.2-1

起升机构	型号		QPL2575A
	最大牵引力	N	140000
	钢丝绳	规格	CASAR EUROLIFT φ26-1960
		最大线速度 m/min	75
	卷筒	转速 r/min	25.56
		容绳量 m	700(6 层)
	电机	型号	YZPFM315S-8(50Hz)
		功率 kW	75
		转速 r/min	735
	减速机	型号	B3KH13-71-A
		减速比 i	71.888
	制动器	型号	YWZ5-400/125-2000-HL
		制动力矩 N·m	2000

部件重量（表 4.2-2）

WQ250 部件重量　　　　　　　　　　　　表 4.2-2

序号	部件	外形尺寸	数量	单件重量 (t)	备注
1	回转总成	3.02×2.3×2.16	1	5.96	
2	司机室	1.58×1.05×2.07	1	0.16	
3	变幅机构	1.94×2.12×1.2	1	3.13	
4	起升机构(电机、制动器、减速机、主梁)	3.4×1.2×1.5	1	3.5	
5	起升机构(底架、卷筒、心轴、轴承座)	2.5×1.8×1.8	1	4.1	
6	平衡臂	4.3×4.2×1.95	1	3.55	含平台、斜撑杆
7	十字横梁(整梁)	9.03×1.1×1.3	1	3.12	
8	十字横梁(半梁)	4.16×0.48×1.45	1	1.45	
9	A 字架总成	5.6×2.6×7.9	1	4.23	
10	起重臂	29.8×1.9×2.94	1	5.29	可拆分

WQ160 塔机性能参数

起重性能如图 4.2-2 所示。

起重性能曲线表 Performance curve

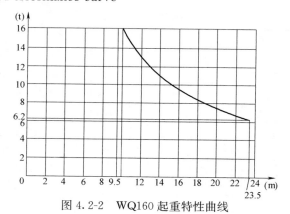

图 4.2-2 WQ160 起重特性曲线

机构参数（表 4.2-3）

WQ160 机构参数		表 4.2-3
机构工作级别	起升机构	M5
	回转机构	M4
	变幅机构	M3
工作仰角	70°	20°
工作幅度	9m	23.5m
最大起重量	16t	6.2t
起升机构	电机型号	YRTE180M4-4(B4)
	电机功率	51.5kW
	减速机型号	J004 $i=35.6/17.8$
	起升速度	30/60m/min
	绳筒直径	ϕ675mm
	钢丝绳规格	20-35W_x7-1770 ϕ20
回转机构	电机型号	Y132M2-6
	电机功率	5.5kW
	减速机型号	XX4-100-195C
	回转速度	0-0.62r/min
	回转支承	011.45.1400 $m=12$ $Z=131$
变幅机构	电机型号	YZR250M1-8
	电机功率	35kW
	减速机型号	ZQA750-60 $i=48.57$
	变幅线速度	28m/min
	制动器型号	
	绳筒直径	ϕ460mm
	钢丝绳	6×19(W)—16—170
操纵形式		携带式

部件重量（表 4.2-4）

WQ160 部件重量　　　　　表 4.2-4

序号	部件名称	外形尺寸	数量	单件量	重量
1	起重臂	1630×1640×4700	1		897
		1640×1640×5000	2		1488
		1640×1640×10000	1		1949
2	平衡臂	738×1598×5647	1		2730
3	下支座	541×1941×1941	1		1170
4	起升机构	1300×2230×2100	1		3248
5	变幅机构	1010×1831×2380	1		2850
6	吊钩	315×1250×1200	1		570
7	变幅定滑轮	746×330×680	1		266
8	前拉杆	480×1672×6900	1		1328
9	后拉杆	210×1535×4745	1		398
10	上支座	750×2060×2353	1		2445
11	变幅动滑轮	740×507×696	1		252
12	操作箱	600×600×1000	1		23
13	回转机构	1200×900×800	1		1090
14	起升电阻	600×800×1200	1 套		88
15	电器总控制箱	350×1300×1450	1 套		220
16	平衡重框	1200×1448×1490	1		500
17	平衡重	包括平衡重框 500kg			12000

WQ50 塔机性能参数

起重性能如下所示：

起重性能曲线表（图 4.2-3）

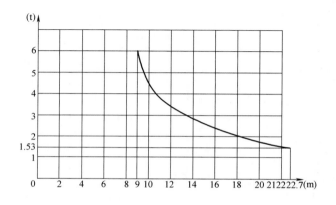

图 4.2-3　WQ50 起重特性曲线

机构参数（表 4.2-5）

WQ50 机构参数 　　　　　　　　　　　　　表 4.2-5

项目机构	起升机构	变幅机构	回转机构
工作级别	M_5	M_4	M_3
电机型号	YZRW200L-6	Y160M-4	YZR132M_2-6
电机功率	22kW	11kW	3.7kW
工作速度	15m/min	3.46m/min	0.59m/min
制动器型号	YWZ300/45	TJ_2-300	MQ_1-8N
减速机型号	JZQ-500-II-8CA	JZQ-500	XX_4-100-195
钢丝绳规格	18×19-ϕ16-1960	6×19-ϕ12.5-155	

部件重量（表 4.2-6）

WQ50 部件重量 　　　　　　　　　　　　　表 4.2-6

序号	部件名称	外形尺寸	数量	重量	
				单重	总重
1	起重臂	1160×1060×3000	3	190	570
		1360×1060×3000	1		275
		680×620×3150	1		185
		1486×1060×3060	1		310
2	平衡臂	290×1400×2850	1		486
		456×1410×1996	1		275
3	下支座	290×1840×1840	2	396	792
4	起升机构	1500×900×2400	1		1806
5	变幅机构	1500×900×2100	1		1300
6	吊钩	350×650×1350	1		150
7	变幅定滑轮组	700×450×750	1		105
8	前撑杆	1600×3711×300	1		319
9	后拉杆	1600×2914×450	1		206
10	上转台	2200×2000×650	2	445	890
11	变幅动滑轮组	700×350×600	1		95
12	操作箱	600×600×1000	1		23
13	回转机构	2000×900×800	1		460
14	起升电阻	600×800×1200	1套		68
15	电器总控制箱	350×1300×1450	1套		180
16	平衡重框	1460×1200×500	1		600
17	平衡重	包括平衡重框600kg			4000

5　施 工 计 划

5.1　工程总体目标

5.1.1　吊装工程安全管理目标

杜绝一般等级（含）以上安全生产责任事故。

5.1.2　吊装工程质量管理目标

消除质量隐患，杜绝质量事故。

5.1.3　吊装工程文明施工及环境保护目标

有效防范和降低环境污染，杜绝违法违规事件。

5.2　施工生产管理机构设置及职责

5.2.1　管理机构

（1）组织机构

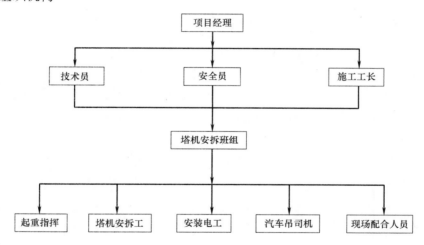

图 5.2　组织机构图

（2）主要职责分工

施工人员职责分工　　　　　　　　　　　　　　　　　表 5.2-1

职务	姓名	工作职责
项目负责人		负责整个项目实施，保证工期、质量、安全、处于受控状态
技术负责人		负责技术方案审批，确保方案的正确性、科学性和可行性
技术员		负责现场勘察、方案编制、安装过程中技术指导
安全负责人		落实安全责任制度，负责检查，监督现场人、机、物安全性、可靠性，制止违章作业，消除可能存在的安全隐患
安装负责人（班长）		负责现场的统一安排和现场指挥，负责现场的吊装指挥，负责每日的工作安排、安全交底、工作记录，严格执行施工方案，制止任何违章作业

（3）作业人员配置

作业人员职责分工 表 5.2-2

序号	工种	数量	资格	职责
1	总指挥	1	熟悉本专业施工工艺流程、质量和安环要求,具备协调和组织能力,能冷静地处理施工中突发事件	1. 全面负责施工中的质量和安全问题; 2. 对各个危险源进行监控; 3. 处理施工中的突发事件,对塔机拆装全过程进行管理监控并按照要求进行合理的组织
2	班长	1	具有施工组织能力,熟悉本专业施工工艺流程,熟悉施工质量和安环要求	1. 负责组织安排施工人力,物力,严格按照作业指导书的施工工艺要求、质量要求和安全环境要求进行施工,全面负责质量、安全工作; 2. 组织安装工作班前安全交底; 3. 负责安装前的安全设施的检查,对危险的地点设置安全监护人; 4. 发生质量、安全事故立即上报,组织本班组职工按照"四不放过"的原则认真分析
3	技术员	1	熟悉本专业技术管理	1. 负责安装工作安全技术措施的编制和安全施工的监督; 2. 负责安装现场技术指导; 3. 对违章操作,有权制止,严重者可令其停工,并及时向有关领导汇报。现场勘察,编制塔机的拆装技术方案,负责拆装技术指导,汇编整理技术资料
4	安全员	1	熟悉本专业安全管理	1. 负责安装工作安全技术交底; 2. 负责安装工作安全施工的监督; 3. 监督检查施工措施的执行情况; 4. 协助班组长进行安装现场的安全检查,及时解决施工过程中出现的问题; 5. 对违章操作,有权制止,严重者可令其停工,并及时向有关领导汇报
5	塔机司机	2	掌握起重施工技术,持有效特种作业操作证	1. 负责设备的吊装作业,作业前对塔吊进行全面的安全检查; 2. 严格按照作业指导书的施工工艺要求、质量要求和安全环境要求进行施工; 3. 掌握塔机各部件重量及起重机起重性能
6	电工	1	掌握电气技术,持有效特种作业操作证	1. 负责拆装作业中塔机电器系统的拆装、调试; 2. 严格按照作业指导书的施工工艺要求、质量要求和安全环境要求进行施工; 3. 掌握塔机电气线路
7	安拆工	8	掌握起重操作技术,持建委颁发有效特种作业操作证	1. 进行各部件的安装; 2. 严格按照作业指导书的施工工艺要求,质量要求和安全环境要求进行施工; 3. 掌握塔机安装程序及各部件吊点
8	信号司索工	2	熟悉本专业操作规程,持有建委颁发的上岗证书	1. 负责安装过程中的指挥信号; 2. 分上部和下部指挥,上部指挥负责上部起重指挥,做好高空作业人员的协调工作,下部指挥负责下部起重指挥,做好地面作业人员的协调工作

5.3　施工进度计划

施工进度计划见表 5.3-1 和表 5.3-2。

塔型	进场时间	安装时间	作业时间	拆除时间
WQ250	4 月 30 日	8 天， 5 月 1 日～5 月 8	拆除 STL600,10 天， 5 月 9 日～5 月 18	8 天， 5 月 25 日～6 月 1
WQ160	5 月 15 日	6 天， 5 月 19 日～5 月 24	拆除 WQ250,8 天 5 月 25 日～6 月 1	6 天， 6 月 7 日～6 月 12
WQ50	5 月 31 日	5 天， 6 月 2 日～6 月 6	拆除 WQ160,6 天， 6 月 7 日～6 月 12	6 天， 6 月 16 日～6 月 21
扒杆	6 月 10 日	4 天， 6 月 13 日～6 月 16	拆除 WQ50,6 天 6 月 16 日～6 月 21	5 天， 6 月 22 日～6 月 26

序号	日期	施工内容	备注
1	5 月 9 日	①拆除吊钩 ②拆除配重(6 块)	配重及吊钩堆放于场地东南侧位置
2	5 月 10 日	①安装安装绳 ②拆除起重臂	起重臂在停机坪上解体后，吊运至地面
3	5 月 11 日	①拆除变幅钢丝绳 ②拆除 A 字梁	堆放于场地东南侧位置，A 字梁地面解体
4	5 月 12 日	①拆除剩余配重(4 块) ②拆除起升机构、变幅机构及动力包电缆等 ③拆除平衡臂	堆放于场地东南侧位置
5	5 月 13 日	①拆除机械平台 ②拆除上回转 ③拆除下回转	堆放于场地东南侧位置
6	5 月 14 日	①拆除标准节(4 节) ②拆除内爬框一道 ③拆除内爬支撑钢梁一道	堆放于场地东南侧位置
7	5 月 15 日	①拆除标准节(4 节) ②拆除内爬框一道 ③拆除内爬支撑钢梁一道	堆放于场地东南侧位置
8	5 月 16 日	①拆除顶升节(1 节) ②拆除爬带(2 条)	在停机坪上拆除顶升节中顶升横梁
9	5 月 17 日	①拆除内爬框一道 ②拆除内爬支撑钢梁一道	堆放于场地东南侧位置
10	5 月 18 日	部件解体装车	

5.4　施工资源配置

5.4.1　用电配置

（1）现场塔机均采用 380V、50Hz 三相五线交流电源供电，其最大总用电功率为 240kW，施工工地供电应做到"三级配电，两级保护"的用电要求。塔机应设置专用开关箱，供电系统在塔机接入处的电压波动应不超过额定值的±10%，供电电容量应能满足塔机最低供电容量，动力电器和控制电路对地绝缘电阻应不低于 0.5M。

（2）塔机按规定应设置短路、过流、欠压、过压及失压保护、零位保护及断相保护。

（3）电控柜（专用开关箱）应设有锁门。门内应有电器原理图或者布线图、操作指示等，门外应设有有电危险的标志。防护等级不低于 IP44。

5.4.2　劳动力配置

劳动力配置　　　　　　　　　　　　　　　　　　　　表 5.4

工　种	数　量	名　单	备　注
起重工	8 名		
信号工	2 名		
电工	1 名		
塔机司机	2 名		

5.5　施工准备

5.5.1　技术准备

1）熟知与安装方案有关的技术资料，核对吊装部件的空间就位尺寸和相互的关系，掌握吊装部件的长度、宽度、高度、重量、型号、数量及其连接方法等。

2）熟悉已选定的起重、运输及其他机械设备的性能及使用要求。

3）培训现场作业人员，进行安全技术交底。

4）三台吊装设备的定位及安装

（1）WQ250、WQ160、WQ50 屋面吊安装在 257m 的屋面吊结构，底座支撑钢梁利用原内爬塔吊支撑钢梁，每台需用 2 根，三台屋面吊及扒杆的定位及安装形式如安装图纸：

工况	状态	端部 1	端部 2	端部 3	端部 4	
工况一		150/拉	695/压	695/压	150/拉	
工况二		345/压	815/压	345/压	270/拉	
工况三		695/压	695/压	150/拉	150/拉	
工况四		815/压	345/压	270/拉	345/压	WQ250 屋面吊基础受力
工况五		695/压	150/拉	150/拉	695/压	
工况六		345/压	270/拉	345/压	815/压	
工况七		150/拉	150/拉	695/压	695/压	
工况八		270/拉	345/压	815/压	345/压	

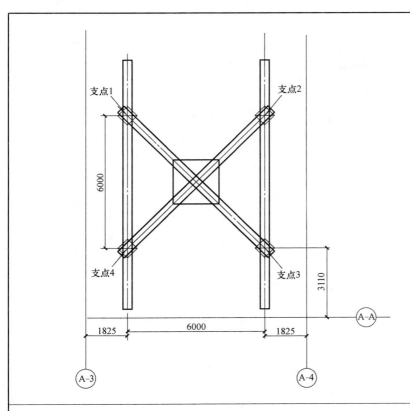

WQ250 屋面
吊连接形式

工况	状态	端部 1	端部 2	端部 3	端部 4
工况一	1 2 4 3	389/拉	629/压	629/压	389/拉
工况二	1 2 4 3	110/压	840/压	110/压	600/拉
工况三	1 2 4 3	629/压	629/压	389/拉	389/拉
工况四	1 2 4 3	840/压	110/压	600/拉	110/压
工况五	1 2 4 3	629/压	389/拉	389/拉	629/压
工况六	1 2 4 3	110/压	600/拉	110/压	840/压
工况七	1 2 4 3	389/拉	389/拉	629/压	629/压
工况八	1 2 4 3	600/拉	110/压	840/压	110/压

WQ160 屋
面吊基础受力

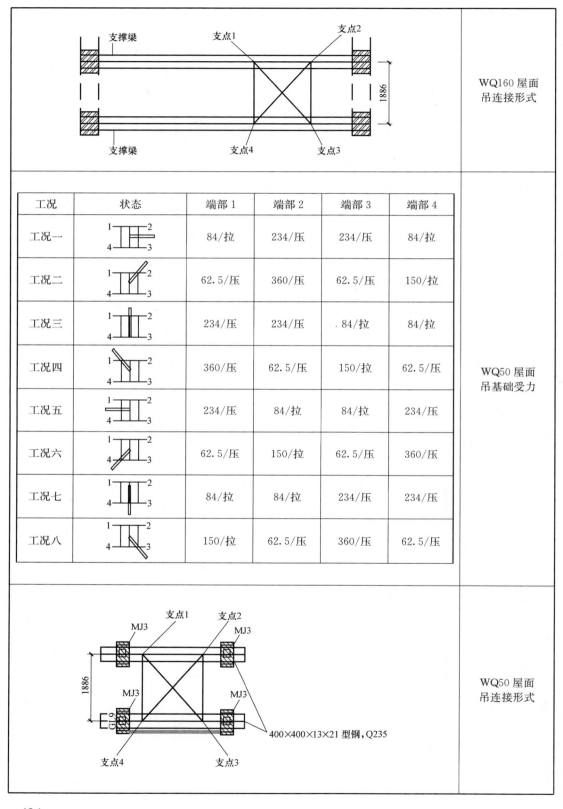

工况	状态	端部1	端部2	端部3	端部4
工况一		84/拉	234/压	234/压	84/拉
工况二		62.5/压	360/压	62.5/压	150/拉
工况三		234/压	234/压	84/拉	84/拉
工况四		360/压	62.5/压	150/拉	62.5/压
工况五		234/压	84/拉	84/拉	234/压
工况六		62.5/压	150/拉	62.5/压	360/压
工况七		84/拉	84/拉	234/压	234/压
工况八		150/拉	62.5/压	360/压	62.5/压

WQ160屋面吊连接形式

WQ50屋面吊基础受力

WQ50屋面吊连接形式

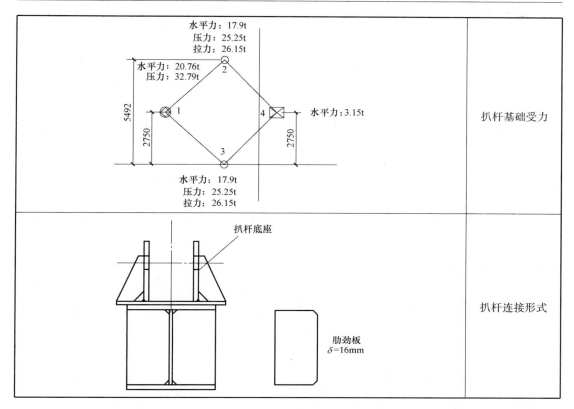

水平力：17.9t 压力：25.25t 拉力：26.15t 水平力：20.76t 压力：32.79t 水平力：3.15t 水平力：17.9t 压力：25.25t 拉力：26.15t	扒杆基础受力
扒杆底座 肋劲板 δ=16mm	扒杆连接形式

（2）拆除 STL600 塔机时，WQ250 安装在 257m 标高屋架层上，底座支撑钢梁采用原 STL600 支撑梁，两侧分别利用结构钢梁和核心筒作为支点；支撑钢梁位置楼板预留后浇筑。

5.5.2　现场准备

1）项目部前期准备

（1）基础制作

制作 WQ250、WQ160 与 WQ50 塔吊的底座支撑系统，并在塔吊拆卸前进场安装。根据各屋面吊的基础受力对结构进行复核，并制作相应的埋件及现场施工。

（2）场地准备

停机坪上起重臂放置区域内的建筑材料等需提前清理，并需平整；塔楼南侧及道路上的物品清理干净，用于构件进出场的存放和拆装安装该塔机。

（3）电源

塔机在安装过程中，提前准备符合要求的电源电箱，保证塔机能够实现运转。专用电源箱距离塔机中心 5m 范围内。

（4）生产协调

及时与其他施工单位提前协商，清除场地内一切阻碍塔吊拆装的各种施工机具及材料，为了安全，应满足在塔吊拆装过程中不出现交叉作业。

2）安装单位准备

（1）技术人员提前进行现场实地勘察和场地规划：根据构件的重量和吊装设备的起重

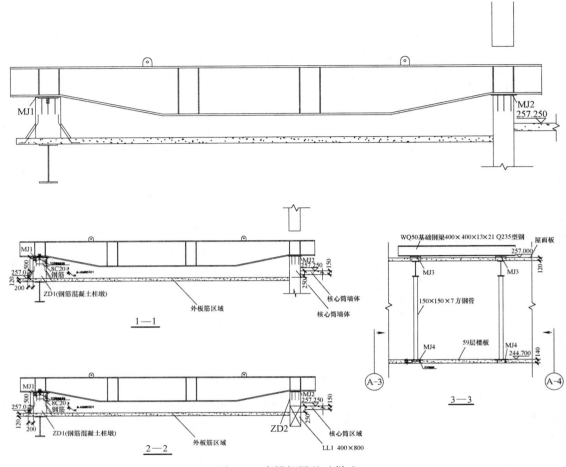

图 5.5 支撑钢梁基础做法

性能，以及施工现场的实际情况，制定出塔机拆装的平面布置图，将塔吊不同重量的构件分别放置在规定的范围内。

（2）对安装人员进行专项的安全技术交底。

（3）做好各型号塔机零部件及所用吊索具进行清点，检查。

5.5.3 施工机械准备及工程物资材料准备

（1）作业工机具

作业工机具   表 5.5-1

序号	名称	规格	单位	备注
1	钢丝绳吊索	$\phi 32.5mm \times 20m$、$12m$、$8m$、$4m$，$\phi 24 \times 12m$、$8m$、$4m$，$\phi 17.5 \times 12m$、$8m$、$4m$、$2m$	各4根	
2	手拉葫芦	2t、3t、5t、10t	各2个	
3	D型卸扣	5t、8t、10t、12t	4个	
4	大锤	24磅、18磅	2把	
5	手锤	8磅	2把	

序号	名称	规格	单位	备注
6	白棕绳	$\phi18\times100\mathrm{m}$	2 根	吊装缆绳
7	活动扳手		3 把	
8	水准仪	拓普康 AT-G2	1 台	
9	经纬仪	J2	1 台	
10	过孔冲销	$\phi36$	4 个	
11	常用起重钢丝绳及卡环	/	1 批	
12	500V 兆欧表		1 台	
13	撬棍		4 根	
14	多用电表		1 台	
15	钢卷尺	50m	1 把	
16	钢直尺	5m	1 把	
17	直角尺	500×500	1 把	
18	电气焊工具		1 套	
19	内六角扳手		1 套	
20	管子钳扳手		2 把	
21	电工工具		1 套	

注：钢丝绳规格：上表中所有的钢丝绳规格均为：6×37（a）类，纤维芯，钢丝公称抗拉强度为 1770MPa。

（2）材料

施工材料　　　　　　　　　　　　　　　　表 5.5-2

序号	名称	规格	材质	单位	数量	备注
1	道木	$160\times250\times1500$	/	根	8	
2	铅丝	♯10	/	盘	1	
3	对讲机	/	/	部	4	
4	木方	$160\times150\times300$	/	根	20	
5	垫铁	$200\times400\times\delta$	$\delta=5$、8、10、12、20、30			
6	电缆	$3\times120\mathrm{mm}^2+1\times35\mathrm{mm}^2$	安装临时电缆		120m	

（3）安全工机具

施工安全用具　　　　　　　　　　　　　　表 5.5-3

序号	名称	规格	单位	数量	备注
1	警戒标示带	/	m	400	完好
2	安全帽	玻璃钢	个	20	保证每人一个
3	安全带	/	条	12	完好
4	工具袋	/	个	4	完好
5	防滑鞋	/	双	20	保证每人一双
6	灭火器	/	台	4	合格
7	防滑手套	/	双	20	保证每人一双

6　吊装工艺流程及步骤

6.1　施工流程

6.1.1　塔机拆除程序

第一步：停机坪机构施工结束后，安装 WQ250 屋面吊拆除 7 号塔机 STL600，WQ250 屋面吊安装于 257m 的屋面结构；

第二步：7 号塔机 STL600 拆除后，安装 WQ160 屋面吊拆除 WQ250，WQ160 屋面吊基础安装于 257m 的屋面结构；

第三步：WQ250 屋面吊拆除后，安装 WQ50 屋面吊拆除 WQ160，WQ50 屋面吊基础安装 257m 的屋面结构；

第四步：安装扒杆拆除 WQ50，WQ50 屋面吊部件通过施工电梯运至地面。

6.1.2　施工流程图

各型号屋面吊安装流程基本相同。

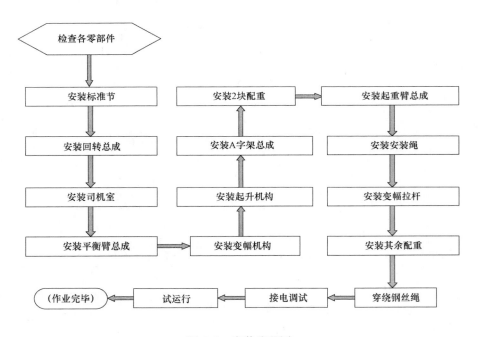

图 6.1　安装流程图

STL600 和各型号屋面吊拆除流程基本相同。

6.2　吊装工艺

6.2.1　吊装工况

屋面吊安装时均采用较大型号的屋面吊安装小型号的，起重性能完全满足，故只分析屋面吊拆除动臂塔机以及小型屋面吊拆除较大型号屋面吊的工况。

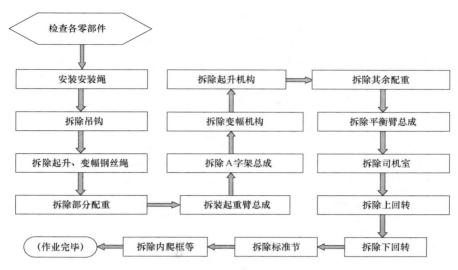

图 6.2　拆除流程图

WQ250 屋面吊拆除 7 号塔机 STL600 吊装工况　　　　表 6.2-1

序号	部件	单件重量(t)	幅度(m)	额定起重量(t)	负载率	吊索
1	塔节	6.578	20	12.5	53%	φ24×8m×2 根
2	加强节 1	6.6	20	12.5	53%	φ24×8m×2 根
3	加强节 2	7.15	20	12.5	57%	φ24×8m×2 根
4	顶升节	14.526	15	19.3	75%	φ32.5×8m×4 根
5	顶升横梁	1.8	20	12.5	14%	φ24×8m×1 根
6	内爬框	4.04	20	12.5	32%	φ24×8m×2 根
7	下回转	10.9	20	12.5	87%	φ32.5×12m×2 根
8 9	上回转总成含司机室	12.3	15	19.3	64%	φ32.5×12m×2 根
10	变幅机构	6	20	12.5	48%	φ32.5×12m×2 根
11	起升机构	12.3	15	19.3	64%	φ32.5×12m×2 根
12	平衡臂	12.5	15	19.3	65%	φ32.5×12m×2 根
13	配重	4.6	20	12.5	37%	φ32.5×12m×1 根
14	塔头	7.7	20	12.5	62%	φ24×8m×2 根
15	拉臂装置	3.81	20	12.5	30%	φ24×8m×2 根
16	防倾装置	1.24	20	12.5	10%	φ24×8m×1 根
17	吊钩	1.6	20	12.5	13%	φ24×8m×1 根
18	起重臂	9.7	20	12.5	78%	φ32.5×20m×2 根

WQ160 屋面吊拆除 WQ250 屋面吊装工况　　　表 6.2-2

序号	部件	单件重量（t）	幅度(m)	额定起重量(t)	负载率（%）	吊索
1	回转总成	5.96	12	12.8	47%	$\phi24×8m×2$ 根
2	司机室	0.16	16	10.8	1%	$\phi17.5×12m×2$ 根
3	变幅机构	3.13	16	10.8	29%	$\phi17.5×12m×2$ 根
4	起升机构(电机、制动器、减速机、主梁)	3.5	16	10.8	32%	$\phi17.5×8m×2$ 根
5	起升机构(底架、卷筒、心轴、轴承座)	4.1	16	10.8	38%	$\phi17.5×8m×2$ 根
6	平衡臂	3.55	16	10.8	33%	$\phi17.5×12m×2$ 根
7	十字横梁(整梁)	3.12	16	10.8	29%	$\phi24×12m×1$ 根
8	十字横梁(半梁)	1.45	16	10.8	13%	$\phi17.5×12m×1$ 根
9	A 字架总成	4.23	16	10.8	39%	$\phi17.5×8m×2$ 根
10	起重臂	5.29	16	10.8	49%	$\phi24×12m×2$ 根

WQ50 屋面吊拆除 WQ160 屋面吊装工况　　　表 6.2-3

序号	部件	单件重量（kg）	幅度(m)	额定起重量(kg)	负载率（%）	吊索
1	起重臂	897	14	2700	33	$\phi17.5×8m×2$ 根
		1488	14	2700	55	$\phi17.5×8m×2$ 根
		1949	16	2230	87	$\phi17.5×12m×2$ 根
2	平衡臂	2730	12	3450	79	$\phi17.5×12m×2$ 根
3	下支座	1170	14	2700	43	$\phi17.5×8m×2$ 根
4	起升机构	3248	11	4120	79	$\phi17.5×8m×2$ 根
5	变幅机构	2850	12	3450	83	$\phi17.5×8m×2$ 根
6	吊钩	570	14	2700	21	$\phi17.5×2m×1$ 根
7	变幅定滑轮	266	14	2700	10	$\phi17.5×2m×1$ 根
8	前拉杆	1328	14	2700	49	$\phi17.5×12m×1$ 根
9	后拉杆	398	14	2700	15	$\phi17.5×12m×1$ 根
10	上支座	2445	12	3450	71	$\phi17.5×8m×2$ 根
11	变幅动滑轮	252	14	2700	9	$\phi17.5×2m×1$ 根
12	操作箱	23	14	2700	1	$\phi17.5×2m×1$ 根
13	回转机构	1090	14	2700	40	$\phi17.5×8m×2$ 根
14	起升电阻	88	14	2700	3	$\phi17.5×8m×1$ 根
15	电器总控制箱	220	14	2700	8	$\phi17.5×8m×1$ 根
16	平衡重框	500	14	2700	19	$\phi17.5×8m×1$ 根
17	平衡重	1200	14	2700	44	$\phi17.5×8m×1$ 根

扒杆拆除 **WQ50** 屋面吊装工况　　　　　　　　　　　表 6.2-4

序号	部件	单件重量（kg）	幅度（m）	额定起重量（kg）	负载率（%）	吊索
1	起重臂	570	12.8	2180	26%	ϕ17.5×8m×1 根
		275	12.8	2180	13%	ϕ17.5×8m×1 根
		185	12.8	2180	8%	ϕ17.5×8m×1 根
		310	12.8	2180	14%	ϕ17.5×8m×1 根
2	平衡臂	486	12.8	2180	22%	ϕ17.5×8m×2 根
		275	12.8	2180	13%	ϕ17.5×8m×2 根
3	下支座	792	12.8	2180	36%	ϕ17.5×8m×2 根
4	起升机构	1806	10.3	2300	79%	ϕ17.5×8m×2 根
5	变幅机构	1300	12.8	2180	60%	ϕ17.5×8m×2 根
6	吊钩	150	12.8	2180	7%	ϕ17.5×8m×1 根
7	变幅定滑轮组	105	12.8	2180	5%	ϕ17.5×8m×1 根
8	前撑杆	319	12.8	2180	15%	ϕ17.5×8m×1 根
9	后拉杆	206	12.8	2180	9%	ϕ17.5×8m×1 根
10	上转台	890	12.8	2180	41%	ϕ17.5×8m×1 根
11	变幅动滑轮组	95	12.8	2180	4%	ϕ17.5×8m×1 根
12	操作箱	23	12.8	2180	1%	ϕ17.5×8m×1 根
13	回转机构	460	12.8	2180	21%	ϕ17.5×8m×1 根
14	起升电阻	68	12.8	2180	3%	ϕ17.5×8m×1 根
15	电器总控制箱	180	12.8	2180	8%	ϕ17.5×8m×1 根
16	平衡重框	600	12.8	2180	28%	ϕ17.5×8m×1 根
17	平衡重	400	12.8	2180	18%	ϕ17.5×8m×1 根

6.2.2　信号指挥方式

吊装作业过程中使用对讲机以及音响信号（口哨）与指挥手势配合作为指挥方式。在地面汽车起重机司机可以观察到的情况下使用音响信号（口哨）与指挥手势配合作为指挥方式，其他情况下采用对讲机作为指挥方式。

6.2.3　吊索、卡具的选用

依据各部件重量及吊点设置，通过计算校核选用 6×37＋FC-32.5/24/17.5-1770 钢丝绳吊索；卸扣选用 5t、8t、10t、12t，具体计算见 9.2。

6.2.4　试吊装

进行正式起吊前需进行试吊装作业。部件起吊距支撑面 200mm 试吊，悬停 5min，检查被吊物、吊点、吊索、起重机支撑面、起重机等完好无异常后方可继续吊装。

6.3　吊装步骤

6.3.1　7号塔机 STL600 安装 WQ250 屋面吊

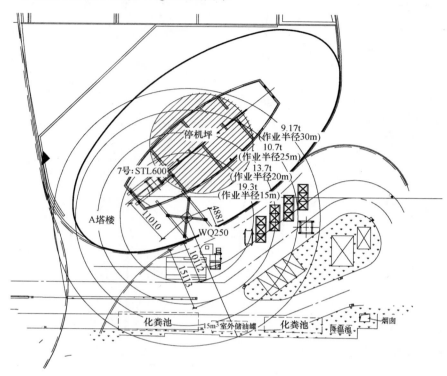

图 6.3-1　STL600 与 WQ250 平面位置图

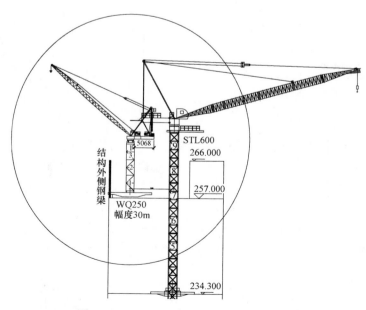

图 6.3-2　STL600 与 WQ250 里面位置图

STL600 回转半径 45m，距离 WQ250 回转中心 11m，STL600 吊装高度及起重性能完全满足安装 WQ250。

1）拆装人员入场，围设安全作业区不小于 20×20m，非拆装人员严禁入内。屋面吊的安装采用现场 7♯塔吊（STL600）塔吊完成。

2）WQ250 屋面吊支座钢梁规格选用原内爬塔钢梁，屋面吊主要连接点详见附件。

3）安装屋面吊标准节（3 节）回转、平衡臂和字梁，按照说明书进行。

4）接屋面吊电路系统，屋面吊用电要求：总功率 108kVA，项目在现场提供电源供电距屋面吊回转中心 5m 内。

5）安装起重臂，起重臂在停机坪上拼装成整体。

6）塔机 STL600 吊住屋面吊起重臂重心，将屋面吊起重臂和回转之间的销轴安装并封开口销后，穿绕起升和变幅钢丝绳，钢丝绳穿绕完成后，塔机松钩。

7）安装屋面吊配重，配重为散件，安装时先将配重盒吊放到平衡臂端固定后，将配重逐块添加至配重盒内。

8）屋面吊安装完成后，安装单位与项目部共同进行验收，需验收合格后方可进行使用。

9）屋面吊验收要求：

（1）各部件之间的连接状况检查；

（2）检查支撑平台安装情况；

（3）检查钢丝绳穿绕是否正确，是否有与其相干涉或摩擦的地方；

（4）检查电缆通行状况；

（5）检查平衡臂配重的固定状况；

（6）检查平台上有无杂物，防止塔机运转时杂物下坠伤人；

（7）检查各润滑面和润滑点。

10）屋面吊安全装置调试：安全装置主要包括：行程限位器和载荷限制器。行程限位器有：回转限位器、幅度限位器。荷载限制器有：起重力矩限制器、起重量限制器。

11）屋面吊结构验收合格后，根据屋面吊说明书起重性能表进行空载、负荷实验，实验全部做完后，方可投入使用。

6.3.2　WQ250 屋面吊拆除 7 号塔机 STL600

吊装高度说明：A 字梁为 STL600 最高位置部件，拆除 A 字梁，WQ250 距吊点 6m，吊钩高于吊点 4.3m 满足吊装。

（1）将 STL600 旋转到与 WQ250 垂直的位置，利用 WQ25 拆除其部分配重，配重由平衡臂端部向塔吊回转中心逐块拆除，留 4 块，其余配重待起重臂拆除后再行拆除。配重放在地面。

配重吊装工况　　　　　　　　　　　　表 6.3-1

部件名称	辅助起重机作业半径		吊物距建筑物距离	卡具	吊点
配重	起吊幅度	就位半径		2×5t	固定吊点
	11m	20m		吊索	
部件重量	辅助起重机起重性能	负载率	13.734m	规格	许用拉力
4.6t	12.5t	37%		φ32.5×12m×1 根	7.9t

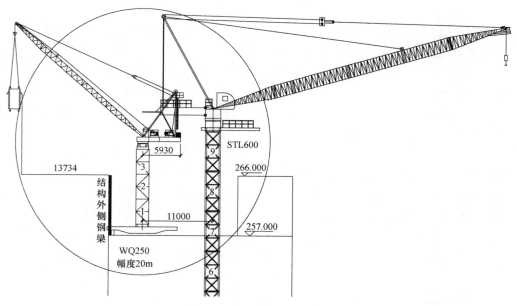

图 6.3-3　配重吊装工况图

（2）运行 STL600 变幅机构，使起重臂倾斜约 20°，利用 WQ250 吊住 STL600 起重臂，用起重臂安装绳将 STL600 起重臂拉接在其 A 字梁上。

（3）拆除各部钢丝绳：拆除变幅绳前先采用 ϕ12 钢丝绳对滑轮组穿绕，首端和变幅绳

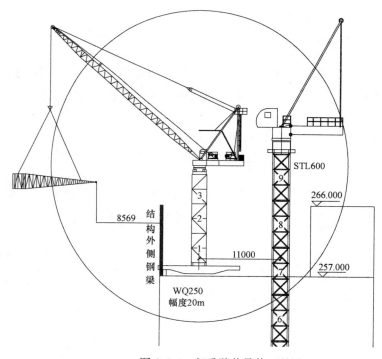

图 6.3-4　起重臂节吊装工况图

连接，末端固定于起升卷筒，利用起升卷筒完成变幅绳的穿绕，穿绕时必须保证起升卷扬和变幅卷扬钢丝绳速度保持一致。

（4）拆除起重臂，由于 STL600 起重臂为 46.5m，所以拆除方式需将起重臂整体放置于停机坪上进行解体，然后将 WQ250 塔吊变幅至 20m，直接放至东南侧地面上。

起重臂吊装工况

表 6.3-2

部件名称	辅助起重机作业半径		吊物距建筑物距离	卡具	吊点
起重臂	起吊幅度	就位半径		4×8t	固定吊点
	11m	20m		吊索	
部件重量	辅助起重机起重性能	负载率	8.569m	规格	许用拉力
9.7t	12.5t	78%		$\phi32.5\times20m\times2$ 根	7.9t

（5）拆除 A 字梁，用 WQ250 吊住 STL600A 字梁吊点引出的吊杆，除去 A 字梁同回转及平衡臂间的连接销轴，将 A 字梁拆除。注意，拆除 A 字梁时应吊在 A 字梁的专用吊杆上，以确保其平衡。

A 字梁吊装工况

表 6.3-3

部件名称	辅助起重机作业半径		吊物距建筑物距离	卡具	吊点
A 字梁	起吊幅度	就位半径		4×5t	固定吊点
	11m	20m		吊索	
部件重量	辅助起重机起重性能	负载率	6.918m	规格	许用拉力
7.7t	12.5t	62%		$\phi24\times8m\times2$ 根	4.25t

（6）回转 STL600，用 WQ250 拆除剩余配重。

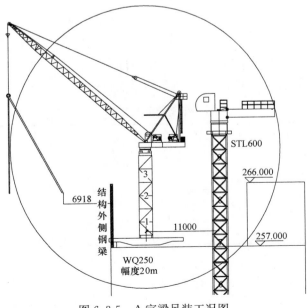

图 6.3-5　A 字梁吊装工况图

（7）回转 STL600，用 WQ250 吊装起升机构，打下连接销轴，吊起起升机构。用 WQ250 吊装变幅机构，打下连接销轴，吊起变幅机构。

起升机构吊装工况　　　　　　　　　　　　　　　表 6.3-4

部件名称	辅助起重机作业半径		吊物距建筑物距离	卡具	吊点
起升机构	起吊幅度	就位半径		4×8t	固定吊点
	11m	15m		吊索	
部件重量	辅助起重机起重性能	负载率	13.604m	规格	许用拉力
12.3t	19.3t	64%		φ32.5×12m×2 根	7.9t

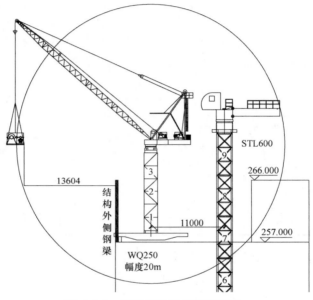

图 6.3-6　起升机构重吊装工况图

（8）拆除平衡臂：平衡臂同上回转间采用销轴连接，WQ250 吊在 STL600 平衡臂的吊点上，除去平衡臂同回转间的连接销轴后将平衡臂拆除。

平衡臂吊装工况　　　　　　　　　　　　　　　表 6.3-5

部件名称	辅助起重机作业半径		吊物距建筑物距离	卡具	吊点
平衡臂	起吊幅度	就位半径		4×8t	固定吊点
	11m	15m		吊索	
部件重量	辅助起重机起重性能	负载率	11.289m	规格	许用拉力
12.5t	19.3t	65%		φ32.5×12m×2 根	7.9t

（9）拆除回转上支座：用 WQ250 吊住回转上支座，将回转上下支座的连接螺栓拆除，拆除螺栓时应采用对角线的次序逐个拆除，禁止顺次连续拆除，以免损坏回转支座。螺栓全部松开后将其拆除。

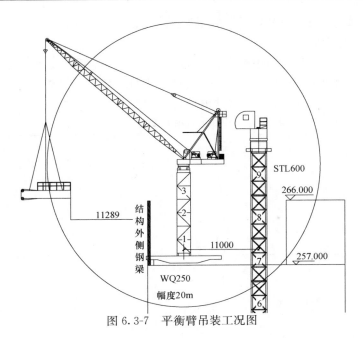

图 6.3-7　平衡臂吊装工况图

上回转吊装工况　　　　　　　　　　　　　　　表 6.3-6

部件名称	辅助起重机作业半径		吊物距建筑物距离	卡具	吊点
上回转总成含司机室	起吊幅度	就位半径		4×8t	固定吊点
	11m	15m		吊索	
部件重量	辅助起重机起重性能	负载率	11.468m	规格	许用拉力
12.3t	19.3t	64%		φ32.5×12m×2 根	7.9t

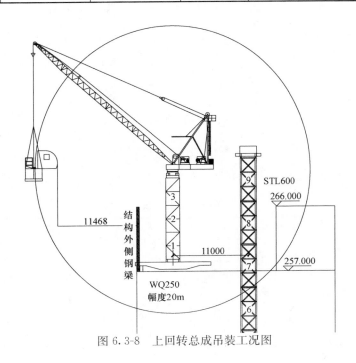

图 6.3-8　上回转总成吊装工况图

（10）拆除回转下支座：WQ250吊住回转下支座，除去回转下支座同标准节间的连接螺栓，吊拆回转下支座。

（11）拆除STL600现有两道内爬框上部的标准节，再拆除上一道内爬框及支撑钢梁，接着拆除下一道内爬框上部的加强节。拆除内爬框加持节前，必须将内爬框上的导向块螺栓松开，确保该节同该道内爬框可以有相对运动。

加强节吊装工况 　　　　　　　　　　　　　表6.3-7

部件名称	辅助起重机作业半径		吊物距建筑物距离	卡具	吊点
加强节	起吊幅度	就位半径		4×5t	固定吊点
	11m	20m		吊索	
部件重量	辅助起重机起重性能	负载率	13.745m	规格	许用拉力
7.15t	12.5t	57%		φ24×8m×2根	4.25t

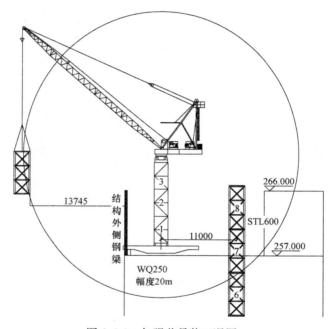

图6.3-9　加强节吊装工况图

（12）拆除STL600顶升节。顶升节在停机坪上解体拆除顶升横梁后吊运至地面。

顶升节吊装工况 　　　　　　　　　　　　　表6.3-8

部件名称	辅助起重机作业半径		吊物距建筑物距离	卡具	吊点
顶升节	起吊幅度	就位半径		4×10t	固定吊点
	11m	15m		吊索	
部件重量	辅助起重机起重性能	负载率	8.52m	规格	许用拉力
14.526t	19.3t	75%		φ32.5×8m×4根	7.9t

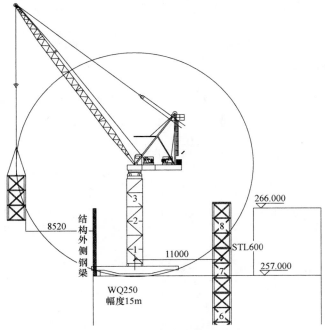

图 6.3-10　顶升节吊装工况图

6.3.3　WQ160 屋面吊拆除 WQ250

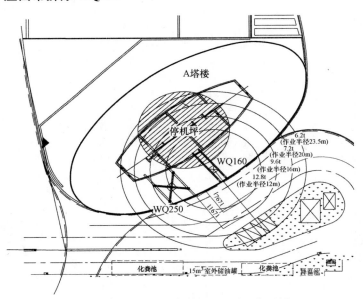

图 6.3-11　WQ250 与 WQ160 平面布置图

1）拆装人员入场，围设安全作业区不小于 20m×20m，非拆装人员严禁入内。屋面吊的拆除采用现场（WQ160）屋面吊完成。

2）拆除屋面吊部分配重（留 2 块 2.3t 配重）。

3）WQ160 吊住屋面吊 WQ250 起重臂重心，将屋面吊起重臂和回转之间的销轴封开口销后，拆除起升和变幅钢丝绳，钢丝绳拆除完成后，塔机 WQ160 松钩。

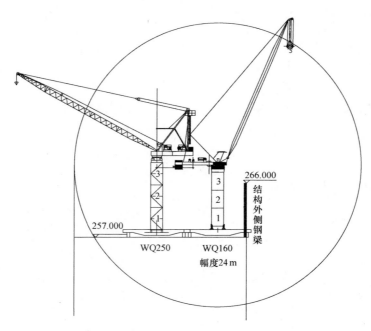

图 6.3-12　WQ250 与 WQ160 立面布置图

拆除变幅绳：	拆除起升绳：
1. 变幅定滑轮组单滑轮； 2. 变幅定滑轮组； 3. 变幅动滑轮组； 4. 变幅动滑轮组大滑轮； 5. 绳结	1. 起升卷筒； 2. 起重臂固定点； 3. 起重臂端滑轮； 4. 吊钩

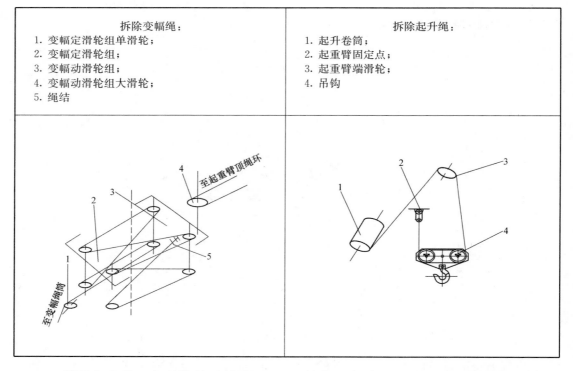

4）拆除起重臂，起重臂总重约为 5.34t，吊点距离臂根约为 17m，起重臂吊装时，需臂尖及臂根部拴接导向绳，以便于控制起重臂的方向。

5）拆除屋面吊 A 字梁、平衡臂和回转。

（1）拆除屋面吊剩余配重，WQ160 屋面吊起吊幅度在 12m 范围内；

（2）拆除屋面吊 A 字梁，重约 4.2t，WQ160 屋面吊起吊幅度在 12m 范围内；

（3）拆除屋面吊起升及变幅机构，分别重约 3.1t、3.5t，拆除时 WQ160 屋面吊起吊幅度在 12m 范围内；

（4）拆除屋面吊平衡臂，重约 3.55t，拆除时 WQ160 屋面吊起吊幅度在 10m 范围内；

（5）拆除屋面吊回转，上下回转整体吊装，重约 5.96t，吊装时 WQ160 屋面吊，起吊幅度在 12m 范围内。

6）拆除标准节。

7）拆除屋面吊底架与支撑钢梁。

吊装高度说明：A 字梁为 WQ250 最高位置部件，拆除 A 字梁，WQ160 距吊点 9m，吊钩高于吊点 8.3m 满足吊装。

仅分析最重部件及最长部件的吊装。

1）最重部件回转总成的拆除。

回转吊装工况 表 6.3-9

部件名称	辅助起重机作业半径		吊物距建筑物距离	卡具	吊点
回转总成	起吊幅度	就位半径		4×8t	固定吊点
	12m	12m		吊索	
部件重量	辅助起重机起重性能	负载率	6.172m	规格	许用拉力
5.96t	12.8t	47%		φ24×8m×2 根	4.25t

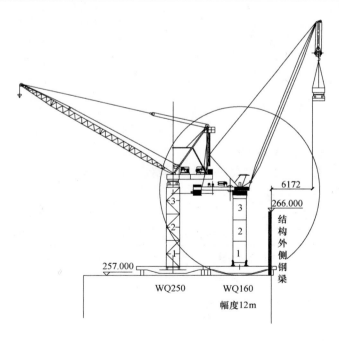

图 6.3-13　回转吊装工况

2）最长部件十字横梁整梁的拆除。

十字横梁整梁吊装工况　　　　　　　　　　　　表 6.3-10

部件名称	辅助起重机作业半径		吊物距建筑物距离	卡具	吊点
上回转总成含司机室	起吊幅度	就位半径		4×8t	固定吊点
	12m	15m		吊索	
部件重量	辅助起重机起重性能	负载率	6.488m	规格	许用拉力
3.12t	10.8t	29%		φ24×12m×1根	4.25t

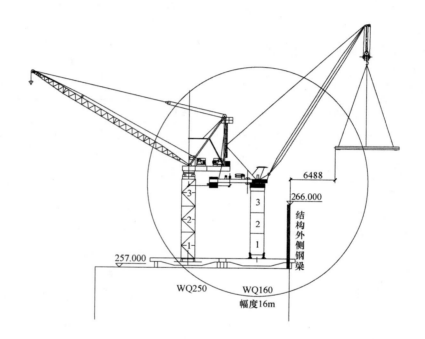

图 6.3-14　十字横梁吊装工况

6.3.4　WQ50 屋面吊拆除 WQ160

吊装高度说明：A 字梁为 WQ160 最高位置部件，拆除 A 字梁，WQ50 距吊点 6m，吊钩高于吊点 5.6m 满足吊装。

仅分析最长部件的吊装。

起重臂节吊装工况　　　　　　　　　　　　表 6.3-11

部件名称	辅助起重机作业半径		吊物距建筑物距离	卡具	吊点
起重臂节	起吊幅度	就位半径		4×8t	固定吊点
	12m	16m		吊索	
部件重量	辅助起重机起重性能	负载率	3.118m	规格	许用拉力
1.949t	2.23t	87%		φ17.5×8m×2根	2.25t

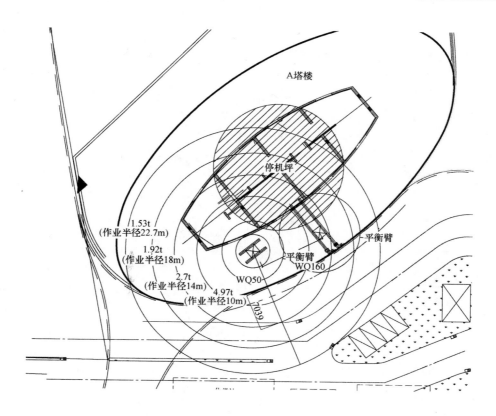

图 6.3-15　WQ50 与 WQ160 平面布置图

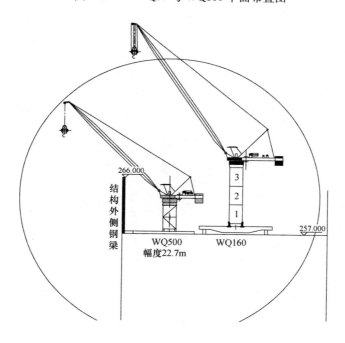

图 6.3-16　WQ50 与 WQ160 立面布置图

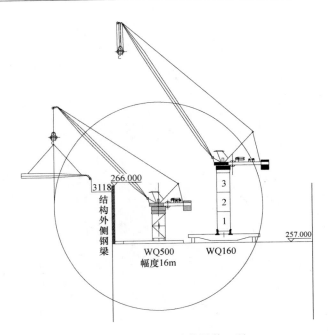

图 6.3-17　起重臂节吊装工况

6.3.5　扒杆拆除 WQ50 屋面吊

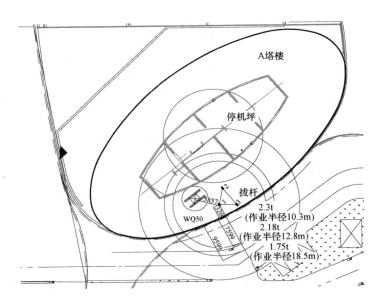

图 6.3-18　WQ50 与扒杆平面布置图

吊装高度说明：A 字梁为 WQ50 最高位置部件，拆除 A 字梁，扒杆距吊点 6m，吊钩高于吊点 3.4m 满足吊装。

仅分析最重部件及最长部件的吊装。

1）最重部件回转总成的拆除。

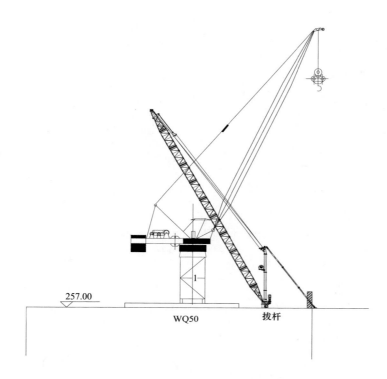

图 6.3-19 WQ50 与扒杆立面布置图

起升机构吊装工况 表 6.3-12

部件名称	辅助起重机作业半径		吊物距建筑物距离	卡具	吊点
起升机构	起吊幅度	就位半径		4×5t	固定吊点
	10.3m	10.3m		吊索	
部件重量	辅助起重机起重性能	负载率	5.406m	规格	许用拉力
1.806t	2.3t	79%		φ17.5×8m×2 根	2.25t

2）最长部件起重臂节的拆除。

起重臂节吊装工况 表 6.3-13

部件名称	辅助起重机作业半径		吊物距建筑物距离	卡具	吊点
起重臂节	起吊幅度	就位半径		2×5t	固定吊点
	12.8m	12.8m		吊索	
部件重量	辅助起重机起重性能	负载率	7.131m	规格	许用拉力
0.57t	2.18t	26%		φ17.5×12m×1 根	2.25t

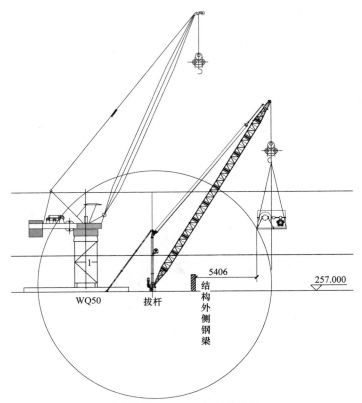

图 6.3-20   起升机构吊装工况

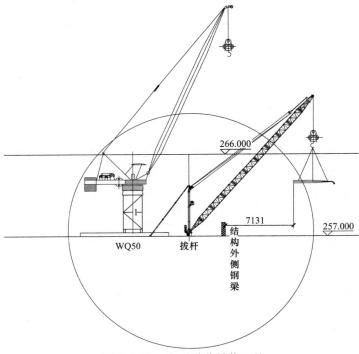

图 6.3-21   起重臂节吊装工况

7 施工保障措施

7.1 重大危险源清单及控制措施

重大危险源清单及控制措施 表 7.1

序号	危险源	可能导致事故	控制措施
1	违章作业	设备倾覆、其他伤害	特种作业人员必须持证上岗,且需保证证书在有效期内,按照说明书及方案要求流程正确操作
2	违章指挥	设备倾覆、其他伤害	作业前,明确分工,指定专人统一指挥
3	未正确佩戴安全防护用品	高处坠落、物体打击	提供合格的安全防护用品,安全员负责监督防护用品的正确佩戴
4	作业无交底或交底不到位	高处坠落、其他伤害	作业前要有安全技术交底,内容要有针对性
5	设备缺陷	设备倾覆、其他伤害	设备进场前需整机检查,确认合格后方可进场
6	塔机超载使用	设备倾覆	严格控制,检查司机证件,投入使用前做好交底
7	吊索具不合格	高处坠落	安装班长及安全员共同检查吊索具,符合要求才准许使用
8	设备基础不符合要求	设备倾覆	设备基础验收合格后方可安装整机
9	未设置警戒区	物体打击	围设警戒区域,现场安全员做好监督
10	高空作业机具存放不当	物体打击	高空作业配发工具袋,随身工具及零星物件应放在工具袋中
11	主要连接部位不符合要求	机械伤害	安装到位,进行自检,整改到位
12	电气控制系统故障	触电事故、火灾	操作人员需持有电工操作证,佩戴绝缘手套,配齐专用电气工具,配备消防器材
13	设备安装后未自检直接投入使用	起重伤害	设备安装和维修后负责人进行自检

7.2 安全保证措施

7.2.1 一般安全措施

(1) 进入施工现场,必须遵守施工现场各项安全规定,服从工地安全管理人员管理。

(2) 进入施工现场,必须戴安全帽,高处作业必须穿防滑鞋、系安全带。

(3) 安装拆除塔机时,必须执行安全操作规程,严禁违章作业,严禁违章指挥,严禁违反劳动纪律。

(4) 所有施工人员必须持证上岗,且不得做超出专业范围其他特殊工种的工作。

(5) 高处作业时,禁止用投掷的方式传递工具、零件,防止发生物体打击事故。

(6) 严禁酒后作业,工作时必须精力集中,不得说笑或做与作业无关的事情,特别是高处作业人员，严禁在高处追逐打闹，防止高处坠落。施工前做好交底，明确信号，分工明确，各负其责，上下呼应，互相配合，确保安全完成安装任务。

（7）风力超过4（含）级，严禁塔机安装拆除作业。

7.2.2　专项安全措施

（1）组织有关人员学习拆除方案及熟悉塔机说明书及各个构件。

（2）安装拆除前，安装负责人应带领安装人员熟悉施工现场情况。

（3）塔机及所用工具、吊索具、安全防护用品经检验合格方可使用，发现异常必须及时解决，保证安装拆除过程中使用的机具设备及安全防护用品的使用安全。

（4）对塔机安拆单位安拆资质进行检验，对作业人员持证上岗情况进行实名检查。

（5）进场安装拆除作业前由安装负责人对全体人员进行安全技术交底，使每人都明确各环节的作业内容及安全注意事项，并履行本人签字程序。

（6）现场涉及的洞口、临边做好防护。洞口处做好水平防护，下部做好有效竖向支撑，临边用标准化安全围栏围起来，以免妨碍作业影响安全。

（7）安装拆除作业区，应设警戒区域，应由安全人员在场进行监护，确保安拆过程的安全。

（8）安拆前对所用的吊装设备操作人员必须经安全技术人员严格检查。

（9）吊装构件时，必须达到上下通信畅通，具备能观测运输部件条件，绑扎牢固，防止高空坠物，保留安全距离。

（10）作业前对所用的吊装设备的司机进行安全教育以及安全技术交底，塔机司机必须听从信号指挥，没有收到明确的指挥信号，不得起落钩和做回转动作。

（11）项目设专职岗位人员配合在塔机安拆过程中仍有妨碍作业的不利条件时进行障碍消除，保证现场具有安全可靠的作业环境。作业面进行安全防护，无妨碍施工障碍物，便于塔机部件的摆放，特别是塔机起重臂的拼装和拆解的位置。

（12）在各塔机安装前，对塔机进行全面清理，把所有不固定的杂物清理干净，防止在起吊过程中发生物体打击事故。

（13）高处作业所有工具、销轴、螺丝等小零件应用容器（或工具袋）装好，用吊钩或其他专用设施吊运工作面，严禁用投掷的方式传递工具、零件，防止发生物体打击事故。

（14）安装所用的吊装设备吊载各塔机构件就位时，动作必须缓慢进行，减少安全隐患。

（15）平衡臂、起重臂、平衡重必须按照顺序连续作业，禁止长时间停顿。

（16）在拆除标准节外侧的连接螺栓时，操作人员必须系好安全带，并站在专门制作的挂篮上操作。

（17）安拆作业时应做到干净利落，上道工序未完成不得进行下道工序，以确保安装作业安全。

（18）上下信号指挥应密切联系、配合默契，作业之前明确信号交接部位（高度及与A塔楼的水平距离），尽量避免两人同时发出指挥信号。

（19）信号指挥在发出指挥信号前，应仔细检查吊点位置，是否有未经固定的松散物，被吊物上下方是否站人等，确认无误后方可发出指挥信号。

（20）作业过程中，必须严格执行安拆工艺规定的安作业顺序。

7.2.3 机械设备安全保证措施

（1）各型号塔机具有产品合格证及在有效期内合格的检验检测报告。

（2）严格按照塔机使用说明书进行组装，组装完成后进行调试试车，安装单位对设备进行自检并出具自检合格报告，并按照行政主管部门相关要求进行验收，验收合格方可使用。

（3）每班作业前操作人员要先查看设备各结构部位是否正常，通过运转试车查看设备各安全装置是否齐全有效，各机构是否运转正常，无异常方可开始作业。

（4）指派专人按照说明书规定负责塔机的维修保养。严禁塔机带病运转或超负荷运转，严禁对运转中的塔机进行维修、保养、调整等作业。

7.2.4 吊装安全保证措施

1）培训交底

（1）吊装作业前施工总承包安全、技术人员应组织有关人员（项目安全及技术人员、作业人员等等）进行安全技术培训，使他们充分了解施工过程的内容、工作难点、注意事项等。

（2）吊装作业前做好吊装指挥、通信联络等准备工作，确定吊装指挥人选及分工。指挥用对讲机、手势加哨音指挥。吊装前统一指挥信号，并召集指挥人员和吊装人员进行学习和练习，做到熟练掌握。

（3）对所有作业人员进行有针对性的安全技术交底。

2）各塔机基础

根据塔机基础要求进行基础的制作，每班作业前对基础进行检查，作业过程中安排专人观测基础。

3）吊点与吊索

（1）在吊装过程中塔机各部件吊点应按说明书规定要求选择，不得随意改动。

（2）在起吊前，对吊点进行检查，确认无误后方可开始吊装。

（3）在吊装前对吊装使用的吊索具进行自检，并出具自检合格报告。

4）起重司索与信号指挥

（1）起重司索、信号指挥人员需取得建设行政主管部门颁发的特种作业人员操作资格证。

（2）起重司索人员按照塔机专项方案要求选择相应的吊索具，按照相关规范要求系挂，由信号指挥人员查验合格无异常后方可起吊。

（3）信号指挥人员要穿有明显标识的服装，按照指挥要求正确站位，分工明确，使用统一指挥信号，信号要清晰、准确，汽车起重机司机及相关作业人员必须听从指挥。

（4）起重司索人员引导吊装部件就位时应选择合理位置，严禁攀爬部件进行登高作业。

5）吊装过程

（1）在吊装过程中作业人员要时刻注意塔机平衡臂的旋转动态，防止发生碰撞和挤压。

（2）塔机在吊装过程中其吊装载荷必须保证在其额定起重能力范围内，严禁超载作业。

（3）在吊装过程中严格执行试吊装程序，在试吊装过程中指定专人对各环节进行观察，发现异常情况立即停止作业进行相应处理，直到试吊装各环节完好无异常后方可继续吊装。

（4）在吊装过程中严禁人员随吊装部件动作。

（5）在吊装过程中使用的料具应放置稳妥，小型工具应放入工具袋，上下传递工具时严禁抛掷。

（6）塔机在吊装过程中如发生故障立即停止运转，待维修人员修理完毕塔机处于正常状态下，方可继续作业。

（7）塔机各部件在吊装过程中，司机应认真操作，慢起慢落。

（8）各部件在吊装过程中牵引绳操作人员站位安全合理，全过程控制空中姿态，防止在下降过程部件与构筑物发生碰撞。

（9）各部件在起吊前要检查附件是否固定牢固、是否存在其他杂物等，完好无异常后方可起吊。

（10）四级及以上大风或其他恶劣天气应停止吊装作业，同时做好防风措施。

7.2.5　用电安全保证措施

在作业过程中需要临时用电时由经过培训并取得上岗证的电工完成。

7.2.6　其他安全保证措施

（1）从事作业的特种人员，必须按照要求取得相应的特种作业操作资格。

（2）各种机械操作人员和车辆驾驶员，必须取得操作合格证，不准操作与证不相符的机械。

（3）进入施工现场必须戴安全帽，高处作业人员要佩戴安全带，穿防滑鞋，按规定正确佩戴劳动保护用品。

（4）所有作业人员严禁酒后作业，严禁疲劳作业。

（5）现场各种构件、材料按照要求摆放整齐。

（6）在作业过程中监理单位、总承包单位、分包单位相关人员在现场旁站。

（7）在作业过程中指派专人进行全程监护。

7.2.7　吊装过程测量与监控

吊装过程监测塔机垂直度不大于 $4‰H$（H＝测量点高度差）以及各个吊装过程中基础结构变形。

测量仪器统计表　　　　表 7.2

仪器设备名称	仪器型号	仪器设备性能	数量
经纬仪			2 台
光学水准仪	DSZ2	精度:1mm	2 台

7.3　质量保证措施

（1）吊装作业前施工总承包技术人员应组织相关人员进行质量培训，使他们充分熟悉安装图纸，了解施工过程的质量要求。

（2）各部件在装车运输过程中，部件与车体之间用硬木支垫，部件与硬木之间铺垫地毯，捆扎紧固使用的倒链及钢丝绳与部件接触部位铺垫软物，防止塔机部件损坏。

（3）严格按照塔机说明书的安装要求进行安装拆除。

（4）吊装过程中吊索具不得与相关附件发生干涉挤压。

（5）吊装过程中应保证被吊物稳定后才允许进行下一步吊装程序。

（6）各部件在吊装过程中牵引绳操作人员要全过程控制空中姿态，确保准确就位。

7.4　文明施工与环境保护措施

7.4.1　文明施工保证措施

（1）施工场地出入口应设置洗车池，出场地的车辆必须冲洗干净。

（2）施工场地道路必须平整畅通，排水系统良好。材料、机具要求分类堆放整齐并设置标示牌。

（3）场地在干燥大风时应注意洒水降尘。

（4）夜间施工向环保部门办理夜间施工许可证，主动协调好周边关系，减少因施工造成不便而产生的各种纠纷。

（5）作业时尽量控制噪声影响，对噪声过大的设备尽可能不用或少用。在施工中采取防护等措施，把噪声降低到最低限度。

7.4.2　环境保护保证措施

（1）夜间施工信号指挥人员不使用口哨，机械设备不得鸣笛。

（2）汽车进入施工场地应减速行驶，避免扬尘。

（3）加强对施工机械的维修保养，防止机械使用的油类渗漏进入地下水中或市政下水道。

（4）对吊装作业的固体废弃物应分类定点堆放，分类处理。

（5）施工期间产生的废钢材、木材，塑料等固体废料应予回收利用。

7.5　现场消防、保卫措施

（1）作业现场区域按照要求设置消防水源和消防设施，消防器材应有专人管理。

（2）作业现场严禁存放易燃易爆危险品，作业现场区域严禁吸烟。

7.6　绿色施工保证措施

（1）对操作人员进行绿色施工培训。

（2）保护好施工周围的树木、绿化，防止损坏。

（3）落实《绿色施工保护措施》，实行"四节一环保"。

8　应　急　预　案

8.1　应急管理体系

8.1.1　应急管理机构

事故应急救援工作实行施工第一责任人负责制和分级分部门负责制，由安全事故应急救援小组统一指挥抢险救灾工作。当重大安全事故发生后，各有关职能部门要在安全事故应急救援小组的统一领导下，按要求，履行各自的职责，做到分工协作、密切配合，快速、高效、有序地开展应急救援工作。

应急救援领导小组成员如下：

组长：＊＊＊，电话：＊＊＊

副组长：＊＊＊，电话：＊＊＊

成员：＊＊＊，电话：＊＊＊

应急救援小组成员如下：

组长：＊＊＊，电话：＊＊＊

副组长：＊＊＊，电话：＊＊＊

成员：＊＊＊，电话：＊＊＊

8.1.2 职责与分工

（1）应急救援领导小组职责与分工

组长：＊＊＊，全面负责抢险指挥工作，发生险情时负责迅速组织抢险救援以及与外界联系救援。

副组长：＊＊＊，具体负责对内外通信联络以及根据现场情况向外界求援。

副组长：＊＊＊，全面负责抢险技术保障，并与设计、监理、业主及相关单位联系拿出可靠的抢险或补救措施。

副组长：＊＊＊，负责抢险时现场安全监督

组员：＊＊＊，具体负责组织指挥现场抢险救援

＊＊＊，负责抢险组织及实施

＊＊＊，负责抢险时现场安全监督

＊＊＊，负责监督提醒现场抢险人员安全

＊＊＊，负责对外联络及协调

＊＊＊，负责抢险技术保障，发生险情时应迅速制定出抢救方案

＊＊＊，负责抢险物资管理

＊＊＊，负责应急资金支持和后勤保障

＊＊＊，负责抢险技术实施和监控

＊＊＊，负责抢险时的监控量测工作

＊＊＊，负责通信联络和信息收集、发布及伤亡人员的家属接待，妥善处理受害人员及家属的善后工作。

（2）应急救援小组职责与分工

在得到事故信息后立即赶赴事发地点，按照事故预案相关方案和措施实施，根据现场实际情况加以修正。寻找受害者并转移到安全地点，并迅速拨打急救电话120取得医院的救助。

8.2 应急响应程序

1）事故发生初期，事故现场人员应积极采取应急自救措施，同时启动施工现场应急救援预案，实施现场抢险，防止事故的扩大。前期各部门应尽快恢复被损坏的道路、水

电、通信等有关设施，确保应急救援工作顺利开展。

2）安全事故应急救援预案启动后，应急救援小组立即投入运作，组长及各成员应迅速到位履行职责，及时组织实施相应事故应急救援预案，并随时将事故抢险情况报告上级。

3）事故发生后，在第一时间抢救受伤人员。保卫部门加强事故现场安全保卫、治安管理和交通疏导工作，预防和制止各种破坏活动，维护社会治安。

4）当有重伤人员出现时救援小组应及时提供救护所需药品，利用现有医疗设施抢救伤员。同时拨打急救电话120呼叫医疗援助。其他相关部门应做好抢救配合工作。

5）事故报告：重大安全事故发生后，事故单位或当事人必须将所发生的重大安全事故情况报告事故相关监管部门：

（1）发生事故的单位、时间、地点、位置；

（2）事故类型（倒塌、触电、机械伤害等）；

（3）伤亡情况及事故直接经济损失的初步评估；

（4）事故涉及的危险材料性质、数量；

（5）事故发展趋势，可能影响的范围，现场人员和附近人口分布；

（6）事故的初步原因判断；

（7）采取的应急抢救措施；

（8）需要有关部门和单位协助救援抢险的事宜；

（9）事故的报告时间、报告单位、报告人及电话联络方式。

6）事故现场保护：重特大安全事故发生后，事故发生地和有关单位必须严格保护事故现场，并迅速采取必要措施，抢救人员和财产。因抢救伤员、防止事故扩大以及疏通交通等原因需要移动现场物件时，必须做出标志、拍照、详细记录和绘制事故现场图，并妥善保存现场重要痕迹、物证等。

8.3　应急抢险措施

8.3.1　一般应急措施

（1）发生意外后现场负责人做好现场警戒，紧急拨打120急救电话、119火警电话。

（2）做好机械、零配件的储备，当机械设备出现故障时，应立即停止作业并及时抢修。

（3）成立应急救援小组，项目经理为组长，现场施工总负责人为副组长，组员由安全员、班长及现场人员组成。

（4）发生意外后立即报告班长、主管及项目经理，应急响应小组人员接到报告后立即赶赴现场进行应急处理。

（5）吊装前详细分析吊装过程中的细节情况，并在吊装过程中密切注意工人的不规范动作，发现异常隐患及时采取措施，制止不规范操作。

（6）对所用吊具进行细致的调查盘点，禁止不合格的吊具使用。

（7）密切关注天气的变化，每天专人听取天气预报，提前预知天气的变化，避免在恶劣天气中作业。

（8）加大对员工的安全培训和教育，告知员工工作中的危险源。

（9）与监理、业主、其他施工单位做好相关安全、施工管理的沟通与协调工作，如遇安全事故、恶劣天气、不可抗力等因素时立即启动应急措施，以保障人员、设备的安全。

8.3.2　针对性应急措施

1）火灾现场自救注意事项

① 救护人员应注意自我保护。使用灭火器时应站在上风位置，以防因烈火、浓烟的熏烤而受到伤害。

② 火灾袭来时要迅速疏散逃生。

③ 必须穿过浓烟逃生时，应尽量用用水浸湿的衣物或棉被等披裹全身；在逃生中，为防止有毒气体的吸入，应用湿毛巾或湿布等捂住口鼻，并应趴在地上匍匐爬行而出，以避免因缺氧导致窒息死亡。

④ 当身上着火时，可就地打滚灭火。

⑤ 现场的紧急救护：若在事故现场出现受伤人员，由负责救护的小组组员对受伤人员进行初步救治，并将伤员救离危险区，要密切注意伤员受伤部位，防止伤势的恶化；并立即拨打附近医院的急救电话或迅速送往。

A. 烧伤人员的现场救治：如在火灾现场出现烧伤人员，在救护车到达之前，由救护小组人员将其转移到安全区域，并初步检查伤员伤情，判断其神志、呼吸循环系统是否有问题，视情况采取初步的止血、止痛、防止休克、包扎伤口等措施，预防感染。

B. 当伤员身上燃烧着的衣物一时难以脱下时，可用衣物等裹住伤员灭火或用水灭火，切勿奔跑，以免助长火势。

C. 用消过毒的纱布包裹伤面做简单的包扎，以避免创面再受污染；不要把水疱弄破，更不要在创面敷上任何有刺激性的或不清洁的药物等，以免为进一步的创面处理增加困难。

D. 经现场救护人员临时处理后的伤员要迅速送到医院救治，运送过程中救护人员还要注意观察伤员的呼吸、脉搏、血压等情况的变化。

2）高空坠落的救护

严重创伤出血及骨折人员（如碰撞、物体打击、机械伤害、高空坠落等）的现场救治。

创伤性出血现场救治由救护小组人员根据现场的实际情况，在医院急救人员到达之前及时、正确地采取暂时性的清洁、止血、包扎、固定和运送等措施。

① 止血可采用压迫止血法、绷带止血法。先抬高伤肢，用消毒纱布或棉垫覆盖伤口表面，再进行清理。

② 止血后，创伤处用消毒的纱布覆盖，再用干净的绷带或布条包扎，可保护创口，减少出血，预防感染。

③ 若出现肢体骨折，可借助夹板、绷带包扎来固定受伤部位的上下两个关节，可减少痛伤。预防休克。

④ 经现场临时止血、包扎的伤员，在救护车到达后，应尽快送到医院救治。在搬运伤员时，救护人员要特别注意：在肢体受伤后局部出现疼痛、肿胀、功能障碍或畸形变化，就表示有骨折存在，宜在止血、固定、包扎后再移动，以防止骨折端因移动振动而移位，继而损伤伤处附近的血管神经，使创伤加重；对于开放性骨折，应保持外露的断骨并

固定，若有外露断骨回到皮肤以下时，应告知救护人员；在移动严重创伤伴有大出血或休克现象的伤员时，要平卧伤员，路途中要避免振荡；在移动高空坠落的伤员时，因有脊椎受伤的可能，一定要由多人抬护，除抬上半身和腿外，一定要由专人护住腰部，这样才不会使伤员的躯干过分弯曲或伸展，切忌只抬伤员的两肩与两腿或单肩背运伤员，使已受伤的脊椎移动，甚至断裂造成截瘫，严重者可导致死亡。

⑤ 创伤护送的注意事项：护送伤员的人，应向医生详细介绍受伤经过，如受伤时间、地点、受伤时所受暴力的大小现场情况。高空坠落受伤还要介绍坠落高度，伤员先着地的部位或受伤的部位，坠落时是否有其他阻挡或缓冲，以便为医生诊断提供依据。

3）触电事故的现场救治

① 触电者伤势不重，神志清醒，但内心惊慌，四肢发麻，全身无力，或触电者在触电过程中曾一度昏迷，但已清醒过来，救护人员则应注意保持触电者的空气流通和保暖，使触电者安静休息，不要走动，严密观察，有恶化现象时，赶快送医院救治。

② 触电者伤势较重，已失去知觉，但心脏跳动和呼吸还存在，救护人员应使触电者舒适、安静、温暖地平卧，使空气流通，并解开其衣服以利呼吸。

③ 触电者伤势严重，呼吸停止或心脏跳动停止，救护人员应立即施行人工呼吸或胸外心脏按压，迅速送往医院救治，在送往医院的途中，也不能停止急救。

④ 触电者受外伤，救护人员可先用无菌生理盐水和温开水清洗伤口，设法止血，用干净的绷带或布类包扎，同时送往医院救治。

8.4　应急物资装备

应急资源的准备是应急救援工作的重要保障，根据现场条件和可能发生的安全事故准备应急物资如表 8.4 所示。

应急物资　　　　　　　　　　　　　　　　　　　表 8.4

序号	物品名称	规格	数量
1	汽车起重机	50t	1 台
2	槽钢	10cm×9m	10 根
3	手拉葫芦	5t	2 个
4	手提电焊机		1 台
5	气割设备		1 套
6	钢管	48mm×6m	30 根
7	扣件		40 个
8	电缆	10mm^2，三相五芯	100m
9	木板	30cm×5cm×4m	10 块
10	应急配电箱		1 套
11	担架		3 付
12	医用急救箱		2 个
13	医用绷带		5 卷
14	呼吸氧		5 袋

8.5　应急机构相关联系方式

消防队求援电话：119
急救：120
医院：＊＊＊
＊＊＊项目经理部：＊＊＊
应急救援路线：（略）

9　计　算　书

9.1　WQ250塔式起重机肢座与支撑钢梁连接焊缝校核计算

WQ250屋面吊与支撑钢梁采用焊接的连接方式，现对焊缝进行强度验算。

单支座焊接时保证支座踏面与钢梁接触面进行面接触压力传到钢梁的表面，用钢梁承载压力。当支腿产生拉力时由焊缝进行承载，所以只需计算焊缝在抗拔（拉力）时的校核验算。

焊缝有效长度 $L_w=400mm$；

焊缝高度 $H_f=20mm$；

有效焊缝高度 $H_e=0.7H_f=14mm$；

焊缝计算强度 $f_y=p/L_w \cdot H_e \cdot 2=73MPa < 170\ MPa=[f]$；

焊缝受剪切的许用应力 $[f]=170MPa$。

焊缝满足要求。

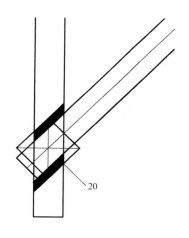

图 9.1-1　WQ250屋面吊焊缝连接示意图

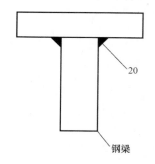

图 9.1-2　底座与钢梁焊接示意图

9.2　选用的吊索、卡具受力计算

选用钢丝绳结构：$6 \times 37 + FC$，公称抗拉强度：1700MPa，单位：mm。

6×37 钢丝绳主要数据　　　　　　　　表 9.2-1

直径		钢丝总截面积	线质量	钢丝绳容许拉应力 $[F_g]/A$　（N/mm²）				
钢丝绳	钢丝			1400	1550	1700	1850	2000
				钢丝破断拉力总和				
（mm）		（mm²）	（kg/100m）	不小于（kN）				
8.7	0.4	27.88	26.21	39.0	43.2	47.3	51.5	55.7
11.0	0.5	43.57	40.96	60.9	67.5	74.0	80.6	87.1
13.0	0.6	62.74	58.98	87.8	97.2	106.5	116.0	125.0
15.0	0.7	85.39	80.57	119.5	132.0	145.0	157.5	170.5
17.5	0.8	11.53	104.8	156.0	172.5	189.5	206.0	223.3
19.5	0.9	141.16	132.7	197.5	213.5	239.5	261.0	282.0
21.5	1.0	174.27	163.3	243.5	270.0	296.0	322.0	348.5
24.0	1.1	210.87	198.2	295.0	326.5	358.0	390.0	421.5
26.0	1.2	250.95	235.9	351.0	388.5	426.5	464.0	501.5
28.0	1.3	294.52	276.8	412.0	456.5	500.5	544.5	589.0
30.0	1.4	341.57	321.1	478.0	529.0	580.5	631.5	683.0
32.5	1.5	392.11	368.6	548.5	607.5	666.5	725.0	784.0
34.5	1.6	446.13	419.4	624.5	691.5	758.0	825.0	892.0
36.5	1.7	503.64	473.4	705.0	780.5	856.0	931.5	1005.0
39.0	1.8	564.63	530.8	790.0	875.0	959.5	1040.0	1125.0
43.0	2.0	697.08	655.3	975.5	1080.0	1185.0	1285.0	1390.0
47.5	2.2	843.47	792.9	1180.0	1305.0	1430.0	1560.0	
52.0	2.4	1003.80	743.6	1405.0	1555.0	1705.0	1855.0	
56.0	2.6	1178.07	1107.4	1645.0	1825.0	2000.0	2175.0	
60.5	2.8	1366.28	1234.3	1910.0	2115.0	2320.0	2525.0	
65.0	3.0	1568.43	1474.3	2195.0	2430.0	2665.0	2900.0	

钢丝绳最小破断拉力：查表得：

钢丝绳破断拉力　　　　　　　　　表 9.2-2

直径（mm）	$\phi = 17.5$	$\phi = 24$	$\phi = 32.5$
破断拉力（kN）	$S_p = 189.5$	$S_p = 358.0$	$S_p = 666.5$

安全系数：用于吊索有绕曲：$K = 6$；

折减系数：对 6×37 钢丝绳：$\Psi = 0.82$；

钢丝绳许用拉力：$P = S_p/K$。

钢丝绳许用拉力　　　　　　　　　表 9.2-3

直径（mm）	$\phi = 17.5$	$\phi = 24$	$\phi = 32.5$
许用拉力（kN）	$P = 25.89$	$P = 48.92$	$P = 91.08$

钢丝绳许用吊重：

钢丝绳许用吊重　　　　　　　　　表 9.2-4

直径（mm）	$\phi = 17.5$	$\phi = 24$	$\phi = 32.5$
许用吊重（t）	$m = 2.589$	$m = 4.892$	$m = 9.108$

吊装时，吊索受力随吊装角度改变而变化：

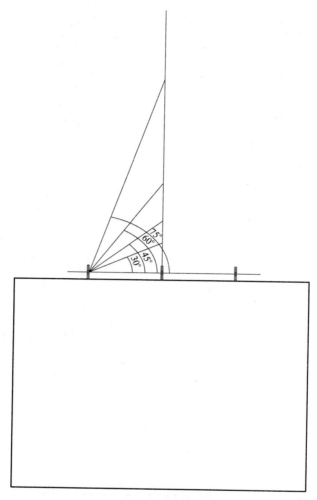

图 9.2 吊装角度

不同直径、吊装水平夹角下的吊索许用吊重表：

钢丝绳吊索许用吊重 表 9.2-5

直径(mm)	$\phi=17.5$	$\phi=30$	$\phi=32.5$
吊装角度	许用吊重(t)		
30°	1.295	2.446	4.554
45°	1.839	3.473	6.466
60°	2.253	4.256	7.923
75°	2.512	4.745	8.834
90°	2.590	4.892	9.108

如：吊装 STL600 顶升节总成：

顶升节总成吊装工况　　　　　　　　　　　　　　　　表 9.2-6

部件名称	辅助起重机作业半径		吊物距建筑物距离	卡具	吊点
顶升节	起吊幅度	就位半径		4×10t	固定吊点
	11m	15m		吊索	
部件重量	辅助起重机起重性能	负载率	8.52m	规格	许用拉力
14.526t	19.3t	75%		ϕ32.5×8m×4 根	7.9t

　　塔机起重臂重量为 14.526t，使用四绳吊装，吊索与垂直线的夹角 60°，因此，每根钢丝绳所承受的最大拉力为：7.92t。

　　四绳所承受的最大拉力为 7.92t×4＝31.68t＞14.526t。

　　每个吊点选用 10t 卸扣，四个卸扣所承受的最大拉力为 10t×4＝40t＞14.526t。

　　可以满足吊装安全需求。